智慧水利系列丛书

HEFANG GONGCHENG ANQUAN
XINXI GANZHI JISHU
YANJIU YU SHIJIAN

河防工程安全信息感知技术研究与实践

黄河勘测规划设计研究院有限公司　编

中国水利水电出版社
www.waterpub.com.cn
·北京·

内 容 提 要

本书是河防工程安全诊断技术研究成果的总结。书中介绍了堤防工程隐患探测技术、河道整治工程根石探测技术的发展及相关研究进程；在多年工程实践的基础上，分析了传统河防工程感知技术存在的问题，详细论述了如何通过持续研发河防工程安全感知技术，不断丰富工程安全信息采集方法，从而使河防工程在监控图像智能识别、堤防快速巡查、工程安全监测技术及装备研发等方面取得新进展，形成一套技术相对全面的河防工程安全监测感知体系。

图书在版编目（CIP）数据

河防工程安全信息感知技术研究与实践 / 黄河勘测
规划设计研究院有限公司编. -- 北京 : 中国水利水电出
版社，2024. 12. -- ISBN 978-7-5226-2683-3
Ⅰ. TV8
中国国家版本馆CIP数据核字第2024XD5033号

书　　名	河防工程安全信息感知技术研究与实践 HEFANG GONGCHENG ANQUAN XINXI GANZHI JISHU YANJIU YU SHIJIAN	
作　　者	黄河勘测规划设计研究院有限公司　编	
出版发行	中国水利水电出版社 （北京市海淀区玉渊潭南路1号D座　100038） 网址：www. waterpub. com. cn E - mail：sales@mwr. gov. cn 电话：(010) 68545888（营销中心）	
经　　售	北京科水图书销售有限公司 电话：(010) 68545874、63202643 全国各地新华书店和相关出版物销售网点	
排　　版	中国水利水电出版社微机排版中心	
印　　刷	北京印匠彩色印刷有限公司	
规　　格	184mm×260mm　16开本　24印张　584千字	
版　　次	2024年12月第1版　2024年12月第1次印刷	
印　　数	0001—1000 册	
定　　价	**145.00 元**	

凡购买我社图书，如有缺页、倒页、脱页的，本社营销中心负责调换

　　智慧，《说文解字》曰："智"从日从知，每日有所知，积累而成厚知；"慧"从彗从心，以彗除尘，心保清明。智慧，是快速、灵活、正确理解与解决问题的能力，是辨析判断与创造发明的有机统一。当前我国正处于产业数字化、网络化、智能化转型升级加速阶段，倡导通过物联网、云计算、大数据等技术推动行业智慧化，以信息化驱动现代化已成为各行业的必经之路。这一理念延展至智慧水利，成为新阶段水利高质量发展的重要标志。智慧水利是运用物联网、云计算、大数据等新一代信息通信技术，促进水利规划、工程建设、运行管理和社会服务的智慧化，提升水资源的利用效率和水旱灾害防御能力，改善水环境和水生态，保障国家水安全和经济社会的可持续发展。加快建造具有"四预"（预报、预警、预演、预案）功能的智慧水利体系，加快发展水利新质生产力，赋能江河保护治理开发，是大势所趋、发展所需。

　　1996 年，我应邀参加"国家防汛抗旱指挥系统工程"的设计和建设，主持了项目的总体设计，之后又参与了一期工程的建设。该工程是为国家各级防汛抗旱部门防洪抗旱调度决策和指挥抢险救灾提供有力技术支持和科学依据的巨型信息系统工程。经历一期、二期建设，现已建成较为完善的业务平台，在历次防汛抗旱中发挥了巨大作用。当下，全球信息化已进入全面渗透、跨界融合、加速创新、引领发展的新阶段，水利部提出了以水利信息化带动水利现代化的总体要求，把智慧水利建设作为推进水利现代化的着力点和突破口，与智慧社会的需求相比，水利信息化在透彻感知能力建设、数据治理与深度挖掘、业务应用智能化构建、数据安全防护等方向仍有不少难题需要攻克。要加强信息源及信息系统基础设施建设，高度重视全要素和全过程信息的收集、监测和分析，注重人工智能算法等新技术应用，加强信息的挖掘、提取和知识的积累，重视模型体系和知识体系建设，着重提升各类水利治理管理活动的监测感知能力、预测预报能力、调度决策能力和运行管理能力。我深信，信息技术的快速发展和跨界融合将成为推动水利现代化的重要引擎，为江河安澜和民生福祉提供强有力的保障。

黄河勘测规划设计研究院有限公司长期致力于智慧水利的探索与实践，近年来围绕防汛调度、水资源管理、水工程管理和河湖管理等业务需求，在水利工程智能感知、智慧防汛、智慧水资源、智慧灌区、智慧工程等方向均取得了丰硕成果，成功研发了云河数字地球、智慧防汛机器人、堤防渗漏智能监测、数字设计、基于 BIM＋GIS 的工程全周期智慧管理等一批实用产品技术，应用前景广阔。近期，黄河勘测规划设计研究院有限公司对上述工作研究成果、关键技术问题、经验与认识等进行了系统总结，编著出版《智慧水利系列丛书》，这套丛书将为从事相关工作的技术人员和院校师生提供很好的理论指导和实践参考价值。

　　从大数据到人工智能，从物联网到云计算，信息技术的迅猛发展为智慧水利建设开辟了广阔前景。希望编著者继续开拓创新，深化研究与实践，破解技术难题，为智慧水利建设提供更多解决方案。相信智慧水利必将为国家水利高质量发展和江河安澜作出更大贡献。

中国工程院院士：张建云

2024 年 11 月 26 日

洪涝灾害是我国危害最大、造成损失最严重的自然灾害之一。河防工程是防御洪水的重要基础性工程，其安全问题历来是关乎国计民生的大事儿。我国有几十万公里堤防，其筑堤年代、地质情况、筑堤材料以及建设标准差异很大，而且堤防内部存在着各类隐患，每到汛期，国家都会投入大量的人力、物力进行工程查险、抢险，以期安全度汛。黄河勘测规划设计研究院有限公司（简称"黄河设计院"）编著的《智慧水利系列丛书》之《河防工程安全信息感知技术研究与实践》，内容丰富，实用性强。

多年来，黄河设计院采用地球物理勘探技术探测隐患取得了较好的成果。先后应用探地雷达、瞬变电磁法、直流电法、瞬态瑞雷面波法、弹性波层析成像以及大功率声呐技术等，对堤防隐患和险工根石探测进行了深入研究，成果已经大量用于我国河防工程实践。

该书从河防工程险工视频监控、堤防快速巡查、工程安全监测到无人船载装备根石探测等诸方面，技术涵盖了探查方法研究、仪器设备研制、软件开发到工程应用等。以工程信息化管理的视角，突破了传统工程勘察思维方法，如研制拖曳式瞬变电磁仪，使得电磁感应方法由传统的点测到连续检测模式的转变，在数据处理过程中利用图像识别算法，极大提高了现场工作效率。另外，对探查成果引入时间维度，如针对堤防渗漏问题，利用地电场对集中渗漏现象的敏感特性，研究渗漏过程的场变规律，开发了堤坝渗漏自动化监测装备，在线感知堤坝内部渗漏隐患发育及演变情况。水下探查一直是工程管理的难题，他们根据河防险工特点，融合无人船及现代通信技术，开发了小尺度水域的水下探测装备。据了解，这些技术与装备多是黄河设计院主导研发，技术迭代升级自主可控，令人欣慰。

书中所介绍的方法技术，不仅适用于河防工程，也可用于城市地下隐患探测、山体滑坡监测、地下污染物运移监测、地下结构物健康诊断等，随着技术的不断进步，应用场景会越来越多。

这本书不仅是当前河防工程安全信息感知技术研究成果的总结与凝练，

还包含了大量的工程应用实践，该书的出版，相信对从事河防工程管理运维、应急查险、勘察设计及相关领域技术研究人员、工程师具有重要的参考价值。

中国工程院院士　王复明

2024 年 12 月 2 日

　　河防工程是防御洪水的基础性工程，也是束范流域洪水下泄、保障两岸人民生命财产安全的最后屏障。河防工程的运维条件随水情变化差异很大，在非汛期时河道水位较低且多数河段堤防长期不靠水，但在汛期持续高水位运行情况下堤防工程、护岸基础偎水或受水流直接冲刷，汛期时堤防工程内部的隐患、护岸基础的稳定等都会直接影响工程的安全。如何及时掌握工程安全状况，尤其是隐蔽于堤防工程内部的隐患变化性状，对防汛抢险至关重要。

　　黄河下游河防工程主要由堤防工程、河道整治工程等组成。堤防工程是在原有民埝的基础上逐步加高培厚而成的，具有筑堤材料复杂、隐患种类多的特点。多年的勘察实践表明，裂缝、獾狐洞穴、鼠类洞穴等隐患具有此消彼生不断变化的特点，消除隐患难度很大。另外堤防土质多为砂质土，抗冲刷和抗淘刷能力差，一旦受主流顶冲或发生管涌，极有可能造成堤防重大险情。河道整治工程是以根石为基础组成护堤的丁坝、垛和护岸等建筑物，是防御洪水的第一道防线。洪水条件下，河道整治工程水下基础部分的根石走失，是工程失稳出险的根本原因，也是防汛抢险工作的重点。掌握堤防工程内部隐患和水下根石分布等关键信息，做到"心中有数"，历来是防洪保安全的重要工作。

　　为处置堤防内部隐患、探明水下根石分布等，河务部门及有关科研机构开展了大量的探索研究。最早采用开槽注水试验进行堤防内部隐患的探测，采用锥杆探摸方法来查明水下根石的分布情况。堤防内部隐患探测方面，20世纪80年代以来，随着勘察地球物理技术的发展，各类科研机构开展了多种利用无损手段探测堤防内部隐患的方法研究与实践，如地质雷达法、瞬变电磁法、自然电场法、充电法、高密度电法、弹性波层析成像、瞬态瑞雷面波法等均被应用于堤防内部隐患的探测。由于堤防工程内部隐患的复杂性及各种方法应用条件的限制，尤其是探测能力、探测精度与施工效率的矛盾，这些方法多应用于堤防工程日常维护阶段的内部隐患探测，尚不适应防汛抢险应急工作。河道整治工程根石探测技术方面，2000年以来提出的利用低频声呐方法探测水下根石的手段则有效地替代了人工锥探法，广泛应用于黄河下游工程日常运维。但传统的低频声呐探测需要依靠大船等设备开展工作，鉴于汛期人、船等设备下水工作面临极大的安全风险，需要更加安全可靠的探测方法与现场工作模式，以适应汛期洪水条件的水下根石探测要求。

伴随着信息技术的快速发展，我国水利信息化水平不断提高。《"十四五"水安全保障规划》描述的重点任务中提出"加强智慧水利建设，提升数字化网络化智能化水平。按照'强感知、增智慧、促应用'的思路，加强水安全感知能力建设，畅通水利信息网，强化水利网络安全保障，推进水利工程智能化改造，加快水利数字化转型，构建数字化、网络化、智能化的智慧水利体系"。水利部部长李国英强调，智慧水利建设要先从水旱灾害防御开始，推进建立流域洪水"空天地"一体化监测系统，建设数字孪生流域，为智慧防汛提供科学的决策支持。雨、水、工情数据信息采集是流域防汛系统的基础性工作，近年来，河防工程在监控图像智能识别、堤防快速巡查、工程安全监测技术等方面取得新进展，并开发了系列配套的信息感知装备。

在堤防工程险情快速巡查方面，拖曳式瞬变电磁仪等先进仪器设备实现了堤防内部隐患探测模式由传统的点测到连续检测的转变，且数据处理中广泛利用人工智能图像识别算法，极大提高了现场工作效率，为堤防汛期应急巡查提供了极大帮助。

在河道整治工程险工险段视频监控方面，利用人工智能算法和视频监控图像，可实现对护岸边坡稳定性实时监控预警，同时可实现基于计算机视觉的水尺图像、河道表面流速流向的识别。

在河道整治工程汛期根石探测方面，结合汛期根石探测特点，研发了适合汛期高含沙洪水特点的轻量化低频声呐探测装备，实现了设备的无人船搭载，解决了汛期根石探测难题；另外，为安全实施河防近岸基础探测，成功研制了车载遥控机械臂，可在岸上操作水下探测设备，用于险工应急抢险。

在河防工程安全监测方面，针对堤防渗漏问题，利用地电场对集中渗漏现象的敏感特性，基于空间反演理论及渗漏过程的场变规律研发了堤坝渗漏自动化监测装备，通过感知堤坝内部渗漏发育及演变情况，实现了重点堤段集中渗漏隐患的实时在线监测；针对护岸结构变形稳定问题，研发了融合北斗定位、MEMS传感技术，实现了高精度变形监测预警。

随着探测方法、探测技术、仪器设备及智能感知技术不断进步，河防工程安全信息的采集手段会越来越多，丰富的工程安全信息数据，将有力支撑防灾减灾事业。

我国自然地理和气候特征决定了水旱灾害将长期存在，并伴有突发性、反常性、不确定性等特点，防洪减灾任务艰巨。国内堤防工程种类繁多、数量庞大，河防工程安全信息感知技术应用前景非常广阔。

本书基于黄河流域下游河防工程研究实践，在黄河流域智慧管理平台构建关键技术及示范应用（2023YFC3209200）等国家重点研发计划资助下，系统总结与分析了河防工程安全信息感知技术的发展，提升了河防工程信息化水平，以期在工程运维、防汛抢险工作中发挥作用。

本书共6章，第1章总论河防工程安全感知技术发展历程，由安新代、郭玉松等编写。第2章讲述汛期安全监控图像智能识别技术，由安新代、吴迪等编写。第3章介绍河道整治工程水下探测技术，由姜文龙、郭玉松等编写。第4章介绍河防工程安全监测新技术，由郭玉松、马若龙等编写。第5章介绍堤防工程快速巡检新技术，由郭士明、谢向文等编写。第6章为总结与展望，由谢向文编写。

本书成书过程中，得到许多专家、学者和技术人员的大力支持和帮助，在此一并表示感谢。由于技术研发与实践的阶段性和局限性，以及作者学识和水平有限，书中难免有疏漏和不足之处，恳请读者批评指正。

郭玉松

2024年10月

目　录

CONTENTS

第1章

河防工程安全感知技术发展历程

1.1 黄河下游河防工程概况

黄河是世界著名的多泥沙河流，善淤善徙，它既是我国华北大平原的塑造者，同时也给该地区的人民造成过巨大灾害。历史上，黄河下游洪水泥沙灾害频发，素有"三年两决口，百年一改道"之说，黄河水患曾长期是中华民族的心腹之患。国家高度重视黄河下游治理问题，投入了大量的人力物力，多次加修堤防，进行河道整治，开辟了蓄滞洪区，并先后在中游干支流修建水库。经过多年的治理开发，黄河下游已形成了由三门峡、小浪底（西霞院水库配合）、陆浑、故县、河口村等干支流水库联合调度，利用下游河道堤防和东平湖、北金堤蓄滞洪区组成的"上拦、下排，两岸分滞"的防洪工程体系。同时还加强了雨水情测服、防汛决策支持系统、洪水调度等非工程防汛措施建设，与防洪工程体系形成高效搭配，有效地防御了多场次洪水，创造了黄河下游伏秋大汛不发生决口的奇迹。

黄河下游河防工程是防洪工程体系的基础性工程，也是防御洪水、保护人民生命财产安全的最后屏障。黄河下游河防工程主要由堤防工程、河道整治工程等组成。堤防工程是在原有民埝的基础上逐步加高培厚而成的，河道整治工程是以根石为基础组成护堤的丁坝、垛和护岸等建筑物，是防御洪水的第一道防线。

1.1.1 堤防工程

黄河下游起始于河南郑州桃花峪，终止于入海口，干流总长 786km，河道宽窄不一，最窄处仅 1km 左右，最宽处达 20km。下游河段具有上宽下窄、上陡下缓、平面摆动大、纵向冲淤剧烈等特点。河道两岸防洪保护区范围广、面积大、人口密集、城市遍布，按防御花园口 22000m³/s 洪水要求设防，相应的堤防级别为 1 级。黄河大堤长 1371km，先后经历四次加高培厚，其中左岸长 746km，堤防高 10m 左右，最高达 14m，临背河地面高差 4~6m，最高达 10m 以上（如开封大王潭），堤顶宽度一般为 10~12m。放淤加固堤段淤背后，淤背一般为 80~100m，比设计洪水位低 2~3m。黄河大堤在 2022 年完成标准化堤防建设，通过放淤固堤、加高帮宽，并配套建设堤顶道路、防浪林等，形成了集防洪保障线、抢险交通线和生态景观线三种功能于一体的标准化堤防体系。

黄河堤防是在原有民埝的基础上逐步加高培厚而成的，土质多为砂质土。由于黄河下游的堤防工程是不同时期修建而成的，且受到当时技术水平、质量控制方式以及外部环境等的影响，具有基础差、内部隐患多等特点，威胁着堤防工程的安全。通过已有的黄河堤防工程隐患排查资料，将黄河堤防工程存在的各类安全隐患问题进行归纳总结如下。

1.1.1.1 堤身隐患

1. 堤身土质差、填筑不实

大多数黄河堤防工程的填土料以扰动壤土为主，扰动土壤本身由于沙性大、结构较为松散，因此在雨季雨水作用下或河流冲刷作用下极易导致堤防出现不均匀沉陷问题，严重时甚至发生坍塌。实地调研表明，大多数黄河下游堤防均是在原有民埝基础上进行的加高培厚。资料显示，在新中国成立以后我国黄河堤防工程的干容重仅有 $1.3t/m^3$。仅在 1999—2000 年黄河下游就出现多起因土壤疏松、裂隙发育导致的事故。

2. 堤身裂缝

随着国家对黄河堤防工程的不断修葺，堤防工程安全性与稳定性有所提升，但堤身裂缝的问题开始显现。资料显示，在 1999—2000 年对黄河下游 671km 堤段隐患物探调查中，共发现较为明显的堤防隐患 1400 处，裂缝、洞穴问题较为明显的险点共计 470 余处，由于堤身填土不均匀导致的裂隙发育共计 870 余处，发现的裂缝向堤身延伸最长距离达 13m，深度达 10m。结合历年的调查资料来看，堤身裂缝的方向多数为平行于堤防走向的纵向裂缝，仅少数裂缝为垂直于堤防走向的横向裂缝，且产生的纵向裂缝多数发生在临背河堤肩和堤坡内。在雨水冲刷条件下，裂缝会变成陷坑、天井等，严重破坏了堤身的整体稳定性。在汛期当河道水位较高时，在水体渗透的作用下，堤身内的横向裂缝会转变为渗透通道，纵向裂缝则会造成脱坡、崩岸等，进而威胁黄河堤防工程的安全性。

结合历史资料以及相关的研究来看，大多数学者认为黄河下游堤防产生的裂缝主要是：堤身黏性土失水造成的干缩裂缝；大堤培修时新旧堤身交接部位处理技术水平不达标导致的接头裂缝；堤身、堤基土质以及填土密实度的不均匀导致的沉陷裂缝。另外，结合工程地质学来看，地球活动造成的地壳不均匀活动、地震等自然灾害造成的断裂同样是造成堤身裂缝出现的原因。

3. 洞穴与空洞问题

黄河堤防工程的特殊性造就了动物洞穴在黄河大堤上极为常见，在每年的堤防维护检查中，均能够发现一些河段存在几十处的獾洞、鼠洞。由于黄河下游处的堤防工程多临河较远，獾洞多分布在堤坡中部，且由于这些洞道位于设防水位以下的杂草丛中，难以被维护人员发现，这些洞道一直深入到堤内深处 3～5m，甚至一些洞道在长期未被处理的情况下发展成为穿堤洞。例如：1982 年在河南开封段的黄河堤防检查中，开挖出一条长度达 26m 的獾洞；1991 年在兰考黄河堤防工程中挖出一条长度近 120m 的鼠洞。结合历史资料以及实地调研情况来看，堤内的空洞多数是较早时期开挖形成的壕沟、防空洞、储物洞等，这些洞穴通常较为隐蔽，且由于一些动物洞穴具有可再生的特性，使得难以从根源上杜绝洞穴问题的出现，这些洞穴与空洞无疑降低了黄河堤防工程的抗洪能力与运行安全性。

1.1.1.2 堤基隐患

1. 老口门堤基

在黄河下游处，长期的水流冲刷导致冲积平原的出现，再加上历史决口的改道，致使黄河下游的堤基出现多种形式的复杂结构，黄河下游部分河段存在的老口门堤基，是利用大量秸秆材料、麻袋以及土料埋藏于堤身内，用于封堵洪水，经过长时间的发展，最终形成老口门堤基。这些老口门堤基具有较强的透水性，在河流的冲刷作用下极易出现渗漏、渗流及渗透变形等问题，影响堤防工程的运行安全。此外，在进行大堤决口封堵的过程中，由于所用的填充砂土、粉土密度较小，在长时间运行后会发生不均匀沉降，且在遭遇地震时，该类型的土体易出现液化现象。老口门背河处由于存在较多的坑洞与洼地，在河流水位较高时，这些坑洞或洼地或变为过水通道，进而对堤防工程的运行产生威胁。

2. 双层、多层堤基

黄河下游河道的游荡性特点导致其冲淤严重，冲积层岩性变化较为复杂，致使堤基结构变化较大。例如：一些河段堤防工程地下 7～18m 位置多为粉细砂、砂壤土及黏土互层，再向下则为砂土地层。纵观黄河堤防工程出险情况，大多数险情均表现为渗透变形、砂土液化、不均匀沉降等地质问题，尤其是在背河堤脚 100～200m 范围内，新老堤结合部主要问题集中在泉涌、砂沸、冒水裂隙、鼓包及翻泥等险情。

1.1.1.3 堤防近堤隐患

1. 坑塘沟渠

历史口门进行填复时，过多堤使用柳枝、秸秆等进行填堵，这些填堵物在经过长时间的使用后，导致各种临背河坑塘、低洼地产生，而在近堤处的坑塘及鱼池等纵横相交、大小不一，长此以往，堤脚处的低洼地带在水体长期的浸泡作用下变得松软，进而造成堤基出现渗漏、管涌等问题，威胁着堤防工程的运行安全。

2. 堤河

新中国成立以来，我国进行了四次较大型的黄河堤防加固培厚工作，但受到当时施工技术水平的限制，在进行加固时采取就近取土的方式，导致形成了一些断面大、长度长的临河堤根河。此外，在黄河下游位置，存在多条堤河和串沟相连，导致黄河下游河床呈现出"槽高、滩低、堤根洼"的特点。在汛期随着水位的升高，堤防主溜夺串会进一步引发滚河险情，威胁堤防的运行安全。

3. 井、渠

黄河河道周边存在着一些井、渠，这些井、渠主要用于沿河民众的农业灌溉以及生活用水，大量地下水的使用导致堤防周边地下水位骤降，严重破坏了堤防内外地下水资源的平衡，引发管涌的发生，对堤防的稳定性产生不利影响。此外，沿渠渠道中的临、背河顺堤渠道极易导致渗透破坏，威胁着堤防的运行安全。同时，近堤坑塘、堤河的不规则分布，增加了黄河堤防工程的维护难度。

1.1.1.4 穿堤建筑物隐患

黄河下游堤防中遍布各种型式的涵闸、虹吸等穿堤建筑物，且各种穿堤管线在长时间的运行后，不可避免地出现老化问题。受施工技术、工艺水平的限制，这些穿堤管线已经成为威胁黄河堤防工程的潜在因素。经过不断地对黄河堤防工程进行加高培厚，河段内的大多数穿堤建筑物或管线均已经被掩埋，建设资料的缺失导致难以明确这些穿堤工程的位置。一旦出现险情，不仅影响了险情的性质识别，更有可能增加抢险的难度。

为防止水流直接冲刷淘刷大堤，在临河重要堤段上修筑了丁坝、垛和护岸等工程。随着标准化堤防建设与河道整治工程等防洪工程措施的不断完善，堤防安全性能得到很大提升。

1.1.2　河道整治工程

河道整治工程主要由险工和控导工程等组成。险工是在受主流顶冲和水流淘刷的堤段建设的由丁坝、垛、护岸组成的护堤建筑物，是保证堤防不在该段"冲决"和"溃决"的重要工程措施，用以保护堤防安全，兼顾控导河势变化。黄河下游险工历史悠久，东坝头以上的黑岗口险工建于 1625 年，马渡和万滩险工建于 1722 年，花园口险工建于 1744 年，距今都有 250 年以上的历史。东坝头以下险工在 1855 年铜瓦厢改道后修建，当时险工多为秸埽和砖埽结构。后期对险工进行了加高改建，一般坝垛加高 3～6m，坝顶比大堤顶部高程低 1m。坝型结构主要为乱石坝、扣石坝及砌石坝。

为减少下游主流游荡范围，尽量避免"横河""斜河"造成堤防"冲决"，在充分利用险工控导河势的基础上，自下而上进行河道整治，在河道中建设控导工程用于控制河势变化。经过多年建设，已建成控导工程 219 处、坝垛 4625 道，工程长度 427km。

1.1.2.1　河道整治工程结构

黄河下游河道整治工程的坝、垛、护岸的结构型式多为柳石结构，通常采用土坝体外加裹护防冲材料的型式。一般分为土坝体、护坡和护根（根石）三部分（图 1.1-1）。

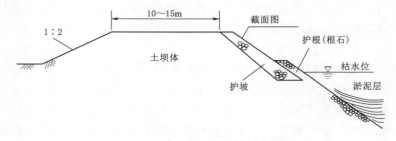

图 1.1-1　坝、垛、护岸结构示意图

土坝体一般用砂壤土填筑，有条件的再用黏土修保护层；护坡用块石抛筑，由于块石铺放方式不同，可分为散石、扣石和砌石三种；护根一般用散抛块石、柳石枕和铅丝石笼抛筑。由于护根的主要材料为石料，初期使用的柳杂料腐烂后也用石料补充，所以护根通常称为"根石"，有时也称"护根石"。这种结构具有施工简单，工艺要求不高，新修坝、垛、护岸初始投资少，松散结构对河床变形适应性好，出险后易修复等优点，故被大量应用。由于柳石结构也存在抢险频繁、防守被动、抢护维修费用高等问题，自 20 世纪 70 年代开始，黄河下游进行了一系列的新结构、新材料、新技术坝的试验，主要有砖砌混凝土直墙结构、旋喷水泥土桩结构、钢筋混凝土挡杈结构、土工织物长管袋结构、钢筋混凝土桩坝、土工织物上压铅丝笼沉排结构等，但目前仍处于试验阶段，均未能完全代替柳石结构。

险工和控导工程的出险都与根石问题有关，常见的坍塌、滑动、漫溢、溃膛、塌陷等险情都与基础根石有关。由于黄河下游险工和控导工程坝垛数量多、长度大，随河道主流的变化，工程靠溜部位也不同，许多工程不能同时靠流，部分工程建设时靠流，建成后脱流，也存在部分工程长期不靠流。为节省投资，建设时只根据当时的水深建设根石；不靠溜的旱工只预留少量的备塌体，在水流顶冲坍塌时通过抢险补充根石，逐步达到稳定。

1.1.2.2 险工根石与工程安全

河道整治工程对控制河势、保持大堤的安全起着十分重要的作用，河道整治工程的稳定决定着堤防的安全，工程的稳定又受坝垛稳定的制约，而坝垛稳定与否又决定于根石基础的强弱，因此坝垛根石的稳定是防洪安全的重要保障条件之一。

传统的工程结构分为旱地施工结构和水中进占结构，但无论是采用旱地施工还是水中进占施工，新修坝、垛、护岸均非一次做到设计深度。工程靠溜后由于黄河的水流流速高、冲击力强，坝前被冲刷成坑，裹护部分随即下蛰，需要及时抢险加固。长期不靠溜的旱工，一旦靠溜后易发生大墩大蛰险情，若不及时抢护极易造成工程破坏，甚至垮坝，并可能危及堤防安全，甚至造成决口。黄河上不乏根石走失造成工程破坏的例子。每道坝都需经过多次抢险，待坝前抢护的根石达到一定深度，并具有一定的坡度时，基础才能稳定。

1. 根石断面形态

根石断面大多呈"下缓中陡、上不变"的分布规律。主要原因是上部一般高于枯水位，通常按设计标准整理维护，即使遇到较大险情，抢险后仍能及时修补。根石中间陡的主要原因：一是根石中部水流流速最大，块石容易起动走失，在水流的自然筛选作用下，边坡上剩下的块石相互啮合较好，抗滑稳定和防冲起动性都较自然堆放情况下的块石明显增大，因此容易形成陡坡；二是抢险及根石加固的块石无法抛到根石底部，大多都堆积在边坡中上部，使中间坡度相对较陡，这种情况在险工坝段尤为突出。处于根石最下部的块石，由两部分组成：一部分是冲刷坑发展到一定程度，丁坝根石局部失稳滑入坑中；另一部分是因折冲水流冲刷块石起动后，运动至根石底部。其中以第一部分占绝大多数。下部的根石主要起抗滑稳定作用，故坡度较缓。

另外，还有一些特殊断面（如反坡、平台及锯齿等），形成的主要原因在于丁坝水中进占修筑及抢险过程中，采用搂厢、柳石枕或铅丝笼等结构。这种结构体积大，且不易排列，容易形成各种不规则的断面。这种断面会造成水流紊乱，促使河床淘深，影响基础稳定。

2. 根石深度与丁坝稳定

根石深度对丁坝的影响，在黄河河工谚语中有"够不够，三丈六"的经验说法。当根石上部土石压力一定时，稳定性主要取决于根石的厚度、深度和坡度。其中以深度和坡度对丁坝稳定的影响最大，而根石的坡度受制于其深度。当作用于丁坝某一部位的水流强度大于丁坝该部位曾受过的最大水流强度时，原来相对稳定的根石坡度随坝前局部冲刷坑的形成和发展以及根石的走失而变陡，丁坝稳定性降低，随时可能出险。因此，只有当丁坝受过较强水流冲刷，根石经抢险加固达到一定深度后，根石坡度才能保持相对稳定，丁坝出险概率才会相应减小。目前黄河下游实测丁坝最深根基为建于1745年的花园口险工——将军坝，其根石深度为23.5m。根据1993年实测的黄河下游陶城铺以上河段部分坝、垛根石深度统计分析，根石深度小于7m的丁坝占总数的44.4%，这类丁坝一般没有靠过大溜，基础差，易出险；根石深度在7～10m 的丁坝占38.8％，这些丁坝有一定的根基，但没有得到更有效的加固，在较大水流强度作用下冲刷坑还会发展，丁坝仍会出险；根石深度在15m 以上的丁坝仅占1.5％，这部分丁坝基础相对较好，在正常水流强度作用下不易出险，但这类丁坝仍存在根石走失现象，需视靠溜情况及时加固。

受黄河自身特点和传统施工方法等限制，丁坝根石坡度主要靠水流淘刷，块石自然滚动下落而形成，因此一般较陡。目前黄河下游丁坝根石坡度，下段优于上段。河南段根石坡度系数一般为0.98～1.30，而山东段一般为1.11～1.50，平均约为1.10～1.30。根据黄河下游险工丁坝稳定分析计算得出，当丁坝根石深度为15m、坡度系数为1.50 时，丁坝是比较稳定的。控导工程的丁坝，由于其上部土石压力较小，边坡系数大于1.30 时即可基本满足稳定要求。如冲刷坑深度进一步增大，安全性将有所降低，要保持丁坝的稳定应适当增大边坡系数。根据实测资料分析，当根石深度达到11～15m，坡度达到1∶1.3～1∶1.5 时才能基本稳定。

3. 坝基根石走失

试验及原型观测均表明，丁坝根石在水流的冲击作用下有两种主要运动形式：一是随着冲刷坑的逐步发展，大量块石失稳向坑底塌落；二是水流引起部分块石向下游或坑底滚动。据统计，1973—1986 年，黄河山东段丁坝出险10670 次，抢险堤防长度104 万 m，其中8100 多坝次险情与根石走失有关，约占80％。

针对根石的走失现象，相关部门曾进行大量的调查和研究工作，黄河水利科学研究院张红武通过模型试验对丁坝根石走失现象进行了专门研究，并得出与原型观测基本一致的结论：

（1）汛期根石走失量大，这主要是汛期中水持续时间长，工程靠溜概率大，特别是位于弯道顶部的丁坝，长期受水流冲刷，根石容易走失。

（2）受大溜顶冲的丁坝根石容易走失。

（3）丁坝迎水面至坝前头的根石容易走失，而背水面的根石走失量较小。

关于根石走失的去向主要有三种：一是在折冲水流的作用下沿坝面向冲和坑底滚动，这部分块石一般块体较大，使丁坝根基加深加厚，下部坡度变缓，有利于丁坝稳定；二是沿丁坝挑流方向顺流而下，这部分块石一般块体较小；三是沿回流所刷深槽分布，且走失量和体积沿程递减。

根石的完整是丁坝稳定最重要的条件，及时发现根石变动的部位、数量，及时采取预防和补充措施，防止出现工程破坏，对防洪安全具有重要意义。

1.1.3 河防巡查与工程险情

黄河下游临黄堤防长达1371km，险工控导护滩工程多，坝、垛、护岸数量巨大，还有众多的引黄水闸等穿堤建筑物，防洪工程类型多、数量庞大，分布范围广。为保障洪水期工程安全，把握水情河势、险工险段根石稳定和堤防隐患等工情状况，及早发现险情、处置险情是河防巡查的重要任务。

1. 堤防险情

黄河下游堤防是随着河道变迁，在民埝的基础上经历代不断修培而成的。受当时社会、经济、技术等条件限制，以及下游堤防堵口时的砖石瓦块、植物秸料等易于形成过水通道，堤身、堤基存在较多质量问题。根据黄河下游工程现状和历史经验，堤防决口主要有三种情况：一是洪水位超过堤顶"漫决"大堤；二是堤身存在隐患，大堤临水后产生渗透破坏，"溃决"大堤；三是河势突然发生变化，形成"横河""斜河"，中常洪水甚至非汛期也造成重大险情，可能"冲决"大堤。黄河大堤进行堤防加固后基本解决了标准内洪水的"漫决"和渗透破坏问题，但河道滩面横比降远大于纵比降，滩区过流比增大，主流顶冲堤防的概率依然较大。另外，洪水期河道水深较大，长时间浸泡大堤，增大了堤防发生溃决的风险。

2. 险工根石

根石是险工、控导工程的基础，是丁坝、垛、护岸、控导等坝体的"根"，其分布及稳定状态直接关系到河防工程安危。河道整治工程结构分为旱地施工结构和水中进占结构，但无论是采用旱工施工还是水中进占施工，新修坝、垛、护岸均非一次做到设计深度，工程靠溜后由于黄河的水流流速高、冲击力强，坝前被冲刷成坑，裹护部分随即下蛰，需要及时抢护加固。因此，及时掌握根石的深度及相应的坡度，并做好防汛抢险的料物等准备，才能避免抢险被动，保证工程安全。根石深度，黄河河工谚语有"够不够，三丈六"的经验说法。根据实测资料分析，当根石深度达到 $11\sim15\text{m}$，坡度达到 $1:1.3\sim1:1.5$ 时才能基本稳定。根石的完整是丁坝稳定最重要的条件，及时发现根石变动的部位、数量，对采取预防和补充措施，防止出现工程破坏对防洪安全具有重要意义。

3. 河防巡查现状

"河防在堤，守堤在人，有堤无人，与无堤同"。在黄河河防系统中，有句话叫"一靠堤防，二靠人防"。目前，洪水期河防工程安全主要还是靠人工巡查，下游防洪工程种类复杂、数量众多，需要大量有经验的人员巡堤，尤其是工程长时间受到主溜直冲或大溜淘刷的地方，危险性高，判断方法比较复杂，需要长期的实践经验。

近年来，随着信息技术的发展，河防工程图像监测得到大量应用。险工、控导工程以及引黄涵闸等重点位置安装了摄像头，减轻了部分现场巡堤压力，无人机的投入使用也提高了巡查的机动性与时效性，扩大了巡查范围。这些巡堤查险手段为防汛调度提供了大量信息。然而，目前的巡查手段仅限于监测水情、河势以及河防工程的表观状况，堤防内部及防护工程水下根石状态信息量少，工程安全实时在线监测设施与快速探测手段仍缺乏。

工程安全监测是运行管理的基础，是工程的"千里眼、顺风耳"，但由于种种原因，目前堤防、河道整治、水闸等工程上的监测设施有限，且监测标准不一，部分安全监测设施随着时间的推移，设备老化陈旧，损坏较多。布设合理的工程监测设施对于掌握工程运行安全状况，提高工程维护、抢险决策的前瞻性和科学性具有十分重要的意义。科学的工情、险情监测是抗洪抢险的基础工作，是发现隐患、防止小险演变为大险的必然措施。

1.2 堤防工程隐患探测技术回顾

1.2.1 堤防隐患类型

堤防工程是河防工程体系的重要组成部分。新中国成立以来，修筑堤防超 25 万 km，极大地支持了我国经济的迅速发展。但是，这些堤防工程受当时技术水平以及各种筑堤条件的限制，很多存在不同程度的隐患。古人云"千里金堤，溃于蚁穴"，足见隐患对堤防工程的严重威胁。如何快速有效地查明堤防内部隐患，及时对堤防工程进行加固处理，一直是防洪工程管理工作的重要课题。随着社会的发展与科技的进步，隐患探测技术取得了突破性进展，采用物探等新技术快速探找隐患已大量应用于生产，为防洪工程建设提供了有力的技术支持。

堤防工程隐患种类被河务部门专家精辟地概括为"洞、缝、松"三类。所谓"洞"，指的是各种洞穴。堤防的洞穴多为动物洞穴，如獾洞、狐洞、鼠洞及蚁穴。这类洞穴有此消彼生、今消明生的特点；洞径从几厘米到几十厘米不等，以獾洞最大，狐洞居中，鼠洞较小。所谓"缝"，即隐埋在堤身中的裂缝。裂缝种类很多，按其成因可分为堤身干缩裂缝、新老堤身的接触裂缝以及沉陷裂缝等；按其走向可分为横堤走向裂缝、顺堤走向裂缝及斜交裂缝。所谓"松"，主要是指隐埋在堤身内部或堤防基础部位的松散软弱体，比如干沙、淤泥等，以历史上堵口填筑基础和老口门等最具代表性。

1.2.2 隐患探测技术的发展过程

1. 锥探技术

据有关文献记载，我国清代河务机构为消除堤防隐患，曾用过"签堤"的方法，即用细铁棍制成"铁签"，凭人的感觉及进土的快慢判断有无隐患。20 世纪 50 年代，河南封丘黄河修防段将钢丝锥在黄河滩区找煤的技术运用到查找大堤隐患上来，消除了大量隐患。70 年代，河南武陟黄河修防段应用了电动打锥机，有效提高了工作效率，消除了大量隐患。但这类方法目的性较差，准确度不高，耗时耗力。

2. 抽水涸堤技术

抽水涸堤的基本方法是在堤顶开挖纵向沟槽，向槽底锥孔灌水，根据渗水、漏水情况，分析判断堤身隐患。该方法费工费时，推广应用难度较大。

3. 物探技术

20 世纪 50 年代末至 60 年代初，山东黄河河务局与山东大学协作，利用放射性钴 60 进行了堤防隐患探测试验。70 年代，鞍山电子研究所研制了 YB-1 型暗缝探测仪，将黄河堤防隐患探测技术又推进了一步。80 年代，山东省水利科学研究院在 YB-1 型仪器基础上进行了改进，研制出了 ED-80 型堤坝探伤仪，在黄河大堤上进行了试验，对裂缝探测取得了一定效果，但对洞穴探测反映不明显。1985 年，水利部黄河水利委员会（以下简称"黄委"）耗资 30 万元引进美国 SIR-8 型地质雷达，经过反复试验，探测效果仍不明显（属正演性测试），未探到闸涵及根石的结果。

1950—1991 年，治黄机构及有关单位针对堤防隐患探测进行了大量考查、试验、研究工作，历经诸多曲折，耗费大量人力、物力，取得了一定成果，但没有重大突破。

黄河下游堤防隐患探测问题屡攻不破，其主要原因如下：

（1）难度大，主要表现在探测目标小，目标与周围介质物性差异小。

（2）当时的理论研究、方法技术、仪器探测能力、电子计算机水平比较落后。

（3）受场地条件限制，诸多方法的效能无法正常发挥。

1992 年，黄委将"堤防隐患探测研究"列入国家"八五"重点科技攻关项目——"堤防工程新技术研究"专题的第一子题（85-926-01-04），研究工作由黄委设计院物探大队（黄河设计院工程监测与物探研究院前身）承担，主要研究黄河下游堤防工程隐患（动物洞穴、堤身裂缝、松散体与软弱层）的地球物理探测技术。研究内容涉及堤防探伤理论、探测方法及仪器设备，自此开始依照工程地球物理勘探的思路来进行无损探测研究，采用常规直流电法、高密度电阻率法、自然电场法、瞬变电磁法、地质雷达、地震折射波法、地震反射波法和面波勘探等，开发了一套针对不同隐患探测的方法技术，即利用对称四极剖面法进行堤身隐患普查，利用高密度电阻率法进行详查，利用瞬变电磁法和面波勘测探测堤基老口门软弱夹层隐患等。此外，项目提出了能够提高堤防隐患探测速度与精度的高密度电法仪改造方案。这是第一项技术来源。

国家"八五"重点科技攻关项目——"堤防工程新技术研究"专题（85-926-01-04）经国家防汛抗旱总指挥部（以下简称"国家防总"）总等单位有关专家鉴定，一致认为该成果整体达到国际先进水平，其中堤防隐患探测技术属国际领先水平。该成果荣获黄委设计研究院科技进步一等奖、黄委科技进步一等奖和水利部科技进步三等奖，并于1997 年列入国家重点科技推广目录。同年，黄委设计院研制生产了覆盖式高密度电测系统（图 1.2-1）。

1998 年大洪水后，为了检验全国的堤防隐患探测水平，国家防总和水利部在湖南益阳制作了堤防隐患模型，组织测评了国内外采用各种方法技术的仪器。黄委设计院物探总队研制的覆盖式高密度电阻率仪探测效果名列前茅。随后中标水利部"988"重大科技攻关项目——"堤防隐患和险情探测仪器开发"（国科 99-01），研制了高密度电阻率法堤防隐患探测仪（图 1.2-2），该探测仪于 2001 年经专家鉴定，被认为整体达到国际先进水平，其中，分布式高密度电阻率法堤防隐患探测仪属国际领先水平，荣获黄委勘测设计研究院科技进步特等奖、黄委科技进步一等奖和河南省科技进步三等奖。此为第二项技术来源。

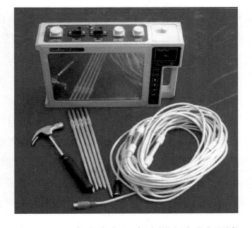

图 1.2-1　覆盖式高密度电测系统仪器主机　　图 1.2-2　高密度电阻率法堤防隐患探测仪

分布式高密度电阻率堤防隐患探测仪开发采用现代计算机技术和大规模集成技术，实现高速采集、快速处理、实时显示，并能进行网络通信。该设备的电极转换开关分布在测试电缆上,采用无固定地址编码技术,实现自动寻址功能。在实际探测中,可根据所测地电阻率的色谱图像分析判断堤坝隐患位置、性质等。

在水利部科技推广项目"黄河下游堤防工程安全检测与管理技术集成示范项目"开展以后,综合运用视频巡检技术、地质雷达、高密度电法、面波勘探技术及 GNSS 定位技术分别进行堤顶路面检测、堤身隐患探测及堤基老口门等空间全方位的隐患探测,上述方法均可实时定位,由此建立成套的黄河下游堤防工程安全检测技术。该项目还开发了数据总控平台,实现远程监控、内外业同平台以及检测数据的交互与实时处理。

根据黄河流域管理信息化的需求,基于数字黄河的理念,黄河设计院将堤防工程信息、检测成果录入数据库,建成了具备网络化、数字化、信息化的"黄河下游堤防工程安全检测与管理系统"。该系统是堤防工程安全检测管理的综合信息应用服务平台,为各级管理部门提供数据管理、查询统计、计算分析、数据显示和处理等各项功能,为堤防工程安全检测与管理提供切实有效的支持。

1.2.3 主要的隐患探测方法

由于每种隐患探测方法均有其特定的应用前提,加之不同种类的堤防隐患的物性反映也不同,故只有部分物探方法适用于隐患探测。目前,应用于堤防工程隐患探测的物探方法主要有三类,即电法探测、电磁类物探探测、弹性波类探测。

1.2.3.1 电法探测

理论研究及大量实践证明,电法勘探中的常规电阻率法、高密度电阻率法和自然电场法可用于隐患探测。

1. 常规电阻率法

常规电阻率法的基本原理是利用隐患与周围介质的电阻率差异,通过仪器获取隐患引起电阻率变化的情况,根据电阻率数值大小及其曲线形态的变化特征,推测隐患的分布情况。常规电阻率法分为电阻率剖面法和电阻率测深法,主要用于堤防隐患探测工作的是对称四极和中间梯度装置,其对堤防内部的裂缝、洞穴及堤身不均匀体等都有反映,尤其对裂缝等隐患非常敏感。这种方法的特点是野外工作流程简单,探测速度快,一个作业组每天可测剖面长度 1.5~2km,资料处理简单,该方法不仅可以确定隐患位置,还能定性判断隐患埋深。该方法所用仪器简单,探测成本较低,常规电法仪器均能适应探测要求。

2. 高密度电阻率法

高密度电阻率法的基本原理与常规电阻率法相同,不同的是测点密度较高,极距在算术坐标系中呈等间隔,它是电剖面法和电测深法的结合,一次可以完成一个断面的二维探测过程,观测精度较高,数据采集可靠,对地电结构具有一定的成像功能,可获得的地质信息更丰富。因为高密度电阻率法主要是靠电阻率图像推测隐患,所以它是堤防隐患探测的主要方法。

该方法由于其现场采集数据量大、信息丰富,且对地电结构具有一定的成像功能,因此堤防内部的裂缝、洞穴、不均匀体、软弱层等在探测成果图上均有明显、直观的反映。目前,这项技术已大量投入隐患探测工作。

高密度电阻率法仪器型号很多,按其信号采集工作模式分为两类:一类是串行式,即信号采集系统的接收主机只有一个信号通道，借助于转换控制器将空间上的多电极按规律组合接通，各路信号分时进入；另一类是并行式，即采集系统具备多通道，各路信号可同时进入。堤防隐患探测大多数使用的是单道分时采集系统，按照电极转换开关设置情况，可分为分布式和集中式。

3. 自然电场法

自然电场一般由地下地层的氧化-还原作用、扩散-吸附作用及渗透现象所形成。堤坝渗漏探测研究的是由渗透作用形成的过滤电场，即当地下水在一定压力作用下通过地层孔隙或裂隙时，由于固体颗粒表面对地下水中的正、负离子具有选择性的吸附作用，形成了在进水口方向为高电位、出水口方向为低电位的过滤电场。自然电场法根据此原理进行渗漏通道的探测。

目前，自然电场法已广泛应用于堤坝渗漏检测工作，它观测的是自然电场，无须人工供电，仪器设备比较简单，只需一台电位计及相应的辅助设备即可，普通电测仪器均可满足检测要求。

1. 2. 3. 2 电磁类物探探测

1. 瞬变电磁法

瞬变电磁法（transient electromagnetic methods，TEM）属于时间域电磁感应法，它是利用不接地回线或接地线源向地下发送一次脉冲电磁场，在一次脉冲电磁场的发射间歇期间，利用线圈或接地电极观测由地下介质感应引起的二次电磁场的方法。该二次电磁场是由地下良导体受激励引起的涡流产生的非稳定电磁场。TEM 法是在没有一次场背景的情况下观测研究二次场（纯异常），对提高方法的探测能力更具有前景。

该方法的主要优点是探测深度大、速度快、不受地形和接地电阻的影响，在隐患探测工作中多用于大范围异性材料（软弱层）以及堤坝渗漏位置检测，也用于堤基地质勘察。

2. 地质雷达

地质雷达仪器是根据电磁波传播原理，探测地下一定深度范围内的地层界面和埋藏目标的电磁装置。其工作原理是以高频电磁脉冲（10～1000MHz）向地下发射，电磁波在地下传播中遇到不同电性分界面时，将产生向下传播和返回地表的电磁波。返回地表的电磁波被接收机接收、放大和数字化，而后存储在磁盘中，可供数据处理及显示。

由于地质雷达技术工作效率高、成果展示直观，因此利用地质雷达进行隐患探测自20 世纪 80 年代以来一直没有间断。地质雷达发射的电磁波一般为高频电磁波，由于土堤对高频电磁波的吸收作用较强，致使地质雷达探测深度受到极大限制，尤其是遇到含水量较大的堤防土质，探测深度更浅，在土质相对干燥的条件下，地质雷达一般可探测到几米以内的洞穴等隐患。其工作特点是现场工作简单、速度快、效率高。

1. 2. 3. 3 弹性波类探测

弹性波类探测方法种类很多，如地震折射波法、地震反射波法、瑞雷面波法等在堤防工程隐患探测工作中均进行了大量的试验，这类方法对较小的隐患目标探测不敏感，但对堤坝大范围异性材料探测效果较好。通过弹性波可获得堤身的横波、纵波等速度，相关参数与堤身力学强度指标关系密切，探测结果可对堤防质量进行评价。

1.3 河道整治工程根石探测技术

1.3.1 根石探测技术应用条件

根石的分布是影响河道整治工程安全的重要因素，查明水下根石的分布特征对于保障河道整治工程安全十分重要。开展河道整治工程根石探测需要穿透的介质主要为含泥沙的黄河浑水、河床底部的沉积泥沙、硬泥等。

含泥沙的黄河浑水介质不均匀，从水面到底部泥沙颗粒逐渐增大，其相应的物性参数特征值也逐渐变化，且水底面与沉积泥沙接触面存在突变情况；黄河河床底部沉积泥沙、硬泥从上到下硬度逐渐增加，相应的物性参数也逐渐变化，但与根石接触的界面存在物性参数的突变。因此，在对根石进行探测时，必须穿透浑水、沉积泥沙或硬泥等介质。

1.3.2 常规探测方法及存在的问题

长期以来，对黄河下游河道整治工程的维护和管理是防洪工程管理者亟待解决的问题，而根石探测技术一直是困扰黄河下游防洪安全的重大难题之一。长久以来，在黄河上采用的根石探测方法均是采取直接触探或凭借操作者的感觉判断水下根石情况，主要方法如下：

（1）探水杆探测法。由探测人员在岸边直接用 6～8m 标有刻度的竹制长杆探测。由于长杆入水后并不垂直，这种探测方法探测深度误差较大。

（2）铅鱼探测法。在船上放置铅鱼至水下，用系在铅鱼上标有尺度的绳索测量根石的深度。这种方法误差也较大，因船没停稳时，绳长往往是不垂直的。

（3）人工锥探法，靠锥杆长度确定根石深度。对不靠水的坝垛根石可以采用此法探测，3～4 人在地面打锥即可。对于浅水下的坝垛根石，打锥人站在浅水中打锥，直到锥到根石顶面（图 1.3-1）。这种方法的工作环境和安全性很差，只能在水深小于 1.2m 的情况下采用。对位于水深大、流速快的水下坝垛根石，需要 3～4 人在船上打锥，靠人的感觉确定是否到达根石顶面。

图 1.3-1 人工根石探摸

（4）活动式电动探测根石机探测法。其工作原理是模仿人工探测根石的提升、下压、冲进的工作原理设计的。该方法采用双驱动的两个同步旋转滚轮，靠一端能自锁的偏心套挤压探杆，两滚轮驱动探杆向下探测。当探杆碰到块石时，探杆不能继续下进，会将机器顶起，此时操作者立即松开操纵杆，两滚轮与探杆即可自行分离，停止下进，然后操纵反转开关，使探杆拔出地面，即可完成根石探测。

以上几种方法均受很多条件制约，如水

流影响、操作不便、探测船定位困难、感觉不准等，它主要存在以下问题：①费工费时，劳动强度大；②探测深度和水面探测范围有限，一般情况下探测深度只能达到十几米，锥探 20m 左右深度的根石有一定难度，水面探测范围受探测船长度限制，一般在 15m 以内；③水流较急水域探测船定位困难，探测人员的安全不易保证，而此类水域的水下根石却需要重点探测。另外，探水杆探测法和铅鱼探测法只能探测浑水厚度，遇到有淤泥层时无法探测真正的根石埋深。

1.3.3　早期仪器根石探测的研究情况

由于及时掌握河道整治工程坝垛根石深度是取得抗洪抢险斗争胜利的基本条件之一，因此如何解决河道整治工程的根石探测问题，多年来一直是黄河防洪工作中研究的重大课题，国内许多科研单位和技术管理部门为此曾做过大量的工作，试图采用非接触式的新技术解决根石的探测问题。

黄委一直十分重视根石探测技术的试验研究工作，多次组织力量、投入资金开展试验研究。在研究方向上主要分为两个方面：一方面是对传统的锥探方法进行改进，以减轻探测工作的劳动强度，提高探测效率；另一方面是开发、研制、引进具有大能量、高效率的专用设备，实现快速、准确、方便的探测。由于黄河水沙的特殊性、河势的多变性等影响，根石探测的难度一直很大，在相当长的时段内未能取得突破。

1980 年前后，黄委水文局利用水下声呐反射原理成功研制 HS-1 型浑水测深仪，解决了穿透各种含沙层情况下的浑水测深问题。但因该仪器不具备穿透淤泥层的功能和精度低等问题，故未能在水下根石探测方面推广应用。

1982 年，黄委与中国科学院声学研究所合作，利用声呐技术进行根石探测试验研究，经过 6 年试验，在浑水、泥沙、沉积层的衰减系数、散射系数、根石等效反射系数、沉积层声速等方面取得大量资料，但在电火花声源、大电流产生的电磁波冲击使计算机死机和定位系统等方面的技术问题未能解决，故无法投入应用。

1985 年，黄委在调研国内外情况后，引进了美国地球物理勘探公司生产的 SIR-8 型地质雷达。在河南、山东等地对淤泥层下根石分布情况进行多次探测试验，因电磁波能量在水中衰减快、散射特性复杂等原因，目标回波和背景干扰混合在一起，增加了识别目标的难度等，未能取得有效的探测结果。

1.3.4　"八五"攻关期间根石探测的研究情况

1992 年"丁坝根石探测技术研究"列入国家"八五"重点科技攻关"黄河治理与水资源开发利用"项目第一课题第四专题，作为第二子专题开展试验研究，黄委勘测设计研究院物探总队承担研究任务。子专题项目组根据黄河下游河道整治工程中根石的特殊水沙条件，在实地考察和分析国内外基础资料的基础上，优选了以下几种物探方法进行研究和试验。

1. 直流电阻率法

直流电阻率法主要是利用坝体周围各物质体（如根石、黄河水、沉积砂等）的导电性差异，通过探测得到的视电阻率值分析其物质属性，确定根石界面。根据以往试验表明，用直流电阻率法探测根石虽有反映，但试验仅限于无水环境下（有水条件下的电法探测当时还处于探索的初始阶段）且受工作场地条件限制，无法布置理想的观测系统，不能实现快速探测，并且探测精度、效率均较低。

2. 地质雷达探测法

地质雷达探测属于电磁法中的一种，它依据的物体电性主要有电导率 μ 和介电常数 ε，前者主要影响电磁波的穿透（探测）深度，在电导率适中的情况下，后者决定电磁波在该物体中的传播速度。不同的地质体具有不同的电性，因此，在不同电性的地质体的分界面上，都会产生回波。地质雷达沿预定测线向地下发送一系列超高频电磁波脉冲，这些脉冲在地下遇到电性界面时会产生回波脉冲，根据发送脉冲与回波脉冲的时间间隔，就可推算电性界面在地下的埋藏深度。专题组先后与中国地质科学院勘查技术研究所、中国煤炭地质总局地球物理勘探研究院等四家单位合作，采用美国、加拿大生产的四种不同型号的地质雷达进行试验，探测剖面长度累计 3000 余米。试验结果显示此方法探测效果较差，主要原因是电磁波遇到水会产生非常大的衰减，在淤泥中穿透能力较差。

3. 瞬变电磁法

瞬变电磁该法的基本原理是电磁感应原理，其以土体的电性及磁性差异为基础，先向地下发射垂直方向的电磁波，观测断电后的电磁场随时间的变化，通过研究电磁场的空间、时间分布特征，达到解决地质问题的目的。以往的试验结果表明，该方法探测根石效果较差，分辨率、效率均较低，无法满足根石探测要求。

4. 浅层反射法

浅层反射法主要是根据弹性波在传播过程中遇到波阻抗差异界面时发生反射，采用一系列的数据处理方法对采集的信号进行分析处理得到地下地层分布的一种方法。该方法可以很好地对地下地质体进行分层，由于激发的弹性波频率较低（一般在 500Hz 以下），理论计算该方法的横向分辨率和纵向分辨率均不能满足根石探测的需要，施工难度较高，探测效率较低。

5. 声呐探测法

声呐探测法的基本原理是通过仪器探头在水中激发声波（弹性波中的纵波成分），声波在传播过程中遇到波阻抗差异界面发生反射，根据反射时间推算出波阻抗界面的埋深。试验工作由专题组与国家海洋局第二海洋研究所联合开展，使用的仪器是 SP-Ⅲ型浅地层剖面仪。试验结果显示，对于埋藏较浅且淤泥覆盖层很薄的水下根石，信息反应明显；当根石埋藏较深时，有效信号模糊不清，不能有效划分根石的平面分布，SP-Ⅲ型浅地层剖面仪也难以解决根石探测问题。

随着地球探测技术的发展，新的探测技术开始应用于水下基础探测，主要方法有：水上地震反射法、水下地形扫描法、水下机器人成像等。这些方法中，水上地震反射、水下地形扫描和水下机器人成像等方法主要应用于海洋、水库等分辨率要求不高的水下基础探测。鉴于根石探测是黄河防洪工程迫切需要解决的问题，黄委有关部门一直在探寻既能穿透浑水又能穿透淤泥层的探测设备和方法，经过调研，黄委通过水利部"948"项目于 1997 年引进了美国 Edge Tech 公司生产的 X-STAR 全谱扫频式数字浅地层剖面仪，用于水下根石探测技术研究，取得突破性进展。

1.3.5　根石探测工作现状

黄河设计院在多年实践的基础上，提出采用浅地层剖面仪＋GNSS定位仪＋小型机动船的组合方式，开展了大量的试验研究工作。从现场工作模式、反射信息采集、数据处理以及反演解释等方面进行深入研究，有效解决了根石探测难题。通过多个河道整治工程现场探测与人工锥探结果进行对比，结果显示，探测误差一般在 $10\sim20$ cm，探测精度与探测效率能够满足河防工程日常运维管理的需求。该技术已列入水利部科技推广名录，黄委从2014年开始已在下游工程管理中全面推广应用该技术，并制定根石探测相关技术标准。在每年汛期前，对靠水工程进行全面探测，并将探测成果作为工程管理与加固的基础性资料。

1.4　河防工程安全信息感知技术体系

河防工程是流域防洪体系的基础性工程，为了保障工程安全，把握水情河势、险工险段根石稳定和堤防隐患等工情状况，及早发现险情、处置险情始终是河防巡查的重要任务。多年来，河务部门及相关研究机构对工程安全信息的采集投入了大量精力与时间，如安装表观监控、护坡感知设施、内部渗流变形传感器，以及对隐藏工程各种定期检测等，为防洪保安发挥了重要作用。但由于河防工程属长距离线性工程，且工程种类繁多、战线长、数量庞大、分布范围广，传统的安全信息感知手段尚不能适应现代流域防汛的需求。所以在工程实践中，要结合河防工程特点，创新工程安全信息感知方法技术，逐步完善工程安全感知技术体系。

《中华人民共和国国民经济和社会发展第十四个五年规划和2035年远景目标纲要》明确提出"构建智慧水利体系，以流域为单元提升水情测报和智能调度能力"。《"十四五"水安全保障规划》重点任务中再次提出"加强智慧水利建设，提升数字化网络化智能化水平。按照'强感知、增智慧、促应用'的思路，加强水安全感知能力建设，畅通水利信息网，强化水利网络安全保障，推进水利工程智能化改造，加快水利数字化转型，构建数字化、网络化、智能化的智慧水利体系"。

1.4.1　河防工程感知技术现状

1. 国内外堤防近岸垮塌险情感知技术现状

目前，河道整治工程主要以汛前根石探测等手段为主，对险情演变的监控能力不足。根石探测技术等主要用于非汛期的根石走失情况探测，以确定相关工程的安全现状，为汛期抢险、储备备防石等提供参考，但未能对根石实时走失等险情演变信息进行有效的监控。在根石走失的监测方面，黄委曾利用光纤传感技术在大玉兰控导、老田庵控导等工程进行试验工作，由于传感器需要在根石底部埋设，相关技术仅适用于新建工程，且传统的光纤监测仪器安装成本太高，导致光纤传感技术在实际应用中不易推广。

国内外关于河道整治工程的安全监测研究较少，尤其对险情的演变的监控研究很少。随着人工智能的发展，在其他领域有学者尝试利用机器视觉算法对泥石流、山体滑坡等与根石走失类似的边坡进行自动监测，这类方法多是检测出视频中目标滑坡区域，然后利用背景差分、运动检测算法对滑动区域进行识别，在一定程度上实现了实时的智能监测，然而这些方法容易受到外界运动物体的干扰，误报概率较大。除此之外，目前尚未有利用图像机器视觉等对根石坍塌监测的研究。

2. 国内外堤防险情感知技术现状

目前，国内外关于堤防工程的隐患探测研究，基本停留在以防为主，代表性技术为堤防隐患探测系列技术。各级河务部门对堤防隐患探测十分重视，曾先后采用锥探灌浆、抽水涸堤、放射性钴60、电动打锥机、YB-1型暗缝探测仪、ED-80型堤坝探伤仪、美国SIR-8型地质雷达等进行探测。

除研究堤防隐患探测技术之外，部分单位还开展了堤防险情的监测技术研究，主要是通过监测堤防地下水位、变形等参数来进行预警。

目前的堤防监测系统多是参考借用大坝安全监测系统的模式和方案，投入使用或者研究的传感器包括振弦式和差阻式渗压计、压力传感器，以及能够测量温度场、应变和渗压的光纤传感器。上述方式大都属于点状监测且大部分传感器安装需要对堤防进行钻孔等工作后埋设，大范围推广的难度较大。堤防工程与大坝工程具有明显的差异，堤防本身的结构要比大坝薄弱，且存在堤身质量参差不齐、堤身材料多样、隐患及出险部位众多、野外监测环境恶劣等特点；而大坝坝身质量相对较高，坝身材料比较单一，隐患和出险部位比较集中，监测环境较好。传统的监测传感器多采用点式监测，其监测范围相对有限，一般仅对以传感器为圆心、半径1m左右范围内的变化有一定反应。在堤防监测中，在如此小范围内才能发现隐患或险情，那预警工作就已明显滞后，不能提供有效的监测预警。因此传统堤防安全监测，只能把握局部断面或者点位的安全信息，对于线性工程隐患监测能力仍较为缺乏。

经过多年的应用实践，以地球物理探测技术为基础的堤防隐患探测技术在非汛期探测堤防工程隐患时能起到一定作用。但在汛期，无论是在探测效率还是在预警方面都不能满足抢险需求，只能是在险情发生后进一步确定险情发生的部位及通道，而不能提前预报险情出现的时间、地点及可能出现的概率。传统堤防隐患探测技术，完成10km左右的堤防隐患探测工作，即便采用"白＋黑"的工作模式需要3～5天的时间才能完成一次探测，从时效性来讲还有很大的提升空间。

1.4.2 传统河防工程感知技术存在的问题

黄河河防工程修建年代久远，受当时技术条件限制，安装监测感知信息设施极少，加之堤防、险工、控导工程阵线长，后期运维过程中虽增加了部分表观监控设备，但基本没有安装现代化渗流、变形监测预警设施，工程安全监测主要依靠人工巡查，对工程内部信息的把握主要靠勘查及各种地面探测技术方法，抢险反应速度慢。

（1）在堤防隐患探测方面，传统的堤防隐患探测方法虽可极大程度地解决堤防内部的隐患问题，但其在工作效率、探测深度等方面存在一定的不足。如探测深度较大的高密度电法和弹性波法，需要将电极或检波器布设于堤防之上，因此工作效率极低；工作效率较高的地质雷达方法，虽可实现大于10km/h的内部隐患巡检和快速检测，但可实现屏蔽外界干扰信号的 100MHz 天线在干燥粉土等地层中的最大探测深度往往超不过 8m，而小于 100MHz 的大都为非屏蔽天线，极易受到大堤周围建筑物和树木的干扰，实际应用效果较差；非接触式的瞬变电磁等技术多是依赖于小电流和大线框发射，存在浅层探测盲区较大的问题。上述技术虽可在日常堤防探测中解决相关隐患的问题，但在汛期应急探测和日常巡检等工作中效率不高，无法广泛应用。

（2）在河道整治工程根石探测方面，基于浅剖声呐的水下根石探测技术逐步成为在黄河上应用最为广泛的根石探测技术，但传统浅剖技术多是基于国外进口声呐设备，因相关声呐设备是面向海洋应用开发的，设备庞大且只能利用有人船舶搭载，因此该技术多在非汛期开展根石探测，对可能出现的坝垛进行预防性检查。在汛期，由于河道流速大等因素，大型船只行驶安全性较差，汛期的根石探测开展较为困难。目前针对河道整治工程根石走失的实时监控问题是管理部门更为关注的问题。通过对根石走失的实时监控，可实现根石走失的实时提醒，减小巡堤查险人员的工作压力。

随着河防工程管理更为智能化和信息化，传统的河防工程巡检对于无人化值守及无人化的巡检要求越来越高，这就需要利用无人机、无人船、卫星等手段开展多维度、多源信息的采集、分析与处理。

1.4.3   工程安全在线监控技术发展

在线监控技术是一种对工程安全监测信息在线管理、工程运行性态在线分析、安全隐患和运行风险在线反馈，并在此基础上通过管理措施或工程措施，控制安全隐患发展的工程管理监督手段。随着现代电子技术、物联网、无线传感器、云计算和大数据等新兴技术的发展，安全监测仪器及关联技术得到稳步发展，取得了许多成果，也积累了许多经验。传感器技术在生产工艺的先进性、传感材料的性能优异性、施工的高效方便性、测量技术的先进性等方面都获得了长足进步，为开展水利工程安全监控工作提供了可靠的技术手段。计算机和微电子技术、通信技术的快速发展，为自动化监测技术发展奠定了基础，以高性能、低功耗单片机为典型代表的微处理器和灵活多样的新时代高效通信技术普及使用，大大提高了自动化监测系统的稳定性、可靠性以及通信速度和通信效率。此外，随着在线监控技术的推广，安全监测在线管理、工程运行性态在线分析、安全隐患和运行风险在线反馈得以实现，为构建有效的工程安全风险管控格局、全面提升工程管理水平和工作效率提供了技术支撑。

（1）监测仪器在长期稳定性、可靠性方面取得突破。由于水利水电工程所处环境条件恶劣，加之仪器大多属一次性埋设，不可更换，因此要求监测仪器设备具有长期稳定性。我国水电建设步入大发展时期，许多巨型的高坝大库相继开工建设并投入运行，对安全监测仪器提出了更多更高的要求。实践证明，随着材料科学、制造工艺等技术不断发展，传感器的耐水压、大量程、监测精度、长期稳定性等指标都得到了长足进步。此外，埋入式监测仪器系列中也增加了新型传感器，如光纤光栅仪器、微型机电系统（micro electro mechanical system，MEMS）传感器、磁致伸缩传感器、电磁式大量程位移传感器、陶瓷电容式仪器、电位计式仪器、压阻式微压传感器等，为堤坝安全监测提供了准确可靠的技术保障。

（2）监测仪器由点式向连续分布式方向发展。传统的监测仪器多为点式，部分仪器是一点（仪器）一线制，需要众多的电缆随仪器埋设。随着技术的发展，阵列式传感器发展迅速，如目前新型的多维度连续变形测量装置是由一系列 MEMS 高精度倾角传感器组成的线阵式 MEMS 传感器阵列，可为连续线状分布位移监测提供一种新的技术解决方案，不仅在测量范围、测量精度、实时响应能力等方面远远超过传统的安全监测仪器，而且它可以安装在已埋设的测斜管或孔径更小的钻孔内，实现分层位移的自动化监测，可适应较大的剪切位移，适用于堤防内部变形或者坝垛表面根石变形监测。

（3）基于数字摄影与图像分析的非接触式测量法在外部变形监测方面得以成功运用。随着计算机运算速度的大幅提高、图像处理与分析技术的广泛应用和数码相机等数字摄影器材的发展与普及，数字摄影和图像分析技术逐步被应用到岩土工程监测领域，如监测桥梁扰度、边坡稳定性、隧洞收敛、基坑变形等。虽然部分图像识别观测成果的绝对精度不如干涉雷达、精密测量法等测量手段，但相对精度可以满足崩滑体处于速变阶段的要求，同时该方法还具有全天候自动化监测、外业工作量较小、获取数据迅速、安装维护成本低等优点。黄河下游工程险工、控导工程的表面根石变形监测可采用此经济、便捷、高效、安全的技术手段，以获得可靠的变形监测成果。

1.4.4　河防工程信息感知新技术

近年来，在黄河流域智慧防汛项目建设过程中，黄河设计院根据河防工程的特点，结合黄河下游堤防工程实际，在多年工程实践的基础上，持续研发河防工程安全感知新技术，不断丰富河防工程安全信息采集方法，在河防工程监控图像智能识别、堤防快速巡查、工程安全监测技术等方面取得新进展，并开发了系列配套的信息感知装备。

（1）在险工险段视频监控方面，利用人工智能算法和视频监控图像，实现了对护岸边坡稳定性的实时监控预警；开发了根石边坡图像识别技术，以视频监控图像为依托，运用计算机视觉、图像分析、深度学习、边缘计算等技术，实现了河湖水情、工程边坡变形、山洪及滑坡易发区域等全天候自动监测，10s 内智能判断、识别、分析和预警，根石监测精度小于 $0.2m^3$；开发了水尺图像识别技术，多类别水尺智能识别精度小于 2cm，提升了实时监控和自动预警能力。

（2）在堤防快速巡查方面，开发了拖曳式瞬变电磁仪，实现了电磁感应探测方法实现由传统的点测到连续检测模式的转变，且在数据处理中利用人工智能图像识别算法，极大提高了现场工作效率，设备巡检速度可达 10km/h。该方法对堤防渗漏敏感度高，可用于堤防应急抢险勘察和堤防日常巡检巡测，解决了堤防汛期应急巡查难题。

（3）在汛期根石探测方面，在非汛期根石探测技术的基础上，研发了适合汛期高含沙洪水特点的低频声呐探测装备，采用小型无人船载具，解决了汛期根石探测难题；另外，为安全实施河防近岸基础探测，成功研制了车载遥控机械臂，可在岸上操作水下探测设备，用于险工应急抢险。

（4）在堤防工程安全监测方面，针对堤防渗漏问题，研发了小禹堤坝渗漏监测设备，利用地电场对集中渗漏现象的敏感特性，实现了基于空间反演理论的渗漏过程的场变规律监测。基于堤防渗漏引起的地电场变化，采用地球物理场反演技术，在传感器不接触地下水的情况下，超前感知堤坝内部渗漏发育及演变情况，实现了重点堤段集中渗漏隐患的实时在线监测与预警。

（5）针对护岸结构变形稳定问题，研发了融合北斗定位、MEMS 的传感技术，实现高精度变形监测预警。采用 MEMS 变形监测技术，研发了高精度姿态传感器，开发了适用于根石走失及边坡变形的阵列位移传感装置。

我国水利事业进入新发展阶段，高质量发展已成为水利工作的主题。2022 年 1 月，水利部提出要大力推进数字孪生流域建设，积极推动新阶段水利高质量发展。智慧水利建设要先从水旱灾害防御开始，推进建立流域洪水"空天地"一体化监测系统，建设数字孪生流域，为智慧防汛提供科学的决策支持。河防工程作为流域防汛体系的基础性工程，获取工程安全信息、建设完善的工程感知体系是一项十分重要的工作。随着探测方法、探测技术、仪器设备及智能感知技术不断进步，河防工程安全信息的采集手段会越来越多，丰富的工程安全信息数据将有力支撑防灾减灾事业。

第2章

汛期安全监控图像智能识别技术

2.1 河防安全视频监控技术

2.1.1 水利视频监控系统建设概况

水利工程作为国家基础设施建设的重要组成部分，在防洪减灾、城乡供水、农业灌溉、水力发电等民生关键领域发挥着不可替代的作用。随着新一代信息技术的快速发展，视频监控技术已深度融入社会各领域，国家对此高度重视，持续加大水利视频监控系统的建设投入。在此背景下，水利行业视频监控体系实现了跨越式发展，其建设不仅是落实水利部战略部署的重要举措，更是推进水库管理常态化、长效化的关键支撑。这些现代化监控系统通过实时采集和传输防洪工程运行状态、汛情动态等可视化信息，为防汛抗旱指挥决策提供了精准可靠的数据支撑，显著提升了水利工程管理效能和应急处置能力。如济南天桥黄河河务局已经初步实现了监控系统的全覆盖建设，包括远程视频会商系统的全覆盖、视频监控系统的全覆盖和无人机的全覆盖。通过视频监控和无人机辅助人工巡查，天桥黄河河务局黄河管理段实现了工程巡查立体化、业务管理智能化、现场作业现代化等，并初步构建了"天空地河"一体化的信息感知网。濮阳河务局搭建了"灵眸"巡河实时监控系统，该系统有机整合了无人机灵活机动、河道监控摄像头数量多而稳定、高空瞭望摄像头视野广阔且可高倍变焦、水尺监测摄像头专业精准、语音提示设备自动智能等优势，形成了资源统筹、优势互补、动静结合、立体交叉、全天候、无盲区的综合性巡河系统。

在国内其他水利工程领域，视频监控系统的推广应用同样成效显著。截至2021年底，辽宁省647座小型水库中已有231座完成视频监控设备安装，普及率达36%。系统主要采用360°球体监控机和固定式监控机，并创新性地在供电条件受限区域采用太阳能板供电方案。山东省水利厅已完成253座大中型水库的视频监控系统部署，并构建了覆盖122个县（市、区）的水旱灾害防御一体化平台，为提升防洪减灾能力提供了强有力的信息化支撑。这些实践充分展现了视频监控技术在水利工程管理中的重要作用，为全国水利信息化建设提供了有益借鉴。

随着水利工程视频监控系统的广泛应用和快速发展，每日产生的视频数据呈现指数级增长。然而，当前对海量数据的处理仍主要依赖人工值守监控和事后回放查看，这种模式不仅耗费大量人力资源，而且效率低下，难以满足河防工程安全巡检排险任务对时效性的迫切需求。因此，如何实现特定巡检任务下的海量视频数据智能化监测与分析，已成为水利行业视频监控领域亟待突破的关键技术瓶颈。为应对这一挑战，水利工程视频智能监控领域已涌现出一系列创新性解决方案。通过将人工智能技术与计算机视觉相结合，开发出了水位尺智能识别、河道表面流速自动测算、岸坡稳定性实时监测、库坝边坡位移变形分析、河道漂浮物自动监测等智能化监测技术。这些技术突破有效弥补了传统人工巡检存在的成本高、风险大、效率低等不足，为水利工程安全监测提供了智能化解决方案，显著提升了监测效率和精准度，推动了水利工程管理向智能化、现代化方向迈进。

2.1.2 智能监控技术相关理论基础

智能监控的核心技术基础是计算机视觉，其本质是通过智能算法赋予摄像装置类人视觉的感知能力。计算机视觉技术体系主要包含目标检测、目标识别和目标分割三大核心模块，这些模块的实现依赖于图像预处理、深度学习和运动检测等关键技术。其中，图像预处理技术作为前端处理环节，通过对原始图像进行降噪、增强等操作，显著提升图像质量，为后续分析提供可靠的数据基础；深度学习技术则通过构建多层神经网络模型，模拟人脑认知机制，实现对图像数据深层特征的自动提取和学习，大幅提升了目标识别的准确度；运动检测技术通过分析视频序列的帧间差异，实现对动态目标的精准捕捉和跟踪，为水利工程中的运动目标监测提供了技术支撑。鉴于这些技术在水利智能视频监控系统中的关键作用，本书将在后续章节中对其技术原理和应用实践进行系统阐述。

2.1.2.1 图像预处理技术

在水利智能视频监控系统中，图像降噪是最基础且关键的预处理步骤。由于数字图像信号在采集和传输过程中易受环境干扰，常会出现异常极值噪声，这些噪声表现为图像中突变的亮点或暗点，不仅严重降低了图像质量，还会对后续的图像复原、分割、特征提取和识别等处理环节产生显著影响。因此，在进行智能化分类识别之前，必须采用高斯滤波、中值滤波和双边滤波等先进的图像处理技术对图像信号进行降噪处理，以有效消除因光照变化等因素引起的噪声干扰。

从技术层面来看，图像噪声通常表现为孤立的像素点或像素块，在视觉上形成明显的干扰效果。从信号处理的角度，这些噪声可视为具有特定统计特性的随机信号。其中，功率谱密度是描述噪声特征的重要统计指标，可用于噪声的分类与识别。在众多噪声类型中，高斯噪声是最为常见的一种，其功率谱密度服从高斯分布。特别地，当噪声的幅度分布服从高斯分布且功率谱密度呈现均匀分布时，这类噪声被称为高斯白噪声。

在信号在时间上的相关性上，高斯白噪声的二阶矩是不相关的，一阶矩是常数，高斯白噪声的概率密度函数可表示如下：

$$p(x) = \frac{1}{\sqrt{2\pi}\delta} e^{\frac{-(x-\mu)}{2\delta^2}} \tag{2.1-1}$$

式中：x 为灰度值；μ 为 x 的平均值或期望值；δ 为 x 的标准差。标准差 σ 的平方称为 x 的方差。

1. 高斯滤波去噪

高斯滤波器是一种剔除噪声的线性滤波器，能够有效地减少图像噪声并平滑图像。其工作原理类似于均值滤波器，都是使用滤波器窗口内像素的平均值来输出滤波后的像素值。但高斯滤波器的窗口模板系数与均值滤波器不同，均值滤波器的模板系数均相等，为 1；而高斯滤波器的模板系数随着距模板中心的距离的增加而逐渐减小。与均值滤波器相比，高斯滤波器能够更准确地保留图像的细节信息，并且对图像的模糊程度较小。二维高斯函数表示如下：

$$h(x, y) = e^{-\frac{x^2 + y^2}{2\delta^2}} \tag{2.1-2}$$

式中：(x, y) 为点坐标，在图像处理中可认为是整数；δ 为标准差。

要想得到一个高斯滤波器的模板，可以对高斯函数进行离散化，得到的高斯函数值作为模板的系数。对于窗口大小为 $(2k+1) \times (2k+1)$ 的模板，模板中各个元素值的计算公式如下：

$$H_{i,j} = \frac{1}{\sqrt{2\pi}\delta^2} e^{-\frac{(i-k-1)^2 + (j-k-1)^2}{2\delta^2}} \tag{2.1-3}$$

2. 中值滤波去噪

中值滤波去噪是一种基于排序统计理论的非线性信号处理技术，它能够有效地消除数字图像或数字序列中的噪声点。其基本原理是用邻域中各点值的中位数来代替该点的值，使得周围像素值更接近真实值。这种方法使用某种结构的二维滑动模板，将邻域内像素按像素值排序，生成单调递增（或递减）的二维数据序列。二维中值滤波输出为 $g(x,y) = \text{med}\{f(x-k, y-l), (k, l \in W)\}$，其中，$f(x,y)$、$g(x,y)$ 分别为原始图像和处理后图像；W 为二维模板，通常为 3×3 或 5×5 区域，也可以是不同的形状，如线状、圆形、十字形、圆环形等。利用该方式，可针对图 2.1-1 中第 3 行第 3 列的像素点，计算它的中值滤波值，如图 2.1-1 所示。

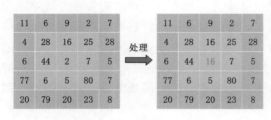

图 2.1-1　中值滤波值计算实例

中值滤波去噪在去除脉冲噪声方面表现良好，尤其是在保护信号边缘免受模糊影响的同时能够有效去除噪声。相比于线性滤波方法，中值滤波去噪具有独特的优点。此外，中值滤波去噪算法简单易懂，也易于硬件实现，在数字信号处理领域得到了广泛应用。

3. 双边滤波去噪

双边滤波去噪是一种非线性的滤波方法，可视为对高斯滤波去噪的一种改进。具体而言，当某像素与锚点的像素值差异较大，但空间位置较近时，该像素在空间高斯中的权重应该相应减小。因此，双边滤波去噪是一种综合考虑空间邻近度和像素值相似度的方法，通过结合空域信息和灰度相似性来实现保边去噪。该方法简单、非迭代、局部化。双边滤波中的"双"指的是空间高斯和尺度高斯，它们分别对应了该方法中考虑的空间邻近度和像素值相似度。

空间高斯的计算方法与高斯滤波相同，根据邻域像素与锚点的空间距离确定权重。空间高斯滤波可用如下公式表示为

$$G_{\text{spatial}}(x,y) = f(x)f(y) = \frac{1}{2\pi\delta_x\delta_y}\exp\left\{-\left[\frac{(x-\mu_x)^2}{2\delta_x^2} + \frac{(x-\mu_y)^2}{2\delta_y^2}\right]\right\} \quad (2.1-4)$$

尺度高斯的尺度根据邻域位置的像素值与锚点位置像素值的相似程度确定权重值。其中，$f(x,y)$ 表示锚点位置的像素值（如 $f(x,y) \in [0,255]$），$f(x+d,y+d)$ 表示和 $f(x,y)$ 具有 d 个空间距离的像素点。尺度高斯滤波可以表示为

$$G_{\text{range}}(x+d) = \frac{1}{2\pi\delta_{\text{range}}}\exp\left\{-\frac{[f(x+d,y+d)-f(x,y)]^2}{2\delta_{\text{range}}^2}\right\} \quad (2.1-5)$$

把空间高斯的高斯核 G_{spatial} 中产生的权重与尺度高斯的高斯核 G_{range} 产生的权重相乘，即可实现对高斯滤波方法中高斯核的权重的缩放，也就产生了双边滤波的滤波器权重 $G_{\text{Bilateral}}$。

双边滤波器的好处是可以做边缘保存（edge preserving），过去用的维纳滤波或者高斯滤波降噪，都会较明显地模糊边缘，对于高频细节的保护效果并不明显。

2.1.2.2 深度学习技术

深度学习主要包括卷积神经网络（convolutional neural network，CNN）、递归神经网络（recurrent neural network，RNN）以及生成式对抗神经网络（generative adversarial network，GAN）三大网络框架。其中，卷积神经网络的发展历程最具代表性。1989 年，LeCun 等首次提出 CNN 概念，随后在 1998 年开发出具有里程碑意义的 LeNet-5 网络架构。该网络创新性地设计了基于梯度的优化学习算法，并在手写字符识别等任务中取得了突破性成果。随着计算机硬件设备的发展，Krizhevsky 等（2012）提出了一个层数更深的卷积神经网络——AlexNet-8，该网络模型在当年的 ImageNet 图像识别大赛中将错误识别率从 26% 降低至 15%，引起了巨大轰动。至此，卷积神经网络开始飞速发展，并在目标检测、目标跟踪、图像分割、图像识别等计算机视觉领域任务中得到广泛的研究与应用。与传统神经网络的全连接方式不同，卷积神经网络采用权值共享和稀疏连接机制，显著减少了网络参数量。一般情况下，一个完整的卷积神经网络模型包含四种不同类型的网络层：卷积层、池化层、激活层、全连接层。下面分别对这些网络层以及本书中几种模型所涉及的网络结构进行简要介绍。

1. 卷积层

卷积层（convolutional layer）是卷积神经网络中最为基础与核心的组成部分，在网络结构中承担特征学习的任务。每个卷积层由多个卷积核组成，卷积核本质上是一个由若干可学习的参数组成的滑动窗口，与图像滤波器功能相似，在计算卷积的过程中，卷积核按照指定的步长（stride）在二维图像或者矩阵上做滑动操作，每次将被卷积核覆盖的部分值与卷积核包含的参数做卷积输出。图 2.1-2 展示了一个卷积操作步骤。假定被卷积

的图像或者矩阵大小为 5×5，卷积核大小为 3×3，步长设定为 2，那么卷积出来的是一个 2×2 的矩阵。卷积核另有一个补全参数（padding），其在输入的图像或者矩阵数值周围进行数值补全，目的是控制输出特征的尺寸大小。一般情况下，输出特征尺寸的大小可以由卷积核大小、滑动窗口步长以及补全参数值共同决定，计算公式为

$$output_{size} = \left\lfloor \frac{input_{size} - kernel_{size} + 2 \times padding_{size}}{stride_{size}} \right\rfloor + 1 \qquad (2.1-6)$$

式中：$input_{size}$、$output_{size}$ 分别为输入特征尺寸及输出特征尺寸；$kernel_{size}$ 为卷积核大小；$stride_{size}$ 为滑动步长；$padding_{size}$ 为补全参数；$\lfloor \ \rfloor$ 表示向下取整。

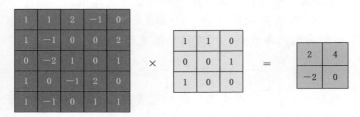

图 2.1-2　卷积操作示例

2. 池化层

卷积层输出的特征维度一般较高，直接用于分类会导致时间以及运算成本较大。池化层（pooling layer）也称为欠采样层和下采样层，一般被放置于卷积层的后面用于对卷积特征进行降维，以提高特征提取效率。此外，由于池化操作避免了网络参数量，其在一定程度上避免了过拟合问题。常见的池化层有最大池化层（max pooling）、平均池化层（mean pooling）以及随机池化层（stochastic pooling）。图 2.1-3 展示了最常用到的最大池化操作，图中设置的池化范围为 2×2，首先将特征图按照池化范围的大小划分为以 2×2 为单位的区域，然后从每个单位区域中取最大像素值（平均池化层取区域像素值的平均值）作为代表输出。

图 2.1-3　最大池化操作示例

3. 激活层

激活层一般被设置在卷积层和全连接层后面。该层通常包含一个激活函数，用于增强卷积神经网络的非线性映射能力。

4. 全连接层

全连接层（fully connected layer）中的输入神经元与输出神经元之间全部直接相连。通常放置于卷积神经网络的末端，起到对卷积特征进行特征汇总以及分类的作用，该层的表达公式为

$$y = \boldsymbol{W}^{\mathrm{T}} x + b \qquad (2.1-7)$$

式中：$\boldsymbol{W}^{\mathrm{T}}$ 为需要学习的权重矩阵；b 为偏置项。

经典的卷积神经网络结构主要包括：LeNet、AlexNet、GoogleNet、VGGNet、ResNet、DenseNet 等，其中残差网络（ResNet）是 2015 年度 ImageNet 图像识别大赛中的

冠军网络，由何恺明等提出，此后，ResNet 被应用于各大计算机视觉任务中。在 ResNet 问世之前，卷积神经网络面临着随着网络深度增加而出现的训练集准确率下降问题，这一现象主要源于梯度消失问题。ResNet 创新性地引入了跳跃连接（skip connection）机制，通过将当前层的输出直接映射到后续网络层，并在反向传播过程中将梯度值直接传递至前层，在不增加网络参数量的前提下有效解决了梯度消失问题。在 ResNet 系列模型中，ResNet‐50 因其优异的性能和适中的计算复杂度而得到广泛应用。其包含 5 个阶段的卷积层，第 1 个阶段包含有 1 个卷积层和 1 个最大池化层，其余 4 个阶段分别包含 9 个、12 个、18 个、9 个卷积层，在这些卷积层之后另有 1 个平均池化层和 1 个用于分类的全连接层。ResNet‐50 参数设置见表 2.1‐1。

表 2.1‐1　　　　　　　　　　　　ResNet‐50 参数设置

层　级　名　称	输　出　大　小	层　级　结　构
Conv1	112×112	7×7，64，最大池化层，步长为 2
Conv2 _ x	56×56	$\begin{bmatrix} 1×1,\ 64 \\ 3×3,\ 64 \\ 1×1,\ 256 \end{bmatrix} ×3$
Conv3 _ x	28×28	$\begin{bmatrix} 1×1,\ 128 \\ 3×3,\ 128 \\ 1×1,\ 512 \end{bmatrix} ×4$
Conv4 _ x	14×14	$\begin{bmatrix} 1×1,\ 256 \\ 3×3,\ 256 \\ 1×1,\ 1024 \end{bmatrix} ×6$
Conv5 _ x	7×7	$\begin{bmatrix} 1×1,\ 512 \\ 3×3,\ 512 \\ 1×1,\ 2048 \end{bmatrix} ×3$
输出层	1×1	平均池化、全连接层，Softmax
参数量	$3.8×10^9$	

自 ResNet 网络被提出来之后，各种基于 ResNet 的变体网络层出不穷，其中 DenseNet 就是借鉴了 ResNet 网络的设计思想，但是不同于 ResNet 的残差结构，DenseNet 采用了一种密集连接策略，即任何两个网络层之间都有直接连接，每一网络层会接收前面所有网络层的输出作为输入。通过密集连接，网络中的每一层都可以直接从损失函数和原始输入信号中获取梯度，从而实现隐含的深度监控，并在很大程度上缓解梯度消失问题。此外，通过特征的复用可以极大地减少网络的参数量。根据网络层数的不同，DenseNet 大致包含 4 种不同的网络结构，这里展示层数最少的 DenseNet‐121 网络参数，该网络的具体模型参数设置见表 2.1‐2。

表 2.1－2　　　　　　　　　　　　　**DenseNet－121 网络参数设置**

层 级 名 称	输 出 大 小	层 级 结 构
Conv1	56×56	7×7，64，最大池化层，步长为 2
Dense Block（1）	56×56	$\begin{bmatrix} 1×1\text{conv} \\ 3×3\text{conv} \end{bmatrix}×6$
Transition Layer（1）	28×28	1×1conv，平均池化，步长为 2
Dense Block（2）	28×28	$\begin{bmatrix} 1×1\text{conv} \\ 3×3\text{conv} \end{bmatrix}×12$
Transition Layer（2）	14×14	1×1conv，平均池化，步长为 2
Dense Block（3）	1×1	$\begin{bmatrix} 1×1\text{conv} \\ 3×3\text{conv} \end{bmatrix}×24$
Transition Layer（3）	7×7	1×1conv，平均池化，步长为 2
Dense Block（4）	1×1	$\begin{bmatrix} 1×1\text{conv} \\ 3×3\text{conv} \end{bmatrix}×16$
输出层		平均池化、全连接层，Softmax

5. 递归神经网络

在深度学习领域中，基于传统的多层感知机的网络结构（比如卷积神经网络）无法处理与分析输入数据之间的整体序列关系，而这些序列关系含有大量有用的信息，递归神经网络就是针对这些序列数据学习而被提出的。目前该类网络已经成功地应用在了语音识别、图像描述生成等序列相关的任务中。长短时记忆网络（long short - term memory，LSTM）与门控循环单元网络（gated recurrent unit，GRU）是目前递归神经网络模型中最为广泛应用的两种模型。下面对本书涉及的 GRU 模型进行简要介绍。

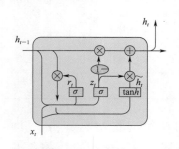

图 2.1－4　GRU 单元结构示意图

GRU 网络是 LSTM 网络的一个变体，其在保持了 LSTM 网络性能的同时又使得结构更加精简。GRU 网络由一些隐藏的 GRU 单元组成，单元结构如图 2.1－4 所示。GRU 单元包含两种不同类型的门控操作，分别为重置门结构 r_t 和更新门结构 z_t，图中 $\tilde{h}_t$ 表示当前候选集。重置门用于控制上一个状态中的信息有多少被写入当前候选集上，重置门的值越大，表示上一个状态的信息被写入得越多。更新门控制上一个时刻的状态信息被传播到当前状态中的程度，更新门输出的值越小，表明上一个时刻的状态信息被传播到当前时刻的程度越小。通过这种机制，重置门结构可以捕捉序列数据短时期的关联关系，更新门更加倾向于学习序列数据长期的依赖关系。两个门控结构的一般形式被定义为

$$g(x) = \sigma(wx + hw + b) \tag{2.1-8}$$

式中：σ（ ）代表 Sigmoid 函数；h 表示隐含状态；w 为权重参数；b 为偏置项，当门控

结构输出值为 1 时表示所有信息都可以通过，为 0 时则表示所有信息都不被传播通过。

6. 生成对抗神经网络

在深度学习领域，卷积神经网络和递归神经网络都属于判别式网络，这类网络的目的在于学习一个最优分类间隔，使得这个间隔可以准确地区分不同类别的数据。除了判别式网络，深度学习领域还有一种生成式网络，该类网络从统计学的角度出发来学习数据的分布情况，进而根据学习到的分布情况来模拟生成新的数据样例。传统的基于概率的生成模型，例如马尔可夫链、最大似然估计等在实现过程中存在以下困难：①对原始数据进行建模时需要用到很多的先验知识不易获取；②由于数据比较复杂，导致拟合过程的计算量非常大。因此，生成模型的发展一直较缓慢。直到 2014 年，Goodfellow 等提出了一种几乎可以模拟全部类型数据分布的网络——生成式对抗神经网络（generative adversarial networks，GANs），GANs 的出现为在高维度概率密度分布中的训练和采样提供了解决方法，此后它迅速成为人工智能领域中一个热点研究问题并被广泛地应用在了自然语言处理、计算机视觉、无监督学习等领域。

GANs 的基本原理来自博弈论，模型包含两个子网络：生成子网络（generator，G）和判别子网络（discriminator，D），整个模型通过这两个子网络之间的对抗与博弈进行训练。G 网络旨在学习真实数据的分布，进而生成逼近真实数据的伪样本，以达到"欺骗"判别网络的目的。判别子网络 D 的目的在于判别输入的训练样本是来自于生成子网络合成的数据还是真实样例数据。通过这种博弈对抗的训练策略使得判别子网络以及生成子网络的性能同时不断地提高，最终 G 网络可以生成以假乱真的数据，D 网络可以最大限度地对输入样本进行判别。

图 2.1-5 展示了 GAN 模型的框架图，其中 Z 表示随机输入的噪声点；$G(Z)$ 表示噪声点通过生成子网络 G 而生成的数据样例。在训练判别子网络 D 时，当其输入为真实数据 X 时，D 的期望输出为 1，即 $1-D$ 的值趋向于 0；当输入数据为合成样本时，D 的期望输出为 0。在训练生成子网络 G 时，期望通过判别子网络 D 的输出值 $D(G(Z))$ 趋向于 1，即 $1-D(G(Z))$ 的期望值为 0。因此，整个 GAN 模型的优化目标函数可以表示为

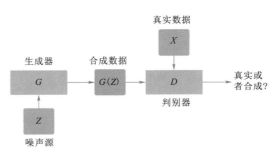

图 2.1-5　GAN 模型的框架图

$$\min_{G}\ \max_{D}V(D,G)=E_{x\sim P_{\text{data}(x)}}\big[\log D(x)\big]+E_{z\sim P_{z(z)}}\big[\log(1-D(G(z))\big] \quad (2.1-9)$$

式中：$\min_{G}\ \max_{D}V(D,G)$ 文函数 $V(D,G)$ 的最小值；$E_{x\sim P_{\text{data}(x)}}\big[\log D(x)\big]$ 为真实数据 x 的期望；$P_{\text{data}(x)}$ 为真实数据的分布；$D(x)$ 为判别器判断 x 为真实数据的概率。

在训练过程中，判别网络和生成网络交替迭代训练，首先固定子网络 G，对子网络 D 进行训练并更新其参数，然后固定子网络 D，迭代训练更新子网络 G 的参数，最终使得整个网络模型稳定。Goodfellow 等论证了当 $P_z=P_{\text{data}}$ 时，上述目标函数达到全局最优解，即纳什均衡，此刻生成子网络 G 完全学习到了真实数据 P_{data} 的分布情况，判别网络

的准确率稳定在 0.5，即只能对输入的数据在 1 或者 0 上进行随机判别。

7. 深度卷积生成式对抗神经网络

深度卷积生成式对抗神经网络（deep convolution generative adversarial networks，DCGAN）是首次成功地将 GAN 与 CNN 结合的模型。其在生成子网络以及判别子网络中分别引入了 CNN。与当时常见的 CNN 框架不同的是，DCGAN 中的 CNN 有四个方面的修改：

（1）DCGAN 使用带步长的卷积操作来替换具有确定性的池化操作，以便让网络模型自己学习下采样。

（2）除了判别网络中的第一层以及生成网络中的最后一层，DCGAN 的其余层级都嵌入了批量归一化（batch normalization）处理，以便缓解梯度溢出的问题。

（3）取消了常见的 CNN 网络模型中的全连接层，并用全局平均池化来替代。

（4）除在生成网络中的输出层使用 Tanh 激活函数之外，其余层次都使用 ReLU 激活函数。在判别网络中，所有层级都使用 LeakReLU 作为激活函数。

2.1.2.3 运动检测技术

对水利工程关键监控目标所引发的异常动态事件进行实时监测与精准识别，需要依托运动目标检测技术来实现。常见的运动检测技术有混合高斯背景模型、光流法检测模型等。

1. 混合高斯背景模型

Stauffer 与 Grimson（1988）提出了基于混合高斯模型的背景建模方法。该方法基于混合高斯模型的理论框架，其核心思想是：当图像中前景区域与背景区域在空间分布和灰度特征上存在显著差异时，图像的灰度直方图将呈现出典型的"双峰"分布特征（图 2.1-6）。通过将这种多峰特性建模为多个高斯分布的叠加，可以构建多个高斯模型来精确描述特定像素在时间序列中的状态变化。这种建模方法充分利用了图像统计特征，为运动目标检测提供了可靠的数学基础。

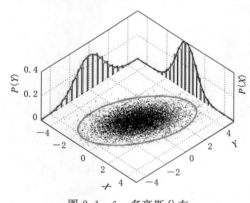

图 2.1-6 多高斯分布

混合高斯模型检测的基本原理是：首先定义 $K(K \geqslant 2)$ 个单高斯模型，在检测过程中，将待测像素依次代入 K 个单高斯分布中，若其中有一个满足高斯分布，那么就认定该像素为背景像素；反之，将之认定为前景像素。混合高斯模型可以表示为

$$P(X_t) = \sum_{i=1}^{K} \omega_{k,t} \times \eta(X_t, \mu_{k,t}, \delta_{k,t}^2)$$

(2.1-10)

式中：K 为高斯模型的数量；$\omega_{k,t}$ 为在 t 时刻第 k 个高斯模型的权值；$\eta(X_t, \mu_{k,t}, \delta_{k,t}^2)$ 为在 t 时刻第 k 个高斯分布的概率密度函数；$\mu_{k,t}$ 与 $\delta_{k,t}^2$ 分别为 t 时刻第 k 个高斯分布概率密度函数的均值与方差。

为了提高背景模型的可靠程度，将 $\omega_{k,t}/\delta_{k,t}^2$ 作为标准对 k 个高斯分布进行从大到小的排列，最可能描述背景变化的放在序列的前面，而由于环境噪声等其他不稳定因素产生的分布排在序列后面，并从序列中取前 B 个序列作为可靠的背景分布。

$$B = \underset{b}{\text{argmin}} \left(\sum_{k=1}^{b} \omega_{k,t} \geqslant T \right) \qquad (2.1-11)$$

式中：T 为背景阈值，通过 T 来控制背景分布的个数，选出最佳的背景分布。

混合高斯模型的更新规则如下：

首先对权重进行更新，在 $t+1$ 时刻第 k 的高斯分布的权重为

$$\omega_{k,t+1} = (1-\alpha)\omega_{k,t} + \alpha M \qquad (2.1-12)$$

式中：α 为学习速率，当待测像素值与第 k 个高斯分布匹配时，M 取值为 1，反之取值为 0。

其次，对于均值与方差，仅仅更新与待测像素相匹配的高斯分布，更新公式如下：

$$\mu_{k,t+1} = (1-\rho)\mu_{k,t} + \rho X_{t+1}$$
$$\delta_{k,t+1}^2 = (1-\rho)\delta_{k,t}^2 + \rho(X_{t+1} - \mu_{k,t+1})^{\text{T}}(X_{t+1} - \mu_{k,t+1}) \qquad (2.1-13)$$
$$\rho = \alpha\eta(X_{t+1} \mid \mu_{k,t}, \textstyle\sum_{k,t})$$

最后，重新按照 ω_k / δ_k^2 进行排序，得到新的背景分布，用于下一次的背景检测中。

2. 光流法运动检测

光流（optical flow）的概念最早由 Gibson 于 1950 年提出，它本质上是三维运动场在二维图像平面上的投影，蕴含着丰富的运动和结构信息。运动场由图像中每个像素点的运动矢量构成，反映了场景中物体的运动特性。如图 2.1 所示，当目标物体在相机前运动或

相机在静态环境中移动时，会产生相应的图像序列变化。通过分析这些变化，可以重建相机与目标之间的相对运动关系，并推断场景中多个目标物体之间的空间关联。假设在某一特定时刻，图像中像素点 P_i 对应于目标表面上的物点 P_0，如图 2.1 - 7 所示。

图中，f 为镜头焦距，z 为镜头中心到目标的距离，r_0 为物点到镜头中心的距离，r_i 为像点到镜头中心的距离。物点的运动矢量与其像点光流矢量靠投影关系联系在一起。假定 P_0 相对于摄像机的运动速度为 v_0，则这个运动会导致图像上对应的像素点 P_i 产生运动，速度为 v_i，这两个速度分别为

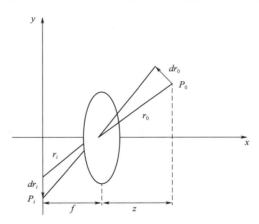

图 2.1 - 7　投影方程示意图

$$v_0 = \frac{\text{d}r_0}{\text{d}t}, v_i = \frac{\text{d}r_i}{\text{d}t} \qquad (2.1-14)$$

其中 r_0 与 r_i 由式（2.1 - 15）关联：

$$\frac{1}{f}r_i = \frac{1}{r_0 z}r_0 \qquad (2.1-15)$$

对式（2.1 - 15）求导，就可以得到赋给每个像素点的速度矢量，而这些矢量就构成

了运动场。

视觉心理学认为人与被观察物体间发生相对运动时，被观察物体表面带光学特征部位的移动给人们提供了运动和结构的信息。当相机与场景目标间有相对运动时所观察到的亮度模式运动称为光流（optical flow），或者说物体带光学特征部位的移动投影到视网膜平面也即图像平面上就形成了光流。

光流表达了图像的变化，它包含运动目标的信息，可以用来确定观察者相对目标的运动情况。光流有三个要素：一是运动（速度场），这是形成光流的必要条件；二是带光学特征的部分（例如有灰度的像素点），它可以携带运动信息；三是成像投影（从场景到图像平面）。

理想情况下，光流与运动场相对应，但也有不对应的时候，即光流场并不一定反映目标的实际运动情况。如图 2.1-8（a）所示，光源不动，而物体表面均一，且产生了自传运动，却并没有产生光流；如图 2.1-8（b）所示，物体并没有运动但是光源与物体发生相对运动却有光流产生。三维物体的实际运动在图像上的投影称为运动场。如果已知目标的运动场就可以利用投影关系恢复目标的运动。恢复目标的运动场存在比较多的困难，主要是因为二维图像恢复三维信息过程中许多信息缺失，只能使用光流场来近似表示目标的运动场。

 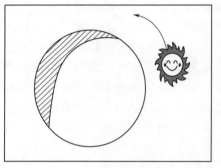

（a）有运动但无光流　　　　　　　　　　（b）有光流但无运动

图 2.1-8　光流示意图

光流法的核心就是求解出运动目标的光流，即速度。根据视觉感知原理，客观物体在空间上一般是相对连续运动的，在运动过程中，投射到传感器平面上的图像实际上也是连续变化的。为此可以假设为瞬时灰度值不变，即灰度不变性原理。由此可以得到光流基本方程，即灰度对时间的变化率等于灰度的空间梯度与光流速度的点积。此方程需要引入另外的约束条件，从不同的角度引入约束条件会产生不同的光流分析方法，如基于一阶梯度的方法、基于高阶梯度的方法、基于区域匹配的方法金字塔光流法、以及基于频率域的方法，本书选择金字塔光流法作为水利工程运动目标检测的核心算法。

金字塔光流法增加了"空间一致性"的假设，取代能量泛函公式中的全局平滑约束条件。金字塔光流法的约束条件可描述为：①亮度一致；②前后帧像素点移动的偏差不能过大；③某一像素点与其周围像素点移动的模式相同。假设像素点的亮度值在两帧图像中保持不变，即像素点从 t 时刻的 (x,y) 位置，运动到 $t+\Delta t$ 时刻的 $(x+\Delta x, y+\Delta y)$ 位

置，亮度保持不变，则有

$$I(x,y,t)=I(x+\Delta x,y+\Delta y)$$

将其进行一阶泰勒级数展开，忽略高阶项，得到光流约束公式：

$$\frac{\partial I}{\partial x}\frac{\delta x}{\delta t}+\frac{\partial I}{\partial y}\frac{\delta y}{\delta t}+\frac{\partial I}{\partial t}=0 \qquad (2.1-16)$$

式中：$\frac{\delta x}{\delta t}$ 和 $\frac{\delta y}{\delta t}$ 分别为像素点在 x 方向和 y 方向的偏移量。单个像素点通过上式无法解出 2 个未知数，可以利用 $w\times w$ 个像素点建立多个方程：

$$[I_x I_y]_k \begin{bmatrix} u \\ v \end{bmatrix}=-I_{tk}, \quad k=1,\cdots,w^2$$

令

$$A=\begin{bmatrix} [I_x,I_y]_1 \\ \vdots \\ [I_x,I_y]_k \end{bmatrix}, b=\begin{bmatrix} I_{t1} \\ \vdots \\ I_{tk} \end{bmatrix} \qquad (2.1-17)$$

方程可以简化表示为

$$A(uv)^{\mathrm{T}}=-b \qquad (2.1-18)$$

采用最小二乘法得到像素在图像间的运动速度 u、v：

$$\begin{bmatrix} u \\ v \end{bmatrix}^*=-(A^{\mathrm{T}}A)^{-1}A^{\mathrm{T}}b \qquad (2.1-19)$$

通过式（2.1-19）可以计算出像素点的运动速度 u 和 v，之后可以对某个像素点在图像中出现的位置进行估计。金字塔光流法不需要计算每个点的偏移量，节约了大量的时间，更有利于对实时性要求高的算法。虽然采用该算法进行特征点跟踪具有一定的优势，但是仍然存在特征点跟踪丢失的情况。

金字塔光流法实现过程主要有以下三步：

（1）建立图像金字塔。对同一个图像进行缩放，得到不同分辨率下的图像，构成图像金字塔，设金字塔的层数 $L=0$，1，2，…，长 n_y、宽 n_x 的原始图像作为金字塔底层，由下至上以一定的倍率对原始图像进行缩放，第 L 层可以由第 $L-1$ 层图像中关键点邻域像素点插值产生。

（2）图像跟踪。在计算图像金字塔的光流时，采用由上至下的方式，即最先计算金字塔的顶层，并把计算的结果作为初始值逐层向下传输，下层图像在初始值的基础上，计算该层的光流和仿射变换矩阵，下面一层图像的初始值为

$$g=[g_x^{L-1} \quad g_y^{L-1}]^{\mathrm{T}}=2(g^L+d^L) \qquad (2.1-20)$$

式中：g_x^{L-1}、g_y^{L-1} 分别为图像在 x 和 y 方向上的梯度，上标 $L-1$ 表示在光流估计中的层数；T 为转置操作；g^L 代表第 L 层的光流估计；d^L 是第 L 层的仿射变换矩阵。

之后再继续将这一层的光流和仿射变换矩阵作为初始值继续向下传递，直至计算到金字塔的最底层，可得到最原始的图像的光流。此时计算出来的光流和仿射变换矩阵可作为最后的结果。

（3）迭代计算。假设上一层得到的光流向量为 g^{L+1}，则第 L 层所对应原始图像的特征点 $P^L=[P_x^L P_y^L]=P/2^L$，之后开始进行迭代计算和仿射变换，计算光流增量：

$$\sigma_k = G^{-1}b_k$$

式中：G 为跟踪窗口内的梯度矩阵；b_k 为图像误差向量。

计算本层的光流：

$$g^L = g^{L+1} + \sigma_k$$

将 g^L 作为初始值并传递给下一层，反复递推，最终得到底层的光流 g^0，即图像 S_1 的光流，则可在图像 S_2 上找到对应的点 $P + g^0$。

2.2　水位尺识别技术

水尺是传统水位观测中最为常用的技术，目前大多数水位均可通过传感器等方式开展水位的自动化监测。考虑到传感器易于收外界因素影响等特点，在重点水域依然会采用摄像机观测水尺的方式对水位进行复核，这种方法主要依靠人工对水尺进行判读，以此对重点水位过程进行确认，几乎无法实现自动化判别。由于水尺附近均有摄像机的存在，利用图像识别技术实现水尺的自动化识别，可实现水尺的监控的无人化值守。

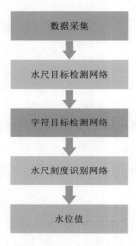

图 2.2-1　水尺识别
算法框架图

基于图像处理的传统水尺识别方法应用场景较为受限，无法有效地适应自然场景的多样性变化，例如水尺分辨率变化、水尺视角变换以及水尺光照变化等。近年来，得益于计算机硬件的发展，深度学习技术在各大计算机视觉领域取得了广泛的应用，因其以大量各类场景的数据作为训练样本，相较于传统图像处理方法，深度学习对抗各种复杂场景干扰的能力较强。本书利用深度学习技术中的目标检测网络以及字符识别网络对水尺刻度值进行读取，具体算法框架流程如图 2.2-1 所示。该框架包含三个网络模型：水尺检测网络模型、字符检测网络模型以及水尺刻度识别网络模型。在训练过程中，首先利用采集并标注好的水尺数据集训练水尺检测网络模型，然后对每个水尺上面的"E"字符进行标注，并训练字符检测网络模型，最后用生成的字符数据集再对字符识别网络进行训练。在测试阶段，首先用水尺检测网络对水尺进行定位，在定位结果的基础上对水尺上面的"E"字符再次定位，然后用字符识别网络对定位后的"E"字符进行识别，得到水面上水尺的长度，最后根据水尺总长度得到水位的高度。

2.2.1　基于目标检测的水尺定位算法

对水尺目标进行有效的检测是此算法中的第一步，本书采用基于深度学习的目标检测方法对水尺进行定位。目标检测的目的是从不同复杂程度的背景中辨识出运动目标，并分离背景，从而完成跟踪、识别等后续任务。目标检测是高层理解与应用的基础任务，其性能的好坏将直接影响后续的目标识别、目标跟踪以及行为理解等中高层任务的性能。目标检测的任务是要分割背景从而获取前景目标。按算法处理对象的不同，目标检测方法可以分为基于背景建模的目标检测方法和基于前景建模的目标检测方法。其中，基于背景建模的方法通过对背景进行估计，建立起背景模型与时间的关联关系，将当前帧与所建背景模型进行对比作差，间接地分离出运动前景，最后经过前景分割得到跟踪目标。基于前景目标建模的方法则是采用灰度、颜色、纹理等同质特征，建立起跟踪目标的表观模型，并设计适当的分类器对其进行分类与检测，常用的目标检测器模型有 YOLO、SSD、FastRC-NN 等。考虑水尺监控相机多采用 360°球机等因素，如利用将当前帧与所建背景模型进行实时比对，则每次摄像头对准目标后都需重新进行训练。此外，水尺为标准化的量测水工具，其具备颜色、纹理等特征相对固定等特点，因此本书将重点采用基于前景目标建模的方法开展目标检测。对于几种检测器模型，本书分别进行了介绍并开展了对比试验分析。

2.2.1.1　YOLO 目标检测器算法

YOLO 目标检测器算法利用深度神经网络分类和检测物体位置，具有快速和高准确性的显著特点。它结合候选区和对象识别，直接预测目标物体的边界框，采用了深度学习的回归方法。

YOLO 从 v1 版本开始衍生出了一系列版本模型，如 YOLO - v2、YOLO - v3、YOLO - v4 等。YOLO - v1 由 24 个卷积层和 2 个全连接层组成。其中，交替使用 $1×1$ 卷积层可以减少前一层的特征空间。此外，该网络可通过在 ImageNet 上以一半的分辨率（输入图像为 $224×224$）预训练卷积层，然后将检测分辨率提高一倍。

假设模型输入为一张 $448×448×3$ 的彩色图片，利用 YOLO 算法可将图片分成一个 $7×7$ 的网格，每个网格可用 20 个标量计算出属于 20 个类的概率。此外，模型还能检测图片中是否存在 2 个框，每个框的位置通过 4 个标量表示，每个框的置信度由 2 个标量表示。所有这些信息共同构成了一个大小为 $7×7×30$ 的输出量，并按照式（2.2 - 1）计算置信度。

$$Confidence = P(object) × IoU \qquad (2.2 - 1)$$

式中：$P(object)$ 为图像中存在国标物体的概率；IoU 为两个边界框的重叠部分与并集的比值。在计算机检测任务中，一般规定预测器和实际边界框完美重叠时，其重叠度 IoU 为 1，表示检测正确。阈值通常设为 0.5，用于判断预测的边界框是否正确。如果检测结果更为严格，也可以将 IoU 调整得更高，这样可以得到更精确的边界框。

由于 YOLO 算法中只预测每个网格单元内的两个盒子，并限制每个盒子只能有一个类别，因此模型在进行邻近目标检测时存在空间约束，这也限制了模型所能识别的邻近目标数量。为了解决这一问题，研究者们进一步提出了非极大值抑制（non - maximum suppression，NMS）算法。具体流程如下，首先将所有框的得分进行排序，并选出得分最高的框，然后遍历其他框，如果其与最高得分框的重叠面积（IoU）超过一定阈值，就将其删除，这是由于在二者重叠面积较大的情况下，可认为它们可能属于同一类别，只需保留一个框即可。最后，从未处理的框中选出得分最高的框，并重复上述过程。

YOLO - v2（即 YOLO9000）在保持速度和准确率的情况下，增强了识别类别的能力，并通过预训练分类模块，能够识别 9000 种物体。YOLO - v3 使用了新的网络结构 Darknet - 53，并加入了残差模块，利用多尺度特征进行对象检测。在对象分类方面，也用 Logistic 替代了 Softmax。YOLO - v4 在保持速度的同时，借鉴了许多经过验证的技

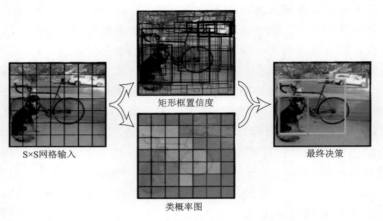

S×S网格输入　　　　矩形框置信度　　　　类概率图　　　　最终决策

图 2.2-2　NMS算法示意图

巧，显著提高了模型的检测精度。YOLO-v5 则在保持准确度的前提下，模型大小仅有 YOLO-v4 的 10%。YOLObile 框架采用了一种新的权重剪枝方案，名为「block-punched」，旨在实现高度剪枝的同时，保持模型的性能。该方案将每层的权重矩阵划分为大小相等的多个块，每个块包含来自 m 个滤波器的 n 个通道的权重。在每个块中，需要剪枝所有 filter 相同位置的一个或多个权重，同时也剪枝所有通道相同位置的一个或多个权重，贯穿了整个块中所有卷积核。这种剪枝方案适用于 3×3、1×1、5×5 等卷积层的卷积核大小，以及全连接层，通过固定块大小实现剪枝。该方式不仅可以提高编译器的并行处理效率，还可以提高在移动设备上的模型运行速度。

2.2.1.2　SSD目标检测器算法

SSD 模型从组成上分为骨干网络、特征金字塔、检测头三部分（图 2.2-3）。SSD 网络采用 VGG16 作为基础模型，使用 imagenet 数据进行预训练，将 conv4-1 前一层的 maxpooling 中池化模式 padding 改为 same（图 2.2-3 中对应 pytorch 中的 ceil_mode），使得输出为 38×38，Conv4-3 是多尺度特征中的第一个 38×38 的特征图，该层比较靠前，在其后面增加了一个 L2 Normalization 层，对每个像素点在 channle 维度做归一化。VGG16 最后的两个全连接层转换成 3×3 卷积层 conv6 和卷积层 conv7，同时将最后的池化层由原来的 stride=2 的 2×2 变成 stride=1 的 3×3 的池化层，并在 conv7 之后引入了 FPN 结构，如图 2.2-3 所示。

SSD 模型对最后特征图中的每一个像素点都设置了很多先验框（预设框），每个预设框包含两个属性：尺寸（scale）与比例（aspect）。在 scale 中每一个尺寸包含两个值，例如（21，45），当比率为 1 时，又额外增加了一个先验框，而先验框的尺寸为 21×45 的开平方根。

先验框的比例设定分为两种：①Conv4_3、Conv10_2 和 Conv11_2 三个预测特征层使用 4 个先验框，分别为小正方形框 1∶1、大正方形框 1∶1、矩形框 1∶2 和矩形框 2∶1。②Conv7、Conv8_2 和 Conv9_2 三个预测特征层使用 6 个先验框，分别为小正方形框 1∶1、大正方形框 1∶1、矩形框 1∶2、矩形框 2∶1、矩形框 1∶3 和矩形框 3∶1。

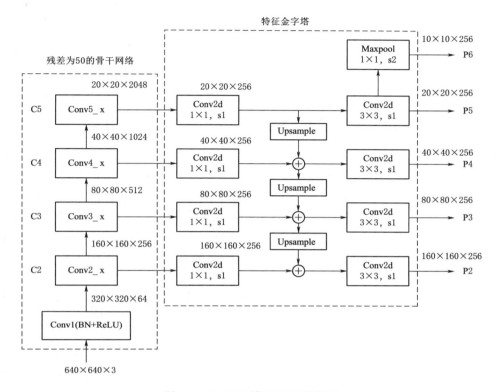

图 2.2-3　SSD 模型 FPN 结构图

对于尺寸为 $m \times n$、通道数为 p 的特征层，使用卷积核大小为 3×3、通道为 p 的卷积层预测目标概率分数和相对先验框边界框回归参数，这里的预测实现和其他经典检测器基本类似。

对于特征层上的每一个位置会生成 k 个先验框，对每个先验框预测 c 个类别分数和 4 个坐标偏移量，共需要 $(c+4) \times k$ 个卷积核进行预测，所以对于 $m \times n$ 大小的 feature map 而言就会生成 $(c+4) \times kmn$ 个输出值。

对于 $(c+4) \times k$ 个 3×3 的卷积核，其中 $c \times k$ 个用于预测目标类别分数，$4 \times k$ 用于预测边界框回归参数。在目标分类预测部分，对于每个先验框会预测 c 个目标分数，c 中包括了背景类别的目标分数。在边界框回归参数预测部分，对于每一个先验框会预测中心坐标、宽度和高度 4 个偏移量。

SSD 的损失包括类别损失和定位损失，见式（2.2-2）：

$$L(x,c,l,g) = \frac{1}{N}(\overset{\text{类别损失}}{L_{conf}(x,c)} + \alpha \overset{\text{定位损失}}{L_{loc}(x,l,g)}) \qquad (2.2-2)$$

式中：$L(x,c,l,g)$ 为总的损失函数；$\frac{1}{N}$ 为归一化因子，通常表示匹配的默认框（default boxes）的数量；$L_{conf}(x,c) + \alpha L_{loc}(x,l,g)$ 表示类别损失和定位损失，并通过权重 α 来平衡两者的重要性。其中类别损失又分为正样本和负样本类别损失，见式（2.2-3）。

$$L_{conf}(x,c) = -\boxed{\sum_{i \in Pos}^{N} x_{ij}^{p} \log(\hat{c}_i^p)} - \boxed{\sum_{i \in Neg} \log(\hat{c}_i^0)}$$

其中 $$\hat{c}_i^p = \frac{\exp(c_i^p)}{\sum_p \exp(c_i^p)}$$ (2.2-3)

式中：$\hat{c}_i^p$ 为第 i 个默认框属于类别 P 的概率；$\hat{c}_i^0$ 为模型预测的第 i 个默认框属于背景类的概率；$\frac{\exp(c_i^p)}{\sum_p \exp(c_i^p)}$ 为 $softmax$ 函数表达式；c_i^p 为模型在第 i 个默认框上对类别 P 的归一化得分。

2.2.1.3 Faster RCNN 目标检测器

Faster RCNN 是两阶段目标检测模型中的典型代表，其将特征抽取（feature extraction）、建议提取，以及边界框回归（rect refine）、分类都整合在了一个网络中，使得检测综合性能大大提高。Faster RCNN 主要由卷积层、区域选取（region proposal network，RPN）、锚（anchors）、电脑分类（classifier head）组成。

1. 卷积层

卷积层即特征提取网络，用于提取特征。通过一组卷积＋线性整流＋池化层来提取图像的特征图谱（feature maps），用于后续的 RPN 层和提取建议。该模块共有 13 个卷积层、13 个线性整流层、4 个池化层，卷积参数设为：kernel_size＝3、padding＝1、stride＝1。池化参数为：kernel_size＝2、padding＝0、stride＝2。根据卷积和池化公式可得，经过每个卷积层后，特征图谱大小都不变；经过每个池化层后，特征图谱的宽高变为之前的一半（经过线性整流层也不变）。综上，一个 $M \times N$ 大小的图片经过 Conv layers 之后生成的特征图谱大小为 $(M/16) \times (N/16)$。

2. RPN

RPN 即区域候选网络，该网络替代了之前 RCNN 版本的选择性搜索用于生成候选框。这里任务有两个：一个是分类，判断所有预设锚是属于积极还是消极（即锚内是否有目标，二分类）；另一个是边界框回归，修正锚得到较为准确的建议。因此，RPN 网络相当于提前做了一部分检测，即判断是否有目标（具体是什么类别这里不做判别），并修正锚使框的更准一些。RPN 结构如图 2.2-4 所示。

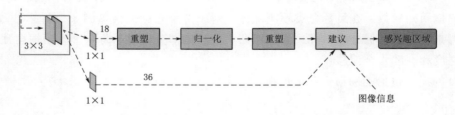

图 2.2-4　RPN 结构示意图

RPN 结构分为两条支流，上面一条通过归一化指数分类锚获得积极和消极分类，下面一条用于计算对于锚的边界框回归偏移量，以获得精确的建议。最后的建议层则负责综合积极锚和对应边界框回归偏移量获取修正后的建议，同时剔除太小和超出边界的建议。

整个网络到了建议层就完成了相当于目标定位的功能。RPN 只差分具体类别，后续结构中还会做更精准的再次框回归。

2.2.2 实验与综合讨论

2.2.2.1 模型选取

为了比较 SSD、YOLO - V2 和 Faster RCNN 模型之间的性能，本书分别在 ImageNet 数据集上对这三类算法进行了训练和测试。ImageNet 数据集是一个大型图像数据集，包含超过百万张手工标注类别的图片，这些图片涵盖了日常生活中常见的图像类别，并且每张图像都与相应的标签（类别名）相关联。ImageNet 数据集一直是评估计算机视觉算法性能的基准数据集。为分析模型选择的合理性分别将 SSD、YOLO - V2 和 Faster RCNN 模型在 ImageNet 数据集上做训练，训练次数为 20K～140K 个 batch。训练完成后在测试集上对训练结果进行测试，结果见表 2.2 - 1。

在表 2.2 - 1 中，AP 表示平均精度，计算方式如下：假设 N 个样本中有 M 个正例，那么将会得到 M 个 recall 值（$1/M$，$2/M$，M/M），对于每个 recall 值 r，可以计算出对应的（$r \geqslant r$）最大值 precision，然后对这 M 个 precision 值取平均即可得到最后的 AP 值。

从结果中可以看出，在平均 AP 上，SSD 超过 YOLO - V2 近 11 个百分点，并与 Faster RCNN 相比，差距小于 4 个百分点，可以发现 SSD 与 Faster RCNN 结果均要优于 YOLO - V2，并且前两者之间检测性能差距不大。

使用 720P 与 1080P 两种图片分辨率对三种模型的运行速度进行测试，实验运行参数见表 2.2 - 2。

表 2.2 - 1　ImageNet 测试集算法性能比对

模　型	骨干网络	AP
YOLO - V2	DarkNet - 19	20.3%
SSD	DarkNet - 19	31.6%
Faster R - cnn	DarkNet - 19	34.9%

表 2.2 - 2　　实验运行参数

硬件	型号	主要参数
CPU	I7 - 7790K	主频 3.1GHz；8 核心
内存	华硕黑条	物理内存 16GB
GPU	GTX1080TI	显存 11G；3840CUDA

不同模型的运行速度、硬件需求等的实验对比如图 2.2 - 5～图 2.2 - 7 所示。

在算法训练过程中，因为 Faster RCNN 需要同时训练两个网络（RPN 与 classification），所以训练难度比 YOLO - V2 与 SSD 高，在模型优化与超参数选择方面需要很复杂的调试过程。在算法识别效果方面，SSD 与 Faster RCNN 均大幅优于 YOLO - V2，Faster RCNN 采用了 two - stage 的设计，指标上略好于 SSD。在算法运行速度方面，由于 YOLO - V2 结构较为简单，在这三种模型中运行速度最快，相对于 Faster RCNN 网络结构，SSD 不需运行 RPN 网络，所以也具备一定的速度优势。此外，SSD 在内存与显存需求方面相较于 Fater RCNN 更小。综上分析，本书选择 SSD 作为水位尺目标检测方法。

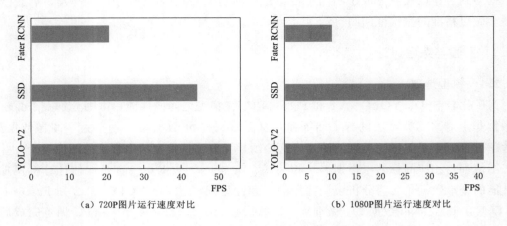

（a）720P图片运行速度对比　　　　　　　（b）1080P图片运行速度对比

图 2.2 - 5　三种模型在 720P 与 1080P 分辨率下运行速度对比

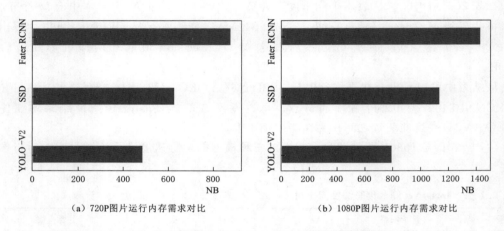

（a）720P图片运行内存需求对比　　　　　（b）1080P图片运行内存需求对比

图 2.2 - 6　三种模型在 720P 与 1080P 分辨率下内存需求对比

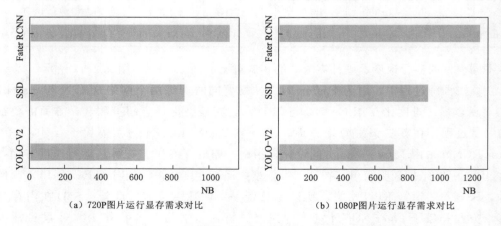

（a）720P图片运行显存需求对比　　　　　（b）1080P图片运行显存需求对比

图 2.2 - 7　三种模型在 720P 与 1080P 分辨率下显存需求对比

2.2.2.2 数据集介绍

数据集是开展模型训练的基本样本，为有效提高水尺的模型训练精度，本书提取了5000余张各类场景下的水尺数据集。

1. 水尺定位数据集

为了适应场景的变化，本书对在不同光照强度、不同视角以及不同分辨率情况下的水尺分别进行采集，并对采集后的数据集进行手工标注，如图2.2-8所示，标注规则如下：

（1）将图像中的目标水尺用长方形包围盒进行框选，并记录长方形在整张图片中的坐标位置。

（2）将水尺上面的"E"字符用正方形包围盒进行框选，并记录正方形在整张图片中的坐标位置。

采集标注数据量高达5000，以此建立用于训练深度学习模型的水尺图像数据集，部分数据样例如图2.2-8所示。

图2.2-8　水尺图像数据集

2. 水尺字符识别数据集

已知完整的"E"字符代表的刻度值为5cm，在检测到所有水尺刻度字符"E"字符的数量及位置后，为了提升识别效率，只对检测到的离水面最近的字符进行识别，该字符有可能是完整的"E"字符，也有可能是被水面淹没的不完整"E"字符。本书设定不完整"E"字符的刻度值规则如下：

（1）当检测到不完整"E"字符是一条横线时，将其刻度值设定为1。

（2）当检测到不完整"E"字符有一条横线、一条竖线时，将其刻度值设定为2。

（3）当检测到不完整"E"字符有两条横线、一条竖线时，将其刻度值设定为3。

（4）当检测到不完整"E"字符有两条横线、两条竖线时，将其刻度值设定为4。

根据此规则可创建用于水尺字符识别的数据集，该数据集包含5000余张完整以及不完整"E"字符的图片，对这些图片进行数值标注。

2.2.2.3 水尺定位模型

使用水尺定位数据集对 SSD 网络模型进行训练。在网络训练过程中，其输入是标注好的水尺图片，输出是网络学习到的检测结果；在测试过程中，其输入是一张不包含有标注的图片，输出是网络对水尺的检测结果，工程现场水尺定位结果如图 2.2-9 所示。

图 2.2-9　水尺定位结果

2.2.2.4 字符定位模型

完成对水尺的有效检测后，可将图像中的水尺区域提取出来，并进一步对水尺上的"E"字符进行检测。采用 SSD 目标检测网络对水尺刻度"E"字符进行检测，检测结果如图 2.2-10 所示。

2.2.2.5 字符识别模型

本书设计了一个轻量化的字符识别网络，如图 2.2-11 所示，该网络前端是一个浅层卷积神经网络，主体网络框架基于压缩网络模块，包含两个卷积层、一个最大池化层、一个全局平均池化层、五个 Fire 层以及一个 Softmax 概率输出层。其中，Fire 模块包含压缩和扩张步骤，压缩步骤为卷积核大小为 1×1 的卷积操作，扩张步骤由 1×1 以及 3×3 卷积操作共同组成。后端为一个单隐层的双向 LSTM 网络。

由于传统的循环神经网络（RNN）在处理长时间序列数据时会遇到"梯度消失"和"梯度爆炸"的问题，导致难以有效地记住前面的输入信息，Sepp Hochreiter 和 Juergen Schmidhuber 在 1997 年提出了 LSTM 网络，当时被称为"长时记忆细胞网络"。LSTM 通过引入特殊的门控单元，可以很好地解决"梯度消失"和"梯度爆炸"的问题。LSTM

由若干个 LSTM 单元组成，每个 LSTM 单元由以下三个门控单元组成：

（1）输入门：控制着当前输入 X_t 和前一时刻的输出 h_{t-1}（也称为"状态"）对细胞状态 c_t 的影响程度。

（2）遗忘门：控制着前一时刻的细胞状态 c_{t-1} 对当前细胞状态 c_t 的影响程度，以及过去的输入 $X_{1:t-1}$ 对当前细胞状态 c_t 的影响程度。

（3）输出门：控制着当前细胞状态 c_t 对当前输出 y_t 的影响程度。

三个门控单元的控制本质上是利用一个 Sigmoid 函数将输入值（X_t、h_{t-1} 和 c_{t-1}）映射到 0～1 之间的数值，数值越大表示控制的作用越大，数值越小则控制的作用越小。另外，LSTM 还使用一个 tanh 函数来计算当前细胞状态 \$c_t\$ 的值，以便将其紧密绑定到 0～1 之间。

在测试阶段，首先将离水面最近的字符图片输入至网络前端，得到卷积特征，再将卷积特征进行序列化处理后输入至双向 LSTM 网络中，最后网络输出的是该完整或者不完整字符代表的刻度值 M。

图 2.2-10　字符定位结果

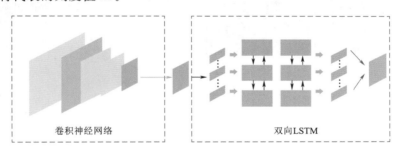

图 2.2-11　字符识别网络

2.2.2.6　水位值计算

根据网络的输出可以得到水面上水尺长度为 $5 \times N + M$，进而根据水尺总长度 S 得到最终水位值为 $S - (5 \times N + M)$。

2.2.2.7　结果展示

为验证所提出算法的有效性，本书在黄河马渡险工段部署了智能水尺图像识别一体化设备，对所设计的水尺识别算法进行了实地实验验证。该设备集成了高清红外摄像头、无线通信模块和嵌入式数据处理终端三大核心组件：高清红外摄像头负责实时采集水尺视频流数据；无线通信模块实现视频数据的实时云端传输；数据处理终端搭载了自主研发的水尺识别核心算法，可实时计算并输出水位监测结果。实验过程中，设备观测距离设置为50m，焦距调整为 6mm，通过将算法识别结果与人工实测水位数据进行对比分析，来验证算法的监测精度和可靠性。部分监测结果和实测结果分别如图 2.2-12 和表 2.2-3 所示，从中可以看出本书所设计的水尺识别算法可有效监测实时水位值，平均监测误差在 2cm 以内。

图 2.2-12 现场监测结果

表 2.2-3   实 测 结 果   单位：m

人工提取水位	算法监测结果	误差	人工提取水位	算法监测结果	误差
1.14	1.14	0	1.17	1.19	0.02
1.05	1.07	0.02	1.15	1.16	0.01
1.16	1.14	0.02	1.13	1.15	0.02
1.16	1.16	0	1.14	1.14	0
1.18	1.17	0.01	1.15	1.15	0
1.15	1.13	0.02	1.17	1.17	0
1.17	1.17	0	1.18	1.17	0.01
1.15	1.14	0.01	1.15	1.15	0
1.15	1.13	0.02	1.16	1.15	0.01
1.13	1.13	0	1.14	1.14	0
1.18	1.18	0	1.16	1.15	0.01
1.17	1.14	0.03	1.16	1.18	0.02
1.15	1.17	0.02	1.17	1.19	0.02
1.16	1.18	0.02	1.15	1.15	0
1.16	1.16	0.02	1.14	1.14	0

2.3 河道表面流速识别技术

水文水资源是国家经济社会发展的战略性基础资源，其监测与管理对国家可持续发展具有重要意义。通过对水利工程中流量、水位、降水量等关键指标的长期系统观测，可以构建完整的水文数据库，为水利工程建设规划、流域综合治理、旱涝灾害预警防控以及水资源优化配置等重大决策提供科学依据。这些基础数据的积累与分析，不仅支撑着水利基础设施的科学设计与安全运行，也为水生态保护和水资源高效利用提供了重要的决策支持，从而全面保障国家水安全战略的实施。

水文学中的流速定义为在单位时间内水流质点沿流程移动的位移量。天然河道和人工河渠的流速信息对于水文水情监测和流量模型计算至关重要，然而，在实际计算中，获取准确的距离和时间尺度是非常困难的，特别是估算流体的运动速度。随着电子技术、传感器技术和计算机视觉技术的发展和进步，水文监测技术和设备也在向更加简单化、智能化和高精度方向发展。目前，河流流速测量方法主要分为三类：第一类是传统的接触式流速仪测量法；第二类是采用非接触式技术进行测量；第三类是结合计算机视觉技术，通过视频进行监测和测量河流表面的流速。

1. 接触式流速仪测量法

在测流仪器的发展过程中，接触式测流仪器衍生出了多种类型。主要的接触式测流仪器包括机械式流速仪、声学流速仪、声学多普勒流速仪和声学多普勒流速剖面仪。这些接触式测流仪器在水文研究和工程实践中都有广泛的应用，它们的发展不仅提高了测流的准确性和精度，也为水文水资源管理提供了可靠的数据支持，随着科学技术的进步，接触式测流仪器将继续不断演化和改进，以满足对流速测量更高要求的实际需求。

2. 非接触式流速仪测量法

为了满足不同的流速测量需求和顺应全自动测量的发展趋势，非接触式流速测量方法已经取得了显著的进展。相比于传统的接触式测流仪器，非接触式测流仪器具有更大的应用空间。非接触式测流方法无须与水体直接接触，只需将相应的仪器安装在河岸上即可实现对河流表面流速的测量。目前常用的非接触式测流方法主要包括微波遥感法、微波多普勒雷达法以及超高频雷达法，这些方法在不同领域得到了广泛应用。

2.3.1 机器视觉技术测量现状

近年来随着河道视频监控数量的增加，利用视频进行测流的方式也逐步成为一种重要的流速测量方式。相比于传统测流方式，视频监控可利用已安装的河道巡检、管理等监控设备实现一机多用，且河道测流无需将摄像头安装于河面之上，具有安装简单、覆盖面广、受环境影响小、效果直观等特点。

基于计算机视觉技术的河流表面流速测量技术目前主要有浮标法、粒子图像测速法、时空图像测速法以及光流法，下面具体介绍这几种算法。

1. 浮标法

人工浮标法测速在某些具有特殊性的流域范围内一直被使用。浮标法对河流流速的测量并不精确，通常需要借助多种辅助工具。该方法首先需要测定抛入水中的浮标在流经两个或多个断面处的位置，然后通过仪表测量流经此段距离的时间，依据时间度量和位置计算相应河流的表面流速。在水位暴涨暴落且悬浮物较多的河段，由于其他接触式流速仪测验难度较大，浮标法应用较多。

传统的浮标法测量要布撒单个浮标进行逐次观测，并需要大量工作人员一起进行。基于摄影技术的极坐标浮标法针对以上缺点进行优化，采用摄像机拍摄连续序列图像替代工作人员现场目测，从连续水面运动图像中由人工标识或采用计算机辅助，提取浮标的方位信息，结合时间推求浮标在一定轨迹上的运动速度，并以此计算河流的表面流速。此方法缩减了工作人员数量，但需要部署至少两套摄影及定位设备，工作量较大，且选定的上下两断面之间若间距过大，会增加摄像机和计时器同步控制的难度，也难以保证抛入河流的所有浮标都会集中地通过两个断面间隔的水流区域，因此基于摄影技术的极坐标浮标法目前应用较少。

2. 粒子图像测速法

粒子图像测速法（particle image velocity measurement，PIV）基于散斑图像的成像和分析原理，通过记录粒子在连续帧图像中的位置变化来捕捉流体流动的速度信息。实验过程中，在流场中注入适合于流体混合的微小颗粒，并使用激光束照射流场，形成散斑图像。随后，通过高速摄影仪拍摄并记录这些散斑图像，并利用图像处理技术对图像序列进行分析，即可获得粒子在不同时间间隔内的位移信息。通过将连续的图像进行匹配处理，可以计算得到颗粒在两个时间点之间的位移，并据此计算出局部流速。通过在流场中设置足够数量的散斑图像，并反复进行测量，可以构建出整个流场的速度分布图。这种方法可深入了解流场中各处的流速特征，包括涡旋结构、湍流等。尽管该方法存在一些局限性，例如需要在流场中散布示踪粒子，并且在河面能见度较低或夜间时可能受到影响，但相对于接触式测流方法，它具有较大的优势，特别是在河宽较小的溪流中应用效果更佳。

3. 时空图像测速法

时空图像测速法（spatiotemporal image velocimetry，STIV）是一种时均速度测量方法，它利用河流表面图像来提取水流运动信息。具体而言，该方法通过将多帧图像序列时间和空间信息进行组合来生成时空图像（spatiotemporal image，STI），并通过提取图像中的纹理特征来计算出河流表面在某一位置上的一维速度。在实际应用中，可以通过引入跟随性良好的水流示踪物，对河流表面的运动进行精确测量。通过检测时空图像中的纹理主方向来获取流速信息，这使得该方法具有较高的空间分辨率和较低的时间复杂度。然而，在实际场景应用中，该方法所生成的时空成像会包含大量噪声和干扰纹理，这可能对流速测量结果造成较大的影响。在使用该方法时需要注意这一点，在数据分析和处理过程中采取适当的噪声过滤和校正方法，可保证测量结果的准确性和可靠性。

4. 光流法

光流法是一种通过利用相邻两帧图像中的像素变化，来估计物体在图像序列中运动轨迹的方法。具体而言，该方法通过找到图像序列中相邻两帧之间的对应关系，进而推算出物体在两帧之间的位移量，这个过程就称为光流计算。光流计算过程中所应用的数学模型是光流方程，该方程基于连续图像，利用每两帧图像中像素的灰度变化以及它们之间的相关性，来估计图像序列中各个像素的位移矢量。其基本假设是在物体沿着运动轨迹移动的过程中，物体上各个像素所对应的灰度值是不会发生变化的，可生成如下表达式：

$$\frac{\mathrm{d}I(x_1, x_2, t)}{\mathrm{d}t} = 0 \qquad (2.3-1)$$

式中：$I(x_1, x_2, t)$ 为 t 时刻图像在 (x_1, x_2) 处的亮度。

尽管光流法在物体运动速度较慢或者背景较简单的情况下能够取得很好的效果，但是在复杂场景中，由于存在背景噪声、遮挡、镜面反射和光照变化等问题，该方法的可靠性和准确性受到了较大的影响。

2.3.2 基于深度学习的河道表面流速识别技术

对于河道表面流速识别，本书提出了一种基于卷积神经网络的解决方案。该方案通过深度卷积网络对河道水流图像进行多层次特征提取与识别，从而实现表面流速的测定。在应用层面，考虑到偏远无人值守河道的实际监测需求，本书引入流速等级识别模式，通过划分流速区间来分析河道水文变化规律，为应对流速异常（如暴涨或断流）等突发情况提供有效的预警机制。此外，为进一步提升模型对不同水流纹理特征的识别精度，本书采用了一种基于随机遮挡复原的水流图像数据扩充方法。该方法采用生成对抗神经网络（GAN）架构，以添加随机遮挡块的水流图像作为输入，以复原后的完整水流图像作为输出。通过这种数据增强方式，生成的图像既保持了原始数据的分布特征，又丰富了水流纹理的多样性。利用这些带有标签信息的扩充数据对原始数据集进行增强，显著提升了识别模型在面对纹理特征相似的水流图像时的鲁棒性。下面将对该模型的网络结构、训练方法和性能评估进行详细阐述。

1. 水流图像采集

在黄河马渡险工、花园口流量观测站以及偏关县水文局测流口处分别采集水流图像，采集过程主要分为三个步骤：

（1）利用分布在河道两岸的高清摄像装置采集水流视频信号。

（2）通过无线传输模块将采集到的视频数据传送至库区监管平台。

（3）库区监管平台可以按需记录并查询各个时期的水流视频数据，并逐帧截取水流图片。

从每个采集点的水流视频数据中分别截取 2000 张图像，得到 6000 幅无遮挡的水流图片，再根据传感器实测流速及其数值跨度选定分级区间，然后根据采集过程中图片的流速标签值将属于相同区间的水流图像进行归类。本次流速试验模型以 0.5m/s 为跨度，将 0~3.5m/s 的流速划分为 7 个区间，即 0~0.5m/s、0.5~1m/s、1~1.5m/s、1.5~2m/s、2~2.5m/s、2.5~3m/s、3~3.5m/s，对应识别网络中的 7 个分类标签。采集到的部分水流数据样例如图 2.3-1 所示。

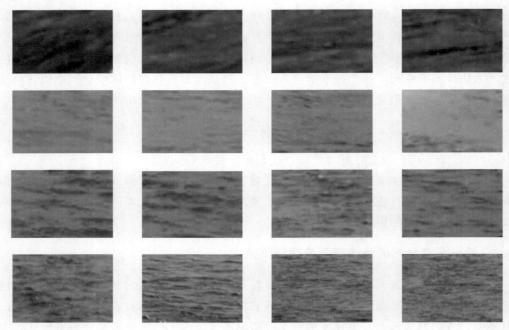

图 2.3-1　水流数据样例示意图

2. 随机遮挡

对水流图片做随机遮挡操作是数据扩充的第一个步骤。如图 2.3-2 所示，首先以一定范围的宽度和高度比以及面积大小，在不超过图像的高度和宽度的情况下从水流图片中随机选取一个矩形区域。在选定矩形区域后，需对这个矩形区域内的像素点进行擦除操作，使得擦除后的区域的像素值为一个特定的值，比如都为 0 或者 255，本书将擦除后的矩形区域的 R、G、B 三色彩通道像素值分别设定为对应的整个数据集中 R、G、B 三色彩通道像素的平均值。对于随机遮挡区域的 R、G、B 三色彩通道的像素值分别设定为105.3、99.6、97.9，即为整个水流数据集中所有水流图片的 R、G、B 色彩通道的平均像素值。

3. 生成对抗神经网络模型

在本方法中，生成对抗神经网络主要是用来对遮挡的水流图片进行复原处理，使得复原后的图片与原始图片数据分布保持一致，以实现可以保留原始标签信息的目的。本书所提出的网络模型主要包含三部分，即生成子网络（G）、判别子网络（D）以及损失函数，如图 2.3-3 所示。在模型训练阶段，将成对的原始水流图片和其对应的带遮挡块的水流图片输入至 G 网络中，G 网络的目标是生成尽可能与原始水流图片相似的图片来迷惑判别网络 D。D 网络则以原始水流图片以及 G 网络生成的水流图片作为输入，其目的是辨别所输入的水流图片是来自原始的水流图片数据还是 G 网络合成的数据。换言之，D 网络充当一个监督信号来促使 G 网络生成质量更高的水流图片。

本书提出的生成对抗神经网络的结构如下：

（1）生成子网络 G。生成子网络的目标是学习一个从遮挡水流图片到其对应的原始水流图片之间的非线性映射函数，以此通过这种映射关系使得输出的水流图片与原始图片尽

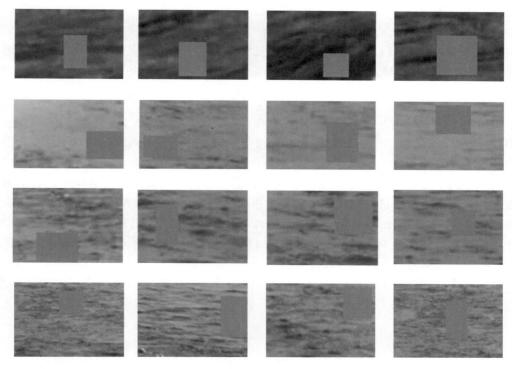

图 2.3 - 2 随机遮挡处理示意图

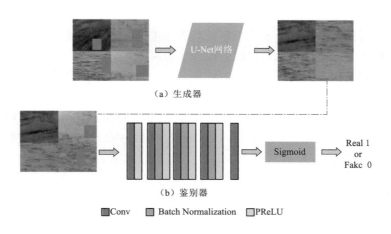

图 2.3 - 3 生成对抗网络示意图

可能地相似。本书采用 U - Net 网络作为生成器，整个网络包含 23 层卷积操作，这些卷积操作又分为收缩路径和扩展路径，收缩路径由一些重复的两个 3×3 的卷积、ReLU 以及最大池化（步长为 2）的操作组成。扩展路径首先经过一个 2×2 的上采样卷积操作，将通道尺寸扩充至原来的 4 倍，然后将从收缩路径中通过短连接过来的特征图经过裁剪后与扩展路径中对称位置的特征图进行拼接，最后在每次特征拼接后执行 2 个 3×3 的卷积和 ReLU 激活操作。

（2）生成子网络损失函数。生成器的目的是使得生成的水流图片与原始图片尽可能地相似，故在本书中采用欧式距离损失函数去监督训练生成器。假定一个被遮挡的水流图片为 I，其损失函数可以被表示为

$$L_E(G) = \frac{1}{CMN} \sum_{c=1}^{C} \sum_{m=1}^{M} \sum_{n=1}^{N} \| G(I) - R \|_2^2 \qquad (2.3-2)$$

式中：M、N、C 分别为特征图的宽度、高度与通道数；R 表示被遮挡的水流图片 I 所对应的原始水流图片。

（3）判别子网络 D。判别子网络 D 以生成的去遮挡的水流图片为负样本，以原始的水流图片为正样本，其目的是对这两类样本进行有效地判别。本书将判别子网络 D 设计为一个含有五个卷积层的网络模型，其中在每个卷积层后面引入 PReLU 激活以及批量归一化操作。在这五个卷积层后面引入 Sigmoid 层来输出一个概率值，以用于表示输入样本属于原始图片数据还是生成图片数据。

根据上述描述，判别子网络 D 可以被当作为一个二分类网络，给定一组输入数据，其损失函数可以表示为

$$L_D = -\frac{1}{N} \sum_{i=1}^{N} (U_i \log(D(i) - (1 - U_i) \log(1 - D(i)))) \qquad (2.3-3)$$

式中：N 为批数量；$D(i)$ 为鉴别器输出的概率；U_i 为图片 I 的标签，$U_i = 0$ 表示 i 是一个生成数据，反之 $U_i = 1$ 表示 i 是一个原始数据。

4. 流速识别网络

研究表明，河流表面波纹、浪花等特征与表面流速有着明显的对应关系，而卷积神经网络的隐层操作可以有效地提取出图像的纹理、边缘等几何特征。本书提出了一种轻量化卷积神经网络，用于提取水流图片的有效特征，并建立特征与流速之间的映射关系，以此达到根据水流图片特征实时获取流速的目标。本书采用 GoogleNet 模型作为流速识别的骨干网络。该模型由一种深度卷积神经网络架构构成，其网络基本架构为 Inception。这种架构的优点在于提高了计算资源的利用率，通过独特的设计增加了网络的宽度和深度，从而提升了网络的性能。

为了避免一些深度学习网络常出现的训练收敛慢、训练时间长以及"梯度消失"和"梯度爆炸"等问题，GoogleNet 模型引入了 Inception 模块，并将网络深度设定为 22 层。此模型还采用了全局均值池化策略来代替全连接层以减少参数，并添加了两个辅助分类器来协助训练。将 Inception（4a）和 Inception（4d）模块的输出用作分类，并按一个较小的权重（0.3）加到最终分类结果中，不仅可实现模型融合的效果，同时也为网络增加了反向传播的梯度信号，提供了额外的正则化，对网络的训练非常有益。

Inception 模块内部存在滤波器，这些滤波器的输出被合并以构成下一层的输入。具体来说，Inception 模块首先使用 1×1 卷积核进行降维处理，然后利用 3×3 和 5×5 卷积核进行卷积操作。输入特征矩阵会分别与这四个分支进行运算，得到四个输出。这四个输出在深度方向上拼接，从而形成最终的输出。通过使用不同大小的卷积核，网络能够融合

不同尺度的特征信息，从而增加网络的宽度以及对不同尺度的适应性。这意味着卷积网络在特征提取过程中能够获得不同大小的感受野，使网络在训练过程中对不同大小的个体具有更强的识别能力。

GoogleNet 网络具有较深的层数，因此具有较强的特征提取能力。由于本书研究的开放式场景下水流识别常常受到各种噪声的干扰，这些噪声会随着网络的训练进行传递，对识别个体精度产生不利影响。为了解决这个问题，本书在网络的平均池化层之后引入了 SeNet 注意力机制模块，该模块可以改变每个通道的权重，放大有用的特征，并去除池化后学习到的冗余特征信息，这样可以帮助网络更好地关注关键特征，提高识别精度。

为了更有效地防止过拟合现象，本书还将主网络中的随机失活层的神经元随机失活比例从 30% 提升至 50%。这样的调整可以使模型在训练过程中更加专注于学习重要的特征，从而增强模型的泛化能力，避免对特定数据的过度拟合。

2.3.3 实验与应用

为有效验证模型的精度，本书以黄河马渡险工、花园口流量观测站以及偏关县水文局测流口等采集水流图像作为样本开展流速识别研究。

1. 网络参数设置

（1）生成对抗神经网络：采用自适应矩估计算法（adaptaive moment estimation，Adam）替代常用的随机梯度下降优化算法（stochastic gradient decent，SGD）对网络模型进行迭代优化。SGD 的基本原理是通过一个设定的学习率来求得连续样本批次中梯度的平均值。然而，对于不同的权重，梯度的大小可能会有很大的不同，并且在学习过程中会发生变化，所以采用固定的学习率来更新权重并不合适。Adam 保持其最近梯度大小的平均值，并将下一个梯度值除以这个平均值，从而使得这些松散的梯度值被归一化。因此，Adam 在不同批次步骤中可以更好地进行梯度更新。在实际训练中，所有被遮挡的和原始未被遮挡的水流图片尺寸设置为 128×128 像素。冲量参数和初始学习率分别设置为 0.5 和 0.0002，总训练轮次数设置为 150。在测试阶段随机地对训练数据进行遮挡操作，然后将其输入至训练好的 G 网络中得到去除遮挡块的水流图片，将这些生成的水流图片进行原始标签信息标注并用于对原始数据集进行数据扩充。

（2）流速识别网络。将水流训练数据集中的数据图片尺寸重新裁剪为 256×128 像素，批处理数量大小设置为 128，总训练轮次数设置为 150，采用 Adam 对网络模型进行优化，Adam 中的权重衰减值以及初始学习率分别设置为 5×10^{-4} 和 2×10^{-4}，训练过程中学习率的更新规则如下：

$$lr = \begin{cases} 2 \times 10^{-4}, & epoch \leqslant 100 \\ 2 \times 10^{-4} \times (0.001^{((epoch-100)/50)}), & epoch > 100 \end{cases} \qquad (2.3-4)$$

式中：lr 为学习率；$epoch$ 为训练轮次。

2. 测试集实验结果

（1）生成对抗神经网络。本书从 6000 张水流图片中随机挑选出 2000 张进行随机遮挡处理，然后利用训练好的生成对抗神经网络分别对这 2000 张水流图片进行重新生成，部分生成结果如图 2.3-4 所示。从中可以看出，本书提出的生成模型可以很好地合成与原始水流图像分布较为一致的水流数据。

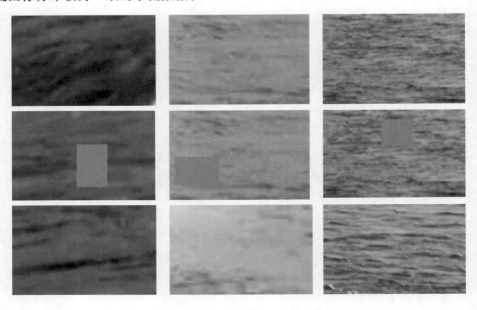

图 2.3-4　水流图片生成效果图

（2）流速识别网络。将扩充后的数据集按照 3∶1 划分为训练集和测试集，并用划分后的训练集对流速识别网络进行训练，训练变化曲线如图 2.3-5 所示。其中图 2.3-5（a）为准确率变化曲线，可以看出在迭代次数达到 30 次时，训练的准确率基本收敛于 0.95 左右；图 2.3-5（b）是训练阶段的误差损失变化曲线，从图中可得，随着训练次数的增加，损失函数的值逐步减小，最终整个模型误差收敛至 0.1 左右。

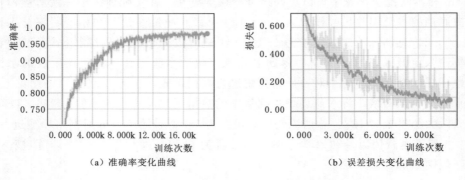

（a）准确率变化曲线　　　　　　　　（b）误差损失变化曲线

图 2.3-5　训练过程中的准确率和误差损失变化曲线

为了验证本书提出的水流识别模型的有效性，利用测试数据集对多种非接触式水流识别模型进行测试对比，包括 SVM、BP 神经网络以及 VGG-16 等，对比结果见表 2.3-1。可以看出在这些模型中 GoogleNet 模型取得了最高的准确率（84.6%），在 GoogleNet 模型中加入注意力机制模块（GoogleNet＋Se）时，其准确率提升至 88.73%。此外，在引入本书提出的对抗网络生成的水流图片（GoogleNet＋Se＋数据扩充）后，GoogleNet 模型的准确率进一步达到了 93.25％，验证了本书提出方法的有效性。

表 2.3－1   不同水流识别模型的准确率

模　型	准确率	模　型	准确率
SVM	73.21％	GoogleNet	84.6％
BP 神经网络	70.30％	Our（GoogleNet＋Se）	88.73％
VGG－16	82.61％	Our（GoogleNet＋Se＋数据扩充）	93.25％

2.4　河道整治工程根石智能监控技术

河道整治工程的稳定关键在于根石基础的稳定，因此，根石稳定性监测一直是河防工程安全管理中的重中之重。目前对于黄河流域堤防、险工、河道整治工程以及岸线的信息采集和监测能力依然相对较弱，尚未有成熟的技术可以实现对根石的稳定性进行实时监测，主要还是依靠人力进行排查，存在以下重大问题：第一，黄河河防工程类型多、范围广、线路长，需要全面、经常性地进行人工巡检，人员数量投入较大，人工巡检成本高。第二，人工巡检需要具备一定的专业素养，配备专业技术人员，建立相关管理机构，管养经费支出量大，仅以黄河下游河防工程的管护情况为例，每年每千米堤防的管护费用约为17 万元，险工的管护费用约为 20 万元。第三，人工巡检易受自然及交通条件限制。洪水期间，往往伴随降雨、强对流天气等过程，夜间受照明条件限制，仅仅借助简易设备，人工巡检范围受限，很难实现河道整治工程的全覆盖和险情的及时捕捉。第四，黄河早期河道整治工程质量参差不齐，新建工程缺乏大洪水检验，洪水时可能发生险情的频次较高、突发性较强。

近年来，有学者尝试利用机器视觉算法对泥石流、山体滑坡等进行自动监测。宋爽等提出了一种基于机器视觉的山体滑坡监测装置，装置包含监控设备、控制设备、电控系统以及特征靶标，通过监控设备对靶标的位置信息进行解算分析，实现对山体滑坡的监测。该设备可以在一定程度上对山体变形进行监测，然而由于外界干扰产生的画面抖动等情况会对解算分析过程造成负面影响，此外，该装置仍是基于靶标接触式的监测方式，安装方式较为复杂。此外，还有些工作利用卷积神经网络、目标检测网络等对地震滑坡、降雨滑坡以及黄土滑坡等产生的特征进行学习，这类方法在一定程度上可以对已经有明显滑坡特征的灾害进行有效地识别，但当滑坡特征不明显时，识别性能将会大大降低，不能满足滑坡监测实时性的要求。除此之外，目前尚未有学者对河道整治工程根石滑塌监测进行研究，其仍然是水利行业亟待解决的重大问题。

本书针对上述河道整治工程巡检任务中存在的监测效率低、监测精度不足等问题，采用计算机视觉、深度学习及图像处理等技术，开展了根石坍塌智能化监测，在此基础上，结合硬件监控设施使用无人值守一根杆装备，以此来辅助人工巡检。

2.4.1 基于图像分割的根石边坡区域定位技术

本书采用运动检测算法对根石坍塌产生的运动信息进行监测，为了更加精准地对边坡区域进行动态检测，需要对视频图像中的边坡区域进行定位。为实现边坡区域精准定位，采用基于深度学习的图像分割算法对工程边坡区域进行识别并框选，具体流程为：首先收集目标边坡图像数据，对其进行像素级标记，建立边坡图像分割数据集，并将数据集划分为训练集、验证集、测试集等；然后搭建适用于边坡目标分割的深度学习网络模型，并利用训练集对其进行训练；最后使用验证集对模型进行验证，同时利用测试集对其进行测试，以评估模型在面对新数据时的分割性能。

2.4.1.1 边坡数据集建立

在黄河马渡险工和黑河黄藏寺水利枢纽处采集了近 2500 张边坡图像数据，并对其中的 2000 张图片进行像素级标记，常见的图像标记方法可以大致分为四类：边框级标注方法、点线级标注方法、图像级标注方法、混合标注方法。

1. 边框级标注方法

该方法使用一个矩形框标出目标位置和标签。与基于全监督学习的图像语义分割方法相比，这类方法无论是时间成本，还是人力物力成本都要低得多，而在同等条件下，其分割性能却与全监督学习方法相近。

2. 点线级标注方法

该方法用一个点或一条线标出目标物体的位置和标签。与全监督学习方法相比，点与线的标注工作量显然要小得多，训练样本易于获取，分割更为简单。缺点是此类方法没有统一的标准。

3. 图像级标注方法

该方法为每一张图片对应一个标签，极大地简化了标注流程，已成为主流方法之一。然而，该方法只给出了目标对象的种类信息，并没有提供位置、形状等其他信息，因此在分割过程中缺乏信息完整性。

4. 混合标注方法

上述三种方法极大地推动了弱监督图像语义分割技术的发展，但是单一的标注方式在很多情况下都存在一些自身固有的局限性，从而影响训练效果。结合多种方法可能会起到互补的作用，从而获得较好的分割效果。因此，可将各种不同的弱标注方法进行组合，或者结合像素级标注，利用混合训练的方式实现半监督学习。

为了更加高效地建立河道整治工程边坡分割数据集，本书采用混合标记方法对所采集到的边坡数据进行标记，数据样例及标记样例分别如图 2.4-1 和图 2.4-2 所示。

2.4.1.2 边坡区域分割网络搭建

利用视频对边坡进行识别，首先要对河道整治工程边坡区域进行精准的语义分割，分割效果会直接影响后续的运动检测结果。图像语义分割技术区别于传统的图像分割，它需要确定图像中每个像素的目标标签，是一种像素级的图像理解任务。从宏观意义上来说，图像语义分割是为场景理解提供充分信息的一种高层任务。

图 2.4 - 1 数据样例

```
"shapes": [                                    "group_id": 1,
    {                                          "shape_type": "polygon",
        "label": "sign",                       "flags": {}
        "points": [                        },
            [                              {
                1065.8518518518517,            "label": "sign.1",
                535.5925925925926              "points": [
            ],                                     [
            [                                          443.62962962962956,
                954.7407407407406,                     1259.6666666666665
                744.8518518518518                  ],
            ],                                     [
            [                                          778.8148148148148,
                791.7777777777776,                     1567.074074074074
                1133.7407407407406                 ],
            ],                                     [
            [                                          754.7407407407406,
                791.7777777777776,                     1352.2592592592591
                1174.4814814814813                 ],
            ],                                     [
            [                                          423.25925925925924,
                1049.185185185185,                     1074.4814814814815
                1170.7777777777776                 ]
            ],                                 ],
            [                                  "group_id": null,
                1389.9259259259259,            "shape_type": "polygon",
                1135.5925925925926             "flags": {}
            ],                             },
            [                              {
                1389.9259259259259,            "label": "sign",
                1102.2592592592591             "points": [
            ],                                     [
            [                                          2136.222222222222,
                1119.5555555555554,                    559.6666666666666
                561.5185185185185                  ],
            ],                                     [
            [                                          2264.0,
                1099.185185185185,                     807.8148148148148
                531.8888888888888                  ],
            ]                                      [
        ],                                         2591.7777777777774,
        "group_id": 1,                             793.0
```

图 2.4 - 2 标记样例

在河道整治工程中，研究目标是图像中的根石边坡部分，即图像中的某些部分，这些区域被称为图像感兴趣区域（region of interest，RoI），其往往对应图像中特定的部分，一般定义为目标或前景，而将图像的其余部分统称为背景。为了识别和分析前景信息，需要对图像感兴趣区域进行提取和分割。图像语义分割是在传统的图像分割基础上为图像中的目标或前景加上一定的语义信息，即语义标签，目的是把图像分割为若干感兴趣区域，以便进行深入的图像分析与理解。

深度学习算法的快速发展为计算机视觉领域带来了革命性突破，特别是在语义分割等核心任务上取得了显著进展。大量实验研究表明，深度学习方法在分割精度和计算效率方面均显著优于传统算法。基于这一背景，本书采用基于深度学习的语义分割算法来实现工程边坡区域的智能框选。从方法论和处理粒度来看，图像语义分割技术可分为两大类别：基于区域的图像语义分割技术（ISS based on the regional，ISSR）和基于像素的图像语义分割技术（ISS based on the pixel，ISSP），其分类框架如图 2.4 - 3 所示，这个框架图展示了两种技术的分类方法和它们之间的主要区别。基于区域的图像语义分割技术侧重于将图像划分为不同的区域，而基于像素的图像语义分割技术则更关注每个像素点的分类。

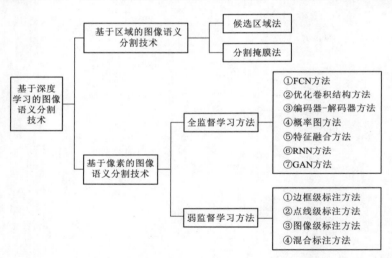

图 2.4 - 3　基于深度学习的图像语义分割技术分类

1. 基于区域的图像语义分割技术

基于区域的图像语义分割技术在传统图像处理方法中引入了深度神经网络技术，其实现步骤为：首先，将原始图像划分为多个目标候选区域，得到一系列图像块；然后，利用深度神经网络对图像块或图像块中的每个像素进行分类；最后，根据分类结果对原始图像进行标注，输出最终分割结果。根据区域生成算法和图像块划分标准的不同，可以将这类方法分为两类：基于候选区域的方法和基于分割掩膜的方法。

（1）基于候选区域的方法。其基本思路为：首先，由区域生成算法产生有效的候选区域；然后，利用卷积神经网络（convolutional neural network，CNN）对每个候选区域进行图像特征和语义信息的提取；最后，通过分类器实现候选区域中图像块或像素的分类，并输出最终的分割结果。

由于潜在目标可能存在于任意一个候选区域，因此候选区域的好坏同时影响着 CNN 特征的捕获能力和分类器对候选区域的分类精度。Girshick 等提出了区域卷积神经网络（regions with CNN features，RCNN），该网络在 CNN 提取视觉特征的基础上，融合由选择搜索（selective search，SS）算法产生的候选区域，实现了目标检测和语义分割的多任务目标。但是，该方法对候选区域的依赖较为严重，在一定程度上容易导致图像变形，不仅降低分割精度，而且会影响分割速度，因此需要进一步提高方法的综合性能。为此，Hariharan 等在其基础上提出的 SDS 方法，可通过 MCG 算法在目标区域和背景区域中提取特征，结合后用作联合训练，然后利用非极大值抑制算法实现区域增强，大幅提升了分割性能。Liu 等在 SDS 的基础上，提出了多尺度路径聚合（multi - scale path aggregation，MPA）方法，该方法利用非固定滑动窗口实现原图的卷积和池化操作，以得到多尺度特征图，通过尺度对齐操作归一化不同尺度的特征图，同时完成了定位、分类和分割三个任务。

虽然 RCNN 在一定程度上完成了语义分割任务，但是这类方法存在生成候选区域数量过多、区域形状不规则以及网络运算量大等缺点，因此，学者开始研究探索产生高质量候选区域的方法。He 等提出了一种 SPPNet 网络，该网络在 RCNN 卷积层后插入空间金字塔池化层（spatial pyramidpooling player，SPP），减少了特征提取中的重复计算过程。Girshick 等提出了 Fast - RCNN 网络，将候选区域映射到卷积特征图上，通过 ROI 池化生成固定尺寸的特征图，从而提升了候选区域的生成速度。Ren 等在 Fast - RCNN 的基础上，加入区域建议网络（region proposal network，RPN），提出了 Faster - RCNN 网络，快速生成了高质量的候选区域。He 等在 Faster - RCNN 的基础上，加 ROI Align 层和分割子网，提出了 Mask - RCNN 网络，在保留目标对象空间结构信息的前提下，同时完成了分类、回归和实例分割三个任务。

（2）基于分割掩膜的方法。其基本思路为：首先，检测出所有潜在的候选目标对象，将原图像划分为不同大小的图像块，且每个图像块都包含一个潜在候选目标；然后，利用 CNN 对每个图像块进行处理，对每个像素进行二分类得到分割掩膜；最后，优化处理掩膜输出最终的分割结果。基于分割掩膜的方法关键在于如何有效地生成与目标候选区域相对应的分割掩膜。Pinheiro 等提出了基于 CNN 的 DeepMask 框架，该模型引入一种判别卷积网络，直接从图像像素生成分割候选对象，在测试阶段有效地应用于整个图像并生成一组分割掩码，每个掩码都分配有相应的对象似然分数，在使用更少建议区域的前提下获得了更高的对象召回率，可以泛化到模型在训练期间的未知类别，性能得到了显著提升。然而，由于该模型对整个图像使用前馈网络生成掩膜，因此所产生的掩膜边界较为粗糙，不能精准对齐。为此，Pinheiro 等改进了 DeepMask 模型，提出了 SharpMask 模型，采用自上而下的策略，首先在前馈过程中输出一个粗略的掩码编码，然后在自上向下的过程中利用连续较低层的特征对这个掩码进行精细化编码，得到了更为快速有效的性能。

2. 基于像素的图像语义分割技术

从标注类型和学习方式出发，基于像素的图像语义分割技术可分为两大类：全监督学习图像语义分割技术和弱监督学习图像语义分割技术。目前，全监督学习图像语义分割在训练阶段利用深度卷积网络从带有像素级标注的图像样本中提取特征和语义信息，再利用这些特征和语义信息对图像像素进行分类。为了解决语义级别的图像分割问题，Shelhamer 等设计了经典的全卷积网络（fully convolutional network，FCN），该网络以全监督学习的方式对图像进行像素级别的分类，在 Vgg - 16 网络上，模型不仅保留了原始输入图像空间信息，还能对每一个像素都产生一个预测，最后实现像素分类。FCN 则采用跨层思想，考虑到一般语义信息和局部位置信息，它还可以将像素类别从抽象属性固定到像素级分类，并将用于分类图像的网络转换为图像分割网络，显著促进了图像语义分割技术的发展。

以全监督学习引领的图像语义分割技术为 AI 领域带来了飞跃式的进展，已成为该领域的一个重要分支，然而这一进步依赖于大量全监督的标注数据，这也就意味着需要大量具有精确像素级标注的数据集。由于在现实生活中缺乏足够的先验知识，获取像素级别的标注需要耗费大量的成本。因此学者们希望用计算机替代人工完成标注。弱监督语义分割方法正是在这种背景下产生的，这是一种使用相对于像素级别的标注更容易获取的标注作为监督去训练语义分割模型的一种方法。

为了解决全监督学习分割网络的高成本问题，有学者提出了基于弱监督学习的语义分割方法，使用弱标签图像数据进行网络训练，减轻网络模型对精确数据的依赖，降低数据的标注成本。根据使用标签类型的不同，可以将弱监督学习的图像语义分割方法分为以下几类：基于边界框的语义分割法、基于图像级标签的语义分割法、基于点标签的语义分割法和基于涂鸦式标签的语义分割法。

基于边界框标注的方法是使用一个矩形框选取图像中的目标区域作为标签信息，但边界框标注的操作是弱标注方法中最为复杂的一种。但是，边界框标签包含更多的图像信息，得到的分割效果也更令人满意。

基于图像级标签的语义分割法是弱监督学习中最简单的一种标注形式，它只提供了图像中存在的类别，没有明确给出对象的位置和形状等信息，所以使用图像级标签训练的分割网络在语义分割中得到的分割结果不理想。但是因为图像级标签数据比较容易获得，所以很多学者均致力于图像级标签的语义分割方法的研究。

基于点标签的语义分割法是在对象目标上标注一点作为标签信息，但是点所包含的信息量非常少，仅凭一点作为监督信息不足以使网络推断出整个对象的区域范围，因此分割效果也不令人满意。与图像级标签相比，点标签可以明确图像中对象的位置信息，所以分割效果有所提升。

基于涂鸦式标签的语义分割法是在目标对象位置以涂鸦线条方式作标记，得到对象的位置和范围信息。涂鸦式标签作为点标签的一种改进方式，可以进一步获取对象的范围信息，获得更好的分割结果。

通过对上述基于深度学习的图像分割技术的分析，结合工程边坡检测要求的时效性强、准确率高的特点，本书在上述算法的基础上设计了一个基于注意力机制的轻量化 U - Net 网络框架对工程边坡进行分割。

2.4.2 基于深度学习的工程边坡图像分割技术

本书提出的基于注意力机制的轻量化 U - Net 网络框架，融合了经典 U - Net 网络结构和改进型 U–Net 模型的优势，并在轻量化分割网络中引入注意力机制模块，通过自适应权重分配机制增强模型对关键特征信息的关注能力，从而显著提升了图像分割的精度和鲁棒性。这种设计不仅保留了 U–Net 网络在医学图像分割等领域的优异性能，还通过注意力机制实现了对重要特征的精准捕捉，为复杂场景下的图像分割任务提供了更有效的解决方案。

2.4.2.1 U–Net 网络模型

U–Net 网络模型于 2015 年被提出，结构如图 2.4–4 所示，包括压缩路径和扩展路径，又被称为编码器–解码器结构，该模型左右两部分对称，左边部分是压缩路径，用于获取上下文信息，并进行特征提取；右边部分是扩展路径，用于精确地定位特征位置，采用跳跃连接将上采样过程中的特征图与下采样过程中的特征图拼接起来，实现浅层和深层语义信息的融合，减少边缘信息的丢失。

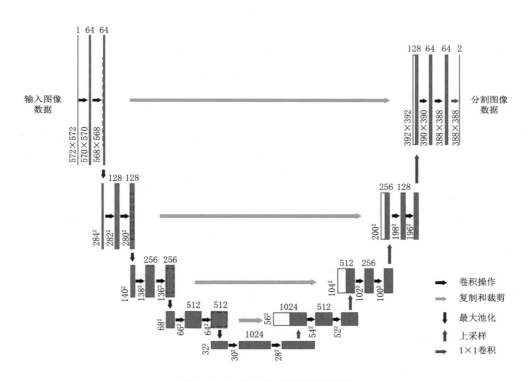

图 2.4–4　U–Net 网络模型结构

在编码过程中包含四次下采样，有五次卷积和四次最大池化操作，每一层的卷积操作均采用大小为 3×3 的卷积核来进行，采用 ReLU 作为激活函数获取局部图像的特征图，在下采样过程中采用大小为 2×2 的池化层，通过降低特征图的尺寸以有效地减少模型的计算量，减少网络过拟合现象的出现。卷积过程中采用有效卷积，特征图的数量基本不变，分辨率有些许降低。每进行一次下采样操作，特征图的尺寸会通过除以 2 的方式缩小到原来的一半，而通道数则加倍。

在解码过程中，包括四次 2×2 的反卷积操作，即上采样操作。在上采样过程中，特征图尺寸加倍，通道数减半，采用跳跃连接的方式将输出特征图与左侧对应位置的特征图融合，由于同一水平上两侧对应位置所得到的特征图的尺寸不一致，U－Net 网络模型会先将较小尺寸的特征图先扩展至和较大尺寸一致后再进行拼接，并通过网络层中的卷积池化操作和激活函数，得到输出特征图。网络的最后一层是采用一个大小为 1×1 的卷积核将每个 64 维的特征向量映射到输出层。原始的 U－Net 网络模型执行的是一个二分类任务，所以输出特征图的通道数为 2。

U－Net 网络模型在解码过程中利用跳跃连接充分结合对应浅层的特征，减少信息丢失的同时，对于小样本也不容易过拟合。由于 U－Net 网络采用基于像素级别的分类策略，在分割过程中需要对每个像素点提取相应的图像块（patch）进行训练。然而，这种密集采样策略存在一个显著问题：相邻像素点对应的图像块具有高度相似性，导致训练数据中存在大量冗余信息。这种冗余不仅增加了计算复杂度，还显著降低了网络的训练效率，成为制约模型性能提升的主要瓶颈之一。

2.4.2.2　改进的 U－Net 网络模型

传统的 U－Net 网络模型拥有的网络层数比较少，但参数量大，在上采样过程中会丢失较多的细节信息，因此需要在 U－Net 模型的基础上对网络结构做进一步改进，以获得更高的分割精确度。

本书利用基于 U－Net 网络架构的改进模型进行训练，其中包含输入、卷积块、转置缩放卷积、组归一化、激活函数、最大池化、跳跃连接和输出。该模型包含初始分割模块和优化模块两部分，其中，初始分割模块对输入的根石边坡图像进行粗分割，在上采样的过程中增加最大池化和转置缩放卷积，不仅可以保留图像的主要特征，同时还可以有效降低数据维度，降低计算的复杂度。优化模块则是依据初始分割结果与标注图像之间的残差，通过学习这个残差来对初始分割结果进行优化，同样采用跳跃连接的方式对输出特征图和对应的上层信息进行拼接融合，使得网络能够适用于各种复杂问题。

1. 初始分割模块

本书提出的改进型 U－Net 网络采用对称的编码器—解码器架构，网络包含对称的下采样（编码）和上采样（解码）路径，每个卷积块由两个卷积层构成，每层均采用 3×3 卷积核，配合组归一化和 ReLU 激活函数进行处理。这种设计确保了特征图尺寸在卷积过程中保持不变，同时通过 ReLU 激活函数增强了网络的非线性表达能力。在网络参数配置方面，特征图尺寸与卷积核尺寸严格对应，特征图数量与卷积核数量保持一致，且卷积核深度与输入图像通道数相匹配。训练过程中，第一层卷积核数量保持不变，第二层则加倍，上下采样路径对应位置的卷积核数量一致，具体设置为 64 个、128 个、128 个、256 个、256 个、512 个。所有卷积层均采用 3×3 卷积核，这种设计在降低网络复杂度的同时扩大了感受野，卷积步长设为 1，填充度为 1。池化层采用 2×2 最大池化滤波器，步长为 2，填充度为 0，有效降低了特征图尺寸和计算量。对传统 U－Net 模型在上采样过程中特征图拼接导致的参数量过大和特征冗余问题，本模型进行了创新性改进：在每个卷积块前添加池化层，并在上采样时直接对应下采样阶段的特征图，与经过转置缩放处理的卷积块进行拼接。其中，转置缩放模块由转置卷积和缩放卷积组成，前者保持特征图形状，后者调整像素值，这种双重机制有效减少了边界细节信息的丢失，确保了特征信息的完整性。此外，模型引入了残差块结构，每个残差块包含两个 3×3 卷积层，采用组归一化进行数据标准化，有效解决了小批量训练时错误率较高的问题。每个节点均采用 ReLU 激活函数进行非线性变换，进一步增强了网络的表达能力。这些改进措施显著提升了模型的分割精度和训练效率，为复杂场景下的图像分割任务提供了更优的解决方案。

2. 金字塔池化模型

原始 U-Net 网络虽然通过编码器-解码器架构和跳跃连接机制实现了局部与全局特征的融合，但其特征提取主要集中在单一尺度上，且对全局上下文信息的捕捉能力有限。为解决这一问题，本书引入了金字塔池化模块（pyramid pooling module，PPM），通过对不同尺度和分辨率的特征信息进行多级池化操作，显著增强了模型的特征提取能力。这种设计不仅能够更全面地捕捉图像的局部细节信息，还能有效整合全局上下文特征，从而大幅提升模型对复杂场景的理解能力和分割精度。

金字塔池化模型是一种特殊的池化模型，通过由多到少的池化，有效增大感受野的范围，在不同的尺度下保留全局信息，增大全局信息的利用效率。金字塔模块的每一个位置都能获得其所属周围的多个范围的信息，范围最大时可达到全局大小，因此该模块可帮助模型快速获取更大范围的感受野。在模块中使用跳跃连接，可融合原始特征图信息和池化后的多维特征图信息，在不影响原始特征的前提下，添加特征的多尺度信息。

以四层金字塔为例，采用四种不同金字塔尺度，每层的尺寸分别是 1×1、2×2、3×3、6×6，N 是金字塔池化模块的数量。首先，把原始图输入到预训练的神经网络中，经过一系列编码解码过程产生特征图，将特征图分别池化到目标尺寸，采用 1×1、2×2、3×3、6×6 四种不同尺寸的滤波器经过池化操作得到对应尺寸的特征图。其次，对特征图进行 1×1 卷积，将通道数减少到原来的 $1/N$；然后，对特征图的尺寸做上采样，将其尺寸扩大到和原特征图尺寸相同。之后，将两种特征图进行拼接融合，得到的通道数是原通道数的 2 倍；最后，利用 1×1 卷积将通道数缩小到原来的值，最终得到的特征图的尺寸和通道数与原特征图是一致的。

3. 损失函数

在图像分割领域，交叉熵损失函数是最常用的损失函数之一，因其在不同模型架构中均表现出优异的性能而备受青睐。作为深度学习中应用最广泛的损失函数，交叉熵损失的核心原理是衡量两个概率分布之间的差异程度。具体而言，交叉熵损失值越小，表明模型预测的概率分布与真实标签的分布越接近，即分割精度越高。在二分类任务中，二元交叉熵损失函数因其简单高效的特点，成为图像分割任务的首选损失函数。该函数通过计算每个类别的预测概率与真实标签之间的差异来评估模型性能，因此常与 Sigmoid 激活函数配合使用，以实现概率输出的归一化处理。这种组合不仅保证了模型训练的稳定性，还能有效提升分割结果的准确性，使其在各类分割任务中表现出色。

在二分类的情况下，模型最后的预测结果只会出现两种情况，每个类别对应的预测结果分别为 p 和 $1-p$：

$$L_{BCE} = \frac{1}{N}\sum_i L_i = -\frac{1}{N}\sum_i \left[y_i \times \log(p_i) + (1-y_i) \times \log(1-p_i) \right] \quad (2.4-1)$$

式中：N 为样本数量；y_i 为样本 i 的标签，正类用 1 表示，负类用 0 表示；p_i 为将样本 i 预测为正类的概率。

2.4.2.3　注意力机制模块

为了加强 U-net 模型对重要特征信息的关注度，进一步在该轻量级分割网络中引入注意力机制模块，该类模块已经被广泛应用至各类计算机视觉任务中。注意力机制模块中最常见的有挤压与激励网络（Squeeze-and-Excitation Networks，SENet）、卷积注意力模块（Convolutional Block Attention Module，CBAM），瓶颈注意力模块（Bottleneck Attention Module，BAM）、以及选择性核网络（Selective Kernel Networks，SKNet）。本书采用的注意力机制模型为 BAM，其包含一个通道注意力模块和一个空间注意力模块。通道注意力模块由一个平均池层以及两个线性层映射层组成，可以为每个特征图输出一组对应的权重系数；空间注意力模块包含两个含有 1×1 卷积操作的缩减层以及两个含有 3×3 卷积操作的卷积层。

1. 通道注意力模块

该模块包含一个平均池化层和两个线性转换层。为了将通道中的特征图进行聚合，首先将网络框架中每个阶段输出的特征图 M 经过一个全局平均池化操作：

$$M_C = \text{AvgPool}(M) \tag{2.4-2}$$

式中：M 为特征图；$M \in R^{C \times W \times H}$，$M_C \in R^{C \times 1 \times 1}$。

两个含有批量归一化操作的线性层被用于从 $\boldsymbol{M_C}$ 中估计跨通道的注意力。为了降低参数量，将第一个线性层的输出节点数设置为 C/r，其中 r 是降维比。为了恢复通道数，将第二层的输出节点数设置为 C。在两个线性层后，一个批量归一化层被用来将输出值的范围调整至与通道注意力值的范围相一致，通道注意力的输出值 $\boldsymbol{ATT_C}$ 可以表示为

$$ATT_C = BN(linear1(linear2(M_C))) \tag{2.4-3}$$

式中：$linear1$、$linear2$ 和 BN 分别表示第一层线性层、第二层线性层以及批量归一化层。

2. 空间注意力模块

空间注意力用于强调或者抑制在不同空间位置上的深度特征，该模块包含两个降维层和两个卷积层。通过第一个降维层后，特征的维度由原来的 $M \in R^{C \times W \times H}$ 降低至 $MS \in R^{C/r \times W \times H}$，然后将 $\boldsymbol{M_s}$ 依次输入至两个具有 3×3 大小卷积核的卷积层中，最后再用第二个降维层将特征维度进一步降至 $\boldsymbol{R}^{1 \times W \times H}$。与通道注意力机制模块相似，空间注意力模块，利用批量归一化操作对第二个降维层输出的特征进行处理。上述步骤可公式化为

$$ATT_S = BN(reduction2(conv2(conv1(M_S)))) \tag{2.4-4}$$

式中：ATT_S 为空间注意力模块的输出值；$conv1$ 和 $conv2$ 分别表示两个卷积层；$reduction2$ 代表第二个降维层。

3. 注意力模块融合

该模块是将通道注意力与空间注意力以下述方式进行融合：

$$ATT = \sigma(ATT_C \times ATT_S) \qquad (2.4-5)$$

式中：ATT 为整个注意力机制模块的输出值；σ 代表 Sigmoid 函数。

在本书中，将 U-net 的每一中间输出特征输入至 BAM 注意力机制模块中，对特征提取结果进行重新强调或者抑制。引入注意力机制模块的轻量级 U-net 可以将提取到的特征关注度集中在那些关键的空间或者通道特征上，并对干扰特征进行有效地抑制，增加所提取特征的语义信息，提高分割的性能。

2.4.2.4　试验结果及分析

将 2000 张标记的边坡数据集分为 1500 张训练集和 500 张测试集，分别对本书提出的 U-net 模型进行训练和测试，试验环境和配置见表 2.4-1。

表 2.4-1　　　　　　　　　　　　　试 验 环 境 和 配 置

名　称	配　　置	名　　称	配　　置
编程环境	Pycharm	cuda 版本	cuda 11.1
深度学习框架	torch 1.9.0	cudnn 版本	cudnn v8.0.5
Python 版本	Python 3.6	操作系统	Windows 10 专业版
CPU	Intel(R) Core(TM)i7-9750H CPU	内存	8GB
GPU	NVIDIA GeForce RTX 2060		

试验参数设置见表 2.4-2。本书在网络模型的训练过程中通过添加方法来优化学习率。因为初始的学习率太小，需要非常多的迭代才能使模型达到最优状态，但是迭代次数过多会降低模型的训练速度。在训练过程中通过这种方法不断缩小学习率，可以快速且精准地获得最优模型。

表 2.4-2　　　　　　　　　　　　　试 验 参 数 设 置

迭代次数 epoch	36 次	迭代次数 epoch	36 次
批大小 batch_size	2 个	图像目标尺寸	256×256
优化器	Adam	学习率	1e-4

本书所提出的网络模型包括初始分割模块和优化模块，在初始分割模块中进行前向传播，得到数据的初始分割结果。通过优化模块进行反向传播，可对初始分割结果做进一步优化处理，得到更为准确的分割结果。前向传播就是将分类好的训练数据输入初始分割网络进行预处理，通过一系列卷积池化操作得到特征图。通过全连接层整合上一层输出的特征，用于之后的分类和回归，数据在每一层处理前都需要先进行一次归一化处理，统一数据的量级，方便数据进行加权计算。通过激活函数可以得到每一层的输出，最终输出模型的预测结果，并通过损失函数来衡量预测值和实际标签值之间的差距，计算出对应的损失值。当网络的预测结果与标签值相差较大时，需要通过最小化损失来进行反向传播逐步更新每一层的参数值，如此循环往复，直到使得前向传播得到的损失值最小，停止训练。利用测试集对训练过后的模型进行测试，部分测试结果如图 2.4-5 所示。从图中可以看出，河道整治工程根石边坡区域被精准地提取了出来（红色覆盖区域），验证了算法的有效性。

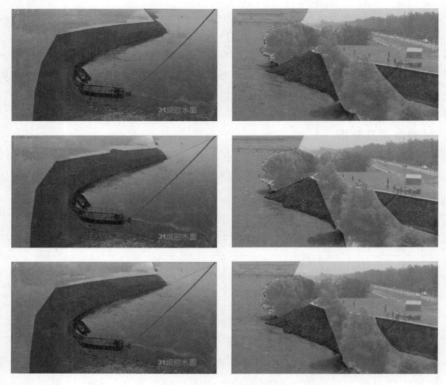

图 2.4-5 分割效果图

本书采用准确率和精确率两个指标对模型的分割性能进行量化对比，从而评价模型的最终性能。为了直观地对比不同数据集在不同模型上的分割效果，将数据通过表格的形式呈现出来。从表 2.4-3 中可以看出，所提出算法的准确率和精确率分别达到 95.3% 和 90.2%，相对于 U-Net 算法来说，准确率和精确率分别增加了 4.1%、2.9%，因此，改进后的网络模型中的优化模块有助于提高图像分割质量。

为了验证引入注意力机制的有效性，以 IoU 值作为指标对所提出的模型的性能进行评估，指标测试结果见表 2.4-4。其中 U-net/attention 为未引入注意力机制的模型，U-net 为本书所提出的模型。从表中可以看出，加入了注意力机制的 U-net 模型获得了更高的 IoU 值，验证了本书引入的注意力机制的有效性。

表 2.4-3　准确率与精确率指标对比结果

模型	准确率/%	精确率/%
原始 U-net	91.2	87.3
改进 U-net	95.3	90.2

表 2.4-4　IoU 指标对比结果

模型	IoU 值
U-net/attention	0.865
U-net	0.881

为了验证本书提出的轻量化 U-net 模型的有效性，在工程边坡数据集上同时对原始 U-net 模型和轻量化 U-net/attention 模型进行训练并测试，并用 IoU 值以及对单张图片的分割所耗费的时间作为比对指标，对比结果见表 2.4-5。从中可以看出，两种模型的 IoU 值几乎持平，而本书所设计的轻量化 U-net 模型分割单张图片所耗费的时间更

短，效率更高。

表 2.4 - 5　　　　　　　　　　两种模型的效率对比

模型	IoU 值	耗时
轻量化 U - net/attention	0.865	0.083
原始 U - net	0.868	0.125

2.4.3　基于运动检测的边坡坍塌识别技术

河道整治工程智能监控的核心目标是实时捕捉根石滑塌的动态过程。在对河道整治工程边坡区域完成图像分割后，还需进一步进行坍塌检测，这本质上属于计算机视觉领域中的目标检测任务。然而，传统的目标检测方法通常只能在根石边坡出现明显坍塌特征时才能识别，难以满足实时监测的时效性要求。事实上，根石边坡在发生变形（如滚动、滑塌、墩蛰等）的初期就会产生明显的运动特征，因此可以将该问题转化为运动检测任务来处理。通过捕捉坍塌初期的运动信息，能够显著提高检测效率，实现早期预警。在运动目标检测技术中，关键在于准确识别运动目标的同时，最大限度地抑制噪声和虚假目标等无用信息。根据监控设备的安装方式，运动检测可分为动态背景检测和静态背景检测两大类。由于河道整治工程中的监控摄像头通常固定安装，因此静态背景检测算法更为适用。目前常用的静态背景运动目标检测方法主要包括帧差法、光流法和背景减除法，这些方法各有特点，可根据具体场景需求选择合适的算法以实现高效、准确的运动目标检测。

在根石边坡现场，变形区域与背景区域通常较为相似，因此帧差法容易出现重复检测或漏检的问题，同时重叠的区域也难以检测，导致在运动区域产生"空洞"现象等问题。背景减除法基本思路是建立一个数学背景模型来近似地模拟背景，用当前帧的图像与背景模型做差分，其中像素值变化大于阈值的认定为前景像素，而变化较小的则认定为背景像素。然而，在开放式场景下，监控摄像难免会受到一些不可控的因素产生抖动甚至摇摆现象，进而产生像素值变化，导致背景减除法会产生频繁误报的问题。

光流法是一种基于像素灰度变化的运动检测方法，其基本原理是：相邻两帧图像中，同一个物体上的像素在空间上的位置不会改变太大，因此，通过对相邻帧图像中同一位置像素之间的灰度变化进行分析，可以得到该位置的运动信息（包括运动强度和运动方向）。该算法具有检测灵敏度高、复杂场景适用性较好等优势。此外，可以根据检测到的运行目标的运动方向、强度等信息对外界干扰运动信息进行排除，进而增强检测的准确性。考虑到光流法的上述优点，本书采用该算法对边坡坍塌产生的运行信息进行检测。基于运动检测的坍塌识别处理流程如图 2.4 - 6 所示。

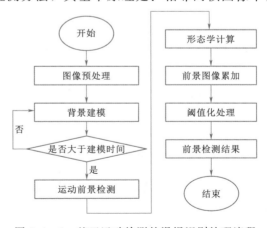

图 2.4 - 6　基于运动检测的滑塌识别处理流程

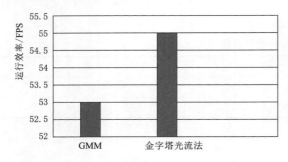

图 2.4 - 7　两种运动检测算法运行效率对比

以 I7 - 7900K 处理器为运行平台，在分辨率为 720P 的一段视频中进行试验，两种运动检测方法运行效率如图 2.4 - 7 所示。

从运行效率比较，金字塔光流法每秒钟运行帧数达到 55 帧，略高于背景建模方法，所以在运行效率方面也要比 GMM 高。

从识别结果比较，在没有采用后处理的情况下，金字塔光流法与 GMM 表现出比较好的召回性，能够较为完整地识别出运动区域，但是 GMM 存在较多的椒盐噪声，金字塔光流法存在的噪声较少。综合以上考量，最终选用金字塔光流法作为滑坡运动识别算法。

2.4.4　干扰运动排除研究

开放式场景下通常存在着人、动物、船等非监测目标，会对边坡险情的识别造成较大的影响，如何自动去除环境干扰，提高智能算法险情识别的准确率、降低误报率是根石边坡智能识别工作的重难点。

针对上述问题，结合边坡坍塌运动信息和深度学习技术实现对干扰运动的排除。具体步骤为：第一，对运动检测结果进行图像形态学操作，以消除噪声干扰；第二，根据边坡坍塌产生的运动方向及运动强度对干扰运动进行初步排除；第三，对运动目标进行前景提取，并用深度学习模型对提取的目标进行识别，进一步判断其是否为边坡。

2.4.4.1　运动识别结果处理

在对运动目标进行有效检测后，采用形态学算法对其进行初步的噪声剔除，最常用的形态学算法有膨胀运算、腐蚀运算、开运算、闭运算等。

1. 膨胀运算与腐蚀运算

膨胀运算是求局部最大值的操作，主要思路是利用核 B 与图像 A 进行卷积操作，即计算核 B 覆盖的区域像素值的最大值，并把这个值给参考点指定的像素。这样就会使得图像 A 中的高亮区域逐渐增长，如图 2.4 - 8（a）所示。腐蚀运算可以理解为"与"运算，主要思路是利用核 B 逐像素比对与图像 A 的重合情况，当完全重合时记录当前结构体中心像素位置，通过这种方式得到腐蚀后的图像，如图 2.4 - 8（b）所示。

2. 开运算与闭运算

开运算与闭运算是由膨胀运算和腐蚀运算的复合与集合操作（并、交、补等）组合成的运算构成。先腐蚀运算后膨胀运算的过程称为开运算，开运算能够除去孤立的像素点或连通器；先膨胀运算后腐蚀运算的过程称为闭运算，闭运算能够填平前景物体内的小裂缝，而总的位置和形状不变，如图 2.4 - 9 所示。

在真实的根石边坡工程现场，常常会遇到散质结构的滑塌情况，比如由石子、黄土、碎岩等地质材料构成的区域。在检测过程中，这些材料呈现出零星分布、多分布的特点，直接对这些结果进行运动连通区的提取往往无法得到理想的结果。在光流法运动识别的基础上，采用闭运算处理来闭合较为集中的离散前景像素点，形成了完整的连通区，同时去

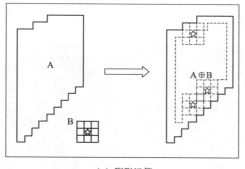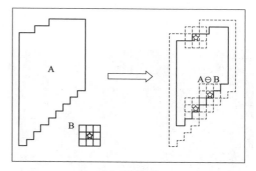

（a）膨胀运算　　　　　　　　　　（b）腐蚀运算

图 2.4-8　膨胀运算与腐蚀运算

（a）开运算　　　　　　　　　　（b）闭运算

图 2.4-9　开运算与闭运算

除了孤立点以降低干扰。闭运算处理前后的图像如图 2.4-10 所示。

（a）处理前　　　　　　　　　　（b）处理后

图 2.4-10　闭运算处理前后的图像

此外，为了消除环境中出现的一些噪声点，如蚊虫、飞鸟及昆虫等，需对前景图像进行累加并做阈值化处理，具体方法为：将每帧的所述前景二值图像前景像素的值设为 1，以 M 帧为一个处理周期，将一个处理周期内处理后的图像与前景二值图像相加，对相加后的前景二值图像进行阈值化计算，将大于阈值 t 的像素设为 255，否则设为 0，累加前景二值图像可表示为

$$\begin{cases} pixel = 255 & , \quad pixel > t \\ pixel = 0 & , \quad pixel \leqslant t \end{cases} \tag{2.4-6}$$

阈值 t 的取值一般设为 $0.2M \sim 0.3M$。累加阈值化处理前后的图像如图 2.4 - 11 所示。从图中可以看出，经过形态学操作后大多数噪声点被很好地消除了。

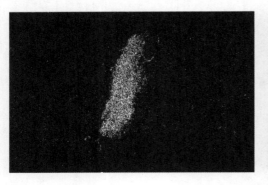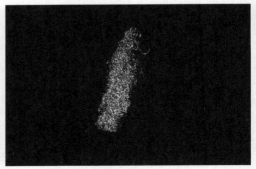

图 2.4 - 11　累加阈值化处理前后的图像

2.4.4.2　基于光流法的干扰运动信息剔除

通过光流法可以得到视频序列中运动目标的运动方向和强度。通常情况下，根石边坡坍塌产生的光流场向量的方向和大小都是固定的，因此，可以设定光流场向量的强度阈值来排除干扰运动。当光流场向量的大小超过该阈值时，认为该像素点属于运动目标，否则属于背景。此外，还可以根据光流场向量的方向来划分不同的运动区域，并根据区域内部的一致性和连通性来确定运动目标。在实际工程中，根石边坡坍塌产生的运动方向一般向下，因此以水平线为坐标横轴，设定运动夹角范围为 $0° \sim 90°$，运动强度设定为 $20 \sim 100$。图 2.4 - 12 显示了利用运动方向与运动强度阈值排除干扰运动后的检测结果，其中图 2.4 - 12（a）为不加阈值的检测结果，图 2.4 - 12（b）为引入阈值后的检测结果，从中可以看出，通过这两种阈值的设定，一些不相干的运动信息（烟雾运动）被有效地剔除了。

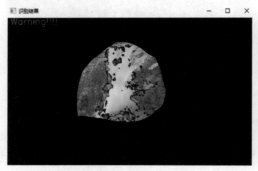

（a）不加阈值的检测结果　　　　　　　　（b）引入阈值的检测结果

图 2.4 - 12　利用运动方向与运动强度阈值排除干扰运动后的检测结果

2.4.4.3　基于深度学习的运动目标识别

在初步排除干扰运动信息后，进一步利用卷积神经网络模型对检测到的运动目标进行识别，以便更精准地判断运动目标的类别，排除非边坡区域的运动信息。

该模型主体网络框架基于 squeezenet 模块，包含两个卷积层、一个最大池化层、一个全局平均池化层、五个 Fire 层以及一个 Softmax 概率输出层。其中 fire 模块包含 squeeze 和 expand 两部分，squeeze 为卷积核大小为 1×1 的卷积操作，expand 由 1×1 和 3×3 卷积操作共同组成，具体结构如图 2.4-13 所示。

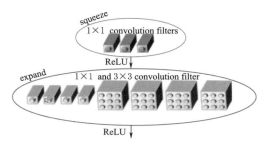

图 2.4-13　Fire 模块结构示意图

根据河道整治工程根石边坡区域常出现的自然干扰源的种类将全连接层节点的个数设置为 10，利用采集到的干扰排除数据集对搭建好的轻量化深度网络模型进行训练，从而使其可以对运动目标进行有效识别，排除边坡滑动以外的干扰运动信息，提升算法的识别精度。

为了验证轻量化卷积神经网络的有效性，采用支持向量机（support vector machine，SVM）结合 HSV+HOG 特征组合作为对比算法进行验证，对于轻量化卷积神经网络，将干扰排除数据集中图片大小转换为 50×50，第一层卷积层的特征维度设置为 256，fire1～fire5 的特征维度分别设置为 128、128、256、128、128。由于干扰排除数据集中的样例类别有 10 种，所以将预测层的特征维度设置为 10。在 Pytorch 框架下实现该轻量级算法，并采用 adam 优化算法对其进行优化，其初始学习率设置为 0.01，衰减率设置为 10%，迭代次数设置为 500。SVM 的参数设定见表 2.4-6。

表 2.4-6　　　　　　　　　　模 型 参 数 设 置

参　　　数	取值	参　　　数	取值
C	1.5	Max_depth（树最大深度）	6
Gamma（γ）	10	Max_leaf_nodes（最大叶子节点数）	2^6
Degree（多项式次数）	2、3、4、5	Lamda（L2 正则化系数）	1.1
Eta（学习率）	0.3		

以 I7-7900K 处理器为运行平台，分别用采集到的运动目标数据集对这两种模型进行训练并测试，其中训练集为 1800 张，测试集为 1500 张，两种模型的测试结果见表 2.4-7。

表 2.4-7　　　　　　　　　　两种模型的测试结果

模型	召回率	准确率	F1
SVM	92.9%	93.7%	92.8%
轻量化卷积神经网络	98.1%	99.2%	94.4%

同样以 I7-7900K 处理器为运行平台，在分辨率为 720P 的一段视频中进行试验，SVM 与轻量化卷积神经网络模型推理部分运行效率如图 2.4-14 所示，运行内存需求如图 2.4-15 所示。

从上述试验结果可以得出，本书设计的轻量化卷积神经网络模型在召回率、准确率、F1 得分等方面占有优势，在单样本推理时间上，轻量化卷积神经网络模型与 SVM 耗费时间几乎持平。在运行内存需求方面，轻量化卷积神经网络模型耗费了 90MB，要比 SVM 增加 50％左右的内存空间。然而对于目前的硬件设备来说，100MB 的内存空间较易满足。故本书采用轻量化卷积神经网络模型对运动目标进行识别。

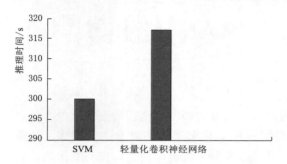

图 2.4-14 单样本推理时间比较

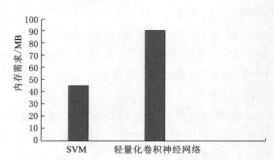

图 2.4-15 运行内存需求比较

为了验证轻量化卷积神经网络模型框架的合理性，进一步设计了两个对比模型进行测试，其中一个模型在设计模型的基础上增加了两个 fire 层，将其命名为 CNN＋（本书提出的轻量化神经网络命名为 CNN）；另外一个模型在设计模型的基础上去掉了 fire2 和

表 2.4-8   三种模型的 Top-1 指标对比

模型	Top-1 识别率/％
CNN	98.6
CNN＋	97.9
CNN－	97.3

fire3 层，将其命名为 CNN－。分别对这三个模型在数据集上进行训练并测试，用 top-1 识别率作为测试指标，对比试验结果见表 2.4-8。从表中可以看出，设计的 CNN 模型取得了最高识别率，相比之下，无论是增加或是减少模型的深度都会导致算法识别性能的降低。

2.4.4.4 基于运动特征的干扰运动排除

为了进一步减少干扰运动信息，降低算法误报率，在对运动目标进行有效识别后，利用运动目标的运行信息对干扰运动进行再次排除。具体方法为：首先，针对分割得到的运动目标的区域，在采集的原始图像中提取特征点，并计算该特征点在前一帧中的位置。通过计算对应特征点的前后帧位置变化，获取特征点的运动方向和运动速度。根据预先分别设置方向比较阈值和速度比较阈值，结合特征点的运动方向和运动速度与比较阈值的对比结果，判断运动目标的运动方向和运动速度是否符合危岩坍塌特征，将不符合危岩崩塌特征的运动物体排除，完成第一次排除处理。其次，根石边坡坍塌一般是一个持续性运动的过程，会在连续视频帧中同时出现运动信息，而飞鸟或者水流等仅在视频画面中的几帧有运动信息，因此，可以根据连续帧是否出现运动信息来剔除干扰运动，将低于边坡运动帧数阈值的干扰运动进行排除，完成第二次排除处理。

2.4.5 试验验证

为验证算法的可行性，选择计算机虚拟场景、现场塌方模拟、夜间现场塌方模拟、工程实际出险等不同工况进行试验，分别对多个环境与条件下图像识别算法进行测试。

1. 计算机虚拟场景试验

使用计算机模拟山体塌方的视频进行测试，如图 2.4-16 所示，蓝色区域为监测区域，在监测区域内的岩体随时间发生塌方。在出险过程中算法较为完整地识别出了在监测区内塌方的区域，并以绿色区域标记（图 2.4-17）。

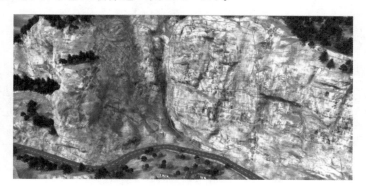

图 2.4-16　计算机虚拟场景试验

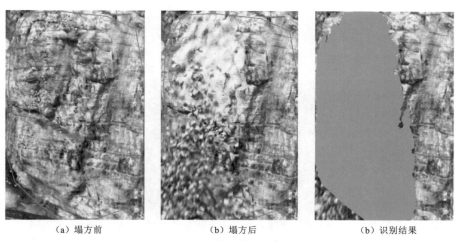

（a）塌方前　　　　　　　　　　（b）塌方后　　　　　　　　　　（b）识别结果

图 2.4-17　塌方前后图像与识别结果

2. 现场模拟塌方试验

使用现场模拟塌方视频进行测试，试验场景如图 2.4-18 所示。在监测区域顶端的石堆上倒下石子模拟滑塌险情，观测距离为 5m，焦距为 6mm。蓝色区域为监测区域，在出险过程中算法较为完整地识别出了监测区内的滑塌区域，并以绿色区域标记（图 2.4-19）。

图 2.4-18　试验场景

（a）塌方前　　　　　　　　　（b）塌方后　　　　　　　　　（b）识别结果

图 2.4-19　塌方前后图像与识别结果

　　使用现场模拟塌方视频进行测试，试验场景如图 2.4-20 所示。在监测区域顶端黄土模拟滑塌险情，观测距离为 12m，焦距为 8mm。蓝色区域为监测区域，试验中模拟了多次滑塌，在整个出险过程中算法较为完整地识别出了监测区内的每次滑塌的区域，并以绿色区域标记（图 2.4-21、图 2.4-22）。

图 2.4-20　试验场景

图 2.4-21　第一次塌方与识别结果

图 2.4-22 第二次塌方与识别结果

3. 算法精度试验

将算法应用到马渡险工现场，并利用人工模拟滑塌对算法性能进行测试，现场试验如图 2.4-23 所示。在丁坝上抛下纸箱模拟堤坝根石滑塌，红色区域为算法监测到发生滑塌的区域，观测距离 101m，焦距 4.8mm。试验用纸箱大小为 45cm×40cm×55cm。

图 2.4-23 马渡险工根石稳定性监测示意图

使用夜间现场模拟塌方视频进行测试（图 2.4-24），在蓝色区域内放置了 20cm×25cm 左右的备防石（作为防汛备用的根石），下面垫有木板，通过拉动木板使备防石滑落模拟滑塌，观测距离为 110m，焦距为 8mm。在出险过程中算法较为完整地识别出了监

图 2.4-24 试验场景与根石大小

测区内滑塌的区域，并以红色区域标记（图 2.4-25）。试验证明，在该观测条件下可以识别大于 20cm×25cm 的滑塌变化区域。

图 2.4-25　滑塌前后图像与识别结果

4. 工程实际出险

使用焦作大玉兰险工现场实际出险视频和黄藏寺水利边坡垮塌视频进行测试，蓝色区域为监测区域，在视频中，监测区内的工程边坡发生滑塌险情，在整个出险过程中算法较为完整地识别出了监测区内每次滑塌的区域，并以红色或绿色区域标记（图 2.4-26）。

图 2.4-26　出险前后图像与滑塌识别结果

通过所设计的算法模型，可剔除自然场景下 95％以上的干扰运动，最大程度上减少误报信息，显著提高算法的实用性。

2.5 基于人工智能的变形监测技术

2.5.1 水库边坡变形监测的背景及意义

水利工程变形监测需求较多，包括大坝位移、水库边坡位移等多种。其变形主要是指在水库建成后，由于库水位波动和重力作用的影响，导致库岸边坡和坝体发生变形，严重情况下会引发岩土体整体滑移等灾害。随着人口密度的增加和人类工程活动对环境的干扰日益加剧，加上水文条件和地质活动等因素的影响，水利工程变形引发的灾害频繁发生且造成的危害日益严重，进行有效的变形监测与预测是防止或较少水利工程灾害的重要措施。变形监测主要是并通过对位移量、速率和变形特征等数据进行实时监测和分析，及时预警潜在的滑坡、坍塌、开裂等安全风险，保障水库和库坝的安全运行。

2.5.2 研究现状

变形监测技术是一项综合性极强的跨学科领域，其理论基础涉及力学、岩土工程学、地质学等多个学科，同时深度融合了物联网、嵌入式系统、计算机科学等现代信息技术。随着科技的快速发展，变形监测的研究方法和仪器设备也需与时俱进，与信息科学技术的发展保持同步。传统的变形监测方法主要依赖人工操作精密仪器进行测量，并通过读取传感器数据实现监测目标。经过长期发展，传统方法在技术层面已趋于成熟和完善。然而，面对日益复杂的工程环境和更高的监测要求，传统方法在实时性、自动化程度和数据处理能力等方面仍存在一定局限性，亟须与现代信息技术相结合，以实现更高效、精准的监测效果。

2.5.2.1 传统的变形监测方法

1. 大地测量法

大地测量法是一种利用水准仪、全站仪等仪器，通过测量角度和距离来确定目标空间点的测量方法。该方法具有高度的准确性，能够精确确定监测点的坐标，并且所得数据便于计算软件进行处理。然而，传统的大地测量法主要依赖人工测量，需要在现场使用水准仪、全站仪等仪器进行角度和距离的测量，虽然测量精度高，但工作效率低，受到现场地形等环境条件的制约。

2. GNSS 测量法

GNSS 测量法是根据全球导航卫星系统（北斗、GPS、格洛纳斯、伽利略）提供的空间位置，对比接收机在不同时刻的位置信息，实现监测点的变形测量。与传统的大地测量法相比，GNSS 测量法可以进行长时间连续监测，能够实时获取变形的数据，且操作相对简单方便，只需要安装接收机并进行数据记录即可。但 GNSS 测量法所得的数据是基于点观测，无法全面反映结构的整体运动状态，而且 GNSS 只能开展表观监测，其监测精度受到 GNSS 监测点网形、地形等影响很大，一般平面精度可达到 cm 级别，但高程精度仍较低。在实际应用中，需要综合考虑 GNSS 测量法的优势和局限性，并结合其他监测方法来获取更全面、准确的变形信息。

3. 传感器法

传感器法利用各种传感器对监测点进行测量，可以获得位移、变形速率、裂缝等参数的数据。这些传感器包括阵列位移计、伸缩计、光纤光栅类传感器等，它们能够实现与岩土体的接触式测量。相较于其他测量方法，仪表检测法具有许多优点，例如具备高精度的测量能力、安装方式简便且操作便捷，并且不受天气条件的限制。通过远程连续监测，利用安装传感器可以实时全面地揭示岩土体表面及内部的连续变形演化过程，为结构稳定性的评估提供重要依据。然而，传感器测量也存在一些限制，其中一个主要局限性是设备的量程有限，这意味着它只能反映岩土体局部区域的变形信息，而对于整体变形情况的获取受到一定的限制，且传感器测量大都也是点状安装，对全局性反应不足。

4. 非接触变形监测法

非接触测量主要利用三维激光扫描、合成孔径雷达、近景摄影测量等方式开展监测，其主要利用岩土体表面相对距离变化对变形量进行监测。此类方法的优点在于可开展面积性监测，覆盖范围较大，且安全性有保障。但其缺点也比较明显，此类方法整体仪器设备较为贵重，因此监测成本较高。三维激光扫描和近景摄影等依托测量技术发展而来，其变形监测精度相对较低，且此类方法精度整体受天气等影响较大。

2.5.2.2 机器视觉测量技术

通过计算机提取被观测对象几何与物理信息的现代化测量方法，涉及计算机视觉、图像处理、模式识别、人工智能、信号处理、光机电一体化等多个领域。作为一项新兴技术，机器视觉凭借其实时在线、非接触式测量、高监测精度、低成本以及易于实现自动化等显著优势，在众多领域中得到成功应用并取得显著成效。随着光电探测技术、图像处理与分析技术以及人工智能技术的不断成熟与完善，机器视觉测量技术实现了快速发展，并在工业检测、智能监控、医疗影像、自动驾驶等领域展现出广阔的应用前景。其技术核心在于通过高效的算法和先进的硬件设备，实现对目标对象的精准识别与测量，为现代测量领域提供了全新的解决方案。

在国外，美国、加拿大、日本等发达国家早在 20 世纪 60 年代后期就已经开始机器视觉测量技术的研究。在视觉测量系统应用方面，Fukuda 等使用由一台低成本数码相机和一台笔记本电脑组成的视觉位移测量系统，实现了桥梁、建筑物等大型工程结构的动态响应实时监测。Cigada 等基于立体视觉测量系统远程监测桥梁振动幅度，实现了桥梁静态、动态振动监测。Zhao 等提出一种基于双目视觉系统的边坡位移监测方法，通过调整基线距离和测量距离、观察误差曲线进而研究了双目视觉系统的测量精度影响因素。Zhao 等通过开展基于摄影测量技术的室内试验，提出了一种具备精度高、成本低、安装便捷等优点的单目视觉边坡位移测量方法。在国内，机器视觉测量技术从 20 世纪 90 年代开始得到重视，经过 30 多年的发展，在理论模型、试验验证、监测系统的建立与完善等研究方面，已经取得了许多优秀成果。罗仁立等利用程序控制相机以固定时间间隔拍摄边坡上布设的固定标志点，使用圆心亚像素识别算法确定测点亚像素位置，实现了边坡位移自动监测。叶肖伟等采用基于灰度的模板匹配方法处理数字图像，实现了青马大桥的机器视觉挠度测量，并与 GNSS 测量结果比较，验证其测量精度。何满潮等用 2 台高速相机拍摄碎屑弹射过程数字图像，通过双目立体视觉技术分析处理，求得碎屑的弹射速度，从而修正弹射速度预测理论模型。王壮壮等基于双目视觉原理，研发了一套滚石现场试验高速相机监测系统，分析了 9 种不同工况的试验监测结果，实现了滚石运动状态和运动参数的有效获取。

近几年来，计算机视觉技术在结构健康监测领域的地位愈发重要，对于结构性能的监测具有较高的准确性和稳定性。它不需要专业技术人才操作，设备安装简单，设备成本低廉，工作性能高效，可以搭载互联网或物联网进行实时的数据传输。在大多数的研究中，相机与目标的距离较近，若当相机与目标较远时，对图像质量要求较高，会增加设备成本；另外，对于数据传输与处理时效也有更高的要求。目前尚未能实现长期实时位移监测的机器视觉设备。为此，本书研发了一种基于机器视觉测量技术的库坝边坡位移监测技术，用于实现低成本、远距离、实时位移监测。

2.5.3 基于机器视觉测量技术的位移监测技术

本书针对水工及边坡结构的变形监测需求，基于机器视觉测量技术提出了一种对库坝边坡位移进行监测的新方法，以此构建价格低廉、性能较好的高性价比监测系统。如图 2.5-1 所示，该技术主要通过三个步骤实现：图像预处理、光斑中心提取、位移计算。

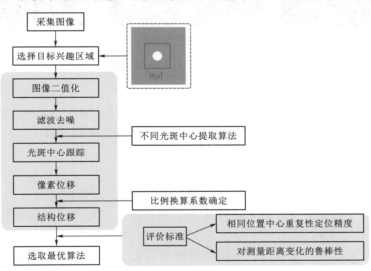

图 2.5-1 库坝边坡结构位移监测算法流程

2.5.3.1 红外靶标

为了精确监测到监测点位移，需要有相关标识物作为参照点，并将标识物作为机器视觉监测系统的追踪目标，通过观测靶标点在视频画面中的像素位移来计算库坝边坡的实时位移。为了实现全天候 24 小时不间断库坝位移监测，选择加电可连续工作的红外灯靶标装置作为标识物（图 2.5-2）。

2.5.3.2 图像预处理

在库坝边坡等重点区域安装上红外靶标
装置后，利用硬件监控设备对其进行实时监
测，并对画面中的靶标点区域进行 RoI 框
定。在初步定位到靶标区域后，进一步采用
二值化、中值滤波、形态学操作等预处理操
作增强其可辨识度，以此辅助算法更加精确
地对其进行跟踪。图 2.5-3 是原始靶标点区
域经过图像预处理操作后的效果图，其中
图 2.5-3（a）为原始图片，图 2.5-3（b）
为经过二值化操作处理后的图片，图 2.5-3
（c）为经过中值滤波操作处理后的图片，从
中可以看出，图像的清晰度明显提升了。

图 2.5-2　红外靶标装置

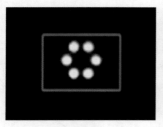 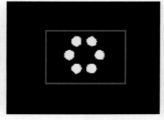 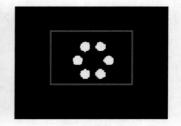

（a）原始靶标点RoI区域　　　　　（b）二值化预处理　　　　　（c）中值滤波

图 2.5-3　图像预处理操作

2.5.3.3 光斑质心提取

在对红外靶标点进行图像预处理操作后，需要对靶标点的质心进行定位，从而精确地
得到光斑的位置，常见的光斑质心检测算法有圆拟合法、高斯拟合法、Hough 变换法以
及质心法等。

1. 圆拟合法

圆拟合法是一种几何参数估计方法，主要用于从数据点中估计出一个最佳的拟合圆。
在光斑检测中，这种方法可以用来估计光斑的中心位置，尤其是在光斑形状不完全是圆
形时。

圆拟合法是通过最小化数据点到拟合圆的距离之和来确定最优的圆形参数。具体而
言，假设有一组数据点可以表示为 (x, y)，目标是找到一个最优的圆形参数，使得所有
点到该圆的距离之和最小。

定义一个误差函数，该函数为每个数据点到拟合圆的距离的平方和。每个数据点
(x, y) 到拟合圆心 (x_0, y_0) 的距离表示为 $\sqrt{((x-x_0)^2+(y-y_0)^2)}$，其误差函数可
以表示为

$$E = \sum \left[(x-x_0)^2 + (y-y_0)^2 - r^2 \right] \qquad (2.5-1)$$

式中：(x, y) 为第 i 个数据点的坐标；(x_0, y_0) 为拟合圆的圆心坐标；r 为拟合圆的

半径。

为了最小化这个误差函数，需要对其进行求导，并令导数为 0，通过解这个方程，可以得到最优的圆心坐标和半径。

圆的拟合采用最小二乘法计算，它通过最小化数据点到拟合圆的距离的平方和来确定最优的圆形参数。假设有一组数据点，可以表示为 $(x，y)$，拟合圆的圆心坐标为 $(x_0，y_0)$，半径为 r，各点到拟合圆的距离的平方和可以表示为 $(x-x_0)^2+(y-y_0)^2-r^2$。

为了最小化这个误差平方和，需要对其进行求导，并令导数为 0。通过解这个方程，可以得到最优的圆心坐标和半径。具体而言，可以得到以下方程：

$$2(x-x_0)\mathrm{d}x + 2(y-y_0)\mathrm{d}y = 2r\,\mathrm{d}r \tag{2.5-2}$$

这个方程可以通过迭代或者矩阵运算求解得到最优的圆心坐标和半径。

圆拟合法使用一个简单的数学模型来描述圆，可以很好地应用于实时场景，精度较高，对噪声具有一定容忍度，能够鲁棒地估计出模型参数。然而该方法只能适用于二维空间中，不能用于三维或更高维度空间。此外，圆拟合法对于包含较多噪点或者异常点的数据拟合效果较差。

2. 高斯拟合法

高斯拟合法是一种使用高斯函数对数据点集进行函数逼近的拟合方法，可以用于质心检测。高斯函数具有三个参数，分别是均值、标准差和振幅，可以用来描述一个正态分布的形状。高斯拟合法的目的是找到这些参数的最优值，以便高斯函数能够最好地拟合数据集。

在质心检测中，高斯拟合法可以用于计算一组数据点的质心位置，具体过程如下：

（1）收集数据。收集一组数据点，可以是一组测量值、一组传感器读数等。这些数据点代表一个物体的质心位置。

（2）预处理数据。对收集到的数据进行预处理，如去除异常值、填补缺失值等。这些预处理步骤可以帮助提高高斯拟合的精度。

（3）构建高斯模型。使用高斯函数来描述数据点的分布情况，其中高斯函数的参数包括均值、标准差和振幅。均值可以表示数据的中心位置，标准差可以表示数据的离散程度，振幅可以表示数据的波动程度。

（4）优化模型参数。使用优化算法，如梯度下降法、牛顿法等，来优化高斯函数的参数，使得高斯函数能够最好地拟合数据点。优化过程中，可以通过计算误差平方和或者最小化负对数似然函数等方法来衡量模型的拟合程度。

（5）计算质心。在优化的高斯函数参数中，均值可以表示数据的中心位置，即质心。因此，通过计算均值的坐标值，可以得到这组数据点的质心位置。

高斯拟合法的优点是能够提供非常精确的定位结果，特别是在光斑的强度分布接近高斯分布的情况下。但是，这种方法的缺点是计算量较大，需要进行复杂的非线性优化计算，因此在实时性要求高的应用场景中可能不适用。

3. Hough 变换法

Hough 变换法是一种用于检测图像中线条和形状的方法，其基本思想是将图像从空间域转换到参数域，通过在参数域中进行简单的计算来检测线条和形状。

在质心检测中，Hough 变换法可以将图像中的质心位置作为参数进行计算，具体过程如下：

（1）预处理图像。对输入的图像进行预处理，如去除噪声、边缘检测等，以便更好地检测质心位置。

（2）构建 Hough 变换矩阵。根据输入图像的大小和参数范围，构建一个适当的 Hough 变换矩阵。该矩阵的行数和列数取决于质心位置的参数范围，例如在二维平面上，可以使用一个 2D 矩阵来表示质心位置的参数。

（3）投票。对输入图像中的每个边缘像素进行投票，将投票结果记录在 Hough 变换矩阵中。投票的依据是该像素点对应的质心位置参数。

（4）寻找峰值。在 Hough 变换矩阵中寻找峰值，即找到投票结果最高的位置。这些峰值对应于可能的质心位置。

（5）筛选峰值。对找到的峰值进行筛选，排除投票数较低的位置，以减少虚假检测结果的影响。

（6）计算质心位置。根据筛选后的峰值位置，计算出最终的质心位置坐标。

Hough 变换法可以有效地检测出图像中的线条和形状，对于质心检测来说，可以准确地找到物体的中心位置。

Hough 变换法可以处理各种形状和大小的物体，并且可以灵活地调整参数范围，以适应不同的情况。同时，它是一种基于投票机制的方法，可以充分利用图像中的信息，减少虚假检测结果的影响。然而，Hough 变换法需要手动设置一些参数，如阈值、峰值数目等，这些参数的设置可能会影响检测结果的准确性和鲁棒性。

4. 质心法

质心法是通过计算一组数据点的质心位置来检测质心的方法。质心是指一组数据点的几何中心点，可以通过计算每个数据点坐标的平均值来得到。

质心法的实现步骤如下：

（1）收集数据。收集一组数据点，这些数据点代表一个物体的质心位置。

（2）计算每个数据点的坐标平均值。对于每个数据点，计算其坐标值的平均值，得到一个点坐标作为质心位置的初始估计值。

（3）计算质心位置。使用更精确的方法计算质心位置，如最小二乘法等。

（4）优化质心位置。使用优化算法对计算得到的质心位置进行优化，以得到更精确的结果。

质心法是一种简单、直观的方法，可以快速地计算出质心位置，其对于数据点的数量和分布没有特别的要求，可以适用于各种不同的情况，且可以用于二维和三维空间中的质心检测，具有广泛的应用价值。考虑到质心法具有上述优势，本书采用此方法对红外靶标点进行质心检测。具体的提取步骤如下：

（1）计算图像中心。计算图像的中心点坐标，这是后续决定标注位置的重要依据。

（2）图像阈值化。对图像进行阈值化处理，将比背景更亮的区域（即图像中的圆形区域）转化为二值图像。

（3）寻找轮廓。寻找阈值化后图像中的轮廓，这些轮廓应该对应于原图中的圆形区域。

（4）计算质心。对于每一个找到的轮廓，采用质心法计算其质心坐标。

图 2.5 - 4 展示的是采用质心法计算得出的每个红外靶标点的质心坐标，从中可以看出，每个靶标点的质心被精准地检测了出来。

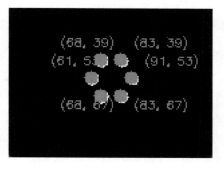

图 2.5 - 4　质心检测示意图

2.5.3.4　位移计算

在得到每个靶标点的质心后，可以获取其在监控画面中的实时像素位移 Δp，为了将像素位移转换成实际物理尺寸，采用尺度因子进行换算，尺度因子是一个实际长度和像素长度之间的比例，在相机和成像系统中，尺度因子通常依赖于系统的特定参数，比如镜头的焦距和像元的物理尺寸，尺度因子的计算公式为

$$S = d/f \tag{2.5-3}$$

式中：f 为监控设备的焦距，mm；d 为监控设备的像元尺寸，μm/像素；S 为尺度因子，mm，代表每一个像素的实际长度。

根据靶标点在监控画面中的像素位移 Δp 和尺度因子 S，可以得到实际位移 Δx：

$$\Delta x = \Delta p \times S \tag{2.5-4}$$

采用上述位移提取方法对光斑中心重复性定位精度进行测试，图片采集时长约为 1h，采集帧率为 0.1Hz。测试结果如图 2.5 - 5 所示，横纵向像素位移在约 ±0.15pixel 范围内波动，实际位移在约 ±0.04mm 范围内波动，满足结构工程位移监测精度的要求。

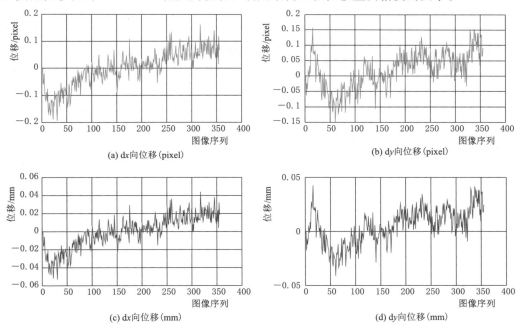

(a) dx向位移 (pixel)

(b) dy向位移 (pixel)

(c) dx向位移 (mm)

(d) dy向位移 (mm)

图 2.5 - 5　光斑中心横纵向位移曲线图

2.5.4 基于机器视觉的位移监测技术实践

1. 室内试验对比分析

图 2.5-6 室内结构位移
检测装置

为了验证基于机器视觉的位移监测技术的准确度，搭建了室内结构位移专业检测装置，如图 2.5-6 所示，该装置采用缩尺模型，用铝制型钢作为简支材质，装置长度为 2.1m，采用方形铁块（每级 1.8kg）进行分级加载以达到不同程度的形变。测点布置为四分之一点（0.25L）、中间点（0.50L），装置顶部采用固定移动靶标，底部采用数字位移计，每级加载完成后，待读数稳定后进行数据采集。由于机器视觉位移测值为动态连续数值，数据分析时根据对应的采集时刻进行数据抽取，分析结果见表 2.5-1 和图 2.5-7，从中可以看出，基于视觉技术的位移监测技术采集精度与传统数字位移计采集精度误差在 5% 以内，满足水工结构位移监测精度要求。

表 2.5-1　　　　　　　　　　　室内对比试验数据分析表

工况	测点位置	机器视觉位移测值/mm	传统数字位移计测值/mm	误差/%
一级加载	0.25L	−0.53	−0.509	−4.13
	0.5L	−0.89	−0.862	−3.25
二级加载	0.25L	−1.09	−1.04	−4.81
	0.5L	−1.76	−1.686	−4.39
三级加载	0.25L	−1.61	−1.553	−3.67
	0.5L	−2.59	−2.504	−3.43
四级加载	0.25L	−2.19	−2.093	−4.63
	0.5L	−3.48	−3.336	−4.32

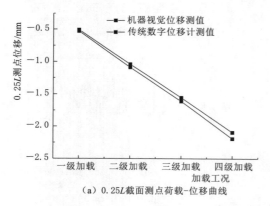

（a）0.25L截面测点荷载-位移曲线

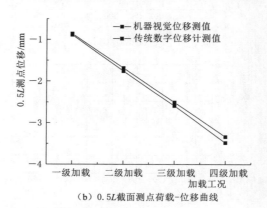

（b）0.5L截面测点荷载-位移曲线

图 2.5-7 室内对比试验分级加载试验成果

2. 工程应用

为验证此方法的精度，本书选择在郑州市渠南路贾峪河大桥上进行实体试验，根据桥梁情况、试验设备设置测点和车辆加载工况，通过改变加载车辆的速度和路径来产生不同的挠动信息，以此验证装置的性能。

渠南路工程全线总长 4730m，跨贾峪河设置大桥一座，桥梁全长 217.02m，跨径布置为（7×30）m，为装配式预应力混凝土连续箱梁，7 跨 1 联，大桥按三幅桥设计，桥面总宽为 69.75m。

贾峪河大桥主要技术指标：

（1）道路等级：城市快速路。

（2）设计荷载：城-A 级。

（3）设计行车速度：60km/h。

（4）桥面纵坡：—0.828%（东向西单向坡）。

（5）结构类型：装配式简支变连续混凝土箱型梁桥。

（6）跨径组合：（7×30）m。

（7）桥面宽度：69.75m，桥面布置形式 {0.5m(护栏)＋0.25m(安全带)＋23.5m(机动车道)＋0.25m(安全带)＋0.5m(护栏)}＋0.5m(分离带)＋{0.5m(护栏)＋0.25m(安全带)＋15.5m(机动车道)＋0.25m(安全带)＋0.5m(护栏)}＋2.0m(分离带)＋{0.5m(护栏)＋0.25m(安全带)＋11m(辅道)＋2m(绿化带)＋7.0m(机动车道)＋4.5m(人行道)}＝69.75m。

试验车辆采用两辆三轴载重汽车，车辆总重分别为 32.72t、32.28t，三轴间距为 3.0m、1.5m。

在桥梁横梁上安装好红外靶标装置，并在靶标正对面约 10m 处部署高清在线相机本，并利用加载车在桥梁上通行来产生挠动位移。利用本书提出的位移监测设备实时监测桥梁产生的位移信息，并用位移计测得的结果作为理论值进行验证。

检测结果如图 2.5-8 所示，从图中可以看出，视觉检测装置在不同工况下监测出的位移与位移计实测的数值几乎一致，具有较高的实测精度，有效验证了装置具有较好的应用效果。

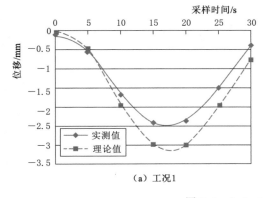

（a）工况1

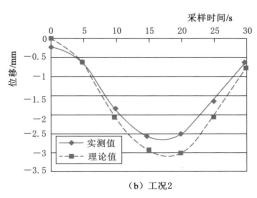

（b）工况2

图 2.5-8（一）　位移检测结果

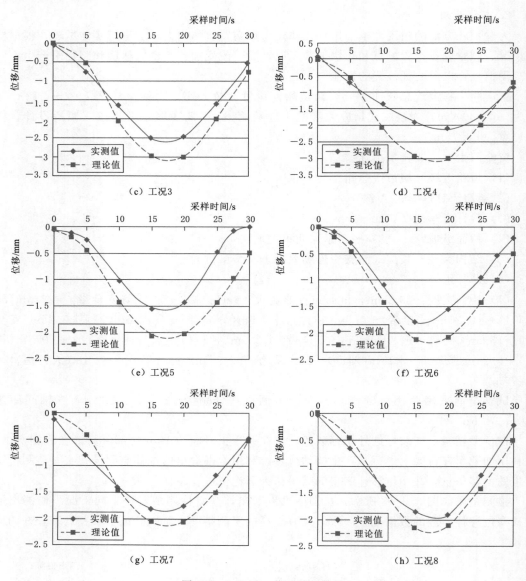

图 2.5 - 8 (二) 位移检测结果

第 3 章

河道整治工程水下探测技术

　　河道整治工程是黄河河防工程第一道防线，也是每年汛期重要抢险的对象。堤防偎水堤段黄河水流流速较大，对堤防及河道冲刷较为剧烈，河道整治工程主要用以保护大堤及其基础受到水流冲刷，所以河道整治工程不仅水底之上部分对工程具有重要保护作用，泥面以下的根石更是基础抗冲刷的关键。对于河道整治工程根石探测，需要穿透的介质主要为含泥沙的黄河浑水、河水底部的淤积泥沙等。传统的根石探测方法采用锥探的目的就是为了有效穿透泥沙，获取水底以下根石的分布情况。

　　利用非接触方法取代锥探开展根石探测，需系统性地研究信号在水中和泥沙中的传播与衰减等特征。目前开展无损检测或探测的物理方法中，主要是利用重力、磁法、电法和地震等探测手段。这些手段中，重力和磁法精度太低，对根石结构特征表征不明显。部分电磁波探测方法虽然精度较高，但电磁波信号在水中衰减极快，尤其是分辨率较高的高频电磁波方法，其信号在水中衰减极快，很难探测水底有效地层。考虑弹性波信号在水中传播距离较远，且高频弹性波信号的分辨率也较高，这种情况下就需采用分辨率较高的弹性波方法开展水下探测。

　　对于水中介质，主要研究的是以纵波传播为主的弹性波信号，即声学信号，因此需系统性地利用水声学相关介质理论对结构的传播和衰减进行研究。在确定主要研究对象的同时，利用何种频率的声学信号，利用什么方式发射声学信号，如何解释和利用声学信号，面对黄河的实际工况如何开展现场工作均是根石探测面临的问题。本章将以声学理论为基础，给出不同频率声学信号在介质中的传播与衰减规律，提出了利用大功率声学探测设备取代锥探开展非汛期根石探测的方法。同时，对于传统声学设备庞大且不适合汛期工作的缺点，从设备轻量化和搭载方式方面开展工作，研究了可应用于无人船搭载的低频声学根石探测系统和悬臂式根石探测系统，从多个方面系统性地解决了根石探测面临的问题。

3.1　水下探测技术概述

3.1.1　水声信号的特点

　　在水上开展作业需分析信号在水中传播的特点。由于水体的电阻率十分低，常规的电磁波信号在水中衰减极快，导致基于电磁波理论的信号通信与探测方式都难以开展应用。考虑水的流体性质，目前水下的信号通信和水下探测等工作主要以弹性波信号为主。

弹性体受到冲击后会产生纵波和横波两类弹性波从源向外传播。一类依靠在介质中交替挤压和扩张而进行传递，这种波称之为压缩波，也称为纵波。液体、气体和固体岩石一样能够被压缩，同样类型的波能在水体如海洋、湖泊及固体地球中穿过。另一类是依靠介质之间的剪切运动，即质点的振动方向与波的传播方向垂直的波，这种波成为剪切波，也称为横波。纵波的传播特点是质点的振动方向与波的传播方向一致，横波的特点是质点的振动方向与波的传播方向相互垂直。弹性波传播时，其介质颗粒在这些波传播的方向上向前和向后运动；横波传播时，其介质颗粒则是向上和向下运动介质运动的位移量称为振幅。

在水下主要依靠介质之间的相互作用力传递波动信号。水体与空气同属于流体，在水的基本力学参数中，水体和空气的剪切模量都很小，可以忽略，水体和空气以压缩模量为主。由于水体和空气中几乎没有剪切模量，故水体和空气中几乎不传播剪切波（即横波），仅传播与压缩模量相关的压缩波（即纵波）。空气中人们所能感受到（听到）的波动多以压缩波为主，故纵波又称为声波。当声波在水下传播时，可称为水声。

水声信号的频率与衰减存在相关关系，水声信号的频率反映了信号的波长，与信号的分辨率关系密切。理论上，频率越低的波动信号，其波长越长，信号的分辨率越低，信号的衰减也越慢，即传输距离也越远。根据波动信号的频率与波长的关系，表 3.1-1 列举了不同频率的声波信号在水中的波长区间及其应用场景。图 3.1-1 给出了不同频率区间几种常用的声呐设备。

表 3.1-1　　　　　　　不同频率的声波信号在水中的波长区间及其应用场景

名称	频率范围	波长区间	应用场景
超声波	大于 1MHz	<1.5mm	钢结构检测、高精度水下成像
	100kHz~1MHz	1.5~15mm	钢结构检测、水深探测
	10~100kHz	15~0.15m	混凝土结构检测
声波	0.1~10kHz	0.15~15m	水下浅层检测
	20Hz~0.1kHz	15~75m	大深度探测
次声波	3~20Hz	75~500m	面波探测
	<3Hz	>500m	地球脉动

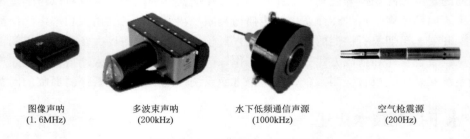

图像声呐　　　　多波束声呐　　　　水下低频通信声源　　　　空气枪震源
(1.6MHz)　　　　(200kHz)　　　　(1000kHz)　　　　(200Hz)

图 3.1-1　不同频率的声呐设备

水声信号在水中的衰减主要由吸收衰减、散射衰减和扩散衰减等组成。由于水声信号的吸收衰减是由基质的黏弹性决定的，在水声信号传播中，随着频率的增加，吸收衰减系数线性增加。随着水声信号频率的增加，散射衰减系数呈现非线性增大，散射衰减系数与颗粒粒径大小的关系相对于吸收衰减系数较为明显，颗粒粒径越大，散射越强烈。水声信号的扩散衰减与其声束角和传播距离相关。对比来看，吸收衰减远小于散射衰减。即声波在介质中的传播，被黏弹性基质吸收的能量其实是很少一部分，绝大多数衰减是由于各种微结构的散射引起。水中散射衰减远小于固态介质中的散射衰减，因此水声信号在水中的衰减系数极小，水可以认为是声学天然耦合剂。

3.1.2 水声信号传播特征

3.1.2.1 水声反射信号的特征

对于所有频率的水声信号在水中开展探测工作，均可认为是水面发射换能器激发的尖脉冲（子波）向水下传播，当遇到水下反射界面时发生反射并被水面接收换能器接收。

水面接收换能器接收信号后，通过数据转换，观测系统可以直接记录的两个参数：一是反射波向下传播和反射回来所用的双程旅行时间 T；二是反射波反射回来的能量大小，即反射信号的振幅 A。如图 3.1－2 所示横轴表示时间 T，纵轴表示反射能量 A。

双程旅行时间 T 反映了反射界面距离水面的双程距离，反射信号振幅 A 与水底介质性质相关。一个单脉冲水声信号的传播与信号的频率及介质的衰减参数相关，水声信号衰减极小，因此信号在水中很难产生较大的反射波。对于频率较高的超声信号，由于在泥沙等介质中衰减极大，其信号无法有效地传播，因此只能获取水底表层的深度信息，即仅能获取图 3.1－2 所示 130ms 处水底界面处的信号，仅可用于基本的水深测量。对于水底的地层结构探测工作，则要获取水底地层深度方面的信息，即获取图 3.1－2 全时间段的反射信息，因此需要对信号在介质中的衰减规律进行研究。

3.1.2.2 水声信号在水中的传播

水声信号在水介质中传播时能量损失包括扩展损失、边界损失和吸收损失。图 3.1－3 所示的是只考虑声波球面扩散损失时声波能量随距离衰减的情况。由图 3.1－3 可见，声波传播 1km 后能量减少 60dB，说明扩展损失是影响声波远距离传播的主要因素。针对声波球面扩散衰减问题，实际应用中除了利用不同频率的信号实现远距离声传播外，主要的解决方法只有提高发射换能器和基阵的声辐射能力，即设计出高效、大功率发射换能器和基阵。

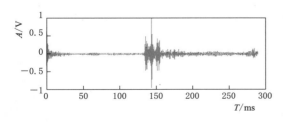

图 3.1－2 信号在多层介质中的传播

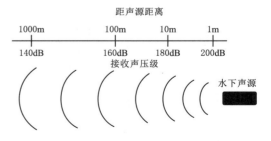

图 3.1－3 只考虑声波球面扩散损失时声波能量随距离衰减的情况

声波传播过程中的吸收损失与声波的频率有关，声波信号的频率越低，水对声波的吸收衰减越小。另外，低频水声换能器实现大功率发射需要足够的体积位移，以工作频率为 100Hz 的换能器为例，若想声源级达到 200dB，则需要 500cm³ 的体积位移，以辐射面平均振动位移 1mm 计算，则辐射面积需达到 0.5m²，辐射声功率约为 1kW，由此带来的问题是换能器及基阵体积巨大。

在实际的工作环境中，受到工作环境中超低频段背景噪声的干扰，超低频段的检测能力会显著下降。

3.1.2.3 水声信号在水底介质中的传播

普通介质一般由固、液、气三相组成，双相介质即包含其中两项的介质组合。在水底中可认为水底介质为饱和含水介质，因此可以认为是双相介质。

水底表层沉积物主要的声学参数是声速和声衰减系数，这两个参数也是表征水底沉积物特征的重要参数。研究声学信号在水底的传播，需了解水底介质的声学特征，Biot - Stoll 声波方程有效地分析了双相介质中的声学参数衰减特征。

Biot - Stoll 声波方程在频域可表示为如下矩阵：

$$\begin{vmatrix} Hk^2 - \rho w^2 & \rho_f w^2 - Ck^2 \\ Ck^2 - \rho_f w^2 & mw^2 - Mk^2 - j\dfrac{wF\eta}{\kappa} \end{vmatrix} = 0 \tag{3.1-1}$$

式中：η、k 分别为流体的黏滞系数和渗透率；H、C、M、D 为 Biot 弹性模量 k 为波数，是与传播速度相关的参数；ρ 为固体骨架密度；ρ_f 为流体密度；w 为声波频率。

上式可化简为

$$(Hk^2 - \rho w^2)\left(mw^2 - Mk^2 - j\frac{wF\eta}{\kappa}\right) \\ - (Ck^2 - \rho_f w^2)(\rho_f w^2 - Ck^2) = 0 \tag{3.1-2}$$

将上述方程转化为关于 k 的方程组，则可化简为

$$(C^2 - HM +)k^4 \\ + \left(Hmw^2 + \rho w^2 M - jH\frac{wF\eta}{\kappa} - C\rho_f w^2 - C\rho_f w^2\right)k^2 \\ - \rho mw^4 + j\frac{\rho F\eta w^3}{\kappa} + \rho_f^2 w^4 = 0 \tag{3.1-3}$$

对上述方程组进行分解，令

$$a = C^2 - HM$$

$$b = Hmw^2 + \rho w^2 M - jH\frac{wF\eta}{\kappa} - C\rho_f w^2 - C\rho_f w^2$$

$$c = -\rho mw^4 + j\frac{\rho F\eta w^3}{\kappa} + \rho_f^2 w^4 \tag{3.1-4}$$

则式（3.1-3）可简化为

$$a(k^2)^2 + bk^2 + c = 0 \tag{3.1-5}$$

解得

$$k^2 = \frac{-b \pm \sqrt{b^2 - 4ac}}{2a} \tag{3.1-6}$$

波数的复数形式可以表示为

$$k = k_r - j\alpha \qquad (3.1-7)$$

其中

$$\alpha = \text{Im}\{k\} \qquad (3.1-8)$$

衰减系数：

$$k_r = \text{Re}\{k\} = \frac{w}{V} \qquad (3.1-9)$$

式中：V 为相速度。

　　根据上述公式可推导不同频率的声波信号在水底双相介质中的传播速度等物理参数。在实际环境中，水底土体介质较为复杂，设水底介质主要是平均粒径为 0.1mm 的含水饱和土，设孔隙度为 0.3~0.8，获取的不同孔隙度下介质的密度与声波速度的关系如图 3.1-4 所示。

　　由于声波为压缩波，在孔隙度较大时介质中的压缩传播主要以水与水之间的压缩传播为主，其综合速度接近水的速度；随着孔隙度的变小，颗粒之间接触更为紧密，介质的压缩以土体颗粒压缩传播为主，由于土的颗粒压缩模量更大，因此综合声速逐渐变大。

　　为研究不同频率信号在同一介质中的衰减，基于 Biot - Stoll 声波方程，设水底介质主要是平均粒径为 0.1mm 的含水饱和土，设水底土体的孔隙度为 0.3。根据上述主要参数，计算可获取不同频率信号的衰减，如图 3.1-5 所示。

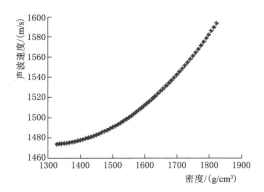

图 3.1-4　不同孔隙度下介质的密度
与声波速度的关系

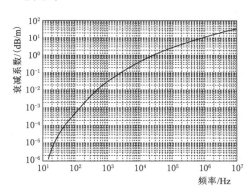

图 3.1-5　不同频率信号的衰减示意图

　　如图 3.1-5 所示的信号在双相介质的衰减系数，10Hz 的声波信号在介质中的衰减系数约为 10^{-6} dB/m，而 1000kHz 的信号在介质中的衰减系数约为 10dB/m。二者相差几个数量级，说明超声波在介质中衰减极快，几乎无法在颗粒介质中传播，超声波频率较高，波长极短，因此多用于水底深度测量。在进行水底结构探测中，应该选用相对低频的声波信号进行检测。

　　低频声波信号在饱和介质中的衰减明显远小于高频信号。这是由于 Biot 理论描述的 Biot 机制中，认为衰减来自孔隙流体和骨架的"全局"之间的相对运动。在低频时，流体随骨架呈周期震荡，流体相对固体骨架的速度接近于 0，衰减较小。当频率增加时，惯性力的影响超过黏滞作用的影响，流体相对骨架的速度大于 0，从而引起小的频散。在高频时，流体的惯性导致流体滞后于骨架的运动，衰减在中心频率达到最大。

声波在水下的透射、反射与介质的密度和波的速度的乘积（$Z_i = \rho_i V_i$，i 为地层）有关，在声学中称为声阻抗，在地震学中称波阻抗（地震学中不仅有纵波传播，也有横波传播等关系存在）。

波的反射、透射与分界面两边介质的波阻抗有关。只有在 $Z_1 \neq Z_2$ 的条件下，地震波才会发生反射，差别越大，反射也越强。根据能量守恒原理，反射波和透射波能量之和等于入射波，因此反射越强则透射越弱，反射越弱则透射越强。

垂直入射时，入射波振幅（A_i）与反射振幅（A_r）之比可用波阻抗来表示。

$$\frac{A_r}{A_i} = \frac{Z_2 - Z_1}{Z_2 + Z_1} = \frac{\rho_2 V_2 - \rho_1 V_1}{\rho_2 V_2 + \rho_1 V_1} = R \qquad (3.1-10)$$

其中 R 表示地震的反射系数，与反射系数相对的是地震的透射系数，地震的透射系数可以表示为

$$\frac{A_t}{A_i} = \frac{2Z_1}{Z_2 + Z_1} = \frac{2\rho_1 V_1}{\rho_2 V_2 + \rho_1 V_1} = T \qquad (3.1-11)$$

式中：A_t 为透射波振幅。

反射系数 R 和透射系数 T 之间应该满足关系：

$$R + T = 1 \qquad (3.1-12)$$

即入射波的能量全部被反射和透射。

3.1.2.4　水声信号传播的运动学特征

水声信号向下传播过程，就是信号遇到不同反射界面后信号发生透射与反射的过程，如图 3.1-6 所示。在水声反射信号中，声呐及采集设备可以直接记录下来的最基本的两个参数是水声信号反射回来所运用的双程旅行时间 T 和反射波反射回来的能量大小 A。

双程旅行时 T 表示的是水声信号的运动学特征，反射信号振幅 A 表征的是水声信号的动力学特征。

水声信号的传播过程由一个点声源激发（图 3.1-7），在传播过程中发生扩散。设想在某一时刻 t_0 开始在介质中激起波源的振动，到了时刻 $t_0' > t_0$，波源的振动就可能停止或暂时停止了，再过了一段时间，到了时刻 t_1，波已传播了一段距离，这时介质中分成几个区域。

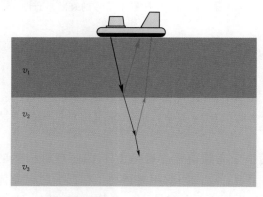

图 3.1-6　信号在多层介质中的传播

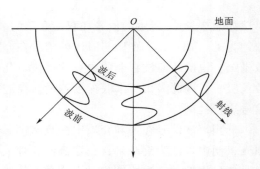

图 3.1-7　波前、波尾与射线的关系

在离声源最近的区域 v_0 波已传播过去，振动停止。在之后的环形区域，区域中介质的振动正在进行。在更远的 v_2 区域中，波还没传到，振动则还没开始。因此在 v_1 和 v_2 的分界面上，介质中的各点刚刚开始振动，这一曲面则称为波在时刻 t_1 时的波前，又叫波阵面。在 v_0 和 v_1 的分界面上，介质中的各点又刚刚停止了振动，这一曲面叫作波在 t_1 时刻的波后，又叫波尾。在波的传播过程中，把某一时刻空间介质刚刚开始振动的点连接成的曲面，称为该时刻的波前。而把该时刻刚刚停止振动的点连成的曲面，称为该时刻的波尾。把振动质点中相位相同的点连接成的曲面，称为该时刻的波面。波的传播方向称为射线（波线），是一条假想的路径，在各向同性的介质中，射线和所过各点处的波面垂直。

水声信号在水中及水下地层中传播，其波场特征主要反映在两个方面：

（1）水声的运动学特征，即水声信号传播的时间与空间的关系。该特征是水声信号对水下地质体的构造响应。水声的运动学特征研究在水声信号传播过程中的水声信号波前的空间位置与其传播时间的关系（图 3.1-7），即水声信号的传播规律，以及这种时空关系与地下地质构造的关系。它是用波前、射线等几何图形描述水声信号的运动过程和规律，与几何光学的一些原理相似，也称为几何水声学。

（2）水声信号传播中信号的振幅、频率、相位等的变化规律，称水声信号的动力学特征。水声信号的动力学特征则更多是对水底、水底地下地层物性特征的响应，有时亦是地质体结构特征的响应。水声信号的动力学特征研究水声信号在传播过程中波形、振幅、频率、相位等特征及其变化规律，以及这些变化规律与地下的地层结构，地层性质及流体性质之间存在的联系。

一般情况下可利用水声信号的运动学特征来查明水底地形、水底之下淤泥泥沙形态、水底地质构造的形态。利用水声信号的动力学特征及其变化规律来研究水底之下的物性特征，包括泥沙的平均粒径分布，泥沙的密实性分布等情况。

水声信号的运动学和动力学构成了一个完整的水声信号理论，水体作为声学的天然偶合剂和流体的因素，水中不传播面波和横波的其他弹性波种类信号，仅仅传播压缩波，即声波信号，所以水中信号波种类相对单一，易于识别。另一方面，由于水的屏蔽作用，诸多陆地上的面波干扰等振动无法在水中传播，因此除了船体、水流等相关振动干扰外，水声探测干扰小，信号信噪比高，信息可靠性很高。

水声探测工作中，水声记录可以用数学模型描述，如果假设地下介质为 Goupilaud 的水平层状介质模型（图 3.1-6），水声检测记录可以看作是由水声发射子波与地下反射系数、噪声等相褶积的结果。如令 $x(t)$ 表示水声检测记录，$w(t)$ 表示子波，$n(t)$ 表示观测以及处理中所产生的噪声，则褶积过程数学模型描述为

$$x(t) = \sum_{i=1}^{\infty} r_i w(t-\tau_i) + n(t) \tag{3.1-13}$$

式中：r_i 为地下结构反射系数；τ_i 为从声源到地下第 i 个反射界面的双程旅行时。式（3.1-13）简化后可以表示为式（3.1-14）：

$$x(t) = r(t)w(t) + n(t) \tag{3.1-14}$$

其中，反射系数可以用式（3.1-10）表示。

当从声源激发后子波在介质中传播并反射回来后在每一个界面上反射回来的波称为水声反射波。由于时间的延迟，一个水声反射记录实际上就是地下多个界面的反射波组成的合成时间记录。在反射波中具有较强反射系数的反射波构成水声记录的强振幅，说明地下具有较大的波阻抗差异；反射系数较小的反射波构成弱振幅，说明目的层的波阻抗值较小。这些强弱振幅的组合就形成了目前水声信号记录道上的时间记录，图 3.1-8 所示为利用式（3.1-14）获取的一个单道水声信号记录。

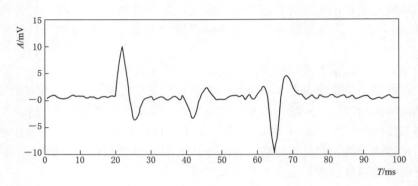

图 3.1-8　合成单道水声信号

综上所述，基于褶积模型地震模拟就是一个从模型空间（反射系数）到数据空间（地震数据）的正向计算过程。一个典型的多个反射信号组成的水下声波反射信号如图 3.1-9 所示。

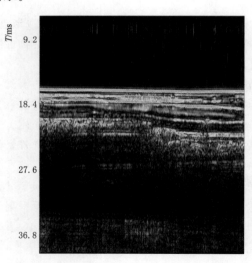

图 3.1-9　水声反射记录的时间表达方式

如图 3.1-9 所示，其中纵轴的坐标即为信号在水底传播的双程旅行时，反射强度较大区域即为存在一定速度、密度变化的水底界面。横向则表示随着声呐在水面移动，获取不同测点位置的水底反射信号。多个点的水声反射信号组合后，即形成水下结构的反射剖面图。

随着被探测物体深度的增加，信号传播的双程旅行时也增大。影响双程旅行时的因素即介质的声波传播速度，根据介质的声波传播速度可将双程旅行时转换为深度，从而获取水下地质界面的基本位置。影响介质传播速度的主要因素为介质的剪切模量、压缩模量、密度等信息，介质中波的传播速度可用如下公式计算：

$$v_p = \sqrt{\frac{\lambda + 2\mu}{\rho}} = \sqrt{\frac{E(1-\sigma)}{\rho(1+\sigma)(1-2\sigma)}} \tag{3.1-15}$$

$$v_s = \sqrt{\frac{\mu}{\rho}} = \sqrt{\frac{E}{2\rho(1+\sigma)}} \qquad (3.1-16)$$

式中：v_p 为介质的纵波速度；v_s 为介质的横波速度；ρ 为介质的密度；λ 为拉梅系数；μ 为剪切模量；E 为杨氏模量；σ 为泊松比。

当反射波传播到地面时，由于地面与空气的分界面（这个面称为自由表面）是一个波阻抗差别很明显的界面，所以是一个良好的反射面，反射波又可能从这个界面反射向下传播，当遇到反射界面时，又可以再次发生反射波返回地面，于是就形成了多次反射波，这是在水下探测等作业中常见的一种干扰波。经过多次的在水面与水底之间的反射后，易于形成多次反射波。图 3.1-10 为多次波传播路径产生原理。图 3.1-11 展示了典型的水声勘探信号产生的多次反射波。

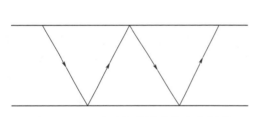

图 3.1-10 多次波传播路径产生原理

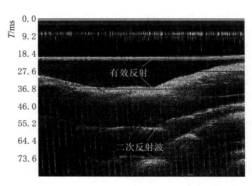

图 3.1-11 水声勘探信号中的多次反射波

产生多次反射波要有良好的反射界面，因为一般反射界面的反射系数较小，一次反射波的强度比较弱，经过多次反射后，多次波就会削弱。只有在反射系数较大的反射界面上发生的多次反射波才比较强，且能被记录下来，属于这类界面的有水和空气的界面、混凝土面、基岩面、不整合面、火成岩（如玄武岩）和其他强反射界面（如石膏岩、岩盐、石灰岩等）。

综上所述，对整个水声信号的基本特征进行了概括，尤其对不同频率的水声信号在介质中的传播、水声信号的运动学特征等进行了分析。相关声学关系，对利用声学解决根石探测问题提供了基础。

3.2 非汛期根石探测技术

3.2.1 黄河根石探测技术难点研究

3.2.1.1 黄河下游水下根石的特点

黄河是一条多泥沙的河流，其输沙量、含沙量之大居世界各大河之冠。进入黄河的泥沙每年达 16 亿 t 之多，如果把这些泥沙堆成高 1m、宽 1m 的土墙，可以绕地球赤道 27 圈。"一碗水半碗泥"的说法，生动地反映了黄河高含沙这一特点。由于河水中泥沙过多，使下游河床因泥沙淤积而不断抬高，黄河下游河床已经高出两岸地面，成为"悬河"。新中国成立以来，国家在改造黄河方面投入了大量的人力物力，进行了大量的防洪工程建设。堤防和河道整治工程是防御洪水、确保大堤行洪安全的主要工程。河道整治工程稳定与否直接关系到大堤安全，而河道整治工程的稳定程度又直接取决于坝岸根石的稳定与完整程度。如根石走失严重且未及时发现和抢护，坝身将会发生裂缝、蛰陷、墩蛰或滑塌等险情，最终导致坝垛出险。多年的实践证明：坝垛发生坍塌、蛰陷等险情，60%以上是由于坝垛根石走失引起的。因此，根石状况对保证防洪安全具有决定作用。

黄河下游河道整治工程的根石断面形态变化较大，对于旱地修建且修建后尚没有靠溜的坝垛根石，一般与设计断面相同，根石线坡度平顺，形状规则。当坝垛靠溜后，在水流的冲淘作用下坍塌、变形，为保坝垛安全就要抛投散石、铅丝石笼等料物来维持坝垛的稳定。由于水流来流方向、流速、含沙量大小以及根石的组成材料不同，抢险后根石的形状、深度、重度不同，有时还会出现反坡的情况。对于由水中进占新修的坝垛根石的形状也不规则，与抢险形成的根石形状大体相同。险工坝垛有根石台，控导工程的坝垛一般没有根石台。无根石台时，以设计枯水位划分，枯水位以上为坦石，以下为根石；有根石台时，以根石台顶划分，以上为坦石，以下为根石。

由于黄河流量的变幅大，河势多变，作用坝垛的水流方向经常变化，致使根石及其以下河床受水流作用的情况千变万化。在一种水流作用下，经过抢护根石达到相对稳定之后，遇到另一种水流情况时，根石还可能坍塌或走失，又需要进行新的抢险，多次往复抢险，使根石断面加深且形状各异。当形成较深的根石深度后，随着河势的变化，靠主流的坝垛变为不靠主流，深的河槽就会被泥沙淤积变为浅水区，甚至淤积成滩地，抢险埋的根石就被埋于地下。再遇不利的水沙条件时，河道再次被冲刷，在冲到原有的根石深度时就发生新的险情，抢险后形成的根石状况更为复杂。就一般情况而言，中水及大水时水深较深，形成的根石也深；枯水时水深浅，形成的根石也浅。

坝垛根石的深浅与部位有关，一般坝垛上跨角、前头根石最深，迎水面次之，下跨角最浅。已有的工程实践表明，根深深度 10～15m 时可达到相对稳定，大的一般为 18m，花园口险工将军坝实测最大根深深度达 23.5m，2022 年出现险情的马渡险工最大根石深度达到 27m。根石分布的平面范围一般在坝垛前 20m 的范围内，在特殊水流条件下形成的根石范围可达 30～40m。

黄河河道整治工程的根石探测多在汛后或汛前的枯水期进行。根石新处位置有些被水冲出位于水下，有些上部位于水下，下部位于水底稀淤泥之下或水底土层之下，有些坝垛前不靠水，全部位于土层之下（这种情况不采用声呐法探测）。在抢险探测时，有些老坝的根石深度超过当时的水深，即根石位于水底土层之下。

因此，在利用声呐探测根石时，除需要穿透浑水外，还必须穿透浑水以下的土层才能探测出根石深度。

3.2.1.2 黄河下游根石探测难点

利用地球物理方法进行根石探测，难点主要有以下几个方面：

（1）工作范围狭小。根据根石设计资料和实际情况，根石分布范围大部分在绕坝近岸 30m 以内。地球物理方法中的地震、电法、电磁法等探测装置几何尺寸较大，都需要一定的场地，在此工作范围内一般无法展开。一方面近岸部分不便采集，另一方面工作区域内能采集到的数据空间密度不足，致使根石探测剖面数据不完整。该类探测属于小尺度精细化问题，只能选择适合垂直测深的小装置开展工作。

（2）坝垛附近复杂流态影响测线控制。在陆地工作，测线容易控制，在水中受水流的作用，测线不易控制。尤其是在近坝处工作时，河水的流速流向变化多端，探测装置的水上载体不易控制，很难沿设定的测线行走。另外，近岸浅滩区域船的吃水深度小，不适合大型船体作业，但小型船只的动力一般不足，很难找到既符合浅滩作业又具有足够动力能控制探测方向的载体。

（3）根石散乱坡度陡。根石散乱坡度陡的形态制约了许多地球物理探测手段，多数地球物理探测的理论基础是建立在水平层状介质上的，而根石是抛投后形成的散乱堆筑体，形状上是不规则体，没有层理，部分散石甚至可能是镶嵌在淤泥、泥沙中，多数根石空隙中充填有水和淤泥、土层等，物性参数也不稳定，具有一定的各向异性，给以物性参数为探测机理的方法带来了难度。另外，散乱的根石体和陡坡会形成乱反射和散射，对接收根石反射回来的信号造成困难。

（4）探测精度要求高。一般的探测地球物理探测垂向精度达到米级就可以满足要求，平面位置精度也是如此，在区域勘探中甚至有时误差达到10m也不影响勘探成果。但是，根石探测精度应该达到分米级，而且水面定位精度要求达到厘米级。否则，测线位置不准，深度误差大，计算的根石坡度、缺石量与实际不符，对防汛抢险的备石量和工程加固起不到应有的作用。

（5）浑水、稀淤泥层或土层对根石探测的影响。用地球物理方法进行根石探测时，一般采用的信号为电磁信号和弹性波信号，无论何种信号去探测，信号必须经过浑水、稀淤泥或土层。电磁波信号遇到水时，河水的导电性会产生电磁屏蔽，电磁波信号无法穿透浑水介质，因而无法探测水下的根石分布情况，这是以往进行地球物理电磁法为基础的电法、电磁法及雷达等探测根石失败的主要原因。靠地震方式激发的弹性波信号能量较强，但高频成分在穿透沉积泥沙层被吸收，在河水表面接收的信号频率较低，导致探测精度较低，这是浅层地震反射不能精确探测根石的原因，但它提供了以弹性波理论为基础探测根石的可能性。利用地球物理方法进行根石探测，必须解决穿透浑水、稀淤泥层或土层的难题。

3.2.1.3　解决途径

通过有效地改装水上作业船只，可基本解决上述难点中的（1）、（2）部分。要解决难点中的（3）、（4）、（5）部分实质上就是解决穿透浑水、稀淤泥或土层的难题。

由于电磁波信号很难穿透浑水介质，因此根石探测中穿透浑水、稀淤泥或土层的信号只能是弹性波信号。当弹性波信号往复穿透含泥沙浑水介质时，浑水中的固体小颗粒从上到下呈层状且均匀分布，其对弹性波的能量和频率的吸收并不相同，而弹性波在清水中传播时只存在清水对弹性波的某一频率吸收情况。结合上述分析，有效地穿透浑水层和淤泥层，则需选择有效的水声信号频率，同时增加发射声波信号的能量和频宽范围，就能解决穿透浑水的问题。

黄河河床底部稀淤泥或土层从上到下硬度逐渐增加，相应的物性参数也逐渐变化。非接触式根石探测的声波信号在穿透浑水后，遇到河床底部的沉积泥沙层，由于介质不同，存在声阻抗差异，一部分信号反射上如图 3.2-1 中的 a 部分；一部分继续穿透泥沙层向下传播，在泥沙层中向下传播的信号对高频的成分吸收很快，使弹性波信号的能量很快衰减，当衰减后的信号遇到根石界面时，界面两侧存在明显波阻抗差异，声波信号会有一部分反射向上传播，另一部分向下继续传播如图 3.2-1 中的 b 部分；在根石层内传播的信号遇到根石底部界面时，由于根石底部与其下面泥沙存在波阻抗差异，声波信号会反射上去如图 3.2-1 中的 c 部分，整个传播过程如图 3.2-1 所示。

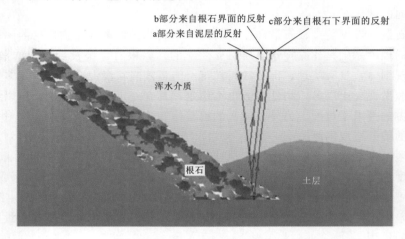

图 3.2-1　弹性波在浑水、沉积泥沙及根石中的传播示意图

从声学的运动学和动力学特征来分析，黄河根石探测的地质模型符合地球物理探测的前提（各个界面两侧介质为突变型，声阻抗差异明显），理论上是可以将根石深度及厚度探测出来。但弹性波在图 3.2-1 的地质模型中传播时，最大的难题是反射回来的信号 b 部分、c 部分的能量较弱。因此，只要发射信号的能量足够强、频带范围足够宽，就能解决穿透淤泥层探测根石这一难题，并且很有可能解决根石厚度的难题，如图 3.2-2 所示。

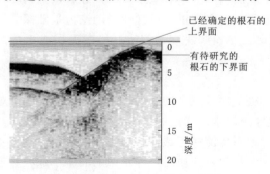

图 3.2-2　根石探测原始界面图

结合声学信号在介质中的衰减规律和实际不同频率声学信号探测数据，分析总结以往的探测方法和技术，结合声学信号在介质中的衰减规律，认为低频声呐技术在解决根石探测问题上最为有效，声呐探测技术的理论基础是声波垂直反射法，其频率范围为 $500\mathrm{Hz}\sim12\mathrm{kHz}$，主频集中于 $4\mathrm{kHz}$ 左右，其探测能力较强。探测能力与分辨率有关，分辨率包括振幅分辨率和时间分辨率。

振幅分辨率是指在信噪比较低的记录上，为了可靠地识别有效波，其振幅需要超过干扰水平的程度。试验结果表明，有效波振幅至少要超过干扰波均方强度的 $1.5\sim2.0$ 倍时才能可靠识别有效波，当两者均方根振幅之比低于 1.0 时无法识别有效波。一般保持有效波与背景噪声均方根振幅比为 2.0～4.0 是比较合适的。

时间分辨率是指在信噪比较高的情况下，从地震记录上或水平叠加时间剖面上，区分两个以上岩性单元的能力。时间分辨率又分为纵向分辨率和横向分辨率。

纵向探测分辨率是指在信噪比较高的地震记录上，垂直方向上能够分辨最薄地层的厚度。通常指依据波形特征，能够正确地识别地层顶、底板界面反射波并确定该地层的最薄厚度。

研究表明，最小纵向分辨率 R_d 与波长 λ 的关系为 $R_d = \lambda/4$。浅地层剖面仪发射的频率一般为 0.5～12kHz，声波在水中传播的速度为 1500m/s，可以粗略计算其垂向分辨率为 0.03～0.75m。

通过大量实验证明，基于线性连续扫频信号（Chrip 信号）的浅地层剖面仪，其垂向分辨率为 0.08～0.4m，其垂向探测能力满足黄河特殊条件下的探测。

横向分辨率是指在水平叠加剖面上，横向确定特殊地质体，如断层、地层尖灭点的大小、位置及形态的精细程度。实验表明，在信噪比较高的情况下，提高反射波的主频，也可提高横向分辨率，地质体埋深愈浅，横向分辨率愈高。

根据现有探测资料，运用声呐技术进行水下根石探测时，在黄河正常浑水中探测深度大于 20m，泥沙穿透厚度大于 10m。仪器设计探测能力，穿透深度为粗沙 30m、软泥土 250m，最大水深为 300m。

非汛期根石探测技术，即主要通过改装探测船、研究探测模式、引进开发基于声呐技术的浅地层剖面仪（换能器发射功率较大，探测能力较强），来解决黄河根石中遇到的各种难题，如穿透高含沙浑水、淤泥层厚等技术难题。

3.2.2 小尺度水域的精细化探测技术研究

3.2.2.1 小尺度水域精细化探测概念

根据黄河下游河道整治工程水下根石分布的特殊状况，需引入小尺度水域的精细化探测概念。所谓小尺度水域的精细化探测即在小范围水域内对水下目标体进行详细探测，以求了解目标体在水下的详细分布状况。

小尺度水域精细化探测的概念是相对海洋调查勘探而言的，在海洋调查勘探工作中，其工作水域一般是以千米计，探测范围大，分辨率要求不高。黄河下游河道整治工程根石探测的工作水域是由建坝和长期运行后根石的分布区域决定的。根据黄河下游河道整治工程坝体结构设计资料，各类型坝在建坝时的设计根石分布的水面平距一般不超过 30m。根据现有探测资料，长期运行后根石分布的水面平距也一般不超过 30m。考虑到水下根石分布的特点及黄河水流对根石的特殊作用，小尺度水域精细化探测的概念可量化为距离坝 50m 范围内的水下目标体探测。

3.2.2.2 小尺度水域精细化探测的技术要求

精细化探测是相对以往的根石探测技术而言的。依据《黄河河道整治工程根石探测管理办法（试行）》，根石探测水下部分沿断面水平方向每隔 2m 探测 1 个点。遇根石深度突变时，应增加测点。在滩面或水面以下的探测深度应不少于 8m，当探测不到根石时，应再向外 2m、向内 1m 各测 1 个点，以确定根石的深度。

因此，现行根石探测的水面测点间距是 2m。按照 1∶1～1∶1.5 的坡比计算，水面 2m 点距对应的水下根石坡面长度是 2.8～2.4m，在这一范围内，没有探测数据显示水下根石的真实状态，两测点间形成了长度为 2.8～2.4m 的探测真空区。

黄河河道整治工程根石是由散石构成的，散石的粒径一般不大于 0.5m，与探测真空区相差一个数量级。在强水流的冲击作用下散石会走失，从而形成根石面的冲刷坑。在以水面 2m 点距开展水下根石探测工作时，冲刷坑完全可能被跨越，从而导致探测数据不能反映水下根石的真实状态。

为此，在研究水下根石探测新技术时，必须加密测点，使测点间距与散石粒径处于同一数量级或小于散石粒径，彻底消除探测真空区，确保探测数据能够真实反映水下根石的分布状态。因此，小尺度水域精细化探测的技术要求是：水面测点间距小于或等于 0.5m，平面定位坐标误差不超过 5cm。

3.2.2.3　利用小尺度水域精细化探测技术探测根石

常规根石探测方法是采取直接触探或凭借操作者的感觉判断根石情况，其方法有探水杆探测法、铅鱼探测法、人工锥探法、活动式电动探测根石机法。以上几种探测方法均为 2m 点距，测点之间的根石情况则靠线性插值获得，它们属于小尺度水域探测，但不是精细化探测。因此，不适应黄河水下根石精细化探测的要求。

为了解决根石探测问题，黄河设计院组织技术人员进行了多次研究和试验，最终采用 "Chrip 浅地层剖面仪＋GNSS 定位仪＋小型机动船" 的组合方式，沿设定根石断面进行探测，能够准确探测水下根石的坡度与分布状况，实现小尺度水域精细化探测。

河道整治工程中根石探测区域一般在围绕坝、垛、护岸 20～30m 范围内开展，探测深度大多在 30m 以内，对于水下浅地层剖面仪器而言属于小尺度水域的精细化探测问题。为了满足探测精度与数据密度的需要，采用控制航迹沿既定断面缓慢前行配合高速采样的方法探测，来实现小尺度水域的精细化探测。

小尺度水域的精细化探测确保航迹控制与设定断面偏差不超过 1m，人工探测时每隔 2m 布置 1 个测点，仪器探测时测点间隔与船的速度及仪器发射探头的频率有关，测点间隔 $\Delta S = V/N$（V 为船移动的速度，一般取 0.2～0.8m/s，N 为发射频率，范围为 0.5～12Hz），测线采样密度达到分米级；水面定位精度达到厘米级；探测深度误差不大于 20cm。根据现有探测资料，根石探测新技术在黄河正常浑水中探测深度大于 20m，泥沙穿透厚度大于 10m（仪器设计探测能力，穿透深度为粗砂 30m、软泥土 250m，最大水深为 300m）。各项数据指标完全适应并满足黄河下游河道整治工程根石探测工作需求。

3.2.3　探测模式研究

常规根石多参考陆地断面桩，以断面形式进行探测。而针对非汛期根石探测技术，本书开展了多种探测模式研究。

3.2.3.1　多次反复穿越测线模式

多次反复穿越测线模式（探测模式一）的平面示意图如图 3.2-3 所示，其探测过程为：①在陆地用 GNSS 定位仪测量探测断面控制点，把测量数据输入到导航系统；②根

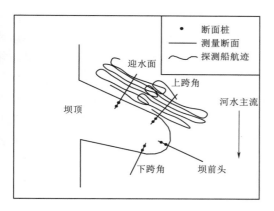

图 3.2-3 多次反复穿越测线模式的平面示意图

据导航图上探测船的航迹，引导探测船向探测断面航行并使探测船的航迹与探测断面交汇。两线交汇时导航人员发出指令，仪器操作人员在显示屏上打点记录，形成一个测深点，在同一探测断面的不同位置多次重复探测，即可得到一条探测断面的探测成果图（图 3.2-4）。

通过多次探测试验，项目组认为这种探测模式存在以下问题：

（1）两线每交汇一次仅可获得一个测深数据，若要取得详细探测断面，就需要多次交汇，这样就导致大量的无效探测数据，没有发挥仪器能够快速连续探测的优势。

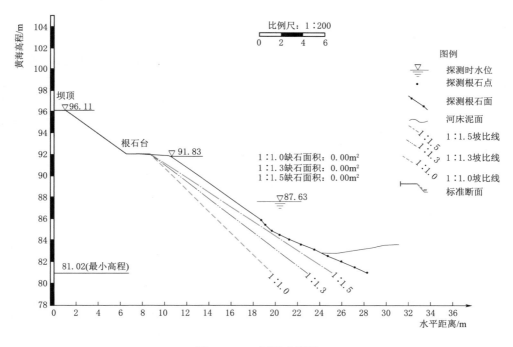

图 3.2-4 探测成果图

（2）无法准确判定根石的外边界，不能准确探测根石的最大深度。

（3）存在不确定的水面定位误差。

（4）对载体（探测船）动力及操控性能要求较高，近岸处探测困难且易发生安全事故。

（5）由于船体较大和水流速度等原因，船要绕很远才能折回到断面上，很难按照导航图上的航迹进行航行。

3.2.3.2 绕坝探测模式

绕坝探测模式（探测模式二）的平面示意图如图 3.2-5 所示，探测过程为：①探测船在预定探测水域内连续移动，仪器同步记录测深点和 GNSS 平面坐标，可以对多道坝一次探测完成。②陆地连续测量多道坝的探测断面。

这种探测模式的探测效率比探测模式一有很大的提高，探测的范围也适当扩大，依据探测结果可绘制坝垛附近的等深线图，据此可截取若干个根石断面图，在水流速度较大时或在抢险中探测根石时可采用。但存在着与探测模式一类似的问题，同时对数据处理软件要求更高。这种探测模式存在的主要问题如下：

（1）两线每交汇一次可获得一个测深数据，若要取得详细探测断面，就需要多次交汇，这样就导致大量的无效探测数据。

（2）对载体（探测船）动力及操控性能要求较高，近岸处探测困难且易发生安全事故。

（3）在河水流速较快的情况下，船不易调头，而且容易和靠近岸边的航迹相交，造成要探测的数据重复测量。

3.2.3.3 沿根石探测断面探测模式

沿根石探测断面探测模式（探测模式三）的平面示意图如图 3.2-6 所示，图中测量断面与水面探测断面并不完全一致，但其距离测量断面的误差不超过 1m，其探测过程为：①陆地用 GNSS 定位仪测量断面位置后，在坝顶断面桩处竖立两根测量花杆控制断面测量方向；②设备进入探测状态后，由岸上 1 人指挥探测船沿坝顶测量花杆指示的方向控制拖鱼运动，同时船上仪器操作员记录数据。

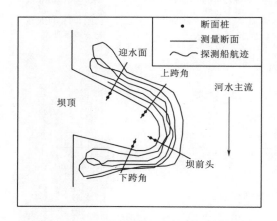

图 3.2-5 绕坝探测模式的平面示意图

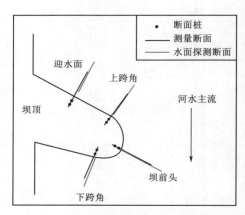

图 3.2-6 沿根石探测断面探测模式的平面示意图

探测现场如图 3.2-7 所示，原始探测界面如图 3.2-8 所示。

采用这种探测模式的优点如下：

（1）探测数据是连续有效的，探测效率大大提高。

（2）大量连续的有效探测数据可以较为精细地反映水下根石的真实状态。

（a）陆地断面测量

（b）指示探测断面方向

图 3.2 - 7　探测现场

（3）可以准确判定水下根石的外边界，也就能够准确探测根石的最大深度。

3.2.3.4　探测模式比选

对比三种探测模式，结论如下：沿根石探测断面探测模式具有探测效率高、数据量大且连续有效、水下根石外边界明显、可操作性强等优点，是三种探测模式中的最佳探测模式。在今后探测根石时，推荐采用沿根石探测断面探测模式，对于水流流态复杂、流速快的坝垛根石探测，沿根石探测断面探测行船有困难时，也可采用绕坝探测模式。

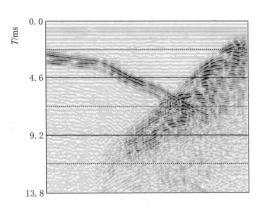

图 3.2 - 8　原始探测界面

3.2.4　GNSS 实时同步定位技术

3.2.4.1　浅地层剖面仪探测根石的定位技术

浅地层剖面仪为连续测量工作模式，因此只能采用与其测量同步的定位技术才能把地下信息准确地反映出来，引进的 X - STAR 浅地层剖面仪不能接受 Trimble RTK 自定义格式数据，但可以接受 NMEA 0183 格式数据。因此，在实时探测过程中 GNSS 需采用 NMEA 0183 格式向 X - STAR 浅地层剖面仪提供定位。

一种探测模式是 GNSS 在提供定位的同时，测量控制器实时将测量数据和断面位置坐标以图形和数字形式给出测船偏航距，引导测船严格按预定的断面行驶。另一种探测方式是在被探测的区域连续地航行探测，根据 GNSS 的连续定位结果可绘制出根石分布高程等值线图，可直接利用此图研究根石情况，亦可在图上定出断面线，查得断面线上根石情况。

1. GNSS 实时定位系统的二次开发

X - STAR 浅地层剖面仪只能接收 NMEA 0183 格式数据，且只保留 3 位小数。而

Trimble 4000sse 提供的 NMEA 0183 格式数据只能是经纬度（单位为度、分），若精度显示至毫米时须保留至小数点后 6 位。在探测资料的分析中可以发现 X-STAR 浅地层剖面仪记录的平面位置数据仅有 3 位，GNSS RTK 定位的精度受到严重损失。因在测量作业区（约北纬 34.5°附近）纬度每分对应地面长度约为 1700m，小数后第三位表示的精度为 2m 左右，此精度不能满足根石探测的要求，而且 X-STAR 浅地层剖面仪不能自动将经纬度坐标转换为 X、Y 坐标。考虑探测精度需求采用 1 台计算机实时接收 GNSS 数据，经该专用软件处理后再实时传送给 X-STAR 浅地层剖面仪，经处理后的数据不仅满足 X-STAR 浅地层剖面仪的要求，而且也保持了 GNSS 定位的厘米级精度不受损失。

由于坝垛根石分布范围小，宽度一般为几十米，在空间的变化又很大，平面定位的质量将直接影响到探测成果。为满足探测所需的精度，显示、记录当地网格坐标，经过研究和开发，在 1 台笔记本电脑上运行专用的数据处理软件对现有的 GNSS 数据进行实时处理，而且接收的数据直接显示 X、Y 坐标，从而实现了利用现有设备为 X-STAR 浅地层剖面仪提供高精度大地坐标进行显示和记录的目的。

2. X-STAR 浅地层剖面仪与 GNSS 实时定位系统的应用

GNSS 实时定位系统工作流程如图 3.2-9 所示。

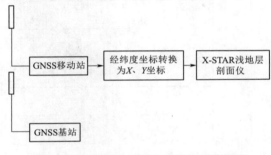

（1）在探测区内布设控制网，以 GNSS 静态测量模式联测 3 个已知"北京 54"坐标点，并进行组网平差计算。一方面求解从 WGS84 到"北京 54"坐标系的坐标转换参数（3 参数），另一方面将 WGS84 坐标引至适宜地点作为 GNSS-RTK 测量的基站位置。

（2）以 RTK 测量模式探测坝垛断面方向控制点，每个断面两个点。

图 3.2-9 GNSS 实时定位系统工作流程

（3）与 X-STAR 浅地层剖面仪联合作业。

将测区的坐标转换参数和其他有关参数置入 GNSS 接收机，在 RTK 作业模式下，运行专用的数据处理软件，将接收到 GNSS 定位数据，经过转换处理后传送给 X-STAR 浅地层剖面仪，并与根石界面反射数据一起存储与显示。

3.2.4.2 3200-XS 浅地层剖面仪的定位技术

虽然 X-STAR 浅地层剖面仪的定位系统可以对测点进行定位，但操作不方便，效率较低，容易出错。因此研究开发新的仪器设备及定位系统才能适应根石探测快速、准确的要求。

3200-XS 浅地层剖面仪是在移动过程中进行连续探测的，相应探测点的平面坐标也是连续的，对探测点的平面坐标的获取，在考虑多种因素后，选择了双机 RTK 移动测量 GNSS 定位系统，它由 1 台 HD6000 一体机和 1 台 HD9800 水上专用分体机组成。HD6000 一体机设置在陆地上作为基站，HD9800 水上专用分体机设置在船上作为移动站。RTK 移动测量 GNSS 定位系统的实时水平定位精度误差小于 1cm，原始数据输出更新频率为 5Hz（可定制 20Hz），可以满足连续快速探测的要求。

3200-XS 浅地层剖面仪保留了 GNSS 数据接收通道，采用计算机通用的 232 串口为数据接收口，在仪器操作界面上设有专用窗口，如图 3.2-10 所示。仪器可以接收 NMEA 0183 国际标准协议下的 GNSS 数据，可以人工设置 0.5～12Hz 的数据传输频率，以配合仪器的不同发射频率，确保每一个探测深度数据对应一组同步定位数据。

图 3.2-10　GNSS 数据接收操作界面

以下是一组计算处理后的探测数据。数据采集的设置如下：3200-XS 浅地层剖面仪信号发射频率为 2Hz，GNSS 定位系统发送测量数据的频率为 2Hz。在数据组中，每一个深度数据都对应有一组经纬度坐标，经坐标转换计算，即可得到各点对同一固定点的平距（表 3.2-1）。

表 3.2-1　　　　　　　　　　　水面同步定位数据组

序号	经度/(°)	纬度/(°)	平距/m	序号	经度/(°)	纬度/(°)	平距/m
1	3452.65	11349.59	17.76	12	3452.652	11349.59	21.11
2	3452.65	11349.59	18.12	13	3452.652	11349.59	21.32
3	3452.65	11349.59	18.33	14	3452.652	11349.59	21.86
4	3452.65	11349.59	18.69	15	3452.652	11349.59	22.26
5	3452.65	11349.59	18.87	16	3452.653	11349.59	22.79
6	3452.651	11349.59	19.45	17	3452.653	11349.59	23.19
7	3452.651	11349.59	19.63	18	3452.653	11349.59	23.36
8	3452.651	11349.59	19.81	19	3452.653	11349.59	23.55
9	3452.651	11349.59	20.17	20	3452.653	11349.59	23.94
10	3452.651	11349.59	20.39	21	3452.653	11349.59	24.3
11	3452.651	11349.59	20.75				

注　表中经纬度的表示方法为"度"的形式，这是仪器本身显示的问题，只有对采集的测量数据进行重新读取及处理才能得到精确的度、分、秒表示形式，表中的平距为处理后计算的平距。

使用 RTK 移动测量 GNSS 定位系统，较好地解决了水面探测同步定位问题，为水下根石探测新技术奠定了坚实基础。

3.2.5　数据处理软件开发

3200 - XS 浅地层剖面仪自带数据处理功能，但是不能读取到精确的 GNSS 数据，使处理得到的深度平面定位不准确，达不到根石探测要求的精度，处理的最终结果不能满足工程报告的要求。为了得到报告中可以直接使用的结果，提高探测成果输出的效率与探测成果准确度，有必要开发一套适合要求的数据处理软件。

3200 - XS 数据处理软件用 VB 编程语言编写完成，VB 语言特点是程序编写快，可以大大缩短程序实现的周期。在编写过程中遇到的主要难题有：①VB 进行图像处理时处理速度慢；②从原始数据中读取的导航数据的经纬度坐标需要转换成平面直角坐标；③出图时需要某一比例尺的图件。

解决以上难题的方法如下：

（1）利用 DIB 绘制图像的方法来直接对图像的内存数据进行处理，大大提高了图像的处理速率。

（2）以采集数据时的某一点为原点将经纬度坐标系表示的点转换成平面直角坐标系表示的点，可以大大简化工作。如果知道原点对应的大地直角坐标，相应的其他点的大地直角坐标也可以计算出来，经过验证转换的误差小于 0.01m，为满足工程需要，转换公式如下：

$$X = (R - H)\cos(NI \times \pi/180) \times (W - WI) \times \pi/180 \quad (3.2 - 1)$$

$$Y = (R - H) \times (N - NI) \times \pi/180 \quad (3.2 - 2)$$

式中：X、Y 为平面直角坐标系的 X、Y 坐标；R 为地球的平均半径（6371km），H 为要转换点的海拔高程；WI、NI 为原点的经纬度；W、N 为要转换的经纬度。

（3）按某比例出图的方法是先将图以像素表示的高度和宽度按该比例设定好，然后再在其中画图，输出时不改变图的高度和宽度，如按 1：200 出图时，要画 10m 的宽度，则设定以像素表示的图宽度为 $10 \times 567/2$。找到解决难题的方法就可以进行下一步的程序编写。

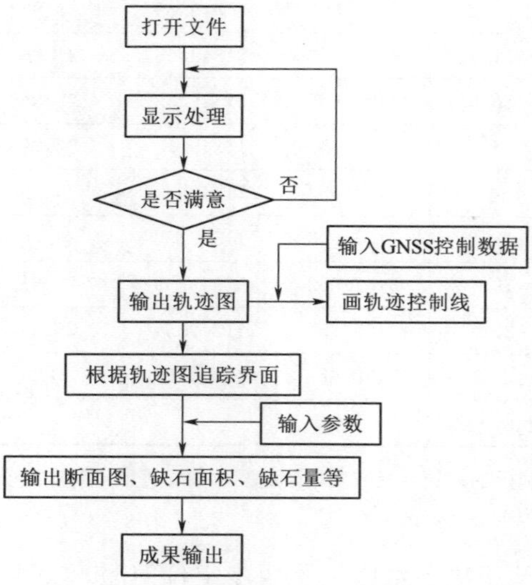

数据处理流程如图 3.2 - 11 所示，软件的主要功能有数据的图像显示与处理、轨迹图的显示、界面的追踪、追踪数据的计算与成图等。

3200 - XS 浅地层剖面仪采集的数据的格式为标准 SEG - Y 格式的变种，数据以 JSF 为后缀，要想加以利用必须对此数据格式做到了如指掌。JSF 数据在每一道回声数据前都增加有 256 字节的参数段，在每一道回声数据前的参数段中包含有很多信息，主要的信息有此道的采样频率，采样长度，开始采样的时间，导航数据（3200 - XS 浅地层剖面仪自动转换的

图 3.2 - 11　数据处理流程

GNSS 数据）等；每一道回声数据的记录单元都是以 16 字节的整数来记录，另外 GNSS 数据的原始数据以不变的格式保存在这一道的最前边，这个数据是根石探测处理的十分重要的数据，如果不利用这个数据，精度达不到要求。JSF 数据格式见表 3.2 - 2。

表 3.2 - 2   JSF 数 据 格 式

字节数	描　述
由 GNSS 数据来定	GGA、GGL 等格式数据
0～1	每道的开始标记
256	采样频率、采样长度、开始采样的时间、导航数据等
由数据长度来定	以 16 字节的整数表示的回声数据

了解了数据格式的详细信息就可以根据需要进行数据处理软件开发。为了操作方便、快捷，首先要设计好软件的操作界面，经过实际的应用，软件的数据处理流程如图 3.2 - 11 所示，设计的操作界面如图 3.2 - 12 所示。

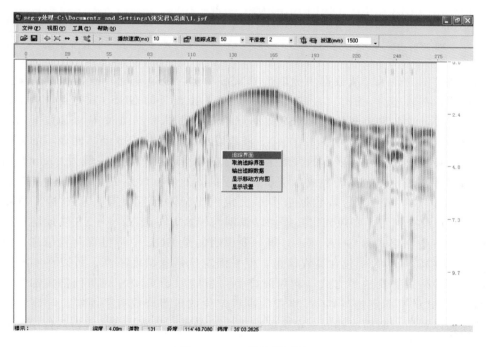

图 3.2 - 12　操作界面图

界面分为菜单栏、工具栏、标尺栏、图像显示窗口、状态栏，对数据图像操作时借鉴了 CAD 中的命令操作方式，达到了方便快捷的目的。

根据实际工作的需要，本软件的主要功能有数据的图像显示与处理、轨迹图的显示、界面的追踪、追踪数据的计算与成图等，最终的结果可以在报告的编制中直接利用或根据需要进行二次处理，下面对其主要功能及实现方法做简要的说明。

（1）图像显示与处理。图像的显示可分为波形显示与影像显示，其显示的结果分别如

图 3.2-13 和图 3.2-14 所示，可根据不同的情况来进行选择；处理有数据放大、影像的调节、数据的截取等。显示图像的方法采用 DIB 绘制图像的方法直接对图像的内存数据进行替换写入，将波形数据以规定的格式写入到像的内存中，提高了显示速度。

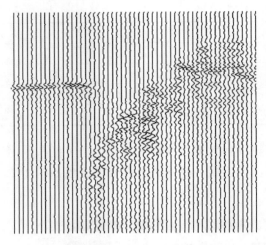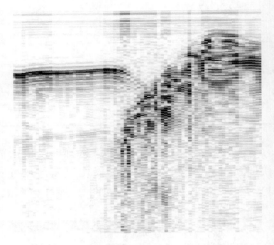

图 3.2-13　波形显示图　　　　　　　　图 3.2-14　影像显示图

（2）轨迹图的显示。从数据中提取出 GNSS 数据，经过坐标转换显示出采集数据时运动的轨迹，在轨迹图（图 3.2-15）中可以加入岸上测量的 GNSS 数据点，画出断面两侧的控制线等，读取岸上测量的 GNSS 数据点的窗口见图 3.2-16。GNSS 数据以原格式保存在数据道的头文件中，另外 3200-XS 浅地层剖面仪将 GNSS 经纬度表示的数据舍去其一定位数转换成以 X、Y 表示的大地坐标保存在数据道中（误差一般为 20cm 左右，实际 GNSS 经纬度表示的数据转换成以 X、Y 表示的大地坐标误差一般为 3cm 左右），如果用自带的处理软件则利用的是数据道中平面定位坐标，而且没有高程坐标，精度高的 GNSS 数据并没有利用，要想利用必须加以识别与转换，一般 3200-XS 浅地层剖面仪能识别的 GNSS 数据格式为 GGA、GGL 等，要说明的是 GGL 中不包含高程信息，但平面定位信息精度高，GGA 中包含高程信息，但平面定位信息精度不高，所以在 GNSS 发送时采取了两种格式都发送的方式，利用时将每一道的原始 GNSS 的两种格式都读出，然后将 GGL 格式的平面定位与 GGA 格式的高程定位取出组合成有平面定位与高程定位的三维坐标加以利用。断面两侧的一定宽度控制线的实现，是通过空间解析几何中的点到直线的距离的计算来实现的，根据两线距离的一半先求出断面线一侧的两个点，然后由两个点画出直线，用同样的方法画出另一侧的直线，则画的两条线宽度就为设定的宽度。

（3）界面的追踪：可以同时追踪两层以上的界面（泥面、根石面），用鼠标点击即可完成操作，泥面与根石面的追踪界面如图 3.2-17 所示。实现的方法为以两个数组分别保存每一道的追踪信息（道数、深度），为了拾取到界面的每一道数据，在鼠标点击两点之间，先计算了鼠标点击两点的道数与深度，然后在这两点间程序依次自动根据两点的道数与深度寻找数据点，做到不漏一道。另外，在鼠标点击两点间的深度寻找时，可根据设定自动寻找数据道中最大点的深度位置，达到半自动追踪的目的。

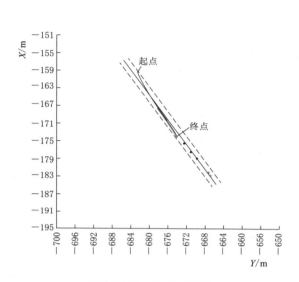

图 3.2-15　轨迹形状图

图 3.2-16　岸上测量的 GNSS 数据点

（4）追踪数据的计算与成图：计算包括根据水与泥的波速计算泥面深度、根石深度，根据断面数据计算某固定坡度下的缺石面积等，然后由这些数据画出断面图，某坝的断面图如图 3.2-18 所示。当根石上方有泥面覆盖时，要根据泥面覆盖厚度来计算根石深度，计算公式为

$$h = t_1 \times v_1 + (t_2 - t_1) \times v_2$$

$$(3.2-3)$$

式中：h 为根石深度；t_1、v_1 分别为泥面反射的半时程与泥面上方介质（水）的波速；t_2、v_2 分别为根石界面反射的半时程与泥层介质的波速。

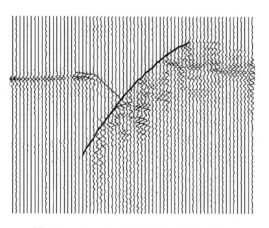

图 3.2-17　泥面与根石面的追踪界面

　　缺失面积采用数学积分的方法实现，因为数据点是已经离散的数据，所以积分时不需要再作离散，追踪到的根石数据每两点与固定坡度围成一个梯形，按照几何图形面积的计算方法计算出每个梯形小面积，然后再将所有的小面积相加即可得到需要的缺石面积。需要注意的是，当断面在某个坡度之下时，小面积为正；在某个坡度之上时小面积为负；追踪的界面与某个坡度相交时，还要计算出交点，然后计算围成的三角形面积。

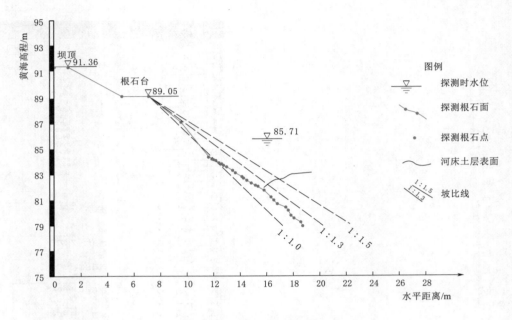

图 3.2 - 18 某坝的根石断面图

（5）成果的输出：成果的输出一次性将需要的成果输出到指定文件夹中，大大节省了输出时间，另外还保存所有的中间处理数据，方便以后对处理成果的修改与查看，输出界面如图 3.2 - 19 所示。

3.2.6 资料解释技术

按新的探测模式开展了探测试验和探测对比工作，目的是能够准确地解释探测资料。在资料解释过程中，关键技术是读取数据图形反射波初至时间与其性质的判定（泥面反射还是根石反射）。

根据行波理论，只有当声波遇到强波阻抗差异界面时，才会发生反射。河水中的含沙量是从表层到底层渐变，因此，声波在河水中传播时不会有明显的反射界面出现，当遇到水与泥沙界面、水与根石界面、泥沙与根石界面时就会发生反射，如何识别出是哪种界面反射？现在由图 3.2 - 20 加以说明，水与泥沙界面一般比较平整，介质比较均匀，泥沙中一般无其他介质，所以为强反射界面，在波形图上表现

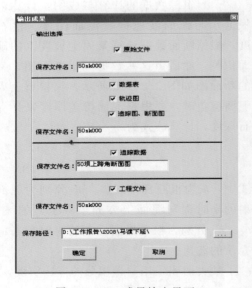

图 3.2 - 19 成果输出界面

为，反射波起跳后延续时间短，初至形成连续光滑的界面；水与根石界面或泥沙与根石界面中根石一般为块状，所以其界面不平整，根石中的缝隙还填充着水或泥沙，声

波可以有一部分透过，所在波形图上的表现为：反射波起跳后延续时间长，初至形成的界面不平整。

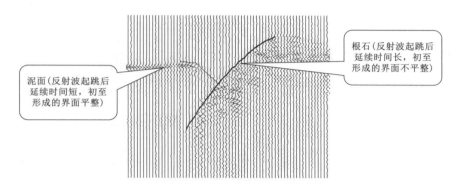

图 3.2 – 20　反射波界面性质的判定

3.2.7　专用探测研制

探头是浅剖声呐系统的关键设备，也是黄河河道整治工程根石探测系统最重要的设备之一。结合浅剖技术发展历史，之前国内此类设备性能尚不满足黄河根石探测技术要求，因此还需要引进价格比较昂贵的国外设备，以满足黄河根石探测需求。

现有探头是 1996 年通过国家"948"计划"黄河河道整治工程水下基础探测试验研究"项目引进，由美国 EDGETCH 公司生产的 X – Star 浅地层剖面仪的配套探头——"512"型拖鱼探头（图 3.2 – 21），X – Star 浅地层剖面仪升级改造成 3200 – XS 浅地层剖面仪后仍然使用该探头，原有探头体积大、质量达 190kg，水上使用难度较大，配套探测船要求较高，为进一步推广应用带来不便。为此，希望能用体积、重量都较小的探头替代大型探头。后引入美国 EDGETCH 公司生产较小的新型"216S"型拖鱼探头（图 3.2 – 22），该探头体积小、质量仅 76kg（表 3.2 – 3），可以与 3200 – XS 浅地层剖面仪配套使用。

由于相关设备探头和主机重量较大，故需要设计加工相应的探测船，以满足非汛期根石探测需求。

图 3.2 – 21　"512"型拖鱼探头

图 3.2 – 22　"216S"型拖鱼探头

表 3.2 - 3　　　　　　　"216S" 型拖鱼探头和 "512" 型拖鱼探头主要技术指标

主要技术指标	SB - 216S 拖鱼探头	SB - 512i 拖鱼探头
频率范围	2～16kHz	500Hz～12kHz
脉冲类型	FM（调频）	FM（调频）
标准脉冲宽度	2～15kHz/20ms	2～12kHz/20ms，2～10kHz/20ms，2～8kHz/40ms，1.5～7.5kHz/40ms，1～6kHz/40ms，1～5kHz/40ms，0.5～5kHz/40ms
垂直分辨率	6cm	8～20cm，和选择的脉冲宽度有关
最大穿透深度	黏土质海底 80cm	粗砂 20m，黏土 200meters
波束宽度	17°	16°～32°
发射换能器数量	1	2
接收换能器数量	2	4
最大额定水深	300m	
拖曳速度	3～5 节，最大 7 节	3～4 节
最大工作水深	300m	300m
尺寸/(cm×cm×cm)	105×67×46	106×124×47
质量	76kg	190kg

由于现有普通的船只不能满足根石探测的工作要求，根据根石探测工作的特点和实际要求，设计制造了专用的探测载体（图 3.2 - 23）。由于浅地层剖面仪的探头（拖鱼）较重，无法浮于水面之上，设计时将拖鱼嵌挂在船体的前半部位，中部为驾驶舱和仪器操作室，放置浅地层剖面仪和发电机等设备，后面配置两台大功率船机（图 3.2 - 24），确保船体的足够动力。制造完成后经过多次的下水工作试验（图 3.2 - 25），不断改进完善，目前该载体的各项指标满足根石探测工作的要求。

图 3.2 - 23　设计制造的专用载体

图 3.2 - 24　设计制造的专用载体挂机

3.2.8 根石探测对比试验

1. 探测情况

1999 年 3—5 月，在花园口、马渡险工
进行对比探测试验，探测剖面的布设按《黄
河河道整治工程根石探测管理办法（试
行）》要求，每道坝垛以迎水面、上跨角、
前头及下跨角为主进行探测，探测过程中，
由 GNSS 全球定位系统进行实时定位并将实
测大地坐标（经纬度坐标）传输到浅地层剖

图 3.2－25 专用载体根石探测作业现场

面仪，当测点在预定的剖面上时，提取一次界面深度数据与大地坐标，最后将仪器探测剖
面与人工锥探剖面的结果套绘在同一剖面图上进行对比。

2. 探测成果

（1）剖面对比探测成果定性分析。剖面对比探测成果见表 3.2－4。表 3.2－4 中最
大根石探测深度及最大淤泥探测厚度为仪器探测得到的数值。45 道坝可对比的 75 个剖
面中有 46 个剖面吻合好，29 个剖面部分吻合，两种方法探测的根石分布趋势是一
致的。

表 3.2－4　　　　　　　　　仪器与人工剖面探测成果对比表

工程名称	序号	探测位置	探测最大根石深度/m	探测最大淤泥厚度/m	根石探测剖面成果对比
花园口险工	1	98 坝 ys	12.46	6.90	上部吻合好，下部人工探摸较陡；仪器探测根石坡度接近 1∶1.3，相对较缓
	2	98 坝 qt	12.86	6.40	仪器探测根石坡度接近 1∶1.3，人工探摸根石坡度相对较陡
	3	100 坝 ys	14.95	10.10	吻合好
	4	102 坝 ys	9.91	6.60	吻合好
	5	102 坝 sk	13.83	10.00	整体探测根石分布趋势吻合，下部人工探摸较陡，仪器探测较缓，接近 1∶1.3
	6	102 坝 qt	15.33	11.40	整体吻合趋势好
	7	104 坝 ys	12.32	9.00	吻合好
	8	104 坝 qt	12.22	8.80	吻合好
	9	106 坝 ys	12.57	10.50	吻合好
	10	106 坝 sk	11.02	7.70	上下部吻合好，中部人工探摸缓于 1∶1.3，仪器探摸陡于 1∶1.3
	11	106 坝 qt	14.22	8.60	吻合好
	12	108 坝 ys	12.22	8.60	吻合好
	13	110 坝 qt	10.22	6.50	吻合好

工程名称	序号	探测位置	探测最大根石深度/m	探测最大淤泥厚度/m	根石探测剖面成果对比
花园口险工	14	112 坝 sk	12.80		二者整体趋势吻合好，人工探摸根石坡度陡于 1:1.3，仪器探测根石接近 1:1.3
	15	112 坝 qt	10.50		吻合好
	16	114 坝 sk	11.92		下部吻合好，上中部人工探摸根石坡度陡于 1:1.3；仪器探测根石坡度接近 1:1.3
	17	114 坝 qt	14.77		吻合好
	18	116 坝 ys	10.08		上部吻合较好。下部人工探摸根石坡度在 1:1.3 和 1:1.5 之间，仪器探摸接近 1:1.5
	19	116 坝 sk	12.43		上部吻合较好，中下部人工探摸与仪器探测分布不一致。人工探摸较缓，仪器探测较陡
	20	116 坝 qt	8.18		吻合好
	21	120 坝 ys	14.43		整体分布趋势一致。下部人工探摸与仪器探测根石分布趋势一致，但仪器探测坡度较陡
	22	120 坝 sk	14.88		吻合好
	23	120 坝 qt	15.58		吻合好
	24	122 坝 ys	5.87	2.60	大部分吻合，局部有出入
	25	122 坝 sk	9.02	3.00	吻合好
	26	122 坝 qt	12.52	5.20	吻合好
	27	126 坝 sk	11.67	8.20	上下吻合好，中部仪器探测的根石面偏下
	28	126 坝 qt	14.27	7.90	吻合好
马渡险工	29	21 坝 ys	12.00	9.00	无人工探摸资料
	30	21 坝 sk	15.15	11.50	吻合好
	31	23 坝 sk	13.60	8.55	上部吻合好，下部仪器探测偏缓
	32	25 坝 ys	9.62	4.50	吻合好
	33	27 坝 ys	12.52	6.00	大部分吻合。局部人工探摸较陡，仪器探测较缓
	34	29 坝 ys	7.82		上部吻合，下部接近，中部仪器探测根石面高于人工探测
	35	31 坝 ys	10.05		吻合好
	36	33 坝 ys	9.87	4.50	吻合好
	37	35 坝 sk	10.70		吻合好

工程名称	序号	探测位置	探测最大根石深度/m	探测最大淤泥厚度/m	根石探测剖面成果对比
马渡险工	38	37坝ys	10.00	6.00	吻合好
	39	37坝sk	8.52	3.80	上部吻合较好，下部人工探摸较陡，仪器探测较缓
	40	37坝qt	7.32		上中段吻合较好，仪器探测的下段局部根石向外凸出
	41	37坝xk	10.10	4.85	吻合好
	42	39坝ys	11.90	7.40	上段吻合较好，下段人工探摸与仪器探测根石分布趋势一致，但人工探测的根石面高
	43	39坝qt	12.50	7.10	上中段吻合较好，下段人工探摸坡度较陡，仪器探测较缓。仪器探测根石坡度接近1∶1.3
	44	39坝xk	7.80	4.10	吻合好
	45	56坝ys	11.52	8.30	人工探摸与仪器探测根石分布呈斜"∞"形，总趋势一致
	46	56坝sk	9.52	7.50	吻合好
	47	58坝ys	11.26	7.80	吻合好
	48	62坝sk	9.00		上部吻合好。下部人工探摸较陡，仪器探测较缓
	49	64坝ys	7.42		吻合好
	50	66坝sk	7.90	3.35	上段吻合好，下段仪器探测根石面较高
	51	68坝ys	8.00	4.35	上、中段吻合好，下段仪器探测根石坡度缓
	52	70坝ys	13.52	10.00	吻合好
	53	72坝ys	13.50	10.10	吻合好
	54	76坝ys	13.92	10.00	大部分吻合好，中间段局部仪器探测根石分布较浅
	55	80坝sk	10.57	4.90	吻合好
	56	82坝sk	9.52	4.80	上、中段吻合好，下段仪器探测根石面较高
	57	84坝ys	11.22	8.90	上、中段吻合好，下段仪器探测根石面较高
	58	85-1坝ys	12.42	8.35	吻合好
	59	85-2坝qt	11.52	5.30	上、中段吻合好，下段仪器探测根石面较高
	60	85-3坝qt	9.57	2.30	上段吻合较好，下段仪器探测根石面较高

续表

工程名称	序号	探测位置	探测最大根石深度/m	探测最大淤泥厚度/m	根石探测剖面成果对比
马渡险工	61	85－4 坝 qt	13.42	5.85	人工探摸与仪器探测根石分布趋势一致，但仪器探测的根石面较高
	62	85－5 坝 qt	7.52	5.20	吻合好
	63	86 坝 ys	12.61	5.40	吻合好
	64	87 坝 sk	17.26	11.00	吻合好
	65	87 坝 ys	8.86	4.35	吻合好
	66	87 坝 qt	14.76	5.45	吻合好
	67	88 坝 ys	14.91	9.80	吻合好
	68	88 坝 sk	14.66	6.90	吻合好
	69	88 坝 qt	14.46	5.00	吻合好
	70	89 坝 ys	10.16	3.30	吻合好
	71	89 坝 sk	11.76	1.60	吻合好
	72	89 坝 qt	15.26	7.00	吻合好
	73	90 坝 ys	10.26	2.30	吻合好
	74	90 坝 sk	13.91	6.55	人工探摸很浅，上部吻合好，下部仪器探测偏低
	75	90 坝 qt	11.86	3.00	吻合好

注　sk 表示上跨角，ys 表示迎水面，qt 表示坝前头，xk 表示下跨角。

（2）剖面对比探测根石坡度系数分析。为使仪器探测与人工探测的根石断面能够进行定量对比，将二者的根石分布概化成平均坡度。概化方法为：以根石台外端点为基准点画一平行于纵轴的直线 a，以仪器探测的最低点为基准点画一平行于横轴的直线 b，直线 a、直线 b 和仪器探测、人工探测的根石分布线围成的图形面积分别为 S_1、S_2；然后，以根石台外端点为顶点沿根石顶界面方向往下画斜边与直线 a 和直线 b 构成三角形，通过改变斜边的方向及长度使面积分别等于 S_1、S_2。此时，三角形的两斜边分别为仪器探测与人工探测的根石平均坡度线（图 3.2－26）。

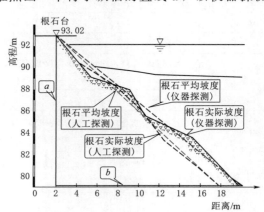

图 3.2－26　根石分布概化示意图

将根石剖面探测精度划分为 4 级。把仪器探测的根石平均坡度系数与人工探摸的平均坡度系数的绝对误差 Δ 作为分级的依据，根据黄河上的实际情况，当 $\Delta \leqslant 0.1$ 时精度为高，$0.1 < \Delta \leqslant 0.15$ 时为较高，$0.15 < \Delta \leqslant 0.2$ 时为一般，$\Delta > 0.2$ 时为较差。其成果见表 3.2－5。

表 3.2－5　　　　　　　　　　仪器与人工探测根石分布剖面概化成果表

工程名称	序号	探测位置	仪器探测最大根石深度/m	坡度系数			精度评价
				仪器探测	人工探测	坡度系数差	
花园口险工	1	98 坝 ys	12.46	1.33	1.16	0.17	一般
	2	98 坝 qt	12.86	1.29	1.13	0.16	一般
	3	100 坝 ys	14.95	1.06	1.06	0.00	高
	4	102 坝 ys	9.91	1.28	1.28	0.00	高
	5	102 坝 sk	13.83	1.27	1.11	0.16	一般
	6	102 坝 qt	15.33	1.23	1.20	0.03	高
	7	104 坝 ys	12.32	1.11	1.12	0.01	高
	8	104 坝 qt	12.22	1.19	1.14	0.05	高
	9	106 坝 ys	12.57	1.31	1.31	0.00	高
	10	106 坝 sk	11.02	1.19	1.22	0.03	高
	11	106 坝 qt	14.22	1.26	1.25	0.01	高
	12	108 坝 ys	12.22	1.44	1.27	0.17	一般
	13	110 坝 qt	10.22	1.27	1.22	0.05	高
	14	112 坝 sk	12.80	1.30	1.21	0.09	高
	15	112 坝 qt	10.50	1.17	1.12	0.05	高
	16	114 坝 sk	11.92	1.38	1.26	0.12	较高
	17	114 坝 qt	14.77	1.22	1.17	0.05	高
	18	116 坝 ys	10.08	1.49	1.41	0.08	高
	19	116 坝 sk	12.43	1.21	1.41	0.20	一般
	20	116 坝 qt	8.18	1.43	1.44	0.01	高
	21	120 坝 ys	14.43	1.25	1.45	0.20	一般
	22	120 坝 sk	14.88	1.29	1.33	0.04	高
	23	120 坝 qt	15.58	1.10	1.14	0.04	高
	24	122 坝 ys	5.87	2.09	2.00	0.09	高
	25	122 坝 sk	9.02	1.60	1.58	0.02	高
	26	122 坝 qt	12.52	1.42	1.55	0.13	较高
	27	126 坝 sk	11.67	1.14	1.22	0.08	高
	28	126 坝 qt	14.27	1.18	1.15	0.03	高
马渡险工	29	21 坝 ys	12.00				
	30	21 坝 sk	15.15	1.38	1.36	0.02	高
	31	23 坝 sk	13.60	1.20	1.10	0.10	高
	32	25 坝 ys	9.62	1.18	1.20	0.02	高
	33	27 坝 ys	12.52	1.36	1.22	0.14	较高
	34	29 坝 ys	7.82	1.46	1.32	0.14	较高

续表

工程名称	序号	探测位置	仪器探测最大根石深度/m	坡度系数			精度评价
				仪器探测	人工探测	坡度系数差	
	35	31 坝 ys	10.05	1.32	1.30	0.02	高
	36	33 坝 ys	9.87	1.17	1.10	0.07	高
	37	35 坝 sk	10.70	1.28	1.33	0.05	高
	38	37 坝 ys	10.00	1.51	1.44	0.08	高
	39	37 坝 sk	8.52	1.64	1.43	0.21	较差
	40	37 坝 qt	7.32	1.46	1.38	0.08	高
	41	37 坝 xk	10.10	1.49	1.40	0.09	高
	42	39 坝 ys	11.90	1.60	1.46	0.14	较高
	43	39 坝 qt	12.50	1.31	1.20	0.11	较高
	44	39 坝 xk	7.80	1.49	1.50	0.01	高
	45	56 坝 ys	11.52	1.18	1.25	0.07	高
	46	56 坝 sk	9.52	1.31	1.25	0.06	高
	47	58 坝 ys	11.26	1.11	1.05	0.06	高
	48	62 坝 sk	9.00	1.46	1.29	0.17	一般
	49	64 坝 ys	7.42	1.39	1.36	0.03	高
	50	66 坝 sk	7.90	1.54	1.38	0.16	一般
马渡险工	51	68 坝 ys	8.00	1.40	1.28	0.12	高
	52	70 坝 ys	13.52	1.08	1.03	0.05	高
	53	72 坝 ys	13.50	1.10	0.99	0.11	高
	54	76 坝 ys	13.92	1.34	1.29	0.05	高
	55	80 坝 sk	10.57	1.29	1.32	0.03	高
	56	82 坝 sk	9.52	1.17	1.05	0.12	高
	57	84 坝 ys	11.22	1.30	1.21	0.09	高
	58	85—1 坝 ys	12.42	1.14	1.17	0.03	高
	59	85—2 坝 qt	11.52	1.06	1.11	0.05	高
	60	85—3 坝 qt	9.57	1.24	1.16	0.08	高
	61	85—4 坝 qt	13.42	1.02	0.83	0.19	一般
	62	85—5 坝 qt	7.52	1.12	1.12	0.00	高
	63	86 坝 ys	12.61	1.04	1.00	0.04	高
	64	87 坝 ys	8.86	1.62	1.59	0.03	高
	65	87 坝 sk	17.26	1.06	0.97	0.09	高
	66	87 坝 qt	14.76	1.33	1.36	0.03	高
	67	88 坝 ys	14.91	1.07	1.12	0.05	高
	68	88 坝 sk	14.66	1.08	0.97	0.11	较高

工程名称	序号	探测位置	仪器探测最大根石深度/m	坡度系数			精度评价
				仪器探测	人工探测	坡度系数差	
马渡险工	69	88 坝 qt	14.46	1.12	1.12	0.00	高
	70	89 坝 ys	10.16	1.17	1.02	0.15	较高
	71	89 坝 sk	11.76	1.04	1.04	0.00	高
	72	89 坝 qt	15.26	0.98	0.95	0.03	高
	73	90 坝 ys	10.26	1.30	1.19	0.11	较高
	74	90 坝 sk	13.91	1.11	1.16	0.05	高
	75	90 坝 qt	11.86	1.03	0.84	0.19	一般

注 1. 表中"仪器探测最大根石深度"一栏是指仪器探测到的最大根石深度，根石深度以根石台顶面为起算值。

2. sk 表示上跨角，ys 表示迎水面，qt 表示坝前头，xk 表示下跨角。

3. 序号 29 为马渡险工 21 坝迎水面断面，因无人工探测资料，无法对比。

从表 3.2-5 看出，在 75 个剖面对比探测资料中，仪器探测的根石平均坡度系数与人工探测的根石平均坡度系数的绝对误差不大，$\Delta \leqslant 0.1$ 的达 51 个剖面，占总剖面数的 68.92%，$\Delta > 0.2$ 的仅 1 个剖面，仅占 1.35%。

结合低频浅剖声呐现场工作方法，总结了根石探测作业流程，如图 3.2-27 所示。

任务下达后，首先成立水下根石探测小组，确定项目负责人，根据任务要求编写水下根石探测技术方案，收集相应工程、坝垛及断面的基本信息，及工程水准测量点等相关资料。然后进行地面测量及断面定位测量，根据方案布置实施根石探测工作，获得根石探测原始数据，经数据处理与分析解释，形成成果资料，编写并向主管部门提交根石探测成果报告，最后将成果资料上传根石管理系统数据库，至此非汛期根石探测工作全部结束。

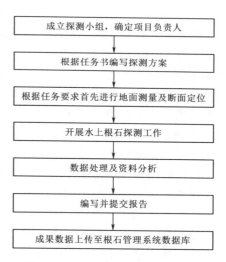

图 3.2-27 根石探测作业流程图

3.3 无人船根石探测技术

非汛期根石探测技术已经极大程度地弥补了传统人工锥探的不足，但仍存在部分问题。目前非汛期根石探测所用设备较为庞大，必须依靠人工测量船搭载。由于人工水上测量工作限制，在汛期时无法有效开展水上根石探测工作，而汛期亦是根石最易出险的时间，这使根石探测技术仍存在一定短板。根石探测所用设备为美国进口声呐设备，因为声呐设备涉及国防军工领域，相关技术极易受到国外技术限制，开发具有自主知识产权的设备十分必要。

目前进口设备相对庞大，主要是因其面向于海洋等大深度探测应用。为了解决在海洋中达到较大探测深度以及保持探头等在水中的平衡等问题，其设计阶段主要考虑设备功率的大小、设备的流体力学特征等，而对于设备轻量化则无过大需求。这样会导致设备整体重量较为庞大，以经常用的 3200－XS 系列 512 型探头为例，其搭载了 4 个声呐换能器，但其整体重量超过 100kg。其中不乏为保障其在水下作为稳定性而搭载的配重、流线型的外部保护壳等设施。

传统浅剖的设计多来源于 20 世纪 80 年代至 90 年代初，电子科技和通信技术相对落后。为提高声呐发射功率，传统的浅剖声呐多是利用大功率电流进行换能器激发，由此带来的问题就是在功率放大器和换能器方面都有一定的变压器和多组电容，以实现能量储存和激发。大电流的激发就需要直径更大的电线以保障设备不会过度发热，因此各种配套设备均较为庞大，导致整体设备重量的增大。当整体重量足够大时，小型无人船已经无法实现相关设备的搭载作业，只能依托大船进行根石探测作业。

为解决上述问题，首先就要实现声呐设备的小型化。小型化的首要思路就是要解决传统的功率放大器工作模式，采用新型的工作方式来实现。结合近年来电子技术的发展，采用 DC－DC 升压技术，实现普通电压的快速升压，以提高电压的方式代替大电流能量输出，则可极大地减少配套硬件设施，从而实现设备的小型化。在通信方面，则结合近年来我国 4G/5G 通信技术的快速发展，研究采用远程无线控制等方式实现设备的控制与采集。而在能量的提供上，则结合近年来逐步发展的高能量密度动力电池技术，以期用最小的重量为设备提供最大的功率输出。以此为基础，综合实现设备的轻量化和小型化，以实现无人船搭载，为根石的无人化探测和汛期根石探测提供基础的设备支撑。

综合 3.1 节所述的水声信号传播与试验研究和 3.2 节的非汛期根石探测技术，4kHz 的声波信号在水底中的传播和检测均存在可行性，也是根石探测所采用的最主要频率信号。如何利用激发和接收 4kHz 的信号则是本节的研究目标。

浅地层剖面仪发展历时一个世纪，早在 20 世纪 40 年代，国外便研制出了海底浅地层剖面仪的原型 SBP（sub－bottom profiler）声呐。经过 20 多年的发展，技术逐渐成熟，已经成功应用于商用领域。由于存储设备、处理器等硬件条件的限制，当时的探测结果还只可通过热敏纸带记录，无法实现数字化保存，对于信息的优化后处理存在较大阻碍。同时，由于当时没有很强的信息处理能力，无法处理并获取更加精准的声学特征信息。随着硬件及先进算法等技术的革新，浅地层剖面仪的性能也逐渐突破了实现和应用上的瓶颈。

美国斯克里普斯海洋研究所是最早一批利用浅地层剖面仪进行海底调查的组织。20 世纪 60 年代中期，他们为获得沉积物厚度分布规律，对太平洋中央赤道处的深海沉积物进行了调查，事实证明浅地层剖面仪是一种进行海底沉积物探测的有效设备。

80 年代起，浅地层剖面探测系统就已经开始进行海底地形地貌的探测与研究，技术上的突破主要来源于一种称为 "Chirp" 的压缩子波。

到了 90 年代，电子计算机技术迎来了高速发展。与此同时，数字信号处理（DSP）、海量数据存储和电子自动成图等新技术应运而生，也极大地推动了浅剖系统的发展。特别是进入 21 世纪后，3D 多波束 Chirp 浅地层剖面仪开始逐步进入人们的视野，其中比较经典的探测系统是由美国南安普顿大学和康斯博格地球声学有限公司于 2011 年合作开发的 3D－Chirp 声呐，该声呐系统采用孔径为 2m×2.5m 的阵列，由 60 个接收阵元组成，相邻间距为 25cm，阵型部分区别于常规的直线阵，该声呐采用矩形布阵的方式，每个接收阵元的指向几乎为全向，实现了声呐在三维空间对于反射声场进行充分采样，做到了空间内的无盲区探测。

我国在浅地层剖面探测技术领域的研究上虽然起步较晚，但获得的科研成果也层出不穷。仅 20 世纪末，我国就已经将浅地层剖面探测技术广泛应用于了各种海洋海底管线路由监测、海上工程选址、海洋地质灾害调查、海洋区域地质勘查以及海洋科学研究等诸多领域。目前，我国已经把浅地层剖面技术应用于部分海域的深海海底资源调查、海洋考古等全新的领域。20 世纪下半叶，中国科学院开始自主研发浅地层剖面仪，经过"八五"到"十五"期间的技术攻关，我国经历了逐步从直接使用国外设备，到仿造国外优秀浅剖产品，再到现在可以自主研发浅剖仪的过程。目前，由我国自主研发并成功投入使用的浅层剖面仪有 HQP 型、HDP 型、CK 型、QPY 型、GPY 型、DDC 型、PGS 型、PCSBP 型等，其中脉冲压缩式浅地层剖面仪（pulse compression sub‐bottom profiler，PCSBP）是中国科学院声学研究所自主研发并在当时达到了国际领先水平的浅剖仪，在此之后研制出的 PGS 型中地层地质剖面仪也展现出了我国在浅剖仪研发制造方面已经达到了国际一流水平尤其是声学系统设计模块更是优于国际其他同类产品，得到了各国专家的一致好评。

目前，在我国用于海洋海底调查与研究的高性能新型浅剖设备大部分仍然是从国外进口。如国家海洋局从挪威引进了 2 套由 Simrad 公司生产的 TOPASPS018 型窄波束船载浅地层剖面仪，并应用在海洋海底地质调查与研究。另外，国家海洋局第一海洋研究所也引进了 CSP50、CSP100、CSP6000、SIS50、SES‐96、C‐Boom、GeoPulse、Geo‐Spark 系列和 SIG5000 等多台（套）世界先进的浅地层剖面仪。参量阵浅剖仪也是主要应用的浅剖设备之一，参量阵的发射原理是通过声源发出两个共轴的高频波（原频波），利用非线性声学原理使两个原频波在共同作用区域产生差频波。同时，与发射相同频率信号的传统线性声呐相比，参量阵换能器具有尺寸小、重量轻，同时又可以兼顾波束窄、无旁瓣等特点。对比参量浅剖仪和传统 Chirp 浅剖仪，两者各有优缺点，虽然参量阵具有空间分辨率高的特点，但在地层的穿透能力上，Chirp 浅剖仪通常更优，而且在海况较差的环境下，Chirp 浅剖声呐的抗干扰能力也更强。考虑根石等的穿透问题，本书将重点研究 Chirp 浅剖声呐的轻量化问题。

上述浅剖仪，大都是针对海洋应用环境研发的，因此设备相对庞大。在设备小型化和轻量化方面，需要对浅剖仪组成的各个部件进行分析，以在满足黄河根石探测需求的同时，尽量实现设备小型化。

3.3.1 低频水声换能器

利用浅剖仪进行信号探测的基础是水声信号的激发。在水中发射声波信号，最重要的是利用相关材料在水中产生能够在压缩方向传播的波。换能器的目的就是将可有效利用的电信号转换为瞬时运动信号，从而达到声波发射的目的。

在换能器进行能量转换过程中，由于换能器面积的不同，其信号频率是有一定区别的。如果换能器体积很小，则换能面积越小，发射信号的频率较高。反之，为获取低频信号，则需扩大换能面积，相关换能器体积会越来越大。根据水声换能基本原理，本节对水声换能材料和浅剖换能器进行了研究与选型。

3.3.1.1 换能器基本材料

材料研究是水声换能器研究的基础，换能器的发展与材料学的发展密不可分，水声换能器的技术突破根本上取决于材料的技术突破，因此换能器材料研究是水声换能器研究的一个重要方向。水声换能器所使用的材料根据其功能可分为两类：一种是实现能量转换的功能材料，称为"有源材料"，它是换能器的主要部件，直接影响换能器的工作性能；另一种是保障水声换能器正常工作运转的结构材料，称为"无源材料"，它是换能器的辅助器件，也会对换能器的性能产生影响。努力提高水声换能器材料（特别是有源材料）性能，是改进换能器性能的非常重要的途径之一。水声换能器常用的有源材料有压电陶瓷材料、超磁致伸缩材料、弛豫铁电单晶材料、反铁电材料等。

1. 压电陶瓷材料

压电陶瓷具有优异的机电性能、较高的机电耦合系数、低介电损失和易于成形等优点，因此在大功率的超声换能器和水声换能器中得到广泛的应用，其中应用最多的是锆钛酸铅（PZT）系列压电陶瓷。近年来，压电陶瓷和聚合物构成的压电复合材料逐渐成为水声换能器材料新的研究热点，纳米技术兴起后，又出现了纳米复合压电陶瓷材料应用于水声换能器。这些新材料的快速发展取得了显著的成果。

2. 超磁致伸缩材料

磁性材料在外加磁场的作用下，其长度会沿径向或者轴向方向发生变化，在磁场消失之后，磁性体的长度或者体积又恢复到原来状态，这种现象称为磁致伸缩效应。20 世纪 60 年代初，Legvoid、Clark、Rhyne 等发现稀土金属在 4.2K 的低温下显示出巨大的磁致伸缩效应，该现象称为超磁致伸缩效应，但是该现象无法在室温下重现。70 年代美国海军实验室的 Clark 等发现 $TbFe_2$、$DyFe_2$ 等二元稀土化合物在常温下具有超磁致伸缩效应，这大大提高了超磁致伸缩材料的实用性。现在常用的超磁致伸缩材料为 Terfenol-D，与压电陶瓷相比，Terfenol-D 具有声速低、响应迅速和伸缩系数大等优点。

3. 弛豫铁电单晶材料

1977 年，美国宾夕法尼亚大学在实验室成功研制出了新型弛豫铁电单晶材料，铌镁酸铅-钛酸铅 $Pb（Mg_{1/3}Nb_{2/3}）O_3 - PbTiO_3$（PMN-PT）和铌锌酸铅-钛酸铅 $Pb（Zn_{1/3}Nb_{2/3}）O_3 - PbTiO_3$（PZN-PT）固溶体单晶。弛豫铁电单晶材料的机电耦合系数、机电转换效率以及压电应力常数都要大大高于普通的压电陶瓷材料，诸多的优异性能使得弛豫铁电单晶材料不仅可以替代传统的压电陶瓷材料，还可以在性能方面表现得更好。弛豫铁电单晶材料已经在医用超声换能器、能量收集器、红外探测器以及交变弱磁传感器等领域得到了广泛的应用。美国海军认为弛豫铁电单晶材料将会给海军的水中装备性能带来革命性的变化。

4. 反铁电材料

PZST 反铁电相变陶瓷的相变不需要非常严格的条件，它在普通的条件下就可以被电场诱导转变成极化强度取向一致的铁电体，表现出大体积应变和高应变能等优秀的性能。PZST 反铁电相变陶瓷的纵向应变量是普通 PZT 压电陶瓷的 10 倍以上，其应变能更是达到了普通 PZT 压电陶瓷的 100 倍以上。另外，可以通过控制电场的大小，场诱相变还提供了可开关、可调变的介电、压电以及热释电性能，而且还具有可逆的增强效应。因此，反铁电材料有潜力成为智能传感系统和制动系统中的关键材料，其潜在的应用领域包括高密度的储能电容器、大位移制动器、电声换能器以及可开关、可调变压电和热释电探测器等等。

3.3.1.2　水声换能器结构

水声换能器的结构保障了换能器能量转换功能的实现，不同结构的换能器其工作性能差异大，适用的工作环境也不尽相同。为了获取低频信号发射，声呐换能面积设计相对较大。常用的水声换能器结构有复合棒换能器、圆环换能器、弯张换能器等。相关结构设计性能稳定、工艺成熟，是绝大多数水声换能器使用类型，各种换能器主要特点如下：

1. 复合棒换能器

复合棒换能器又称为夹心式换能器、纵向振动（纵振）换能器、Tonpilz 型换能器或喇叭形换能器，是一种常用的大功率发射型水声换能器。复合棒换能器主要由三部分组成：有源材料（压电晶堆或者超磁致伸缩棒）、前辐射头和后质量块。有源材料在外部激励下发生振动，换能器前辐射头和后质量块两个方向辐射声波。前辐射头通常采用硬铝等轻金属，而后质量块都会选用黄铜等质量较大的金属，这样换能器的声能将大部分通过前辐射头发射出去；前辐射头为喇叭形状，增大了辐射面积，通过调整辐射头的几何参数，可对换能器各项性能进行相应的调节。

复合棒换能器具有结构简单、机电转换效率高、易于布阵等优点。其缺点为不适合深水工作，工作频带不够宽。为了拓宽换能器带宽，目前多是在辐射面与水介质之间增加一匹配层、纵向振动与辐射头弯曲振动耦合、采用双激励方式和混合激励方式。传统结构的复合棒式换能器如图 3.3 - 1 所示。

图 3.3 - 1 为传统结构的复合棒换能器，主要由前质量块、螺栓、压电陶瓷谐振器和后质量块组成。

2. 圆环换能器

圆环换能器是在水声领域应用比较广泛的换能器之一，它具有尺寸小、重量轻以及工作性能稳定等优点。图 3.3 - 2 为稀土圆环换能器，其工作原理是通过核心换能材料伸缩，以此带动为辐射面发生瞬态变形，激发低频信号。相关换能

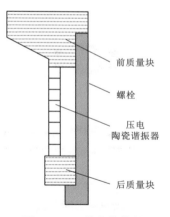

前质量块

螺栓

压电
陶瓷谐振器

后质量块

图 3.3 - 1　传统结构的
复合棒式换能器

器多选用变形量较大的超磁致伸缩棒为核心，图示换能器的核心为 4 根稀土超磁致伸缩棒。通过伸缩棒驱动辐射面，通过对换能器 1/4 模型进行有限元分析，其在空气中的一阶模态频率为 1151Hz，主要是由振动盖板的弯曲动引起；二阶模态频率为 1376Hz，主要是稀土磁致伸缩棒纵向振动，通过导磁体推动壳体产生径向振动。此种工作方式可获取较为低频的信息，但其发射频率不可控，不易于实现线性调频发射；且相关换能器获取的信号无指向性，在水下检测中信号传播复杂，不易于精细化检测。

3. 弯张换能器

弯张换能器是低频换能器中较为重要的一类换能器，其振动是由有源材料的伸张振动和壳体的弯曲振动组合而成，故名弯张换能器。它具有结构紧凑、重量轻、频率低、功率大和易于组成基阵等一系列优点，因此在低频、大功率水声换能器中具有极大的应用价值。弯张换能器通过振幅放大原理如图 3.3-3 所示，利用换能材料在 a 方向伸缩，以带动壳体产生弯曲振动，在主要的换能面上发生面积较大的位移，以获得更大的体积位移。

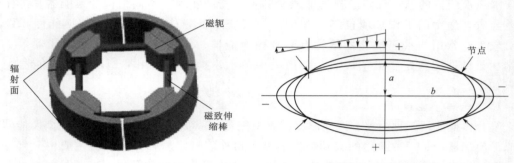

图 3.3-2　稀土圆环换能器　　　　图 3.3-3　振幅放大原理图

经过多年的发展，弯张换能器变化出许多种不同的结构形式，通常按照其结构方面的差异，将弯张换能器分成 7 种类型，如图 3.3-4 所示。不论是哪一种类型的弯张换能器均是利用有源元件的纵向振动带动弯曲壳体的弯张振动，实现了振幅的放大。另外，弯张换能器需要利用螺杆来对弯曲壳体进行预紧，与复合棒换能器相似。

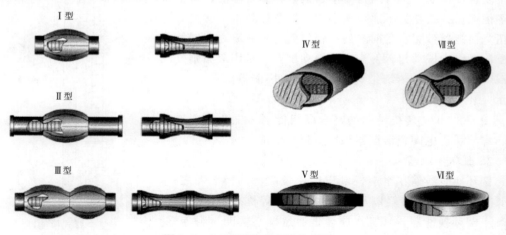

图 3.3-4　不同类型弯张换能器

根据弯张换能器的壳体形状差异，又可以将上述七种类型分为凹形和凸形，其中Ⅶ型和Ⅵ型属于凹形弯张换能器，Ⅳ型和Ⅴ型属于凸形弯张换能器，而Ⅰ型、Ⅱ型和Ⅲ型中既有凹形，又有凸形。凸形弯张换能器激励元件上的预应力会在静水压的作用下随着工作水深的增加而减小，而凹形弯张换能器的预应力随工作水深的增大而增大。因此，凹形弯张水声换能器的极限工作水深要更大一些。凹形弯张换能器在振动辐射面上位相相同，而凸形弯张换能器的辐射面存在反射区，会在一定程度上降低换能器的辐射功率，但是，由于反相区辐射面很小，因此凸形弯张换能器仍然可以产生较大的辐射功率。

综上，圆形换能器和弯张换能器虽然换能效率高，且频带较宽，但信号没有指向性，即信号面向水下半空间进行发射。为消除信号指向性的限制，需布置多个接收水听器，依靠声波传播路径进行偏移归位，以达到聚焦成像的目的，这样会极大地增加接收设备体积，不适用于水上轻便化的探测工作。同时由于球面发射情况，导致信号的球面扩散较大，因此在重点探测区域，其能量还是会有一定衰减。

纵振动传感器虽然换能效率相较于超磁致伸缩较低，但在纵振动模式下其具有一定指向性，易于在河道这种狭窄空间进行水下检测。考虑应用场景等因素，重点以纵振动式换能器研究为主。

3.3.1.3 纵振动换能器设计

自 1917 年 Langevin 使用石英压电材料研制了世界上第一个纵振动换能器之后，纵振动换能器就成为目前换能器的主流。相关研究人员研发了频率从几千赫兹到几十千赫兹的多种纵振动换能器。至今，纵振动换能器在换能器领域仍占有不可替代的地位。

纵振动换能器具有结构工艺方便、尺寸小、效率高、性能稳定、布阵方便等优点，是水声换能器行列中不可或缺的一类。但此类换能器也存在如带宽窄、方向性不足、低频尺寸大等缺点，因此对于纵振动换能器，主要集中于宽带、宽波束和小尺寸等方面的研究。

经典纵振动换能器的结构如图 3.3-5 所示，它主要由前盖板、压电陶瓷晶堆、后盖板等组成。基于压电陶瓷的压电效应，在加载电压信号后产生位移变化，推动前后盖板振动，从而辐射声能量。前盖板设计成喇叭形可以增大辐射面积，调整带宽等。预应力螺杆具有固定各部分组件和保证振动传递良好的功能，由于压电陶瓷抗压不抗拉的性质，当换能器粘接完毕后，对压电陶瓷施加一定的预应力，使压电陶瓷在自然状态下处于"被压缩"状态，提高其功率极限。

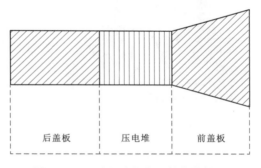

图 3.3-5 纵振动换能器简化结构图

1. 换能器基阵

一般单只压电陶瓷换能器很难做到较大的结构，且单只换能器的声功率、指向性等指标通常难以满足任务需求，需要将多只性能接近的水声换能器基元组成各种形状的基阵。

为获得较大的声辐射能力，水声换能器一般工作在结构振动模态的基频。水声换能器的谐振频率与尺寸直接相关，结构尺寸越大，谐振频率越低，因此水声换能器设计中小尺寸和低频发射之间存在理论上的矛盾。此外，低频换能器的辐射声功率与频率、辐射面积的平方成正比，例如工作频率或换能器的辐射面积降低为原来的 1/10，则辐射声功率将降为原来的 1/100。因此，在降低频率的同时，保持换能器的辐射声功率不变，必须大幅度增大辐射面的振速，以获取足够的体积速度，而由于驱动模块的功率限制和换能器自身机械强度的限制，往往难以通过大幅度提高辐射面振速实现低频大功率发射。

2. 换能器指向性

指向性是水声换能器和水声换能器基阵的一个重要性能指标。在不同的使用场合对换能器有不同的指向性要求，对于水下检测领域，要求其波束角（方向性开角）应尽量小，以满足信号不被边坡进行反射。

如何实现特定的波束宽度是一个重要问题，特别是在特定的辐射面尺寸（基元孔径）和频率以及布阵间距情况下，这一问题显得尤为突出。基元辐射面孔径的尺度与方向性开角的大小是紧密相关的，当使用频率一定时，较大孔径基元辐射产生的声场的方向性开角较小；反之，较小孔径则对应较大的开角。水声换能器按频率分有低频（几千赫兹以下）、中频（几十千赫兹），和高频换能器（几百千赫兹）等，不同频段换能器有不同的用途。目前中低频有高灵敏度、高电声效率、窄波束的纵振动换能器，也有指向性全向的球形和柱形换能器，但后者机电耦合系数低、发送响应低、灵敏度低，而同时具备宽波束和高发送响应的换能器研究相对较少。

对于纵振动换能器，目前调节其指向性的方法主要有改变前盖板的形状来改变指向性、巧妙利用后盖板振动辐射声能来改变指向性以及运用障板技术来对声场指向性进行调节等。

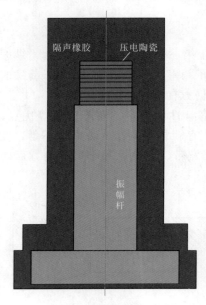

图 3.3 - 6　换能器结构原理图

纵向振动式水声换能器主频为 4kHz，其内部结构原理如图 3.3 - 6 所示。在整个换能器的背部为压电陶瓷片，通过高压信号输入使其发生形变。压电陶瓷产生的形变通过振幅杆进行传递，最后在底面产生能量，以达到换能的目的。该传感器将压电陶瓷固定在振幅杆上，增加振幅杆后振幅放大且能量聚集，使输出功率更大。同时在换能器外围包裹一部分橡胶，以作内部结构的隔声之用。

该换能器相对于传统换能器的优势在于，该换能器通过高压激励，因此在探头内部无须在布设类似 EdgeTech 探头所用的变压器，探头整体内部电压转换电路更小，所以换能器整体体积变小，重量减轻。目前 EdgeTec 同类的 "216" 型探头，重量达到 79kg，上述换能器重量为 13kg。两者的最大发射功率均为 500W，最大换能能量均可达到 180dB。在两者主要技术参数相同情况下，该设备所用的低频换能器将可有效应用于无人船搭载。

3.3.2　轻量化大功率放大器开发

目前国内外音频声呐换能器，其质量大都介于 10～20kg。在安装相关驱动变压器等情况下，其质量大都大于 80kg（如 EdgeTec 换能器）。2010 年以前国内外的小型化的直流升压设备相对不成熟，且大多数浅剖设备多采用 Chrip 编码信号激发的缘故，此类设备多采用大电流方式进行压电陶瓷的激励，以使压电陶瓷设备可达到设计的功率。针对大电流的要求，2015 年以前电池等技术受到限制，导致直接驱动换能器能源动力缺失，所以多选择大功率发电机等设备对系统进行供电，因此整个系统非常庞大，需要有人船进行搭载，不适合小型水域检测。

针对利用有人船舶搭载相关设备进行检测对于安全性、水质等均会产生相关影响的问题，采用无人船搭载方式进行水下探测是一个很好的替代方案。无人船在采用电池动力的情况下，可有效避免燃油机械等带来的水污染，而且利用自动导航等功能，可极大提高设备的智能化水平。在换能器的选型上，该设备将采用第 4.3 节研究的纵振动式传感器。

近年来，随着动力电池技术的发展，小体积高密度能量电池也可长时间提供瞬态大电流，同时 DC‐DC 升压技术的发展使得现在的小型化直流升压器趋于完善且轻量化。利用动力电池进行高压升压，同时保留足够驱动压电陶瓷的电流，以大电压和小电流的驱动方式来达到压电陶瓷的大功率需求，从而可实现设备满功率激发。

轻量化大功率功放的原理框图如图 3.3‐7 所示，由 DC/DC 直流升压电源、限流器、储能器、功率放大器、传感器、保护器、驱动器及功率放大控制电路组成。

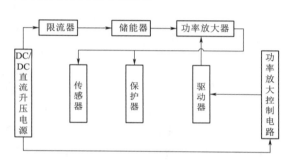

图 3.3‐7　大功率功放原理框图

DC/DC 直流升压电源向系统提供能量；功率放大器产生的脉冲电压非常高，若其电流也比较大，则其功率很高，很容易烧毁其他器件，所以一般需要限流器件来限制回路的电流，防止其电流过大而造成损坏；储能器件在充电时充当负载的作用，充电电源直接将能量传输到储能器件上，在放电时充当电源的作用，将其储存的能量释放出来；功率放大器的作用是控制脉冲的产生，功率放大器打开的瞬间能在输出负载检测到超快的高压脉冲；驱动器的作用是提供一个信号控制功率放大器的通断；保护电路起到一个保护系统的作用。

从轻量化大功率功放的基本原理图可以看出，其最主要的部分是功率放大器，功率放大器的性能直接影响所产生的脉冲的质量，因此功率放大器的研制是实现声呐轻量化的关键。

3.3.2.1　功率放大器选型

1. 功率放大器的种类

功率放大器主要有金属-氧化物半导体场效应晶体管（metal‐oxide‐semiconductor field‐effect transistor，MOSFET）、绝缘栅双极晶体管（insulate‐gate bipolar transistor，IGBT）、全称双极性结型晶体管（bipolar junction transistor，BJT）等。由于功率器件的分类方式非常多样，且各分类方式的分类逻辑并不存在上下包含的关系，因此可从驱动方式、可控性、载流子类型三个维度将 MOSFET 定义为电压驱动的全控式单极型功率器件。

MOSFET 是一种可以广泛使用在模拟电路与数字电路的场效晶体管，而功率 MOSFET 则指处于功率输出级的 MOSFET 器件，通常工作电流大于 1A。由表 3.3‐1 可以发现，MOSFET 的电压驱动、全控式和单极型特性决定了其在功率器件中的独特定位：工作频率相对最快、开关损耗相对最小，但导通与关断功耗相对较高、电压与功率承载能力相对较弱。

表 3.3 – 1　　　　　　　　　　　功率放大器的分类及性能特点

分类维度	分类方式	代表性器件	性能影响
驱动方式	电流驱动	BJT	驱动功耗相对较大
	电压驱动	MOSFET、IGBT	驱动功耗相对较小
可控性	不可控型	功率二极管	不可作为开关器件使用，工作频率相对较慢
	半控型	晶闸管	可作为开关器件使用，工作频率相对较慢，驱动电路相对复杂
	全控型	MOSFET、IGBT	可作为开关器件使用，工作频率相对较快，驱动电路相对简单
载流子类型	单极型	MOSFET、IGBT	工作频率相对较快，开关损耗相对较低但电压承载能力较差且导通损耗与关断损耗相对较大
	双极型	BJT、FRD	工作频率相对较慢，开关损耗相对较高但电压承载能力相对较强且导通损耗与关断损耗相对较小
	混合型	IGBT	工作频率区中较快，电压承载能力较强，开关损耗、导通损耗与关断损耗均居中较低

MOSFET 会在两个领域中作为主流的功率器件：①要求的工作频率高于其他功率器件所能实现的最高频率的领域，目前其最高频率是 70kHz 左右，在该领域中 MOSFET 成为唯一的选择，代表性下游应用包括变频器、音频设备等。②要求工作频率为 10～70kHz，同时要求输出功率小于 5kW 的领域，在这个领域的绝大多数情况下，尽管 IGBT 与功率 MOSFET 都能实现相应的功能，但 MOSFET 往往凭借更低的开关损耗（高频条件下开关损耗的功耗占比更大）、更小的体积以及相对较低的成本成为优先选择。

IGBT 是和 MOSFET 同步发展起来的一类开关器件，IGBT 的优点在于做大功率时成本低，耐压比 MOSFET 容易做高。相比于 BJT，更少被二次击穿而失效。常用于高压（＞600V）应用领域以及低端大功率（＞2000W）设备。

BJT 是最老的开关器件，低压 BJT 开关频率可以较高，但由于饱和 CE 压降高达 0.4V 以上而远逊于 MOSFET，只被用在最低端领域。高压 BJT 驱动麻烦，需使用低压大电流的电流源驱动，一般使用变压器驱动。在驱动不当或电压应力过大时容易发生二次击穿而失效。

在稳定性方面，MOSFET 是稳定性最好的器件，不容易损坏。IGBT 稳定性比 MOSFET 稍差，但仍强过 BJT。除了 MOSFET 的失效模式外，还有二次击穿的失效模式。当 IGBT 持续超过安全工作区工作时，会出现还未大面积发热就出现 CE 极击穿的现象，这种击穿称为二次击穿。IGBT 出现二次击穿的可能性比 BJT 小很多，但仍有可能出现。

在开关损耗方面，功率放大器件的开关损耗根据成因主要分为两种：电流-电压交叉损耗和输出电容损耗。MOSFET 开关极快，而且是多子导电器件，没有拖尾电流，损耗主要是开通时的输出电容放电损耗。IGBT 开关速度较快，没有存储时间，但存在拖尾电流。拖尾电流，就是在 VCE 已经升高的情况下，CE 之间仍然有一股小电流流通一段时间，拖尾电流导致的电流-电压交叉损耗构成了 IGBT 的主要损耗。

BJT 开关速度慢，而且是少子器件，存在存储时间。存储时间就是基极电流已经切断甚至反向，而集极和射极仍然保持完全导通的时间。在存储时间后进入下降时间。下降时间是电压、电流交叉的时间，交叉损耗发生在下降时间。低压 BJT 由于 β 值高，下降时间比较短，存储时间也可以通过肖特基箝位电路大幅减小，因此主要损耗在于导通损耗，开关损耗不太大。高压 BJT 的存储时间不容易通过箝位控制，下降时间也较长，主要损耗包括电流-电压交叉损耗。

但采用射极开关的 BJT 没有存储时间，下降时间也很短，开关损耗可以达到 MOSFET 的水准。MOSFET 稳定、开关损耗小、开关频率高、应用广，因此选用 MOSFET 作为功率放大器。

2. 功率 MOSFET 的类型

根据载流子种类与掺杂方式，MOSFET 可以被分为 4 种类型：N 沟道增强型、N 沟道耗尽型、P 沟道增强型、P 沟道耗尽型，见表 3.3 - 2。

图 3.3 - 2　　　　　　　　　　功率 MOSFET 的分类

区分方式	类型	实际意义	影　响
载流子种类	P 沟道	空穴作为多数载流子导电	载流子迁移速度慢，开关速率低，阈值电压高，导通电阻大
	N 沟道	电子作为多数载流子导电	载流子迁移速度快，开关速率高，阈值电压低，导通电阻小
掺杂方式	增强型	不掺杂	$VGC=0$ 时为截止状态，正电压控制
	耗尽型	在 SiO_2 绝缘层中掺入大量的正离子	$VGC=$ 时为导通状态，正、零、负电压控制，成本较高

由于功率 MOSFET 往往追求高频率与低功耗，且多用作开关器件，因此 N 沟道增强型是绝大多数功率 MOSFET 的选择。其应用领域见表 3.3 - 3。

表 3.3 - 3　　　　　　　　　　不同功率 MOSFET 的应用领域

	N 沟道	P 沟道
增强型	广泛应用	开关电路的高侧开关
耗尽型	常开型开关或用于小信号放大	常开型开关或用于小信号放大

对于功率 MOSFET 而言，主要的性能提升方向包括三个方面：更高的频率、更高的输出功率以及更低的功耗。为了实现更高的性能指标，功率 MOSFET 主要经历了制程缩小、技术变化、工艺进步与材料迭代这 4 个层次的演进过程（表 3.3 - 4），其中由于功率 MOSFET 更需要功率处理能力而非运算速度，因此制程缩小这一层次的演进已在 2000 年

左右基本上终结了，但其他的 3 个层次的演进仍在帮助功率 MOSFET 不断追求着更高的功率密度与更低的功耗。

表 3.3-4　　　　　　　　　功率 MOSFET 的技术演进方式

方式名称	演进特点	代表案例	影响
制程缩小	线宽制程的缩减，但不追求先进制程	从 10μm 演进至 0.15～0.35μm	全面提升器件性能
技术变化	同种设计结构中新技术带来的结构调整	从 Planar 变化至 Trench 再变化至 Super Junction 与 Advanced Trench	提高器件的电压承载能力与工作频率
工艺进步	同种设计与技术结构中生产工艺的进步	英飞凌 CoolMOS 系列 S5-C7	主要提高器件的 FOM 品质，降低功耗
材料迭代	半导体材料的改变	Si MOSFET 演进至 SiC/GaN MOSFET	全面提升器件性能并降低功耗

目前的主流功率 MOSFET 类型主要包括：由于技术变化形成的内部结构不同的 Planar、Trench、Lateral、Super Junction、Advanced Trench 以及由于材料迭代形成的半导体材料改变的 SiC、GaN，见表 3.3-5。其中尽管材料迭代与技术变化属于并行关系，比如存在 GaN Lateral MOSFET，但就目前而言，由于宽禁带半导体仍处于初步发展阶段，所有面世的宽禁带 MOSFET 的性能主要由材料性能决定，因此将所有不同结构的 GaN MOSFET 和 SiC MOSFET 分别归为一个整体。

表 3.3-5　　　　　　　　　主流 MOSFET 的种类

种类	主要特性	适用领域
Planar	工作频率低但耐压性较好	稳压器等
Lateral	电容低，工作频率高但耐压性差	音频设备等
Trench	导通电阻小，工作频率较高，耐压性一般	开关电源等
Super Junction	在 Trench 的基础上进一步提高了耐压性与输出功率	工业照明等
Advanced Trench	在 Trench 的基础上进一步提高了工作效率	通信设备等
SiC	功耗低、工作频率快、输出功率最高、耐压性能最好	汽车电子等
GaN	功耗低、耐压性好、输出功率高、工作频率最高	汽车电子等

3. 功率 MOSFET 的重要性能参数

功率 MOSFET 与普通场效应管的工作原理一样，都是通过控制栅极（G）-源极（S）的电压来改变漏极（D）-源极（S）的导纳，从而改变漏-源极的电流。它不但具备晶体管体积小、重量轻、寿命长等优点，而且输入回路内阻高、噪声低、热稳定性好、抗辐射能力强、耗电少。普通场效应管通常是根据其工作在恒流区的特点来设计制作放大电路；而功率 MOSFET 通常作为开关管来设计制作开关电路。实际的应用中，无论是普通场效应管还是功率型 MOSFET，自身的寄生参数对其性能有很大的影响，分析功率 MOSFET 的几个重要参数对开关管的选择具有重要意义。

（1）最大漏极电流（IDM）。功率 MOSFET 的栅极金属（M）与半导体（S）之间存在着一层不导电的氧化层（O），通常可认为栅-漏极与栅-源极没有电流，漏极电流指漏-源极电流。最大漏极电流 IDM 指功率 MOSFET 正常工作时漏-源极电流 ID 的最大极限值。随着温度的升高，半导体自身产生的电子空穴会有所增加，导致同样情况下的漏-源极电流变大，可能会损坏功率 MOSFET。所以在选取开关管时需考虑温度的影响，选择留有一定裕量的功率 MOSFET 作为开关管。

（2）开启电压（VTH）。随着功率 MOSFET 栅-源极电压 VGS 的增加，绝缘的氧化层表面逐渐由耗尽层转变为反型层。VTH 指反型层形成导电沟道时对应的栅-源极电压，也称阈值电压。氧化层表面的电子-空穴对会随着温度的上升而增多，氧化层表面更容易形成反型层，导致开启电压下降。在脉冲功放中所使用的 APT12060 开启电压为 4V，方便单片机低压控制。

（3）导通电阻（RDS）。功率 MOSFET 导通后，漏-源极在输出回路中相当于电阻，该等效电阻称为导通电阻 RDS。输出回路中的电流流过漏-源极，功率 MOSFET 自身的功耗随导通电阻的增大而增加，所以导通电阻的大小决定了功率 MOSFET 自身的功耗。若功率 MOSFET 自身的功耗较大，产生的热量不及时散发，会导致功率 MOSFET 的损坏。为了减小相同情况下功率 MOSFET 自身的功耗，需选取导通电阻较小的器件。在脉冲功放中所使用的 APT12060 导通电阻最大为 0.6Ω，导通电阻非常低，在脉冲功放应用中不加散热片都可以正常工作。

（4）跨导（gm）。功率 MOSFET 导通后，漏极电流 ID 会随栅-源极电压 VGS 的变化而变化，跨导指漏极电流与栅-源极电压之间的变化关系。跨导是场效应管用于放大电路时的重要参数，但是功率 MOSFET 作为开关管时，跨导对其开关特性基本没有影响。设计的浅剖设备场效应管工作在开关区，可不考虑该参数。

（5）漏-源击穿电压［V（BR）DS］。漏-源击穿电压 V（BR）DS 指功率 MOSFET 未导通时漏-源极能加载的最大电压。该参数决定了功率 MOSFET 的最高工作电压。漏-源击穿电压会随着温度变化而变化，通常具有正的温度系数。在脉冲功放中所使用的 APT12060 漏-源击穿电压为 1200V。传感器的工作电压为 800V 以下，因此完全满足要求。

（6）MOSFET 的体内寄生二极管。MOSFET 的体内寄生二极管导通能力及反向恢复表现并不比普通二极管好。在设计中并不期望利用其作为回路主要的电流载体。往往会串接阻拦二极管使体内寄生二极管无效，并通过额外并联二极管构成回路电流载体。但在同步整流等短时间导通或一些小电流要求的情况下是可以考虑将其作为载体的。

综合考虑以上参数，最终选用 APT12060MOSFET，APT12060 的最小漏源极击穿电压为 1200V，最大漏极电流为 20A，最大漏源导通电阻为 0.6Ω，最大脉冲漏极电流为 80A。

3.3.2.2 储能器选型

为了得到更高输出功率，设计的浅剖设备采用了脉冲功率技术。脉冲功率技术是指一门产生超快高功率脉冲的技术。通常是使用储能元件将较低功率的能量储存起来，储能过程需要一定的时间，然后将存储的能量在极短的时间内释放出来，从而产生超高功率的脉冲。如图 3.3-8 所示，对于脉冲功放来说，若输入的功率为 1kW，输入的持续时间为 1s，则输入的能量为 1kJ；若将这 1kJ 的能量在 1ns 的时间内释放，则输出的功率可达 1TW，实现了脉冲功率在时间维度上的压缩。

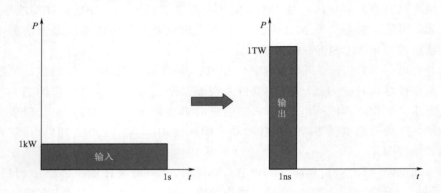

图 3.3-8　脉冲功率技术示意图

　　设计的浅剖设备采用大容量电解电容作为储能器，电解电容的单位体积容量大，单只电解电容器容量可以做到非常大、价格低、耐压值一般在 450V 内，使用时可以多只串联。

3.3.2.3　限流器选型

　　在工作时，换能器是容性负载，功率放大器打开时内阻非常低，只有几欧姆甚至更低，DC/DC 升压电源的输出电压高，达到 700V，因此功率放大器打开时的瞬间输出电流非常大，若不加限流器，很容易损坏电源。由于是给传感器供电是高频脉冲供电，因此限流器上的电流变化快，应选用无感大功率金属膜电阻作为限流器。

3.3.2.4　功率放大控制电路

　　为了轻便快捷，选用性价比高、体积小（26mm×49mm×0.2mm）的 ESP32 模块作为控制单元核，ESP32 的 IO 口驱动 9013 三极管控制驱动器 TLP250H。

　　ESP32 拥有 40nm 工艺、双核 32 位 MCU、2.4GHz 双模 Wi-Fi 和蓝牙芯片、主频高达 230MHz，计算能力可达 600DMIPS。涵盖精细分辨时钟门控、省电模式和动态电压调整等特征。

　　ESP32 的 Wi-Fi 支持三种模式：AP、STA 和 AP+STA。可设置 ESP32 工作在 AP 模式下，编写 WEB 服务器程序，实现可视化调试界面，可通过手机或电脑控制功放，既方便调试，又方便功放工作中故障排查。

3.3.2.5　驱动器选型

　　功率 MOSFET 是一种电压控制型器件，可用作电源电路、电机驱动器和其他系统中的开关元件。栅极是每个器件的电气隔离控制端。功率 MOSFET 的另外两端是源极和漏极，而对于 IGBT，它们被称为集电极和发射极。为了操作功率 MOSFET/IGBT，通常须将一个电压施加于栅极（相对于器件的源极/发射极而言）。一般使用专门驱动器向功率器件的栅极施加电压并提供驱动电流。

　　TLP250H 包含一个光发射二极管和一个集成光探测器，8 脚双列封装结构。适合于

IGBT 或功率 MOSFET 栅极驱动电路，利用光电耦合器进行隔离，具有体积小、成本低、结构简单、应用方便、输出脉宽不受限制等优点。

TLP250H 的典型特征如下：

（1）输入阈值电流（IF）：5mA（最大）。

（2）电源电流（ICC）：3mA（最大）。

（3）电源电压（VCC）：10～30V。

（4）输出电流（IO）：±2.5A（最大）。

（5）开关时间（tPLH/tPHL）：0.5μs（最大）。

（6）隔离电压：3750V（最小）。

声波发射换能器的频率为 4～7kHz，三极管 APT12060 是电压控制型器件，因此 TLP250H 的性能可满足要求。

3.3.2.6 保护器选型

因为声波发射换能器是个容性加感性负载，调制电路输出的是高频高压脉冲，会有高压反冲，调制电路需要保护，否则会被反压烧毁。因此，在驱动器负载端需要并联一个二极管作为保护器。

保护二极管必须具有正向压降低、快速恢复的特点，还应具有足够大的输出功率，可以采用以下三种类型的整流二极管：快速恢复整流二极管、超快速恢复整流二极管、肖特基整流二极管。快速恢复和超快恢复整流二极管具有适中的和较高的正向电压降，其范围为 0.8～1.2V。这两种整流二极管还具有较高的截止电压参数。

肖特基整流二极管有两大缺点：①反向截止电压的承受能力较低，产品大约为 100V；②反向漏电流较大，使得该器件比其他类型的整流器件更容易受热击穿。因此不能选用肖特基整流二极管。

声发射传感器工作频率都在 3.5kHz 以上，比起一般的整流二极管，快速恢复整流二极管的反向恢复时间减小到了毫微秒级，超快速恢复整流二极管的反向恢复时间减小到了微纳秒级，因此大大减小反向脉冲宽度。据经验，在选择快速恢复整流二极管时，其反向恢复时间至少应该是开关晶体管的上升时间的 1/3。因此得选用恢复时间在 300ns 左右的超快速恢复整流二极管。

BYV16 二极管的典型特征如下：

（1）反向耐压：1000V。

（2）正向平均电流：1.5A。

（3）正向瞬态电流：40A。

（4）正向压降：1.5V@1A。

（5）反向恢复时间：300ns。

（6）反向漏电流：5μA@1000V。

（7）工作温度—结温：−55～175℃。

BYV16 二极管完全满足要求，因此选它。

3.3.2.7 DC/DC 直流升压电源

仪器在野外工作，一般使用电池供电，而声波发射传感器需要 700V 左右的工作电压，因此需要 DC/DC 高压升压开关电源作为储能器的充电电源。DC/DC 直流升压电源变换器的拓扑结构如图 3.3-9 所示。图中 U_I 为直流输入电压，VT 为功率开关管，VD 为续流二极管（也称升压二极管），L 为储能电感（也称升压电感），C 为输出滤波电容，U_o 为直流输出电压，R_L 为外部负载电阻。脉宽调制器（PWM）用来控制功率开关管 VT 的导通与关断，是变换器的控制核心。

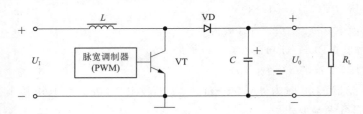

图 3.3-9　DC/DC 直流升压电源变换器的拓扑结构

　　DC/DC 直流升压电源变换器的功率开关管 VT 在脉宽调制（PWM）信号的控制下，交替地导通与关断，相当于一个机械开关高速地闭合与断开。当 VT 导通时，输入电压 U_I 直接加到储能电感 L 的两端，续流二极管 VD 截止。因为 L 上施加了 U_I 的电压，使其电流线性增加，电感储存的能量也在增加，电感的感应电动势为左"＋"右"－"。在此期间，输入电流提供的能量以磁场能量的形式存储在储能电感 L 中。

　　当 VT 关断时，由于电感电流不能发生突变，因此在 L 上就产生左"－"右"＋"的感应电压，以维持通过电感的电流不变。此时续流二极管 VD 导通，L 上的感应电动势与 U_I 串联，储存在 L 中的磁场能量转化为电能，以超过 U_I 的电压向负载提供电流，并对输出滤波电容 C 进行充电。

3.3.3　信号采集系统设计开发

3.3.3.1　高精度采集器

　　数据采集是指将模拟信号转换为数字信号（AD 转换）并进行存储的过程，其转换精度非常依赖于 AD 转换器的分辨率。随着技术的不断发展，AD 精度已经从最初的 4～8 位发展到 12～16 位，直到现在的 24 位和 32 位。由于此次采样的主频为 4kHz，根据奈奎斯特频率要求，采样频率要为分析频率的 4 倍以上，即最低采样频率可达到 16kHz。同时为兼顾其他高频信号分析，对采集卡的采集频率要求就更高。根据上述要求，32 位 AD 虽然拥有更高的采样精度，但其采样频率相对较低，不适用于此种音频信号的采集，故相关板卡以 24 位 AD 为主。

　　24 位 AD 理论上具有 144dB 的动态范围，而 24 位采集仪器的实际动态范围一般为 100～120dB（表 3.3-6）。采集仪设计时，对每路信号的采集都直接使用一个 AD 转换器的输出结果作为采集后的数字信号，因此在单一量程下的可测量范围总低于 AD 的理论动态范围。

　　针对高精度、高采样率等特点，本书设计并使用了一款基于 FPGA 的隔离型多通道数据采集卡。该采集卡的控制系统的总体结构框图如图 3.3-10 所示，该控制系统主要包括由模拟前通道、ADC 数据采集电路、FPGA 控制电路、USB3.0 通信接口电路和 PC 上位机 5 个模块构成。模拟前通道主要对水听器的多个被测信号进行单端与差分输入方式切换、滤波及幅值调整，以实现被测信号输入方式的切换、ADC 前端信号的纯净及匹配 ADC 的输入范围，保证采集电路的精度。对于 ADC 数据采集电路，其主要功能是将前通道送来的模拟信号转换为数字信号，用于后级电路处理；FPGA 作为系统的核心控制电路，实现硬件电路的控制。USB3.0 通信接口实现采集卡与上位机的数据交换功能。PC 上位机对采集的数据进行显示、存储和进一步处理，实现人机交互功能。

表 3.3 - 6　　　　　　　　　　几种 AD 采集仪的动态范围比较

AD 精度/位	分辨率	AD 理论动态范围/dB	采集仪动态范围/dB
12	4096	72	50～60
16	65536	96	60～80
24	16777216	144	100～120
双 24	—	—	160（量程范围）

图 3.3 - 10　系统总体结构框图

采集板卡的系统隔离方案中主要包括模拟信号隔离、电源隔离和数字信号隔离，隔离方案的设计可有效降低噪声干扰，提升系统的采集精度，其结构如图 3.3 - 11 所示。

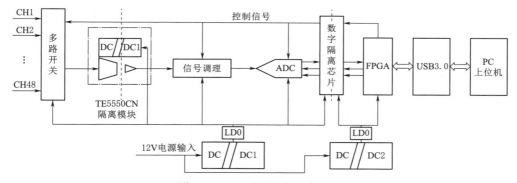

图 3.3 - 11　系统隔离方案框图

图 3.3 - 11 中的 DC/DC1 和 DC/DC2 采用的是具有隔离功能的电源模块，分别用于模拟电路和数字电路的供电，经过相应的 LDO 实现不同元器件的供电需求，USB3.0 模块由 PC 主机 USB 口进行供电。模拟信号隔离采用 TE5550CN 系列隔离模块，其内部嵌有高效的微功率电源，为该模块内部电路进行供电，采用电磁隔离技术，有较好的线性度和温漂特性。

系统设计的采集电路采用 24 位 AD 转换，最高采样率可达到 500kHz，最大输出数据速率 1MHz，工作电源为 2.5V，内部有一个集成型的数字平均滤波器，因此其能在很大程度上实现对转换结果进行实时平均，且在很大程度上将动态范围提高。

为保障采集精度需求，还试验了双 24 位 AD 转换器进行转换，该采集板对每路信号的采集同时使用两个 24 位 AD 转换器进行转换，并在硬件中通过 FPGA 对采样后的信号进行重新组合。

一般的采集仪设计时，对每路信号的采样都直接使用一个 AD 转换器的输出结果作为采集后的数字信号，因此在单一量程下的可测量范围总低于 AD 的理论动态范围，即使对于 24 位 AD 采集仪，其动态范围仅为 120dB。

图 3.3 - 12　双 24 位 AD 采样实现框图

双核采集仪对每路信号都同时使用两个 24 位 AD 转换器进行采样，然后通过 FPGA 对两个信号进行重新累加组合，如图 3.3 - 12 所示，这样双核采集仪在具有 24 位分辨率的同时又具备 160dB 的单一量程测量范围，满足目前的绝大多数传感器和信号调理仪器的输出范围，无须切换量程，一档量程就可以实现各种大小信号的高信噪比测量。

此外双核采集仪采用了 ΔΣ 方式的 AD 转换，实现了过采样、数字滤波和重采样的过程（BDFWPS），结合 8 阶模拟滤波器，使得抗混叠滤波衰减率超过 300dB/oct，对可能导致混叠的信号实现了有效的滤除。

双核采集仪除了具备 24 位 AD 采集仪的高精度低噪声等特点外，还具备 160dB 的单一量程动态范围，理论上可以满足幅度变化达 108 倍的不同信号的测试。因此当采集仪具有 160dB 动态范围时，测量不同信号就不再需要进行不同量程的切换。以图 3.3 - 13 为例可见，对于 16 位 AD 采集仪，其一档量程范围（即动态范围）仅有 80dB，在 160dB 的范围内，则需要设置 5 个左右的量程，若输入信号的动态范围超过 80dB 则不能测量；由于 24 位 AD 采集仪具有 120dB 左右的动态范围，在 160dB 的范围内只需设置 3 个量程，而双核采集仪在一个量程内便可以满足 160dB 的动态范围，既使测量更加简单，又能保证更好的测量精度，其优越性显而易见。

对于强信号，不同采集仪测量区别较小，而对于弱信号的识别，对于提高信号的信噪比具有重要意义。图 3.3 - 14 为使用低频传感器测量普通地面的地脉动信号，传感器使用 2 档，输出约为 0.1mV，此时信号的电压已经小于 16 位采集仪的本底噪声，导致测量失败。24 位 AD 理论上具有 144dB 动态范围，但实际仪器仅为 100～120dB，虽然可以测得信号，但噪声偏大。双核采集仪不仅正确测量此信号，而且保证噪声非常小。

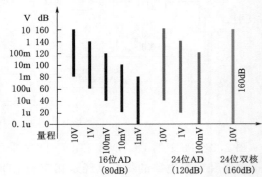

图 3.3 - 13　三种采集仪动态范围比较

双核采集仪基于先进的 24 位 ΔΣ 高精度 AD 转换器，采用每路双 24 位 AD 设计，通过 FPGA 实现，获取了 24 位分辨率、一档 160dB 动态范围和 300dB/oct 抗混叠滤波衰减率等高性能指标，从精度、量程和抗混叠几个方面同时保证了测量的准确性和可靠性。

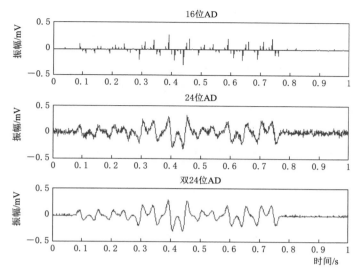

图 3.3 - 14　量程 10V 测量 0.1mV 信号

双核采集仪不仅提出了每路采用双 24 位 AD 合成获取高动态范围的思路，还为多核（如三核、四核）采集仪的设计奠定了基础。目前，仅国外的 B&K 公司有类似使用双 AD 的采集方式，但由于缺少详细技术资料无法确定其实现方法，而本书也将使用 FPGA 实现的双 24 位 AD 采集方式。

3.3.3.2　高精度水听器

水听器是采集信号的基础单元，其灵敏度等参数直接决定了可观测最小的声波振动特性。目前水听器种类较多，按照材料分类，主要分为如下几类。

（1）压电陶瓷材料。压电陶瓷是声压水听器中应用最为广泛的材料，压电陶瓷加工简单、性能稳定，其中最具代表性的是锆钛酸铅系列（PZT）。锆钛酸铅压电陶瓷主要有 PZT - 4、PZT - 5 和 PZT - 8 三种。PZT - 5 压电陶瓷与 PZT - 4 相比，具有较高的机电耦合系数、压电应变常数 和较低的机械品质因数，适用于非共振的工作频率，非常适合用作水听器。PZT - 4 压电陶瓷性能较为适中，性能介于 PZT - 5 和 PZT - 8 之间，可同时用于制作发射换能器和水听器；PZT - 8 压电陶瓷与 PZT - 4 相比，具有更低的机械损耗、介电损耗、介电常数、机电耦合系数以及压电常数，但是 PZT - 8 拥有很高的抗张强度，可承受幅度更大的振动形变，更适用于大功率发射换能器的驱动元件。

（2）高分子压电材料。最具代表性的聚偏氟乙烯（PVDF）是一种柔软、结构简单、机械强度高、稳定性 高的高分子压电材料，此外还兼具耐腐蚀、耐高温和耐氧化等特性。此外声阻抗能与水介质有较好的匹配，而且静水压压电常数和灵敏度较高，相比于传统压电材料更具优势，将其制备成薄膜后，其厚度方向谐振频率很高，很适用于水声领域。因此可以做成宽频带声压水听器用作噪声接收，工作在远离谐振频率的低频段，采用 PVDF 制作平面型水听器在目前已成为研究热点。

（3）压电复合材料。压电复合材料包含压电陶瓷相和高分子聚合物相，通过不同的连通方式、质量比或者体积比以及一定的空间分布复合而成的。兼具了压电陶瓷的压电性能和高分子聚合物的柔顺性。目前制备出的压电复合材料，其静水压压电常数比 PZT 系列高 1～2 个数量级，密度较低，能够与水介质和生物组织具有较好的声阻抗匹配，适用于制作水听器。

（4）光纤。水声技术不断发展，人们对水下目标探测的要求也更高，在更恶劣的水下环境中，利用传统压电陶瓷的水听器可能就会遇到局限。光纤作为一种近代新兴材料，也可以用于制作水听器。利用光纤作为水听器的接收敏感元件，外界声波改变光纤中光波的相位、偏振、强度等物理量，从而使声信号转化成光信号，其声压灵敏度远远高于传统压电材料制成的水听器。光纤水听器主要应用于海底目标探测、噪声、地震及核爆监测等领域，具有高声压灵敏度、抗电磁干扰的特点。光纤水听器的不足之处在于，制作成本较高，工作频带较窄，在实际应用上没有传统压电水听器广泛。

按结构进行分类，结合不同的应用条件和性能指标，水听器的结构种类各异。常见的水听器有复合棒式水听器、迷你罐式水听器、圆柱形水听器、球形水听器、弯张结构等。

（1）复合棒式水听器。复合棒式水听器一般由前辐射头、压电晶堆、后质量块以及预应力螺栓组成，前辐射头一般选用密度较小的金属（如硬铝），后质量块一般选用密度较大的金属，如黄铜、不锈钢，这样可以保证前辐射头的振速大于后质量块的振速。前辐射头一般设计成喇叭状增大接收面积，用以提高水听器的接收灵敏度。将压电晶堆进行电学串联或者并联，用预应力螺栓将前辐射头、压电晶堆、后质量块三者连接，再施加预应力。利用前辐射头进行声波的接收，使压电晶堆产生微振动，由于压电材料具有压电效应，进而产生电荷，实现声电转换。该结构水听器的指向性主要是集中在声轴方向上，可通过调整前辐射头直径及厚度提高接收灵敏度，能应用于换能器平面阵。

（2）迷你罐式水听器。迷你罐式水听器是采用两片压电陶瓷圆片、PVDF 薄膜或者 1-3 压电复合材料作为敏感元件，均为厚度方向极化，采用并联方式连接，敏感元件外部用铝外壳包裹，再用聚氨酯透声橡胶灌封，制成一个结构极为简单的水听器。该种结构相比于复合棒式水听器，没有质量块，大大减小了水听器的重量和体积，并且实现上下双面接收。迷你罐式水听器优点明显，结构简单、制作成本低、反谐振频率高、有较宽的工作带宽、接收灵敏度足够高。正是因为有上述优点，迷你罐式水听器应用极为广泛。

（3）圆柱形水听器和球形水听器。圆柱形水听器和球形水听器分别采用径向极化的压电圆管和压电球壳，它们都是水听器常用的敏感元件，应用广泛，一般用于标准水听器。径向极化的压电陶瓷圆管具有水平无指向性、接收灵敏度高、结构简单、工作性能稳定等特点，可制作成圆柱形水听器。径向极化的压电陶瓷球壳是水听器制作中另外一种常用的敏感元件，可制成球形水听器，接收灵敏度高、水平和垂直两个方向上都无指向性、工作频带宽、接收灵敏度响应平坦、阻抗低、结构简单并且耐压。在制作过程中，球壳或者圆管只需要焊接上电极，经聚氨酯透声橡胶灌封后就是一只球形或者圆柱形水听器。

为保障获取水声信号的精度，设计带有前置增益放大的球形水听器进行信号采集，设计的水听器选型是具备前置功率放大的标准水听器。

其主要具有以下优点：①声压灵敏度可以根据需要进行调节；通过调节前置放大器的增益，可以改变水听器声压灵敏度，满足实际测量的需要；②适于长距离信号传输，前置放大器将压电元件的高阻抗转变为低阻抗，大大降低由于长电缆引起的耦合损失，降低传输过程中的地磁干扰。

前放的主要技术参数如下：

工作频率：20Hz～100kHz；

线性频率：20Hz～50kHz；

尺寸：ϕ27mm×150mm。

灵敏度：由元件灵敏度和前放增益共同决定，其内置低噪声前放，灵敏度可以根据需要调节，适合水下长距离信号传输。

电缆末端芯线定义如下：

红线：电源正（DC＋12～＋15V）；

白线：信号输出；

黑线：公共地线。

图3.3－15所示为选用的水听器。

3.3.3.3 采集系统开发

1. 采集系统框架设计

结合功率放大器开发，可有效控制声呐发射音频段的水声信号。对于水下信号检测，结合相关采集仪，本书开发了相关采集系统进行数据采集。采集器采用单片机嵌入式系统进行设计，开机后采集器就进入运行准备程序，等待上位机发送过来指令，根据指令执行相应的功能。采集器采集软件使用C＋＋进行设计，主要的功能模块如图3.3－16所示。

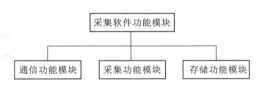

图3.3－15　前置放大宽频水听器　　　　图3.3－16　采集软件功能模块

（1）通信功能模块。利用TCP与UDP通信协议通过网络与上位机进行通信，当上位机通过UDP协议广播查找设备时，响应返回本设备的Ip地址等参数。上位机根据获得的Ip地址建立TCP连接，通过TCP协议给指定的设备发送设置参数，设置参数有采集频率、滤波参数、采集通道等，然后再通过TCP协议给指定的设置发送指令信息。指令信息有开始采集、停止采集、获得数据、获得设备状态（电量、存储空间）等。设备根据具体的指令信息调用相应的功能模块，需要发送给上位机设备状态以及采集的数据时，设备再调用通信功能模块发送给上位机。

（2）采集功能模块。根据设置调用硬件的A/D转换功能模块，对通道进行数据采集或停止数据采集，采集到数据后调用存储功能模块存储数据。

（3）存储功能模块。存储采集的数据，包括临时存储与永久存储，当设置在线采集时临时将本次采集数据在内存。当设置离线采集时根据时间将采集数据在硬盘，避免数据的丢失。当上位机请求数据时提供相应的数据，由于数据量大，上位机分段请求数据，每一段数据为固定长度与开始位置参数，存储功能模块根据参数提供需要的数据。

采集器程序一次完整的工作运行过程如图3.3－17所示。

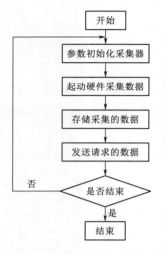

图 3.3-17 采集器程序一次完整
的工作运行过程

2. 无人船工作模式

无人船载采集终端主要由工控机、采集仪、水听器、发射器、定位仪器、路由器组成。其中工控机负责整个系统的协调工作，利用 4G 网络远程控制，通过船上 4G 路由模块将设备联网，控制终端通过 4G 网络实现超远距离的控制，人员在现场及办公室内都可以对探测数据质量进行把控，无人船载采集终端系统连接与工作模式如图 3.3-18 所示。

工控机在无人船载采集终端系统中作为控制中心，对各个连接的子系统发送命令协调工作，最终将带有定位信息的数据保存到本地硬盘。系统使用 C++进行设计，主要的功能模块（图 3.3-18）如下：

（1）发射采集控制模块。包括采集器控制模块与发射器控制模块，两个模块协调工作，完成发射采集工作，采集器控制模块通过 UDP 广播消息与采集器建立连接，发送指令控制采集器进行工作，并请求与接收采集器采集的数据。发射器控制模块根据采集频率、发射能量等信息控制声呐发射系统的工作。

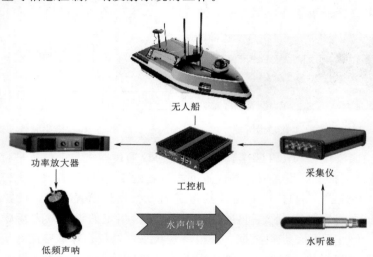

图 3.3-18 无人船载采集终端系统连接与工作模式

（2）定位接收处理模块。通过串口接收 NEMA 标准定位格式，定位仪器每秒提供 10 次以上实时定位信息，接收的定位信息实时更新数据，以时间来匹配每道采集数据所需的位置信息。

（3）存储功能模块。存储采集的数据，当前通道内存预留空间填满时，调用存储模块将数据保存到设备硬盘中。

3. 采集系统的主要功能

无人船载采集终端具有相应的操作界面，总界面设计如图 3.3-20 所示，主界面主要

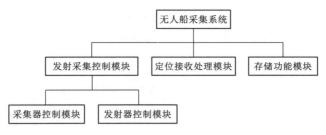

图 3.3-19　无人船载采集终端系统功能模块

分为采集器列表子窗口、波形显示子窗口。

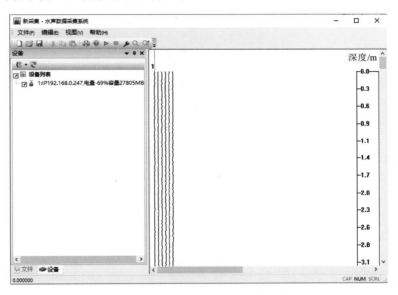

图 3.3-20　无人船载采集终端系统采集总界面

采集前通过设置窗口设置相应的参数，如图 3.3-21 所示，主要设置连接的采集器与定位仪器参数，设置完后就可以启动进行采集，仪器自动连续进行工作。

3.3.4　设备性能测试与现场试验

换能器的结构设计和制作工艺至关重要，在水声换能器的加工过程中，工艺制作是很重要的环节。特别是能否实现换能器在仿真设计阶段建立的有限元模型的一些理论边界条件，在很大程度上决定了换能器性能的好坏。如果仿真计算的结果满足指标要求，但是基于的结构和边界条件在结构设计和工艺制作上无法实现，即便计算得再准确、性能再好，设备需求性能指标也无法实现。对于纵振动换能器，其工艺主要包括，振子的粘接组装，施加预应力，水密等。根据有限元仿真优化所确定的换能器虚拟样机各部分结构尺寸，设计换能器水密壳体、前后盖板、电极片，以及粘接、装配、灌封模具等零件的工程图，进行加工制作。

为测试加工换能器性能，本章利用标准消声池进行了信号性能测试。

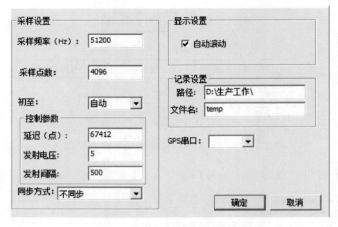

图 3.3 - 21　采集设置窗口

3.3.4.1　室内指标测量

1. 波束角测量

浅剖换能器测试环境见表 3.3 - 7。

表 3.3 - 7　　　　　　　　　　　　浅剖换能器测试环境

4k 浅剖换能器测试				
测试日期	2020 年 11 月 1 日	试件编号		4k 浅剖
环境水温/℃	21.0（入水）	环境室温/℃		20.0
辅助水听器型号	TC4034			
绝缘电阻	—	静态电容		—
电缆长度/m	10.0	深度/m	2.00	测试距离/m	4.40

波束角测量，设计的换能器具备一定指向性，尤其在高频的时候波束角变小（表 3.3 - 8）。如图 3.3 - 22～图 3.3 - 27 所示，在 8kHz 发射频率下，信号的能量分布及指向性已不明确，说明换能器 8kHz 发射信号存在一定问题。3kHz 情况下波束角较大，表明 3kHz 主频的信号可用性较差。

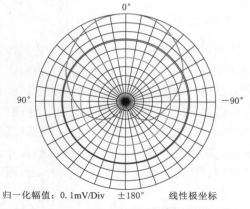

归一化幅值: 0.1mV/Div　±180°　线性极坐标

图 3.3 - 22　3kHz 发射频率换能器波束角

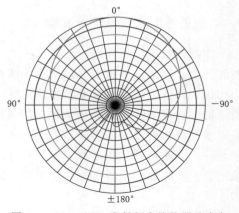

图 3.3 - 23　4kHz 发射频率换能器波束角

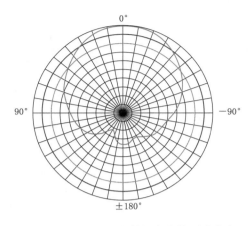

图 3.3-24　5kHz 发射频率换能器波束角　　　图 3.3-25　6kHz 发射频率换能器波束角

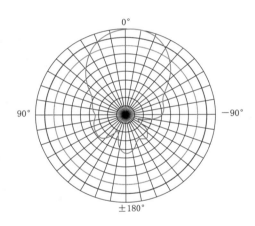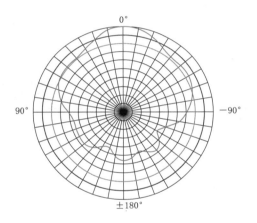

图 3.3-26　7kHz 发射频率换能器波束角　　　图 3.3-27　8kHz 发射频率换能器波束角

表 3.3-8　　　　　　　　　　　　　　－3dB 下不同频率波束角

频率/kHz	换能器波束角/(°)	频率/kHz	换能器波束角/(°)
3	132.1	6	63.8
4	81.5	7	48.1
5	72.1	8	43.4

2. 水声换能器发射性能测试

如图 3.3-28～图 3.3-31 所示，图中，L_P 为换能器发射声压级，S_V 为换能器接收声压级，U_T 为电压。在 4～7kHz 情况下，信号在 800V 发射电压下，换能器声压激发效率均可达到 180dB 以上，且线性度较好。结合信号在水中的传播规律分析，相关信号在水中传播可达数千米，表明设计换能器最大发射功率可满足要求。

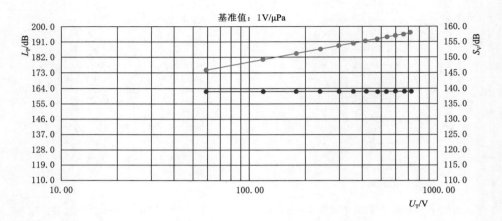

图 3.3-28 4kHz 发射频率下声压级

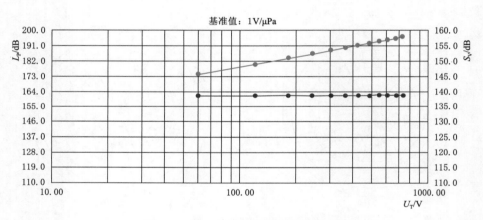

图 3.3-29 5kHz 发射频率下声压级

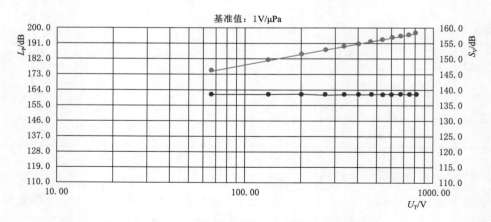

图 3.3-30 6kHz 发射频率下声压级

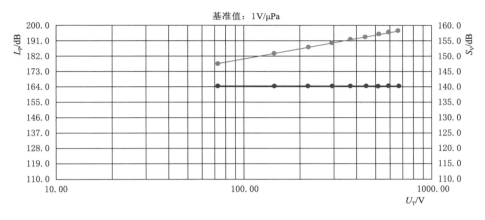

图 3.3 - 31　7kHz 发射频率下声压级

3.3.4.2　水下根石探测试验应用

为对比无人船根石探测系统设备精度，本书与进口声呐进行现场检测对比试验，现场试验如图 3.3 - 32 所示。在某工程迎水面部位，利用声呐获取的水下根石探测数据如图 3.3 - 33 所示。

图 3.3 - 32　黄河根石试验现场

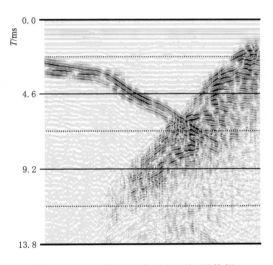

图 3.3 - 33　某工程水下根石探测数据

图 3.3 - 33 所示，原始影像图反射界面清晰，数据一致性较好。根据波的传播理论，只有当声波遇到强波阻抗差异界面时，才会发生反射。河水中的含沙量是从表层到底层渐变，因此，声波在河水中传播时不会有明显的反射界面出现，当遇到水与泥沙界面、水与根石界面、泥沙与根石界面时就会发生反射，由图 3.3 - 34 加以分析说明。

（1）水与泥沙界面一般比较光滑，介质比较均匀，为强反射界面，在波形图上表现为，反射波起跳后延续时间短，初至形成连续光滑的界面。

（2）水与根石界面或泥沙与根石界面中根石一般为块状，所以水与根石界面或泥沙与根石界面不平整，根石中的缝隙还填充着水或泥沙，声波可以有一部分透过，在波形图上的表现为反射波起跳后延续时间长，初至形成的界面不光滑。

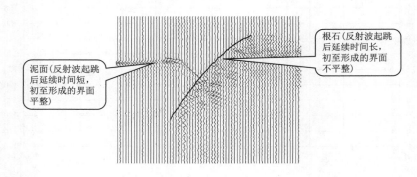

图 3.3-34　反射波界面性质的判定

如图 3.3-33 所示，当水声入射入泥沙后，遇到根石这个强反射界面被反射回来，水声信号从水底入射并从根石反射的用时为 9.27ms。结合前期根石试验中的水下泥沙速度测定，选择水底泥沙的纵波波速为 1605m/s，根据双程旅行时计算，此处根石埋深为 6.95m，根据 GNSS 数据，水底埋深最大标高为 76.95cm。对比 2019 年度根石探测数据，如图 3.3-34 所示，两者水底最大埋深标高相差 15cm，即整体精度与 2019 年度根石探测相一致。两者存在 15cm 误差的因素，与信号发射脉冲的起算时间、两者的采样间隔、根石深度的人工解释误差等都有一定因素，属于系统综合误差。

如图所示，图 3.3-35 为该工程 2019 年根石探测数据。

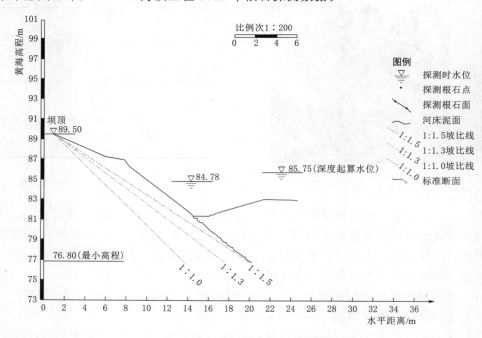

图 3.3-35　与 2019 年根石探测数据对比

3.4 基于机械臂的汛期探测技术

3.4.1 汛期根石探测技术现状及需求

目前使用的根石探测设备较为庞大，必须依靠人工测量船搭载。虽然 3.3 节系统性地描述了无人船根石探测技术，但在河流流速极大的情况下，即便无人船也难以保障水上作业安全。而汛期亦是根石最易出险的时间，这使根石探测技术仍存在一定短板。综上，针对汛期根石探测作业任务、工作环境特点及特大流速下船只法水上作业局限，开发一种移动式装配液压机械臂系统，从岸上吊运水声设备进行根石探测，实现堤防工程各运行阶段根石快速探测，保证工程安全运行。

同时，考虑岸基设备其伸缩距离的局限，可依托声呐等进行大角度扫描，以尽最大可能地增加扫描宽度。另外，当汛期河道流速特别大的情况下，最紧急的情况即快速查清水底地形情况，因此在设备搭载方面，除了可进行水底穿透的低频浅剖声呐以外，考虑搭载可实现大角度扫描的水底地形探测方法，如多波束方法等，则可极大地增加岸基式机械臂的扫描距离。由于多波束频率偏高（多波束主频多在 200kHz 以上），在黄河含沙量较低的情况下其仍具有一定的水底地形探测作用，一旦遇到高含沙情况，其作业能力会受到极大的限制。

综上，依托汛期根石探测需求开展的适用于各运行阶段堤防工程岸基根石探测仪器搭载装备具有重要工程效益。

多波束声呐是可实现宽角度扫描测量的水下地形探测设备，多波束测深声呐相对单波束测深声呐，其测量效率有了质的提升。

目前国内所利用的多波束声呐方面，目前以 Kongsberg EM2040P、R2sonic2024/2026、Reson T20P、中海达 iBeam 8120、海卓同创 MS8200 等为主，此类声呐主频多为 200kHz，换能器和惯导等设备较为庞大，不适宜在 1.5m 以下无人船搭载。传统声呐除单波束测深仪、侧扫声呐等虽然设备整体重量较轻且对姿态测量等要求相对较弱，可实现无人船的搭载，但由于工作模式等问题无法有效解决水下混凝土冲蚀等问题。水利工程多波束技术源于海洋和航道测量，多以 200kHz 多波束为主进行水下检测。200kHz 多波束换能器理论探测深度大、发射能量强，十分适应于深水等作业环境。由于目前多波束换能器以压电陶瓷为主，在发射频率等多因素影响下，导致 200kHz 设备往往偏大，不适应于 1.5m 级小型无人船搭载。这对于小型闸室等水利工程及流速较大的尾水检测造成了一定的影响。目前国内主流的小型化声呐主要为 Nobit、海卓同创 MS400U、星天海洋、中海达等，其特点是发射频率均为 400kHz。

考虑设备搭载的特点，本书主要以 400kHz 的轻便型多波束为主，其现场依靠支架放入水中，以抗击极大流速冲击。依靠多波束声呐的扇形扫描区域，可有效地获取扫描区域内水底地形情况，其断面扫描原理如图 3.4-1 所示。

当把水下探测声呐系统更换为浅剖后，则可有效地获取水底下的根石分布情况。但在此种工作模式下，声呐只能开展单点扫描，无法开展扇面（断面）式扫描，其工作效率会

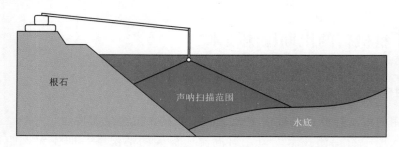

图 3.4-1 利用支架搭载多波束声呐开展扫描工作原理示意图

极大降低。

3.4.2 机械臂系统概述

考虑岸基搭载平台的因素，要求岸基设备在坝垛上面工作的同时，要有足够的伸长距离，以此希望扫描更多的工作范围。经过对多类型吊车的对比，本书主要基于对混凝土臂架泵车开展改造，以适应于长距离的机械扫描应用。

臂架系统搭载声呐的工作原理如图 3.4-2 所示，现场工作中，臂架车立于坝垛附近，并在臂架允许范围内进行机械扫描。结合多波束工作原理，当机械臂架长度固定时，可形成以臂架车为中心的一个圆环形扫描区域，该区域即可极大程度地解决极大流速情况下基本水深分布情况。

3.4.2.1 机械臂系统背景

机械臂工作平台系统源于混凝土臂架泵车，是浇筑混凝土时最常用的工程机械设备之一，其结构可分为上车系统与下车系统，上车系统用来实现混凝土的布料，而下车系统主要实现混凝土的泵送，如图 3.4-3 所示。混凝土泵车液压机械臂架系统具有较好的人机交互功能，通过操纵臂架变幅机构改变臂架姿态，能实现将混凝土准确浇筑到布料范围内的任意特定区域，提高了浇筑效率和浇筑质量。正是由于良好的人机交互、长距离吊运等功能，液压机械臂架工作平台系统使用范围越加广泛。

图 3.4-2 臂架系统搭载声呐的工作原理

图 3.4-3 基于液压机械臂架的泵车

3.4.2.2 臂架系统国外现状及发展

液压式臂架车最早发展于欧洲，德国和意大利作为行业领先者对液压式臂架泵车进行研发，1907 年德国取得液压式臂架泵车专利。20 世纪 50 年代，德国施维英公司、普茨迈斯与意大利西法公司是该行业的领军企业。国外液压式机械臂泵车技术在可靠性、排量、智能化程度等方面都表现出明显的优势，也促进了我国液压机械臂泵车的快速发展。

3.4.2.3 臂架系统国内现状及发展

20 世纪中后期，由于技术水平及对液压机械臂车行业的认识不足，我国基于液压机械臂的混凝土泵车起步相对发展较晚，水平也比较落后。21 世纪初，经过三一重工、徐州重工、中联重工等企业的技术引进与科技创新，我国液压机械臂泵车行业已处于世界顶尖水平，2022 年液压机械臂泵车供给量为 121.23 万台，比 2016 年增长约 50%，基于液压机械臂泵车市场前景巨大。但国内液压机械臂车在汽车底盘、高精度控制件、液压泵、电磁阀等环节仍需大量进口，今后液压机械臂泵车会朝着更加轻量化、高强化、小型化、智能化的方向发展，这也是现阶段研究的重点。

对液压式机械臂车整体性能影响关键部件是臂架系统工作效率，同济大学、中南大学、湖南大学等多所高等院校和科研院所都进行了大量的液压式机械臂架的研究和装备研发，取得丰富的研究和实际应用成果，使液压机械臂架系统研发、制造逐渐成熟完善，极大地推动了移动式装配液压机械臂结构优化、动力特性分析等相关理论的发展。

3.4.3 机械臂架系统组成

机械臂架系统结构主要由专用汽车底盘、臂架系统、转塔结构、液压系统和电控系统组成。机械臂架泵车是基于机械臂架系统在载重汽车底盘上进行改造而成的，它是在底盘上安装有运动和动力传动装置、泵送和搅拌装置、布料装置以及其他一些辅助装置。机械臂架车的动力通过动力分动箱将发动机的动力传送给液压泵组或者后桥，液压泵推动活塞带动臂架工作，将支架末端输送到一定的高度和距离。

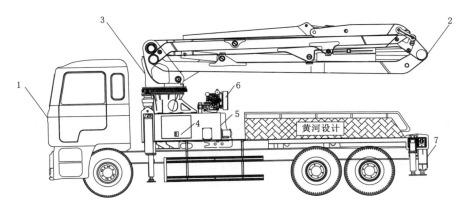

图 3.4-4 基于液压机械臂架泵车整车结构简图

1—底盘；2—臂架系统；3—转动机构；4—电控系统；
5—液压系统；6—液压动力系统；7—系统支腿

臂架系统的工作姿态调整通过各节臂架的展开、各臂架油缸的收拢来联合完成。对于五节臂架的车辆五节臂架依次展开，其中第四节臂架的动作最为频繁，它可以摆动 255° 左右，同时臂架可以通过回转马达及减速机驱动回转大轴承绕固定转塔做 365° 旋转。整个臂架车的结构组成如下：

3.4.3.1 底盘部分

底盘对于臂架系统也起到支撑、维持车辆稳定的作用。由于臂架平台作业环境恶劣，且都是连续作业，因此对作为动力源的底盘提出了非常高的要求。底盘选型的好与坏，将直接影响到臂架工作平台的安全性、可靠性以及经济性。近年来，经过在重卡领域的多年技术积累和产品提升后，国产重卡开始进入臂架系统专用底盘领域，技术性能在某些方面已接近国际一流品牌。

3.4.3.2 臂架系统

臂架系统主要由多节臂架、连杆、油缸、连接件铰接而成的可折叠和展开的平面四连杆机构组成，根据各臂架间转动方向和顺序的不同，臂架系统能以不同形式的打开和折叠方式开展任务。

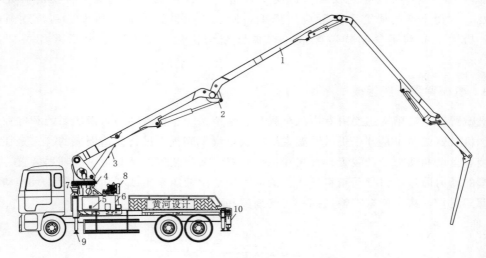

图 3.4-5　臂架结构简图

1—臂架；2—铰接轴；3—节臂油缸；4—转盘机构；5—电控系统；6—液压动力；
7—转塔固定结构；8—液压动力系统；9—液压前支腿；10—液压后支腿

臂架有多种折叠形式，如：R 型、Z 型（或 M 型）、综合型、回转型等。各种折叠方式均有其特点：R 型结构紧凑；Z 型臂架在打开和折叠时动作迅速；综合型则兼有前两者的优点而逐渐被广泛采用。由于 Z 型折叠臂架的打开空间更低，而 R 型折叠臂架的结构布局更紧凑等各自的特点，臂架的 Z 型、R 型及综合型等多种折叠方式为不同生产商混合使用。

3.4.3.3 转塔结构

转塔主要由转台、回转机构、固定转塔（连接架）和支撑结构等几部分组成，转塔安装在汽车底盘中部，行驶时其载荷压在汽车底盘上。在系统工作时，底盘轮胎脱离地面，底盘和臂架系统也挂在转塔上，整个臂架工作平台系统（包括底盘、臂架系统和转塔自

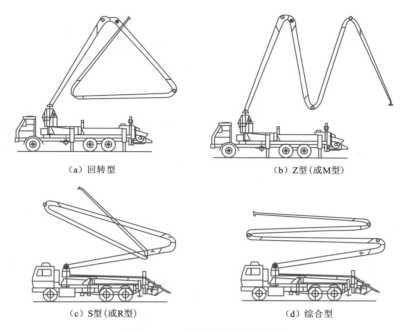

（a）回转型　　　　　　　　　　　（b）Z型（或M型）

（c）S型（或R型）　　　　　　　　（d）综合型

图 3.4-6　臂架展开方式简图

身）的载荷由转塔的四条支腿传给地面。臂架系统安装在转塔上，转塔为臂架提供一个稳固的底座，整个臂架可以在这个底座上旋转 365°，每节臂架还能绕各自的轴旋转，转塔的四个支腿直接支撑着地面。

转塔结构组成如下。

1. 转台

转台上部用臂架连接套与臂架总成铰接，下部用高强度螺栓与回转支承外圈固连，主要承受臂架总成的扭矩和弯矩，同时可带动臂架总成一起在水平面内旋转。

2. 回转机构

回转机构它集支承、旋转和连接于一体，具有高的强度和刚性、很强的抗倾翻能力、低而恒定的转矩。它由高强度螺栓、回转支撑、液压减速马达、传动齿轮和过渡齿轮组成。

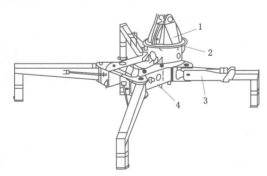

图 3.4-7　臂架转塔及转台简图
1—转台；2—回转机构；3—右前支腿；
4—支腿支撑

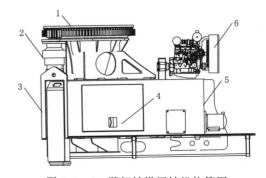

图 3.4-8　臂架转塔回转机构简图
1—回转支撑机构；2—液压传动结构；3—回转机构底座；
4—电控系统；5—液压系统；6—液压动力系统

3. 支撑支腿

支腿的作用是将整车稳定地支撑在地面上，直接承受整车的负载力矩和重量。

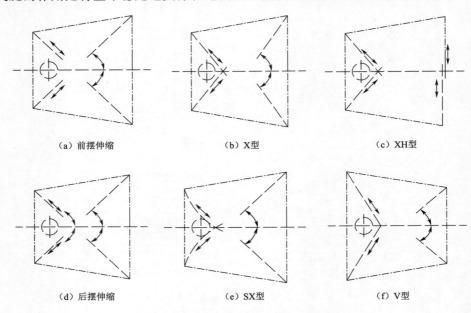

(a) 前摆伸缩　　　　　　　　(b) X型　　　　　　　　(c) XH型

(d) 后摆伸缩　　　　　　　　(e) SX型　　　　　　　　(f) V型

图 3.4 - 9　臂架转塔支腿展开形式简图

3.4.3.4　液压系统

1. 主液压系统

主液压系统功能是使主液压缸和分配阀换向液压缸工作，并通过控制元件使各液压缸的动作顺序进行，保证各部件正常工作。主液压泵采用的是手动伺服恒功率标量柱塞泵。主溢流阀调定系统的压力为 28MPa。顺序阀是保证主液压泵排出的压力油首先经先导性减压阀和分配阀换向阀（二位四通液控阀）供蓄能器和驱动分配阀换向液压缸动作。

当压力油达到顺序阀的开启压力 10.5MPa 时，顺序阀打开，液压油通过主液控阀（二位四通液控阀）进入主液压缸，使其工作。先导性减压阀控制蓄能器和分配阀换向液压缸的压力在 21MPa 以下，故控制油路的最高压力不超过 21MPa。

当主液压缸活塞行程达到终点时，撞块撞击先导换向阀换向，控制油路使换向阀和主换向阀先后换向。快速施放蓄能器中的压力油，为分配阀换向液压缸迅速动作提供液压能。蓄能器中的压力下降到不能维持顺序阀打开和供给换向液压缸动作时，顺序阀关闭，这样顺序阀完成一个启闭工作循环。

2. 臂架液压系统

臂架液压系统原理如图 3.4 - 10 所示。

臂架液压泵一般采用斜轴式柱塞泵。两个手动三位四通换向阀操纵支腿水平液压缸和支腿垂直液压缸，截止阀和双向液压锁锁定支腿工作状态。

臂架液压缸和液压马达是用三位四通电磁换向阀组分别控制，实现臂架变幅和回转，

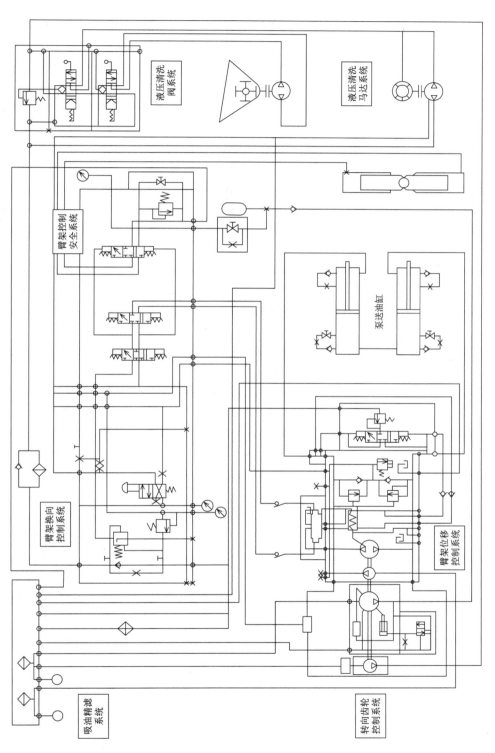

图 3.4 - 10　臂架液压系统原理简图

每个臂架液压缸的油路上均设置了组合阀，组合阀由调速阀、溢流阀、双向液压锁等组成。在液压马达的回路上有一个起缓冲作用的综合阀。制动液压缸的油路由二位四通电磁换向阀控制。

3.4.3.5 电控系统

机械臂架车的电控系统电源由底盘蓄电池提供（DC24V），负极搭铁；控制部分由电源及工作灯控制回路、臂架遥控系统控制回路、各种底盘测速、调速及接口控制回路、PLC 控制回路、电磁阀驱动回路及 GPRS/GNSS 远程监控系统等构成。

1. 电源及工作灯控制回路

工作灯电源由蓄电池经熔断丝直接供给。电控系统电源由驾驶室内电源开关控制，按下电源开关，电源指示灯点亮，电控系统得电，继电器得电。其触点闭合后经熔断丝向遥控器、电磁阀及 PLC 等相关电路提供电源，支腿工作灯、侧边灯均由电控柜内断路器控制。

2. 臂架遥控系统控制回路

遥控发射器发送信号给接收器，接收器根据收到的信号实现相应控制。它们分别控制发射器的左右旋转及节臂的伸缩摇杆，臂架操作，信号得电，底盘柴油机开始升速至设定转速，遥控器发信号给接收器直接控制相应的电比例阀。

3.4.4 汛期根石探测的机械臂架系统

3.4.4.1 机械臂架系统技术目标

为了适应堤防工程岸基根石探测作业条件与环境要求，以实现轻质液压机械臂预期转角范围、工作半径及负载目标，针对制式液压机械臂架进行优化，在保证机械臂满足堤防工程岸基根石探测作业要求的运动幅度的前提下，通过优化驱动连杆机构机械构造，提高机械臂的负载能力及作业效率，构建一种堤防工程岸基各运行阶段根石探测仪器搭载装备。

基于臂架系统的汛期根石探测整套系统具备以下优势：

（1）适用性更广。结合堤防工程岸基根石探测作业环境的特点，对市场制式机械臂架系统进行结构优化，实现优化后的液压机械臂架系统满足堤防工程各运行阶段岸基根石探测复杂环境下的作业搭载要求。针对堤防工程河道不同流速问题，解决在岸上实现根石坡度快速探测的目的，提升汛期根石探测的安全性。

（2）成本更低。传统堤防工程根石探测采用竹竿摸探、动力船测方法，传统测量成本高、效率低，堤防工程岸基根石探测的液压机械臂架载具可实现由线到面的探测升级，测试效率高、速度快，该载具搭载汽车底座可实现堤防工程长距离、大范围隐患快速排查、探测，成本较传统方法更低。

3.4.4.2 机械臂系统研究方案

为了实现臂架系统所需性能指标，本书机械臂架系统的研发采用了以下技术方案：

1. 节臂连杆姿态运动方程建立

适用于堤防工程岸基根石探测仪器搭载装备优化升级的关键点是节臂间的连杆姿态变换几何关系确立，臂架间连接关系简化如图 3.4 - 11 所示，其中点 A、点 B 和点 E 均为臂架连接处的铰接点，点 D 为液压油缸与臂架连接处的铰接点，点 F 为臂架与连杆 FI 连接处的铰接点，点 G 为摇杆 GIH 与臂架连接处的铰接点，点 H 为液压油缸与摇杆 GIH 连接处的铰接点，点 I 为连杆 FI 与摇杆 GIH 连接处的铰接点。

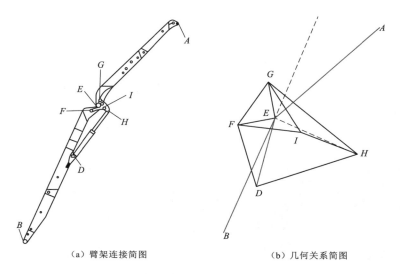

（a）臂架连接简图　　　　　　　（b）几何关系简图

图 3.4-11　堤防工程岸基根石探测技术装备展开工作图

堤防工程根石探测设备搭载设备即臂架系统工作流程中，假设液压油缸行程 L_{DH} 已知，臂架之间的转角 φ_1〔即图 3.4-11（b）中 $\angle BEA$〕未知，其推导求解过程为

$$\varphi_1 = 180° + \varphi \tag{3.4-1}$$

$$\angle FEG = 180° - \varphi - \angle BEF - \angle GEF \tag{3.4-2}$$

式中：φ 为 BE 的延长线与 EA 之间的夹角，点 A 位于 BE 的延长线右方时 φ 为负值；$\angle BEF$ 和 $\angle GEA$ 均为结构角度。

在三角形 FEG 中，可知：

$$L_{FG} = \sqrt{L_{EF}^2 + L_{EG}^2 - 2L_{EF}L_{EG}\cos\angle FEG} \tag{3.4-3}$$

$$\angle EGF = \arccos\frac{L_{FG}^2 + L_{EG}^2 - L_{EF}^2}{2L_{EF}L_{EG}} \tag{3.4-4}$$

式中：L_{FG} 为铰接点 F 与点 D 之间的距离；L_{EF} 为点 E 与点 F 之间的距离，为固定值；L_{EG} 为点 E 与点 G 之间的距离，为固定值。

在三角形 FIG 中，可知：

$$L_{HE} = \sqrt{L_{HE}^2 + L_{EG}^2 - 2 \times L_{HG} \times L_{EG} \times \cos\angle EGH} \tag{3.4-5}$$

$$\angle HEG = \arccos\frac{L_{HE}^2 + L_{EG}^2 - L_{HG}^2}{2L_{HE} \times L_{EG}} \tag{3.4-6}$$

式中：L_{HG} 为铰接点 H 与点 G 之间的距离，为固定值。

在三角形 DEH 中，可知：

$$\angle DEH = \arccos \frac{L_{DE}^2 + L_{HE}^2 - L_{DH}^2}{2L_{DE}L_{HE}} \qquad (3.4-7)$$

式中：L_{DE} 为铰接点 D 与点 E 之间的距离，为固定值；L_{DH} 为点 D 与点 H 之间的距离，即为液压油缸行程的长度，为固定值。

由以上几何关系可知：

$$360° - \angle FEG = \angle DEF + \angle DEH + \angle HEG \qquad (3.4-8)$$

以上推导的节臂间几何关系［式（3.4-1）～式（3.4-8）］即为臂架机构姿态几何方程，在此基础上对制式液压机械臂架机构的参数进行优化，增大机构的载荷质量比与作业效率，满足堤防工程岸基根石探测作业条件与环境的要求。

图 3.4-12　堤防工程岸基根石探测技术装备图

2. 臂架系统机构选取及工作模式

根据黄河主河道郑州段等河道整治工程典型险工数据，利用 Solidwork 软件模拟不同坝高条件下不同臂架半径的作业效果，通过回归分析，最终确定适用于汛期根石探测载具的液压机械臂架系统作业半径不小于 26m，该条件下可满足郑州段 85% 的险工汛期根石探测作业要求。

汛期根石探测设备搭载装备（如图 3.4-12），包括臂架结构（由节臂、连杆、油缸、连接件组成）、转塔结构（由转台、回转机构、分体伸缩支腿、支腿支撑组成）、液压系统、电控系统。臂架结构采用 5 节臂 RZ 折叠型式，节臂采用高强度合金钢材矩形截面，节臂展开总长度为 26.6m，节臂竖向可实现 180°转动，节臂间可完成竖向 360°转动。转台通过回转支撑圈与臂架结构连接套铰接形成整体，承受臂架总成的扭矩和弯矩。上部臂架系统的平面转动依靠转台结构中回转机构液压减速马达，动力通过传动齿轮传递到臂架系统，实现整体臂架系统平面 360°旋转。转台支腿采用液压伸缩式结构型式，将整车稳定地支撑在地面上，直接承受整车的负载力矩和重量。该装备采用智能液压系统控制，运行中主液压缸和分配阀换向液压缸协同工作，通过控制元件使各液压缸、液压马达的动作顺序进行，保证正常臂架系统旋转、各节臂展开与折叠。电控装置采用遥控系统控制回路，遥控发射器发送信号给接收器，接收器根据收到的信号分别控制发射器的左右旋转、节臂的伸缩摇杆。

堤防工程岸基根石探测仪器通过柔性连接系与无人船连接，实现扇面探测，可满足堤防岸坡各运行阶段快速探测与安全评估，保证堤防安全运行。汛期根石探测作业如图 3.4-13 所示。

3.4.5　技术装备性能测试与现场试验

汛期根石探测设备载具选型、样机加工完成后，保证实际工作中设备及人员的安全性，在工程实测前进行了成套设备理论分析和吊装稳定性试验。

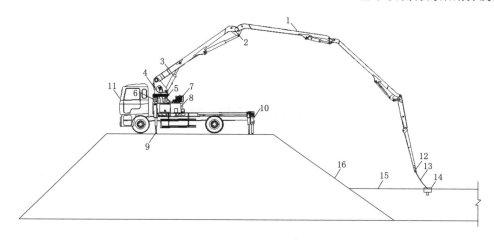

图 3.4-13　堤防工程岸基根石探测技术装备展开工作图

1—节臂；2—变幅机构；3—节臂油缸；4—臂架转台；5—转台动力齿轮；6—液压减速马达；

7—柴油机；8—转台固定底座；9—伸缩式液压前支腿；10—伸缩式液压后支腿；

11—车架；12—仪器设备连接孔；13—仪器软连接索；14—根石探测设备；

15—堤防河道水面线；16—堤防工程岸坡

1. 结构理论计算

适用于汛期根石探测设备载具臂架系统采用 HG70 钢板，截面采用盖板包腹板的薄壁箱型结构。臂架系统为 5 节臂形式，臂架全长 26.6m，展开模式为回转型。臂架重量为 3.6t（包含油缸，油管等），重心 6.8m，倾翻力矩 318.5kN·m（动载系数取 1.3）。下车总重量为 16.2t，支腿单边横向跨距 2.28m，双腿间纵向跨距 5.4m，抗倾翻力矩为 410kN·m。根据力学原理，臂架水平伸展时，臂架铰接处受力最大时，此时臂架的重心离铰接点最远，油缸的支撑力也是最大，该状态是汛期根石探测设备吊测中最不利控制工况，该工况作为臂架系统稳定性和强度的复核工况。

利用 Solidwork 建立臂架系统模型（图 3.4-14），荷载组合采用：1.2 倍自重载荷＋1.3 倍工作载荷＋附加载荷＋1.1 倍的惯性力，采用 Solidwork/Simulation 静力模块进行有限元计算，最不利节臂不同计算工况下端节臂内力结果如图 3.4-15 和图 3.4-16 所示。

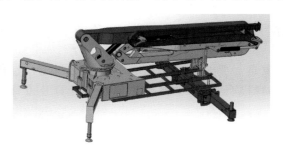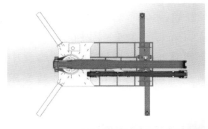

图 3.4-14　臂架系统有限元模型

（1）搭载设备为 150kg 工况。HG70 钢板屈服强度不小于 590MPa，端节臂最大应力为 438.05MPa，验算后臂架强度能满足规范要求。

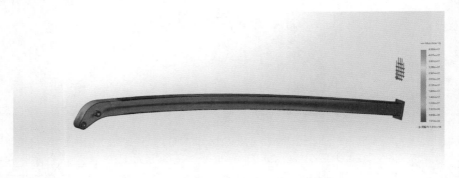

图 3.4-15　150kg 载重工况臂架端节臂内力图

图 3.4-16　200kg 载重工况臂架端节臂内力图

（2）搭载设备为 200kg 工况。HG70 钢板屈服强度不小于 590MPa，端节臂最大应力为 584.16MPa，验算后臂架强度能满足规范要求。

由上述有限元计算结果知，优化设计的汛期根石探测设备载具即机械臂架系统，在设备总重不超过 200kg 条件下，设备性能满足安全作业要求。

2. 臂架系统稳定性测试

为验证臂架系统拼装后整体稳定性情况，在设备加工厂房内采用分级加载吊装方式验证结构设计及有限元计算结果的验证。臂架系统端节臂采用吊带固定塔吊标准节进行分级加载测试，第一级吊装 1 节塔吊节（105kg），第二级吊装 2 节塔吊节（210kg），吊装过程中观察臂架系统支腿与地面间隙、各节臂油缸伸缩、各节臂受力等情况。臂架系统稳定性吊装测试如图 3.4-17 所示。

臂架系统稳定性测试分级加载中未发现异常现象，臂架、油缸、支腿工作性能良好，满足汛期根石设备安全吊运要求，同时验证了臂架系统结构理论计算及设计成果合理性。

3.4.6　悬臂式根石探测应用

本次试验应用搭载 400kHz 多波束设备，多波速水下检测表面测量精度高，效率高，可侧扫边墙。多波束测深系统的工作原理（图 3.4-18）利用发射换能器阵列向水底发射宽扇区覆盖的声波，利用接收换能器阵列对声波进行窄波束接收，通过发射、接收扇区指

（a）一级加载 （b）二级加载

图 3.4-17 臂架系统稳定性吊装测试（分级加载）

向的正交性形成对地形的照射脚印，对这些脚印进行恰当的处理，一次探测就能给出与航向垂直的垂面内上百个甚至更多的被测点的水深值，从而能够精确、快速地测出沿航线一定宽度内水下目标的大小、形状和高低变化。

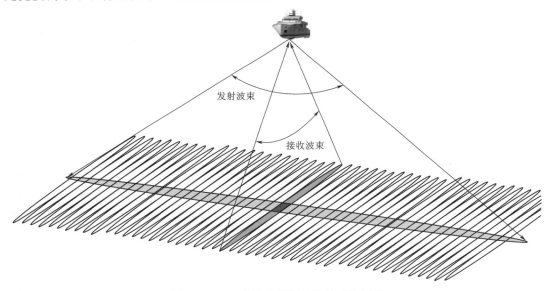

图 3.4-18 多波束测深系统的工作原理

采用宽带高分辨率多波束测深仪进行工作，拟选择频率 200～400kHz，覆盖宽度 10°～160°，采用 0.5°×1°超窄波束和高比例尺测量方式，可对河道整治工程附近形成面积进行扫描，并对水下地形进行测量分析。

工程应用在黄河下游马渡下延控导，采用机械臂搭载 400kHz 多波束设备进行水下探测，并将地形图实时加载到 GIS 底图上，以实现现场快速成像与分析。现场利用扫描模式，获取的实际扫描结果如图 3.4-19 所示，结合 GIS 地图，可清楚分析各个断面及坝垛各位置根石水下的深度、坡度和泥沙面等信息。

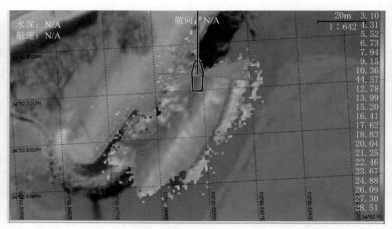

图 3.4-19 实际扫描结果

3.5 黄河河道整治工程根石探测管理系统开发

根据根石探测管理工作的需要，结合浅地层剖面仪的根石探测模式，为合理管理每年根石探测数据，黄河设计院自主开发了具有网络功能的"黄河河道整治工程根石探测管理系统"，使基层水管单位可实时查阅网络存储经数据处理后的根石探测数据；实现上级主管部门可实时查阅，及时了解根石变化与分布状况，并为适时进行基础加固、组织工程抢险提供决策依据，为实现根石管理现代化提供作业平台。

3.5.1 开发目标

黄河河道整治工程根石探测管理系统的开发目标是：运用计算机网络、网络数据库，建立工程信息与根石探测数据的对应关系，实现河道整治工程坝垛根石基本情况、根石动态（汛前、汛期、汛后探测情况，包括根石台高程、水面高程、测点根石深度、根石的水下坡度情况、缺石量等）的直观管理和监控。实现根石探测信息资源的网络共享，提高各级管理部门的科学化管理水平和工作效率。

3.5.2 总体结构

系统框架主要采用三层体系结构，即数据层、中间层和应用层。数据层存储和提供系统所需处理的数据，即综合基础数据库；中间层包括空间数据管理中间件、空间数据发布中间件、数据访问中间件；应用层包括各种客户端软件和应用服务系统。采用三层结构模型确保了系统的可维护性、可扩充性和可靠性。

黄河河道整治工程根石探测管理系统以各级管理单位数据库、断面图布设数据库、根石探测数据库、图片数据库、文档数据库、坝垛工程基本资料数据库等 6 个数据库为基础，通过 5 个功能模块对黄河河道整治工程根石探测数据管理系统进行管理，从而实现数据维护、综合查询、统计分析、文档管理和系统管理等功能，如图 3.5-1 所示。

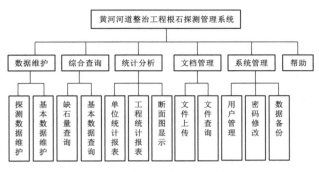

图 3.5-1　系统总体结构图

3.5.3　运行环境

根石探测管理系统是在 Microsoft Visual Studio. net 2005 开发环境下采用 C♯语言编制完成的，数据库采用 SQL server 2000。

在 Windows 2000/XP/Vistar 及以上操作系统下运行。Windows 2000/XP 需安装 . NET FreamWork 插件。客户端安装根石探测管理系统 . msi 即可。

3.5.4　功能综述

依据黄河河道整治工程坝垛、图片、多媒体、根石探测断面等数据（包括坝顶高程、根石台高程、水面高程、测点根石深度、探测时间、探测单位、根石的水下坡度、缺石量等要素）建立数据库，并实现断面图的绘制、断面缺石面积和坝垛等缺石量的计算，在功能上支持多种格式的图形和数据的导入、导出，具备数据的兼容性功能，软件具备图表式交互查询或空间查询与制图、打印等功能。

黄河河道根石探测管理系统成为架设各级工程管理部门和信息传输的桥梁，是河道整治工程根石探测管理的综合信息应用服务平台，为各级管理部门提供数据管理、查询统计、计算分析、空间数据显示和处理等各项功能，为各级管理部门根石探测管理提供有效的工具。

运行该软件出现系统登录界面，如图 3.5-2 所示。

图 3.5-2　系统登录界面

1. **数据维护功能**

系统提供统一的输入界面供用户输入数据，且对入库信息进行数据有效性、数据完整性验证、外部数据转换等。包括探测数据维护、工程信息维护、坝垛信息维护、断面信息维护等功能。坝垛信息维护界面如图 3.5-3 所示，具有详细信息查询、添加、修改、批量信息导入、删除信息等功能。

为了保证数据的安全可靠，数据维护原则上由县局基层管理单位指定专门的数据管理人员

图 3.5 - 3 坝垛信息维护界面

进行维护。由系统管理人员，授予权限。每一个数据管理人员只能对本县局的数据进行维护。

按《黄河河道整治工程根石探测管理办法（试行）》（黄河务 1998〔57〕号文）要求，对探测断面部位命名。为便于管理与查询，经处理数据后生成的根石探测数据文件名要求规范化，格式为：XX 工程＋YY 坝/垛/护岸＋断面部位，XX 为工程名称，YY 为坝（垛、护岸）名称，如东大坝下延工程 1 坝前头 QT＋116、花园口险工工程 127 坝附 14 垛前头 QT＋012、马渡险工工程 30 垛上跨角 SK＋051 等。

基本信息维护，首先进行"工程信息维护"，建立起本局下属各工程的数据库；然后进行"坝垛信息维护"，对每一个工程中的坝垛信息建立数据库。断面信息反映了根石探测时所测断面的断面部位。

在坝垛信息维护时，在基本信息里必须有工程相应的工程信息可以使用添加或修改单一坝垛信息的方式，也可以使用批量添加的方式，以工程为单位，将该工程下的所有或部分坝垛按预定的信息格式存储在一个电子表格文件中（图 3.5 - 4），然后使用批量添加，读取该电子表格即可将所要添加的坝垛信息一次性导入数据库。

图 3.5 - 4 XX 工程坝垛基本情况电子表格格式

根石探测数据导入时，为保证入库的探测数据的有效性，需要对数据完整性进行验证，首先要求对应的基本信息（工程信息、坝垛信息及断面信息等）在数据库中是存在的，然后执行根石探测数据导入。导入方式有两种：一种以单个数据文件导入方式，另一种是把一个工程中所有的根石探测数据文件放在一个文件夹中，选择这个文件夹同时导入，这样导入数据方便快捷，如图 3.5 - 5 所示。

图 3.5 - 5　探测数据导入界面

2. 综合查询功能

系统提供对各种数据及文件的各种条件查询功能。包括缺石量查询、缺石量验算功能、工程信息查询、坝垛信息查询等，见图 3.5 - 6 所示。

某一坡比下坝垛的缺石量计算采用以下公式：

$$V_{缺石量} = \frac{S_1 + S_2 + S_3 + \cdots + S_n}{n+2} \times L_{裹护长度} \qquad (3.5-1)$$

式中：$V_{缺石量}$ 为坝垛的缺石量；S_1、S_2、S_3、$\cdots$、S_n 分别为该坝垛所测的断面 1、断面 2、断面 3 及断面 n 的缺石面积；n 为所测断面的个数；$L_{裹护长度}$ 为裹护长度。

3. 统计分析功能

系统能生成用户需要的多种报表及显示各种图片信息，包括根石探测情况统计表、根石探测分类统计表（工程为单位）、根石探测分类统计表（县局为单位）、根石探测成果表、断面图绘制等，并提供导出 Word 文档等格式、打印、查找等功能。如县局根石探测情况统计表，见图 3.5 - 7 所示。

为了节省服务器存储空间，管理系统提供了一个断面绘制功能，无需向数据库上传断面图，只需上传根石探测数据文件，在统计分析中，选择断面图绘制，弹出如图 3.5 - 8 的界面，选择所要查找的坝垛，点击"绘制"按钮，即可绘制出该坝垛同一时期所有的探测断面图，可以进行查看、打印、导出等操作。

图 3.5－6　缺石量查询界面

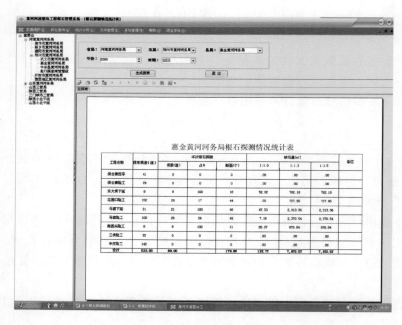

图 3.5－7　统计分析窗口

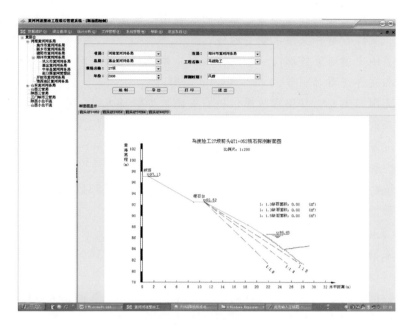

图 3.5-8　断面图绘制窗口

4．文件管理功能

系统提供文件浏览、上传和下载等功能。

5．系统管理功能

（1）用户管理：为系统管理员用户提供添加、删除用户及设置用户权限等用户管理功能。

（2）密码修改：为所有用户提供修改登录密码的功能。

（3）文件备份：备份数据库到服务器上。

6．系统帮助

为系统提供功能使用的帮助信息。

7．退出系统

系统提供两种退出方式：注销和系统退出。注销将使当前用户退出系统，并允许其他用户登录；系统退出方式将直接退出系统。

3.5.5　系统运行管理

1．运行模式

系统采用 C/S 模式开发运行。C/S 方式即客户端/服务器方式，用户需要在客户端安装系统软件，它具有安全性高、功能完善等特点为。

2．系统用户

系统用户主要包括黄委机关和省、市、县级河务局领导，以及一般工作人员，工程技术人员、项目管理人员等。因此，将系统用户分为四类：

（1）第一类用户主要为各级领导，系统对此类用户提供数据查询、统计分析、数据导出、文件浏览、文件查看和文件下载等服务。

（2）第二类用户主要为各部门一般工作人员，系统对此类用户提供数据查询、文件浏览、文件下载和文件查看等服务。

（3）第三类用户主要为基层水管单位根石探测数据管理人员，系统对此类用户提供数据维护、数据查询、数据导出、文件浏览、文件查看、文件上传及文件下载等服务。

（4）为实现基于角色的用户管理，系统需设置第四类用户——系统管理员，系统对此类用户提供用户管理和数据备份等服务。

为保证系统数据的安全性和一致性，基层水管单位根石探测数据管理人员只能维护其管辖范围内的数据和文件。

3. 数据采集输入方式

系统主要采集方式有：数据文件导入和手工分类输入等方式。

4. 数据共享实现方式

根石探测数据的共享机制是：黄河河道整治工程根石探测管理相关数据集中存储在数据中心；本着权威部门权威数据的基本原则，各类数据通过网络按隶属关系与分工由各局负责管理维护更新，各局负责部门能自动上传数据到数据中心的位置，整合各局所拥有的数据，从而保证数据的准确性、一致性、完整性和现势性；建立数据共享管理机制，从行政和技术两个方面入手，实现数据的网络化交换和共享。既要达到信息资源的充分利用高度共享，同时又要保证数据提供者的相关权益。

系统向用户提供数据共享主要通过两方面进行管理：行政管理由黄委负责，主要负责处理用户共享申请审批；技术管理由数据中心管理员负责，主要负责系统用户的账号开设、共享建立、共享变更、共享撤销和数据分类管理。

5. 和处理软件的接口

对于探测数据的采集和处理，系统提供与探测数据处理软件的接口。基层水管单位数据库管理人员可将处理生成的断面图、根石探测数据等数据导入系统数据库，经分类、统计后供用户浏览、查询及生成报表使用。

3.6　水下探测技术实践

水下根石探测技术自有效解决根石探测问题后，已持续应用于黄河各个阶段的根石探测工作。其中非汛期根石探测技术主要应用于汛前和汛后根石探测工作。在无人船探测技术逐步形成后，无人船根石探测技术目前主要应用于工程分部相对分散的黄河宁蒙段、小北干流、三门峡库区和西霞院库区等区域，同时在个别坝垛需要应急开展探测的情况下，多以无人船根石探测技术为主。而面对黄河较大下泄流量的情况，如黄河调水调沙、河道流速较大的情况，则以悬臂式根石探测技术和无人船根石探测技术为主开展应用。2010—2020 年，黄河设计院累计完成的根石探测坝垛数和断面数，见表 3.6-1。

表 3.6－1　　　　　　　　　2010—2020 年根石探测数量统计

时　间	探测坝垛数/座	探测断面数/个	时　间	探测坝垛数/座	探测断面数/个
2010 年汛前	867	2409	2017 年汛前	1681	4851
2011 年汛前	1269	4003	2018 年汛前	1960	5682
2012 年汛前	843	2951	2018 年汛后	1521	4383
2013 年汛前	994	3119	2019 年汛后	1515	4390
2014 年汛前	3322	8361	2020 年汛后	1652	4779
2015 年汛前	3457	9282	合计	22107	62130
2016 年汛前	3026	7920			

在开展黄河流域根石探测技术以外，低频声呐在水利工程水下衬砌内部结构破坏中也发挥了极大应用。由于传统高频声呐，如多波束、侧扫声呐等频率较高，无法有效穿透水下混凝土面板。低频声呐则有效地弥补了相关信号频率空白，可是实现在不用潜水员安装传感器的情况下实现衬砌及内部结构破坏的检测。

3.6.1　非汛期根石探测对比测试

在完成仪器性能探测试验、对比试验任务后，确认该设备能够用于黄河河道整治工程水下基础探测。选择开仪控导工程和化工控导工程两处工程作为生产性试验场所，原因如下：一是工程靠河坝段较多，水深相应较大，满足拖鱼和船的工作条件；二是工程多数为近几年新修，全面掌握水下根石的分布情况，有利于对工程进行适时加固，降低工程出险概率，直接为生产服务。

测试工作于 1999 年 9 月 2 日开始，9 日结束，试验历时 7 天，共完成 55 道坝的探测任务。

根据本次试验探测结果及历年根石锥探资料，根石表面形态常见的主要分为平顺、凸出和凹入三大类，如图 3.6－1～图 3.6－3 所示。还存在一些特殊型式，如锯齿、平台、局部反坡和局部竖直等型式，如图 3.6－4～图 3.6－7 所示。这些断面中以平顺型最好，它能较好地适应沿坝面向下的折冲水流及绕坝水流，减轻水流对河底的冲刷。凸凹不平的断面会造成水流紊动，促使河底淘深，影响断面稳定。

在根石断面中，以凹入型为最多，且呈"下缓、中陡、上不变"的分布规律。上部一般高于枯水位，通常按设计标准整理维护，即使遇到较大险情，抢险后能及时按设计整修。中间陡的主要原因有两方面：一是中部流速大，块石容易起动走失，使坡度变陡；在水流的自然筛选作用下，边坡上剩下的根石相互咬合较好，抗滑稳定和防冲性能都较自然堆放情况下及水下抛投开始情况下的块石明显增大，因此容易形成陡坡。二是抢险及根石加固时在岸上抛投的块石无法抛投到根石底部，易于堆积在边坡的中上部，使中间坡度相对较陡。根石最下部的块石，一部分是冲刷坑发展到一定程度，丁坝根石局部失稳滑入坑中，另一部分是因折冲水流冲刷块石起动后，运动至根石底部，故坡度较缓。形成根石特殊断面形式的主要原因在于水中进占筑坝或抢险过程中，采用搂厢、柳石枕或铅丝笼等结构，这些结构体积大，且不易排列，加上水流状况的

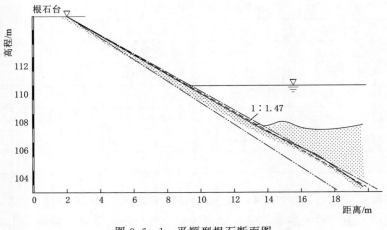

图 3.6-1 平顺型根石断面图

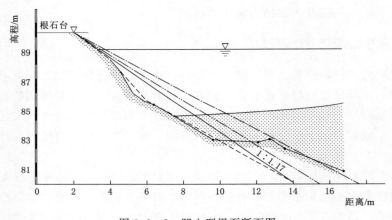

图 3.6-2 凹入型根石断面图

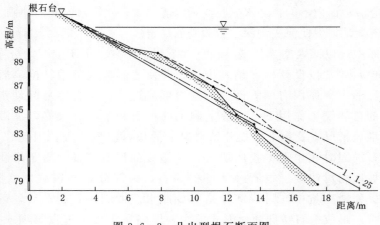

图 3.6-3 凸出型根石断面图

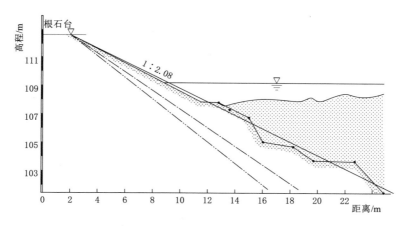

图 3.6-4 锯齿型根石断面图

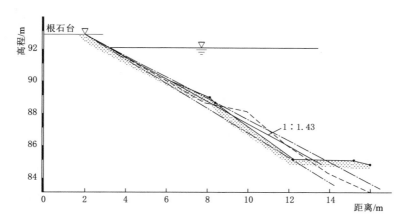

图 3.6-5 平台型根石断面图

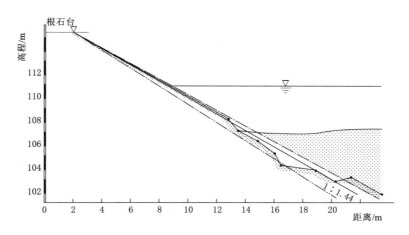

图 3.6-6 局部反坡型根石断面图

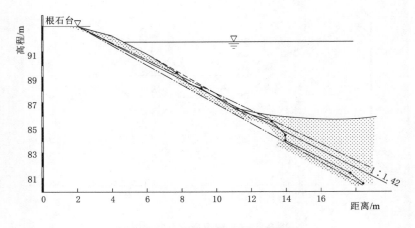

图 3.6 - 7　局部竖直型根石断面图

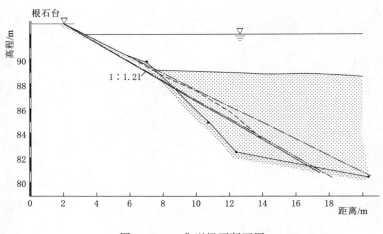

图 3.6 - 8　典型根石断面图

急剧变化等因素，容易形成各种不规则的断面。

3.6.2　2021 年黄河秋汛根石抢险探测应用

3.6.2.1　工程概况

惠金黄河河务局河道整治工程是黄河防洪工程的重要组成部分，工程始建于 20 世纪，后经多次改建。惠金黄河河务局管辖的河道工程所处河段是典型的"宽、浅、乱"游荡性河段，即使在中小洪水情况下，也时常发生险情，这类险情的特点是出险急、发展快、坍塌猛、历时长、难于抢护。11 月 22 日 21 时 15 分，黄河花园口站流量 1420m³/s，由于秋汛大洪水期间高水位河水浸泡，落水后马渡险工 21 护附垛持续受大溜顶冲的影响，迎水面至坝前头出现根石墩蛰和坦石坍塌的较大险情，出险体积共 3456m³。为准确掌握马渡险工工程根石状况，确保工程安全，为今后的防汛工作提供决策依据，河务部门要求对惠金黄河河务局马渡险工 21 护附垛及有出险隐患的坝垛进行全面的根石探测。

受惠金黄河河务局委托，黄河勘测规划设计研究院有限公司岩土工程事业部工程监测与物探研究院于在惠金黄河河务局所属的马渡险工重点工程进行了根石探测工作，共探测8道坝（垛、护岸），探测断面40个，探测完成的工作量见表3.6-2。

表3.6-2　　　惠金黄河河务局渡险工21护附垛较大险根石探测工作量统计表

工程名称	实际探测坝号	探测坝（垛、护岸）道数	探测断面数量/个
马渡险工	20坝、21垛上护岸、21护附垛、21垛下护岸、22坝、23坝、24护岸、25坝	8	40

3.6.2.2　探测成果

马渡险工工程河床探测范围为20坝至24护岸对应区域，范围内最大水深达27m，出现在21护附垛附近的主河槽位置，水深分布图见附图1，说明21护附垛处于河势主流顶冲位置，根石底部淘刷严重。

马渡险工工程根石探测断面共40个，统计分析见表3.6-3，其中坡度小于1∶1.0的断面共0个，占总断面0.00%，与坡度1∶1.0相比，缺石量为27.35m³；坡度在1∶1.0～1∶1.3之间的断面共4个，占总断面10.00%，与坡度1∶1.3相比，缺石量为544.22m³；坡度为1∶1.3～1∶1.5的断面共19个，占总断面47.50%，与坡度1∶1.5相比，缺石量为3011.14m³；坡度大于1∶1.5的断面共17个，占总断面42.50%。各断面根石深度、坡度范围和缺石量的详细分析见表3.6-4。马渡险工工程根石探测断面图如图3.6-9～图3.6-17所示。

表3.6-3　　　　　　　马渡险工工程根石探测结果统计分析表

最大根石深度/m	断面数/个	占总断面的比例/%	坡度	断面数/个	占总断面的比例/%
10～11	1	2.50	1∶0.4～1∶0.5		
12～13	1	2.50	1∶0.5～1∶0.6		
14～15	2	5.00	1∶0.6～1∶0.7		
15～16	1	2.50	1∶0.7～1∶0.8		
16～17	2	5.00	1∶0.8～1∶0.9		
17～18	7	17.50	1∶0.9～1∶1.0		
18～19	2	5.00	1∶1.0～1∶1.1		
19～20	11	27.50	1∶1.1～1∶1.2	1	2.50
20～21	3	7.50	1∶1.2～1∶1.3	3	7.50
21～22	1	2.50	1∶1.3～1∶1.4	9	22.50
22～23	2	5.00	1∶1.4～1∶1.5	10	25.00
24～25	1	2.50	1∶1.5以上	17	42.50
25～26	1	2.50			
27～28	2	5.00			

续表

最大根石深度 /m	断面数 /个	占总断面的比例 /%	坡度	断面数 /个	占总断面的比例 /%
28~29	2	5.00			
30~31	1	2.50			
合计	40			40	

表 3.6 - 4 　　　　　　　　马渡险工工程根石探测成果表

工程名称	断面编号	根石最大深度/m	探测断面坡度范围	坡度 1:1.0		坡度 1:1.3		坡度 1:1.5	
				缺石面积/m²	缺石量/m³	缺石面积/m²	缺石量/m³	缺石面积/m²	缺石量/m³
20 坝	20YS+015	10.81	1:1.3~1:1.5	0.00		0.00		0.00	
	20YS+024	12.31	1:1.3~1:1.5	0.00		0.00		0.01	
	20YS+034	15.09	1:1.3~1:1.5	0.00		0.00		0.08	
	20SK+045	17.29	1:1.3~1:1.5	0.00	0.00	0.00	0.00	2.01	140.08
	20QT+048	17.86	1:1.3~1:1.5	0.00		0.00		0.32	
	20QT+052	17.08	1:1.3~1:1.5	0.00		0.00		0.09	
	20XK+062	17.99	1:1.3~1:1.5	0.00		0.00		0.09	
	20XK+068	20.54	1:1.3~1:1.5	0.00		0.00		2.78	
21 垛上护岸	H+008	19.96	1:1.3~1:1.5	0.00		0.00		1.46	
	H+018	19.78	1:1.0~1:1.3	0.00		0.00		10.53	
	H+020	19.92	1:1.3~1:1.5	0.00	1.08	0.00	343.02	4.71	1409.63
	H+023	19.53	1:1.0~1:1.3	0.00		0.00		10.58	
	H+030	20.52	1:1.0~1:1.3	0.05		15.86		47.45	
21 护附垛	YS+047	24.64	>1:1.5	0.00		0.00		0.00	
	SK+054	27.79	>1:1.5	0.00		0.00		0.00	
	SK+060	22.38	1:1.3~1:1.5	0.00	0.00	0.00	0.00	16.47	235.98
	QT+060	30.43	>1:1.5	0.00		0.00		0.00	
	XK+066	22.19	>1:1.5	0.00		0.00		0.00	
	XK+075	19.91	>1:1.5	0.00		0.00		0.00	
21 垛下护岸	H+007	21.15	>1:1.5	3.15	26.27	3.71	30.94	14.00	121.70
	H+017	16.07	>1:1.5	0.00		0.00		0.28	
22 坝	22YS+020	28.72	1:1.3~1:1.5	0.00		0.00		2.34	
	22SK+028	28.84	>1:1.5	0.00	0.00	0.00	0.00	0.00	307.84
	22SK+030	27.84	1:1.3~1:1.5	0.00		0.00		12.13	
	22QT+034	25.82	>1:1.5	0.00		0.00		0.00	

工程名称	断面编号	根石最大深度/m	探测断面坡度范围	坡度 1:1.0		坡度 1:1.3		坡度 1:1.5	
				缺石面积/m²	缺石量/m³	缺石面积/m²	缺石量/m³	缺石面积/m²	缺石量/m³
23 坝	23YS+015	14.62	1:1.3~1:1.5	0.00	0.00	0.00	0.00	0.00	15.52
	23YS+021	19.13	>1:1.5	0.00		0.00		0.00	
	23SK+025	17.65	1:1.3~1:1.5	0.00		0.00		1.24	
	23QT+029	20.27	>1:1.5	0.00		0.00		0.00	
	23XK+036	19.09	>1:1.5	0.00		0.00		0.00	
24 护岸	H+007	14.27	1:1.3~1:1.5	0.00	0.00	0.00	0.00	0.00	0.00
	H+026	16.81	>1:1.5	0.00		0.00		0.00	
	H+047	18.99	>1:1.5	0.00		0.00		0.00	
25 坝	25YS+016	17.91	1:1.0~1:1.3	0.00	0.00	7.51	170.26	34.21	780.39
	25YS+040	19.47	>1:1.5	0.00		0.00		0.00	
	25YS+048	17.46	1:1.3~1:1.5	0.00		0.00		0.27	
	25SK+055	19.06	1:1.3~1:1.5	0.00		0.00		0.00	
	25SK+060	19.23	>1:1.5	0.00		0.00		0.00	
	25QT+066	18.98	1:1.3~1:1.5	0.00		0.00		0.00	
	25QT+072	19.50	>1:1.5	0.00		0.00		0.00	
合计					27.35		544.22		3011.14

3.6.2.3 探测结论与建议

本次河床探测范围 20 坝至 24 护岸对应区域，最大水深达 27m，位于 21 护附垛附近，以后随着河势的变化，最大水深将由泥沙填平一部分，21 护附垛将有较深的根石。

本次探测 1 个测区 8 道坝（垛、护岸），40 个断面，与坡度 1:1.0 相比，总缺石量为 27.35m³；与坡度 1:1.3 相比，总缺石量为 544.22m³；与坡度 1:1.5 相比，总缺石量为 3011.14m³。

采用浅地层剖面仪探测根石新技术，探测精度、安全性能和生产效率均有了很大的提高。

3.6.3 水下探测技术在其他领域的应用

3.6.3.1 某渠道工程水下排水管网检测应用

某引水工程总干渠某区域为砂卵石地基段，具有强透水性。为了保障施工阶段的地下水排水，在施工期布置 ϕ250mm 的 PVC 波纹管进行排水，并在通水之前进行封堵。由于封堵不严等问题，部分波纹管将成为一个渗漏通道，此次水下检测目的是了解水下 PVC 排水管的布置位置，为后续处理提供准确坐标。图 3.6-18 为排水管结构示意图，其中红色部分表示 PVC 波纹管，即此次重点排查对象。

图 3.6-9　马渡 21 护附垛附近水深分布图

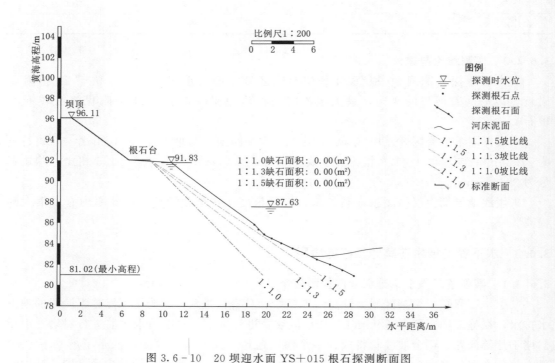

图 3.6-10　20 坝迎水面 YS+015 根石探测断面图

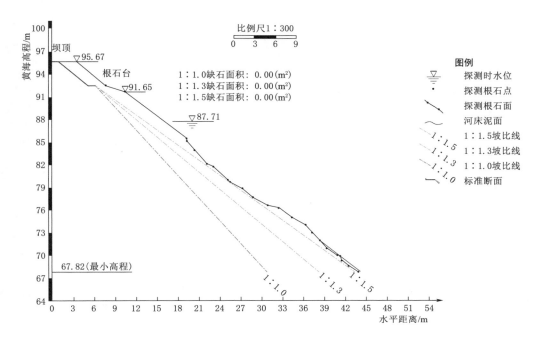

图 3.6-11　21护附垛迎水面 YS＋047 根石探测断面图

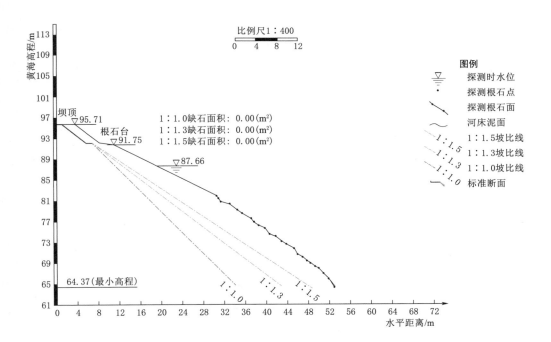

图 3.6-12　21护附垛上跨角 SK＋054 根石探测断面图

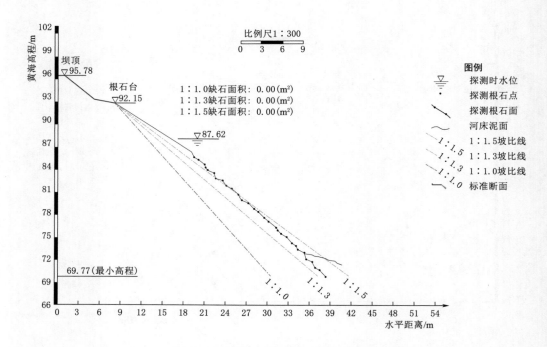

图 3.6-13 21 护附垛上跨角 SK+060 根石探测断面图

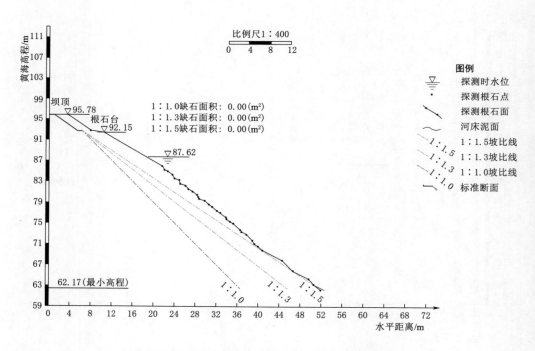

图 3.6-14 21 护附垛前头 QT+060 根石探测断面图

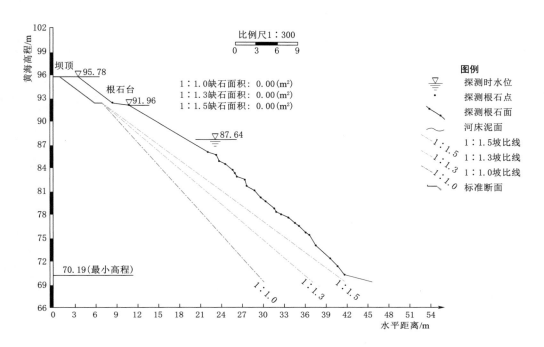

图 3.6 - 15　21 护附垛下跨角 XK＋066 根石探测断面图

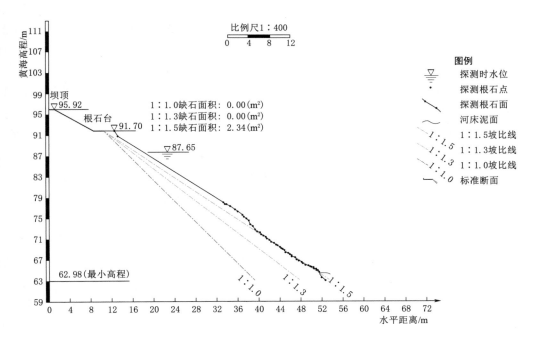

图 3.6 - 16　22 坝迎水面 YS＋020 根石探测断面图

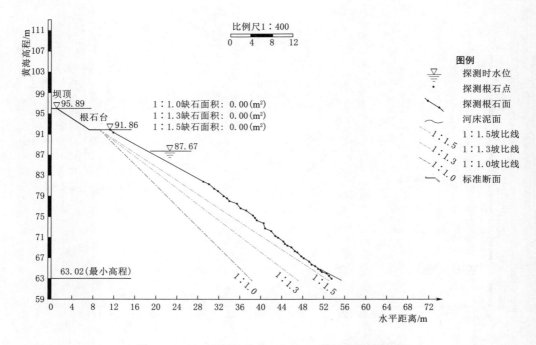

图 3.6 - 17   22 坝上跨角 SK+028 根石探测断面图

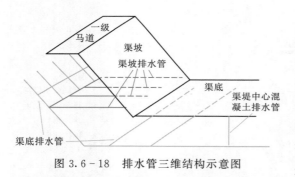

图 3.6 - 18   排水管三维结构示意图

考虑信号垂直于管道时，其反射信号表征最为明显，因此检测过程中应该垂直于水下排水管进行排查检测，在测线上标记出各个管线的相对位置。为保障探测信号精度，在垂直管线方向（即顺河方向）布置多条检测测线，以获取每条管线在距离马道不同距离的平面位置。对每条测线进行高精度测量和定位，并在各测线中解释相关管线的精确位置。通过多测线的坐标解释，结合设计资料，各 PVC 波纹管走向与渠道呈垂直状态，将同一 PVC 波纹管在不同测线上解释坐标连接，即可获取实际管线的走向。

实际水下检测轨迹线如图 3.6 - 19 所示。如图所示，测线轨迹光滑，即相关平面定位精度较高。由于 PVC 波纹管管径较小（250mm），再加上水声信号在管道附近存在一定的绕射，因此水声信号测量间距需足够小，以满足在一个 PVC 管上有 3～5 个声呐测点，且周围绕射有 3～5 个点，从而利于识别。考虑渠道水流因素，渠道边坡水流最小，中心区域水流相对较大，分别获取渠道边坡测线与中心测线的测点密度如图 3.6 - 19 所示。由于声源在 1s 内发射 10 次信号，在靠近岸边的测线，平均测点间距小于 2cm。在河道中心的测线，测点密度平均为 2～5cm。这均远小于 250mm 的管径，均可保障每个 PVC 管上有至少 6 个水声测点，过多的水声测点可保障同一管线上有多个反射点，便于后期数据解释。图 3.6 - 20 所示即为获取的水下 PVC 管水声反射影像。

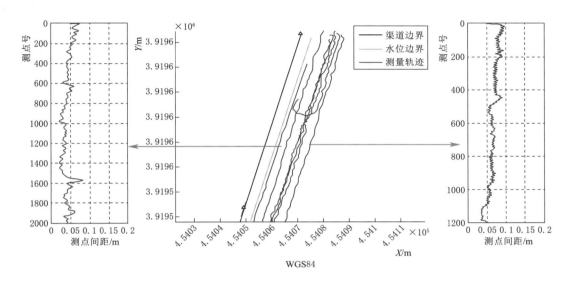

图 3.6 - 19　测线轨迹及部分测点密度分布

根据图 3.6 - 20 解释的波纹管位置，结合 GNSS 定位信息和设计资料，可给出的管线解释成果图如图 3.6 - 21 所示。图中红色点即根据每条测线获取的实际解释 PVC 管位置，根据设计资料，可解释图中黑线的实际 PVC 管平面位置。

由于采用了精确的 GNSS 定位方式，可获取每个管道的起点及终点坐标，计算两个管子的间距，见表 3.6 - 5。

表 3.6 - 1 为计算得到的两个波纹管的相对位置，设计中排水管的间距为 4m。检测获取的排水管平均间距约为 4m，其中最小位 3.624m，最大为 4.420m，与设计间距相符。

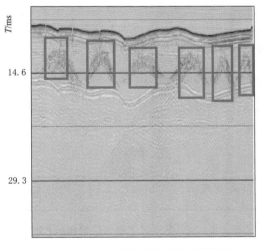

图 3.6 - 20　水声检测获取的波纹管位置

3.6.3.2　水下衬砌基础破坏范围检测应用

某引水工程水下边墙属渠道工程建筑物与总干渠的连接段是整个渠道工程建筑物中易于出险的部位。由于总干渠和建筑物过水面积有较大差异，从总干渠到建筑物，整体渠道宽度由宽变窄。在设计过程中，建筑物的渐变段坡度由缓逐渐变急，最终呈垂直状态，渠道宽度逐渐缩小为建筑物进水口宽度，因此该区域又称为扭曲段。

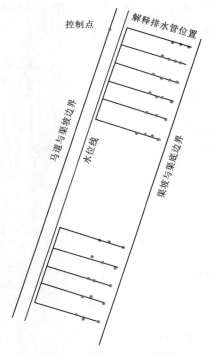

图 3.6 - 21 解释的排水管位置

表 3.6 - 5 解释获取的排水管相对位置

排水管序号	间距/m
1	3.749
2	4.067
3	3.972
4	3.944
5	4.420
6	
7	4.215
8	4.195
9	3.624
10	4.270
11	

该河渠交叉建筑物受工程总干渠线路的限制，进口连接渠道以挖方为主，出口连接渠道为填方渠道，最大开挖高度约为 20m，最大填方高度约为 11.5m，通水后最大水深 7.5m，日常运行水深 7m。现场施工过程中，对于进口渐变段的施工剖面如图 3.6 - 22 所示。施工过程中开挖段将回填一定的填土作为垫层，区域 1 采用常规渠道堤身整体碾压方式进行填筑，填筑中采用振动机械分层碾压，整体地层较为密实。在进口渐变段边墙（翼墙）部分，为保障边墙混凝土强度，采用先浇筑钢筋混凝土模板，在边墙浇筑完成之后采用人工填筑及冲击夯等方式振捣密实。

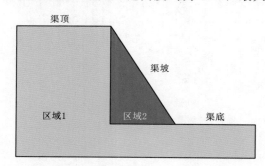

图 3.6 - 22 某渠道工程边墙剖面示意图

由于人为施工的差异，因此整体区域 1 和区域 2 在碾压质量上存在一定的差异，导致区域 1 和区域 2 在填土的密实性上存在一定的差异。同时区别常规渠段利用土工膜进行防渗，在进口渐变段一般不埋设土工膜，因此边墙后的水下防渗体系较为薄弱，是整个工程易于出险的重点堤段。

本书所检测的工程在实际运行过程中，通过监测资料已经发现边墙出现一定程度的不均匀沉降，坡顶最大沉降量超过 20mm，并伴随明显的裂缝。为保障建筑物的运行安全，需对进口连接段边墙背后的回填土的密实情况进行检测。

本次研究所采用的为黄河勘测规划设计研究院有限公司设计并开发的主频 4kHz 低频

浅剖声呐，声呐换能器为压电陶瓷材料，换能器内部结构类型为纵振动式。

表 3.6 - 6 为低频换能器的波束角测量结果，可以看出波束角随频率降低而增大。这是由于换能器波束角的压制取决于频率与换能器尺寸的关系。

在考虑波束角的同时，也要考虑边墙坡度、水深等综合因素。检测区域边墙坡度约80°，运行期水深为 7m，在此情况下，换能器换能面与边墙的角度和距离关系也会制约最终检测成果。图 3.6 - 23 所示为波束角与边墙的关系，当声呐设备距离边墙较远时，由于水深因素影响，声呐的照射面积（波束脚印）较大，声呐的信号不可避免地会照射到水面和水底，从而形成干扰波。当声呐与边墙距离近时，声呐照射面积小，检测横向分辨率更高，但由于发射信号频率的限制，很可能导致直达波与反射波难以分辨。另外，试验中也发现，由于声呐表面积较大，且换能器距离水底较近的因素，声呐本身也会引起二次反射波干扰。

表 3.6 - 6　　　 一3dB 下不同频率的波束角

频率/kHz	换能器波束角/(°)
3	132.1
4	81.5
6	63.8
8	43.4

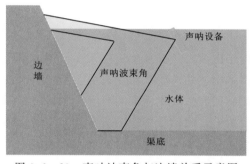

图 3.6 - 23　声呐波束角与边墙关系示意图

综上分析，受到水深的影响，声呐与边墙的距离会直接影响采集信号中干扰波的强弱。

考虑声呐设备换能器波束角与边墙、水深的综合关系，结合工作中声呐与边墙距离不变的原则，设计工作中将声呐置于一个设计的架子之上，架子应采用细材料以尽量不干扰水声信号传播，即在架子区域不存在干扰信号传播的较大干扰源。根据信号的波束角特征，架子的高度如果过高，则架子底部的连接杠杆和架子的滑轮等均会形成比较强的反射界面，在反射信号上易于出现一定的反射弧度，从而干扰对面板背部信号传播的分析。如果架子过低，则容易在声呐设备与混凝土面板之间产生时间较早的多次波信号，会对有效信号形成一定的干扰。根据上述对信号的影响因素，设计的架子高度约 1.3m，底部宽度大于 1.6m，从而可有效地保证信号的传播。

由于采用了倾斜边墙进行检测的作业方式，为分析在边墙检测应用中的水声信号特征，首先在某倾角较陡的边坡进行了检测试验分析。设备在边墙中的检测中的实际测量原始数据如图 3.6 - 24 所示。由图所示，混凝土面板的界面深度为 1.3m 左右，这与制作架子的高度相当，即在这个区域内发生的信号浅剖仪与混凝土面板之间的反射信号。

混凝土面板反射信号双程旅行时的 2 倍位置（即深度方向的 2 倍位置）存在一个较强的反射同相轴，经判断为信号在仪器和水底之间产生的二次波。分析认为，由于仪器本身

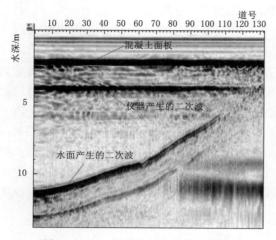

图 3.6 - 24 渠道边坡水声信号分析

和水是一个巨大的速度界面，由于声呐设备垂直距离的限制，发射能量更为聚集，仪器的底面面积相对而言也形成了一个巨大的反射界面，所以易于在仪器界面形成一个二次波。对于水面测量的工作模式，由于设备在水面进行工作，且水深较大的缘故，这种反射很弱或基本与水面二次波重合，因此这种信号在水面反射中是不单独存在的。

随着仪器入水深度增加，存在一个随着水深变化而变化的反射同相轴，且具有两个相互平行的同相轴。这是由于混凝土面板反射的声波信号一部分在仪器界面产生二次波，一部分上传在水面产生二次反射。这种二次波的产生与水面反射也不相同，这种多次波的产生与水深有关。随着水深的增加，信号在面板与水面之间的旅行时变长，因此反射回来的所需要的时间也越长，从而产生随着水深而变化的多次波。所以在实际信号分析中，此信号不应被分析为反射波，要时刻根据换能器与边墙、边墙坡度、水深的关系，分析相关干扰信号来源，避免因为干扰信号引起解释的误判。

综合上述分析，在水下边墙检测中，由于波束角的影响，即便声呐换能器的换能面垂直于面板，但依然会产生不同类型的多次波，且这种多次波会随着坡度的变化而进行改变。实际检测中会发现，仪器设备的二次波与仪器设备面积影响较大，而水面二次波与边墙的坡度有很大关系，当坡度较大时，其水面多次波会变得更弱。

以上述理论为基础，在某建筑物连接段获取的边坡后的土体疏松区域如图 3.6 - 25 所示。根据水声信号传播基本规律，认为这属于典型的基础破坏现象。该区域在修筑完成后未进行任何注浆加固等工作，在未发生脱空与基础异常破坏的情况下，其反射结构如图 3.6 - 24 所示，即面板下地层无明显反射发生，即正常地层属于连续地层，无明显声阻抗界面。由于基础结构发生破坏，导致基础土层的波速、密度等物理参数发生不连续变化，在基础内部形成了多个声阻抗界面，从而在内部形成了不均匀的强反射。

根据水面二次波产生的基本规律，结合现场边墙的坡度测量结果，在获取脱空检测数据后，本书采用多次波斜率将相关位置定位到面板具体深度。水面多次波的发育与面板坡度有巨大关系，在设备匀速下降的状态下，水面多次波的形态基本反映了水下结构对应的深度位置。在初始位置与坡脚已知的情况下，通过水面多次波可有效换算异常界面位置。

为显著提高水底脱空异常的识别，本书利用 Hilbert 变换提取了脱空反射的能量谱。图 3.6 - 26 所示为经过深度转换后的水下边墙反射能量分布图。

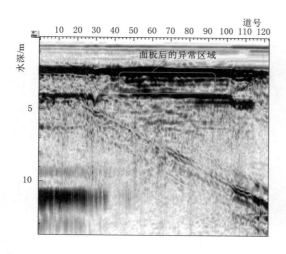

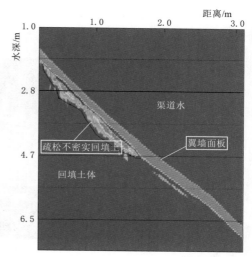

图 3.6-25　边坡后的土体疏松区域　　　　图 3.6-26　水下边墙脱空检测成果图

图 3.6-26 所示，由于衬砌面板与水体波速的巨大差异，因此水下边墙衬砌反射能量强烈。在面板后有明显的连续强反射，均是由于土层的密度、波速变化引起的声阻抗界面，是典型的基础结构破坏。

针对目前水下边墙检测所遇到的技术难题，本书通过测试低频声呐波束角度，分析了其与水下边墙坡度、水深的关系，通过三者关系给出了利用低频声呐开展水下边墙检测方面所应注意的关键点。通过设计声呐换能器与边墙表面垂直测试的工作模式，结合实际观测数据，本书分析了在此工作模式下干扰信号的类型和分析方式，为有效分析干扰波、保障检测成果质量提供了支撑。通过实际发生沉降区域的工程应用，利用低频声呐的工作模式，有效地发现了水下边墙基础的破坏位置，同时通过 Hilbert 变换，可明显提取异常区域的大小与位置，为利用低频声呐检测边墙基础问题打下了很好的基础。

3.6.3.3　某河道工程水下衬砌结构破坏综合检测

1. 检测区域工程概况

河道堤身主要以黏土、壤土为主，砂壤土次之，土质较均匀，河道工程长度为350m，平均河道宽度 50m，平均水深小于 7m。工程由于长期受到其他水系和大气降水的侵蚀和冲刷，河道内部形成了危及堤防安全运营的空洞或不密实区域，需查明河道水下存在的病险和隐患，为工程除险加固提供依据。

考虑工程区域为浅水区域，本书选择某河道工程进行无人船综合检测应用。该河道堤身主要以黏土、壤土为主，砂壤土次之，土质较均匀，河道工程长度为 350m，平均河道宽度 50m，平均水深小于 7m。工程由于长期受到其他水系和大气降水的侵蚀和冲刷，河道内部形成了危及堤防安全运营的空洞或不密实区域，需查明河道水下存在的病险和隐患，为工程除险加固提供依据。

结合无人船搭载各种声呐的优缺点，工作中优先选用无人船多波束设备进行水下表观检测，测线布置如图 3.6 - 27 中红线所示。为保障检测精度，多波束的测区覆盖率超过 30%。在多波束水下检测发现重点部位后，再利用无人船搭载浅剖进行水底结构破坏分析。

图 3.6 - 27　某河道平面图及多波束测线布置

采用无人船开展水下综合检测可极大提高现场工作效率。所有水下检测工作在 1 天内完成，其中无人船多波束准备及工作时长 3h，无人船浅剖准备及工作时长 2h，极大地解决了现场船只调运问题，并大幅提高了工作效率，降低了生产成本，有效避免了有人船可能带来的燃油污染问题。

2. 水下表观破坏检测成果分析

采用无人船搭载 400kHz 多波束进行水下检测，由于多波束测量条带覆盖范围最小达到水深的 2 倍，考虑河道上下游水深较浅，因此测线最小间距设计为 5m，主测深线布设方向选择平行于等深线的走向、潮流的流向或测区最长边等其中之一布设，检查测深线垂直于主测深线均匀布设，并至少通过每一条主测深线一次，保证三维点云可以达到小于 1 : 100 比例尺要求。

经采集与处理，获取河道边坡的三维结构图如图 3.6 - 28 所示。图中可清晰发现多处由于多重因素导致的衬砌表观破坏，其中较大两处缺陷分别定名为缺陷区域 1 和缺陷区域 2。从多波束成果图中分析，缺陷区域 1 最大深度 30cm，面积约为 $60m^2$，缺陷区域 2 最大深度 10cm，面积约 $10m^2$，其他检测位置也发生了较小的冲蚀破坏异常。

图 3.6 - 28　无人船多波束检测成果

分析检测结果，认为 2 个缺陷区域内部结构可能发生破坏，故针对该重点区域进行了水下低频声呐检测，相关测线均穿越缺陷区域 1 和缺陷区域 2。同时在其他区域按照 5m

等间距测线进行测量。

3. 水底衬砌及基础破坏成果分析

针对缺陷区域1，获取的水下检测如图3.6-29所示。由于低频声呐的分辨率问题，其对混凝土表观的破坏表征不明显，仅在混凝土表面存在一定的绕射曲线。但在混凝土面板底部，缺陷区域与正常区域存在明显的地层反射不一致现象。图中红框所示为冲蚀破坏区域，混凝土面板底部相对于正常地层有明显的强反射。

分析认为，这属于典型的基础破坏现象，缺陷区域1为基础破坏导致的面板沉降等多重因素引发。正常地层属于连续地层，无明显声阻抗界面，因此多为地层结构成层表现，无明显反射。由于基础结构发生破坏，导致基础土层的波速、密度等物理参数发生不连续变化，在基础内部形成了多个声阻抗界面，从而在内部形成了不均匀的强反射。根据强反射能量的区域，可判定地层破坏区域基本处于8～13ms区域，结合以往地层速度结构，设饱和水地层速度为1600m/s，解释基础破坏区域介于水底和水底之下

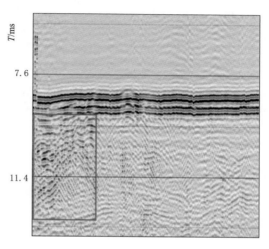

图3.6-29　破损区域结构成像

3.75m深度范围。针对缺陷区域1的基础破坏问题，需考虑对土层进行加固，并及时修补混凝土面板缺陷，避免因面板缺陷引起渗漏致使基础破坏更为严重，导致病害范围扩大。

缺陷区域2地层反射连续，认为其缺陷仅为表观的冲刷破坏，对基础未造成实质性破坏，进行一般的水下混凝土面板修补即可。

在检测其他区域，也可发现混凝土底板下的部分结构信息，如图3.6-30所示，在检测区域衬砌底板以下1m之内有7条明显绕射曲线存在，表现为典型的管线异常体分布，且相关异常点均分布于衬砌底部，埋深较浅，推断为施工前预留的管线。但此区域地层相对连续，无明显基础破坏性现象，认为相关管线等结构未对河道结构安全产生影响，但仍要查阅相关资料，分析管线类型并重点关注。

图3.6-31所示检测区域发现面板中间和基础出现典型绕线现象，表明混凝土的连续性遭到一定的破坏，但这种现象只存在面板中间及正下方基础，在其他区域地层连续存在且未破坏。为分析其原因，利用了水下机器人进行拍摄，发现该区域为两块混凝土面板连接处，连接缝隙较大。由于多波束的横向分辨率和脚印等问题，其对这种微小的拉张表征并不明显。根据低频声呐资料，分析认为两块面板之间出现一定拉张破坏，在面板中间形成一个不连续体，并伴随一定的错台，导致接缝处及其基础结构已经出现部分破坏，出现明显绕射点和地层强反射现象。此情况下，应当急速修补面板连接处裂缝，防止其继续扩大从而影响基础结构，造成更为严重的破坏。

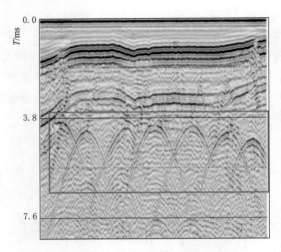

图 3.6 - 30　河底疑似管线成像

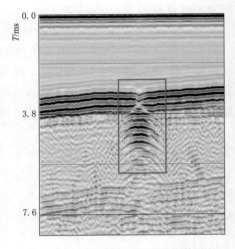

图 3.6 - 31　河底面板连接缝拉伸破坏

第4章

河防工程安全监测新技术

4.1 河防工程监测技术概述

　　河防工程包括河道整治工程和堤防工程。其中河道整治工程分布于两岸堤防之间的狭长地带，点多面广，观测、巡防和管理工作量大，工程观测尚处于自动化和人工相结合阶段，传输手段相对落后，缺乏实时监测设施。黄河下游临黄堤有险工 147 处，坝、垛和护岸 5413 道，总长 333.99km；控导护滩工程 233 处，坝、垛和护岸 5112 道，总长 483.49km，还有数量众多的引黄水闸等穿堤建筑物，工程整体的安全监测水平相对落后。河道整治工程主要以汛前根石探测等手段为主，主要用于非汛期的根石走失情况探测，以确定工程的安全现状，为指导汛期抢险、备防石储备等提供参考，但未能对险情演变过程进行有效的监控。针对根石走失的连续监测方面，黄河水利委员会曾与国外知名厂家、国内科研院校合作，利用各类传感技术在大玉兰控导、老田庵控导等工程进行试验工作，但整体效果不理想。比如焦作河务局和清华大学联合研发了"坦石变形监测系统"，并在老田庵 24 号丁坝进行试验，在丁坝坝头、上跨角及直线段沿坡面方向斜向钻孔 6 个，埋设了振弦式位移变形监测系统 3 套、电阻应变监测系统 3 套，FBG 光栅光纤变形监测系统 4 套，通过监测坦石边坡的位移变形以及应力变化，掌握丁坝的稳定情况。该项目实现了数据自动采集和传输，并在系统运行中取得了大量的数据，也取得一定监测效果。但是项目验收过后不久，该系统就失效不能使用。分析总结原因，该系统的相关传感器需要在根石底部埋设，需要进行开挖、钻孔等土建工作，对河道堤防破坏较大，容易造成堤防结构变化，引起安全隐患，且传感器往往需要直接埋设在根石走失和护岸滑动变形部位，一旦发生险情，监测仪器容易破坏，恢复成本较高。河南黄河河务局自行开发了"YRAP‐D 黄河坝岸险情监控报警报险系统"，该系统通过在坦石边坡外沿间隔 1～3m 布设险情采样点，采样点以特制传导线连接，接入安装于坝体背水面非裹护段的坝坡中心位置的拉力传感器，当采样点发生坍塌或较大沉降变形时，传导线断裂，拉力传感器归零，从而实现险情报警。该系统具有成本低廉、简单易用、便于修复循环使用等优点，但该种方法并不能作为真正意义的水下根石稳定性连续监测手段。该套系统的设计思路是通过典型根石采样点的变形反映水下根石的稳定情况，只有在发生大规模险情时才有测值反馈，无法跟踪水下根石的变形规律，更不能实现主动感知和预报预警的目的。

黄河下游堤防工程包括从桃花峪起始到入海口的 786km 干流，河道宽窄不一，最窄处仅 1km 左右，最宽处达 20km。2022 年完成的标准化堤防建设，通过放淤固堤、加高帮宽，并配套建设堤顶道路、防浪林等，形成了集防洪保障线、抢险交通线和生态景观线三种功能于一体的标准化堤防体系。堤防工程主要以隐患探测等手段为主，依托国家"八五"重点科技攻关项目，黄河设计院早在 1992 年就利用地球物理技术开展堤防隐患探测研究，经过数年的攻关研究和生产试验，形成了以电阻率法为主的堤防隐患探测技术，并在 1999 年国家防总和水利部组织的堤防隐患探测技术模型比测中取得了优异成绩。此后黄河下游堤防隐患探测已经成为堤防工程养护的一种必要手段，每年汛前完成堤防长度的 10%，每 10 年滚动探测 1 次。2013 年依托水利部科技推广项目，将视频图像、GNSS 定位、探地雷达、高密度电法、双源面波等五项探测技术集成为堤防工程安全综合检测车，实现了内外业数据实时交互，提高了探测效率。但探测技术为无法监测到隐患发生过程，第一时间找到隐患发生的位置，而堤防工程的安全监测技术在黄河堤防并不普及，包括渗流监测、表观变形监测等在内的监测技术应用较少，自动化程度较低，并且多为垂直堤防布设的断面式监测，存在布设成本与密度、精度的矛盾，难以做到全堤防覆盖。

本章重点介绍河防工程安全监测的一些新技术，其中针对河道整治工程的根石走失监测，提出了基于物联网的水下根石在线实时监测技术，采用基于姿态传感器的智能备防石进行单点监测；针对水下根石坡度问题同时采用了阵列式位移传感器，并根据实际根石形态对安装方式进行调整，以获取根石的坡度等信息，实现对水下根石形态的动态主动感知和对险情的及时预警。

针对堤防工程的隐患监测，重点研究了可沿堤防走向布设长断面的电场监测新技术，包括自然电场监测和电阻率监测技术。自然电场监测不需要进行供电，可以 24h 连续采集电位信息，从而对渗漏等隐患发生的位置及过程进行监测。电阻率监测需要通过供电采集电位及电流数据，从而通过计算获取地下空间介质的电阻率分布情况，对隐患的空间位置进行精细判断，与传统传感器监测技术相比，电场监测技术的优势在于可以反映地下三维信息，非接触感知的数据采集模式，无须在工程建设期间提前置入，可根据工程需要，随时安装监测系统投入工程运维。相关设备通过数值模拟、采集系统开发、数据反演处理、监测预警平台开发、大型等比例尺模型破坏性试验、实体工程监测等研究工作，形成了一套兼具数据采集、通信、数据反演处理、监测管理等功能完善的堤防隐患及渗漏监测预警系统。

4.2 河道整治工程监测技术

针对河道整治工程的水下根石变形监测，目前还没有一种行之有效的自动化监测手段，主要制约因素有以下三点：

（1）常规的内部变形或者应力监测仪器均为接触式监测仪器，需要在险工、控导工程坝垛的建设期进行安装，而目前黄河下游绝大部分河道整治工程早已建设完成，如果在运行期进行监测仪器安装，需要进行开挖、钻孔等土建工作，对河道整治工程破坏较大，存在安全隐患，甚至会出现土建费用远大于监测仪器费用的情况。但是常规的监测仪器手段并不可一票否决，随着近几年"黄河下游防洪工程'十四五'规划"不断推进，许多河道整治工程要进行新续建和改造加固，常规监测设计可随着这些土建工程开展，逐步补齐黄河下游防洪工程安全监测的短板，提升河防工程现代化安全管理水平。

（2）黄河下游河防工程出险、抢险频繁，险点多且分布不均匀，合适的监测手段要具备成本低廉、简单易用、恢复便捷等特点，而常规的内部变形或者应力监测仪器多为永久监测，安装后不宜再进行操作，所以需要设计一种成本低廉、可循环使用的监测仪器。

（3）一种合适的监测手段，其感知测点应该直接布设于水下根石表面或内部，这样才能直接监测到水下根石的变形情况，起到主动感知和预报预警的作用。"YRAP-D 黄河坝岸险情监控报警报险系统"设计之初是为了监测坝岸的垮塌情况，只有在发生大规模险情时才有测值反馈，无法跟踪水下根石的变形规律，更不宜作为水下根石实时变形监测手段。

传统的内部监测仪器需要开挖、钻孔，且传感器往往需要直接埋设在根石走失和护岸滑动变形部位，一旦发生险情，监测仪器容易被破坏，恢复成本较高。对于根石走失监测，采用适应于其结构特点，而且成本低的传感器是一个重要研究与应用方向。

根据第 1 章的根石走失分析，一般情况下的根石走失都会导致表面根石向下整体滑塌，是一个更偏向运动的过程，其整体变形量相较于传统监测很大，因此在传感器精度方面可适当降低要求，可以降低成本，且可极大地提升对根石走失的感知能力。根石的走失，势必会引起根石姿态和态势的变化，有效的感知根石的态势也是近年来诸多根石监测研究的重要方向，如河南黄河河务局在大玉兰等控导工程利用拉绳式位移传感器监测坝坡表面的大规模坍塌等。近年来伴随电子工业的发展，基于微电子机械系统（MEMS）的姿态变化传感器得到了大规模的发展，传感器成本大幅下降，为其大规模应用打下了基础。

4.2.1 微机械姿态传感器

姿态传感器是基于 MEMS 技术的高性能三维运动姿态测量系统，包含三轴陀螺仪、三轴加速度计、三轴电子罗盘等运动传感器，通过内嵌的低功耗 ARM 处理器得到经过温度补偿的三维姿态等数据。利用基于四元数的三维算法和特殊数据融合技术，实时输出以四元数、欧拉角表示的零漂移三维姿态方位数据。微机电系统（micro-electro-mechanical system，MEMS），也称为微电子机械系统、微系统、微机械等，指尺寸在几毫米乃至更小的电子装置。微机电系统其内部结构一般为微米甚至纳米级，是一个独立的智能系统。姿态传感器中运用的产品包括 MEMS 加速度传感器、MEMS 磁力传感器、MEMS 陀螺仪传感器等。

目前，MEMS 姿态传感器以 6 轴、9 轴和 12 轴等多参数为主，每个参数均可表征姿态的变化。目前六轴传感器中，多是以加速度传感器计算传感器在 $X \backslash Y \backslash Z$ 三个平面的倾斜角度为主，同时测量各个方向的加速度信息，通过设备角度的变化监测物体运动。MEMS 加速度传感器在行业内应用越来越多，目前无人机、无人车等姿态平衡计算所应用以 0.05°的 MEMS 加速度传感器为主，在 1m 量程下的精度可达到 1mm，且此类传感器成本相对较低，可应用于根石走失等的监测工作。在大坝安全监测中，常利用精度为 0.005°或精度更高的加速度传感器，此类传感器在 1m 量程下的精度可达到 0.1mm，此类传感器虽然成本较高，但可用于重点部位的变形监测等。

9 轴传感器多是在 MEMS 加速度传感器基础之上，增加了磁力计（又称电子罗盘），以计算传感器水平向方位。由于磁场精度的限制，在水平方向的精度一般在 0.1°左右，但也可满足根石姿态监测方面的应用。

12 轴传感器多是在加速度和磁力计基础上，再次引入陀螺仪，计算 $X/Y/Z$ 三个轴方向的角速度，提供运动学的态势感知信息。以 12 轴传感器为基础，在精度足够且数据可完全读取的情况下，理论上可根据根石的运动态势数据来计算根石的运动轨迹。但对于现场工程来说，设备的功耗也是需要考虑的方面，设备的长时间值守所投入的其他辅助材料成本更大，不适应现场低成本、大规模、有效感知等工作要求。综上，可有效观测根石在一定情况下的静态姿态变化情况，有效提醒工程抢险和应急探测，即可达到目的。

基于态势感知的智能传感器物联系统，则是将传感器安装于河道整治工程表观部位，对堤坝整体的变形和倾斜情况进行实时监测，同时为保障高精度观测，可采用 0.1°或更高精度的传感器，以获取重要部位根石走失态势。相关传感器精度满足要求、不易被破坏，且可采用低功耗的无线传输技术，实现对堤坝稳定性的长期实时监测，对险工安全监测具有良好的适用性。

4.2.1.1 传感器工作原理

1. 微机械加速度传感器

微机械加速度传感器基于牛顿经典力学定律，其结构一般由质量块、弹性构件、敏感元件构成。它的工作原理是当被测载体做变速运动或者发生倾斜时，传感器中的质量块由于惯性原因受到力的作用，与其连接的弹性构件在这种作用下产生形变，相应的感知元件便能检测出形变的大小并输出电信号，从而测得载体运动加速度值，输出的信号与载体运动的加速度成比例关系。

加速度传感器不仅可以测量运动状态下的加速度指标，还可以测量静态下各轴的加速度信息，并以此换算各轴垂向倾角信息，是变形监测中应用较为广泛的传感器。它的性能指标主要包括分辨率、测量范围、标度因数稳定性、零偏稳定性、标度因数非线性、带宽和噪声等。目前常用的加速度传感器主要分为压阻式、电容式和压电式三种，各种加速度传感器的性能比较结果见表 4.2-1 所示。

表 4.2-1　　　　　　　　　三种加速度传感器性能比较

技术指标	压阻式	电容式	压电式
尺寸	中等	大	中等
温度范围	中等	非常宽	中等
线性误差	低	中等	低
直流影响	有	无	有
灵敏度	中等	中等	中等

续表

技术指标	压阻式	电容式	压电式
冲击造成的零位漂移	无	有	无
电路复杂程度	低	中等	低
成本	低	高	低

压阻式的加速度传感器工作原理是根据压敏电阻阻值的变化来实现加速度的测量。其具有检测电路、结构和制作工艺相对简单的特点。当加速度计受到 a 的加速度时，质量块 m 会把加速度转化为惯性力 F，其关系如下：

$$F = ma \tag{4.2-1}$$

这个惯性力使超悬臂梁发生形变，在梁上产生应力，由于应力变化使力敏电阻的电阻值发生变化，最后电压的变化由惠斯通电桥输出，由此就可以实现对加速度的测量，压阻式加速度传感器性能随着新材料的应用和技术的不断进步有了快速提升，其结构如图 4.2 - 1 所示。

电容式加速度传感器利用加速度的作用下惯性质量块使悬臂梁发生变形，引起电容的改变，通过检测其电容的变化输出加速度大小。电容式加速度传感器主要由固定壳体和敏感质量块两部分组成。在加速度作用下敏感质量块产生位移，固定壳体与敏感质量块之间的电容发生了变化，通过测量电路将电容变化转换为电压变化，最终将加速度转化为电信号输出。电容式加速度传感器结构示意图如图 4.2 - 2 所示。电容式加速度传感器因其本身所具有的灵敏度高、漂移小和噪声低等优点在汽车等领域中受到了越来越多的应用。

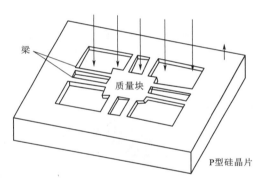

图 4.2 - 1 压阻式加速度传感器结构示意图

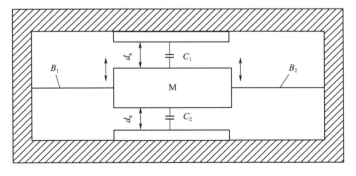

图 4.2 - 2 电容式加速度传感器结构示意图

压电式加速度传感器运用压电效应，当加速度计随着载体运动时，内置的质量块就会产生压力，这样就使支撑的刚体产生应变，最后加速度的变化转换成电信号输出。压电式加速度计具有结构简单、尺寸小和重量轻等众多优点。

2. 微机械磁力传感器

微机械磁力传感器主要原理是通过磁阻传感器对磁场信息进行测量，并以此反算传感器的方位角信息将测得的方位角信息转换为等比例的电信号输出。磁力传感器主要分为平面磁力传感器和三轴磁力传感器。三轴磁力传感器克服了只能在水平条件下使用的缺点，其内置了倾斜补偿装置，功能可由加速度传感器检测重力方向来完成。在高速动态的情况下，同时需要使用陀螺仪来辅助检测水平角度，通过水平角度和重力向信息的补偿，进而得到准确的磁场角度信息。

3. 微机械陀螺仪传感器

微机械陀螺仪传感器的设计原理基于角动量守恒理论，多用来测量物体的翻滚旋转角速度。陀螺仪由高速回转动量矩敏感壳体和位于轴心转子构成，多采用振动式工作原理，借助哥氏加速度将陀螺在驱动模态的振动耦合至检测模态，通过检测陀螺位移或应变来得到载体角速度变化。

4.2.1.2 姿态解算原理

1. 倾斜角测量

对于单轴加速度传感器来说，只能够测量一个方向的倾角。设测量结果为 $F(\alpha)$，g 为重力加速度，其中 α 为倾斜角度，如图 4.2-3 所示。

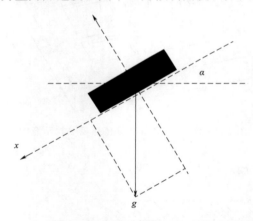

当只有单轴数据计算倾角时，假设 X 轴上测到的加速度值为 a_x，则倾角 α 的值为：$\alpha = \arcsin(a_x/g)$。如果倾角只在很小的范围内变化，则可以使用近似公式 $\sin\alpha \approx \alpha$，于是 $\alpha \approx k(a_x/g)$，比例系数 k 用于倾角的线性近似计算。

X 轴指向旋转 360°，a_x 读数将在 $-g \sim g$ 变化（图 4.2-4）。在接近 90° 和 270° 的位置处，输出值灵敏度很低（同样角度变化引起的读数改变较小），而在 0°、180° 和 360° 附近灵敏度最高，如图 4.2-5 所示。另外也可以看出正弦曲线在 [0°，45°]，[135°，225°] 和

图 4.2-3 单向测量 θ 角示意

[315°，360°] 的线性度较好。

重力加速度在 X、Y、Z 三个轴上的投影即为三个轴传感器的读数，因此可计算出：

$$\begin{cases} \alpha = \arcsin(a_x/g) \\ \beta = \arcsin(a_y/g) \\ \gamma = \arccos(a_z/g) \end{cases} \tag{4.2-2}$$

根据三个轴加速度的矢量和等于重力加速度，即

$$\sqrt{a_x^2 + a_y^2 + a_z^2} = g \tag{4.2-3}$$

可以推导出计算三个角度的另一种表达式：

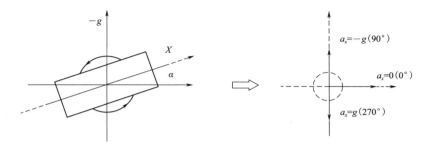

图 4.2-4　绕 X 轴进行旋转

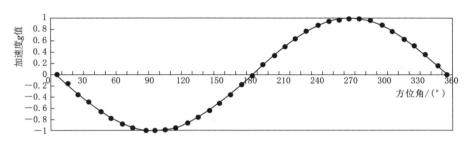

图 4.2-5　不同角度 g 值变化

$$\begin{cases} \alpha = \arctan\left(\dfrac{a_x}{\sqrt{a_y^2 + a_z^2}}\right) \\[3mm] \beta = \arctan\left(\dfrac{a_y}{\sqrt{a_x^2 + a_z^2}}\right) \\[3mm] \gamma = \arctan\left(\dfrac{\sqrt{a_y^2 + a_z^2}}{a_z}\right) \end{cases} \qquad (4.2-4)$$

对于三轴加速度传感器来讲，能够测量三个正交方向的倾角，从而确定被测物体的三维姿态。

2. 方位角测量

当磁力传感器处于水平状态时磁力作用方向只有 X、Y 轴，在干扰磁场忽略不计的情况下，此时他们的矢量之和指向磁北。

如图 4.2-6 所示，N 即为地磁场北向。H_X、H_Y 为 X、Y 轴向两个方向上的磁力分量；X 轴指向 N 时 H_X 读数最大，指向反向时 H_X 读数最小，垂直于 N 时为 0；Y 轴同理。此时方向角 α 的计算方法如下：

$$\alpha = \arctan \frac{H_Y}{H_X} \qquad (4.2-5)$$

然而实际使用情况下会发现 X 垂直于 N 时并不为 0。因此，设 X 轴垂直于 N 时的读数为 X_{off}，Y 轴同理为 Y_{off}，通过式（4.2-6）可以计算出 X

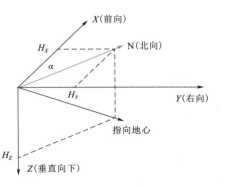

图 4.2-6　地磁场分解矢量示意图

轴方向偏离北向的角度 α。磁力传感器水平方向旋转时 α 的取值范围是 $0°\sim360°$。

$$\alpha=\arctan\frac{H_Y-Y_{\text{off}}}{H_X-X_{\text{off}}} \tag{4.2-6}$$

4.2.2　智能备防石走失感知监测技术

根据第 1 章的根石走失机理，一般情况下的根石走失都会导致表面根石向下整体滑塌，备防石是在防汛工程险工段、控导处及附近区域储备的石料，用于满足防汛抢救急需。如将姿态传感器布设于备防石（抢险用，并置于岸上的根石）内部，并将备防石埋设于表面根石以下，当根石发生滚动或滑塌时，会引发底部姿态传感器的变化，以此可发出报警等信息。

新型智能备防石即将姿态传感器内置于备防石中，通过采集传感器数据，实现智能备防石状态的自动化监测，智能备防石走失变形感知监测的技术路线如图 4.2-7 所示。

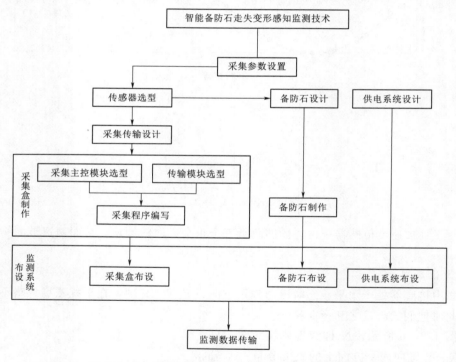

图 4.2-7　智能备防石走失变形感知监测技术路线图

如图 4.2-7 所示，首先对所需采集的备防石参数进行选择，选取之后根据采集参数的精度要求选择传感器的类型，并根据选型对采集和传输的模式进行设计；其次针对设计方案选择采集主控模块和传输模块，根据现场需求进行采集程序的编写。结合现场备防石情况，设计备防石外壳并进行加工和制作，根据整个系统的方案选择供电系统。

基于上述部分，搭建根石状态感知监测系统，包括采集盒、备防石以及供电系统，布设完成之后整个子系统进行运行，将监测数据传输至云平台。

4.2.2.1 传感器选型

传感器的选型要综合考虑监测精度、成本等因素。以简化设计、提高稳定度、降低成本为基本原则,考虑对变形的敏感程度,设计选用集成加速度传感器、地磁场传感器的一体化姿态仪,其主要性能参数如下:

（1）电压：9～36V。

（2）电流：小于 40mA。

（3）体积：55mm×36.8mm×24mm。

（4）测量维度：加速度为三维,磁场为三维,角度为三维。

（5）量程：加速度为±6g,角度为±180°,方位角为±180°。

（6）精度：加速度为 0.01g,角度为 0.05°,方位角为 0.1°。

（7）数据输出频率为 0.1～200Hz。

如图 4.2-8（b）所示,模块的轴向,向左为 X 轴,向上为 Y 轴,垂直于纸面向外为 Z 轴。

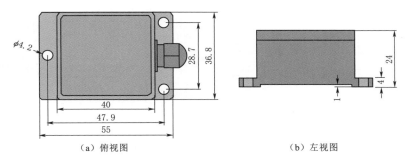

（a）俯视图　　　　　　　　　　（b）左视图

图 4.2-8　姿态传感器结构图

4.2.2.2 备防石设计

设计的智能备防石可将其姿态数据实时传递出来,便于管理人员及时掌握坝垛的稳定情况。智能备防石包括混凝土壳体和设置在壳体内的姿态感知单元,姿态感知单元的通信电缆延伸至混凝土壳体外部。混凝土壳体为分体式结构,包括第一壳体、第二壳体及连接部（图 4.2-9）。

姿态感知单元校准后,将姿态感知单元放置于设计的备防石内部,通信电缆的外端插接在数据采集单元（数据采集单元固定在堤坝上部）的串口内。

在每道坝垛的上跨角、迎水面、坝垛头等容易出现险情的位置设置监测点位,每个监测点位距离河底约为 1m,每个监测点位可根据实际情况放置适宜数量的备防石。放置时在坝顶设置固定点,利用固定绳牵引备防石并预留出一定的自由

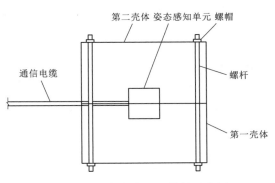

图 4.2-9　智能备防石结构示意图

长度。

4.2.2.3 系统结构设计

根石走失感知监测系统包括姿态感知单元、测控单元、报警单元、供电装置、平台服务器和监控终端，以及布置在坝垛水下被监测位置处的智能备防石。每个智能备防石上分别安装有一个状态感知单元，用于实时感知每个智能备防石的形态。状态感知单元和报警单元分别与测控单元连接，测控单元通过平台服务器与监控终端连接，实现每个智能备防石姿态数据从状态感知单元到平台服务器、监控终端的通信，达到无人值守、全天候工作、即时报警、准确可靠地监测坝垛水下根石状态的目的。根石走失感知监测系统结构如图4.2-10所示。

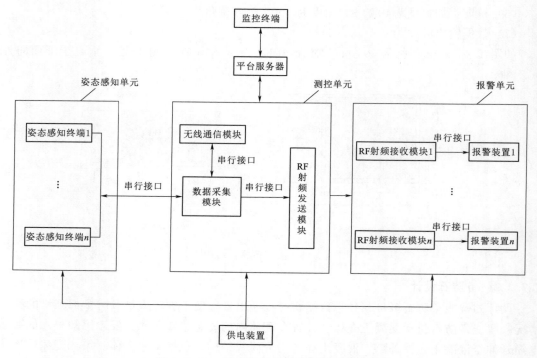

图 4.2-10 根石走失感知监测系统结构图

姿态传感器由加速度计、地磁场传感器组合而成。姿态传感器内嵌于坝垛水下的智能备防石中，监控终端通过获取姿态传感器的加速度、角度值、方位角值等，从而反映坝垛水下根石的走失情况。

供电装置采用太阳能供电方式（也可用其他方式），包括固定在坝垛上的立杆，固定在立杆上的太阳能电池板和转换器，以及埋设于地下的蓄电池；测控单元固定于立杆上，太阳能电池板电源输出端与转换器电源输入端连接，转换器电源输出端与蓄电池电源输入端连接，蓄电池电源输出端分别与测控单元、状态感知单元和报警单元的电源输入端连接。

测控单元包括数据采集模块、无线通信模块和RF射频发送模块。数据采集模块用于控制数据采集、数据分析和数据发送，并通过串行接口与状态感知单元、无线通信模块、

RF 射频发送模块相连；无线通信模块用于与平台服务器进行数据通信；RF 射频发送模块用于向报警单元发送报警触发命令。

报警单元包括 RF 射频接收模块和报警装置。RF 射频接收模块用于接收测控单元发送的报警触发命令，并将报警触发命令通过串行接口发送给报警装置进行报警；报警装置用于实现对被监测位置现场的声音报警和闪光报警。报警单元的供电系统可以选择和测控单元共用太阳能供电系统，也可单独设立一套相同的太阳能供电系统。

在监测现场的声音报警和闪光报警通过声光报警器实现，可在需要报警提示的位置设置报警器，用于扩大危险信号的报警覆盖范围。该声光报警设备与控制模块可以通过有线连接，也可以通过无线收发模块进行数据通信，控制模块通过发送触发信号来控制声光报警设备发出闪光信号和大于 85dB 的声报警信号。

4.2.2.4 监测布置

图 4.2 - 11 是坝垛水下被监测位置的根石走失感知监测系统示意图。

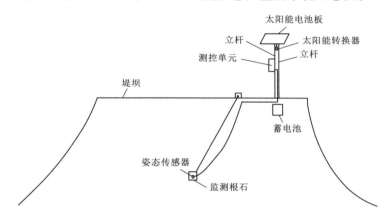

图 4.2 - 11 坝垛水下被监测位置的根石走失感知监测系统示意图

根石状态走失感知监测系统监测流程：首先，通过测控单元中的数据采集模块通过串行接口向状态感知单元发送数据采集命令，状态感知单元中的姿态传感器在收到采集命令后，向数据采集模块返回当前监测根石的姿态感知数据。其次，数据采集模块在收到返回数据后，对数据进行分析、计算以及滤波后得出该时刻智能备防石的数据信息，再经内嵌程序算法计算，得出该时刻该智能备防石状态是否稳定，并将数据结果按照指定的协议通过无线通信模块发送到平台服务器。平台服务器在收到数据包之后，通过数据解析程序对数据进行解析和存储。监控终端读取平台服务器中的数据，并对数据进行可视化展示，从而实现坝垛水下根石状态的实时监测。

4.2.2.5 智能备防石走失感知监测技术应用

为验证智能备防石在河道整治工程监测中的应用，在黄河下游马渡险工工程和马渡下延控导工程安装了 3 块智能备防石，智能备防石布设图如图 4.2 - 12 所示。

从 2019 年 8 月在马渡安装以来，设备运行稳定，数据传输正常，监测数据正常。在 2020 年 2 月 4 日，马渡 104 号坝智能备防石姿态传感器 001 号发生了一个较大的移动，移动之后状态依然稳定（图 4.2 - 13）。

图 4.2-12 智能备防石布设图

在马渡险工 27 号坝上装有 4 块智能备防石 002 号、003 号、004 号和 005 号。2020年 7 月 24 日，黄河涨水智能备防石 002 号受到冲击，姿态数据发生变化后稳定，说明备防石在受到冲刷后，稳定到了新的稳态，监测数据如图 4.2-14 所示。

图 4.2-13 传感器信号数据

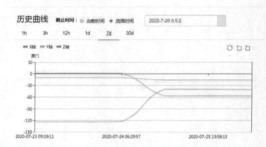

图 4.2-14 传感器监测数据

4.2.3 水下根石坡度变化监测技术研究

智能备防石虽然可直接布设于水下根石表面或内部，直接监测到水下根石的走失情况，起到主动感知和预报预警的作用，但此类方法无法获取水下根石的坡度变化情况。在工程发生报警过后，仍需依靠根石探测船只等开展水下根石坡度探测等作业。

利用姿态传感器的角度变化，将多个姿态传感器进行刚性连接，可通过计算获取各传感器的相对变化量，实现坡度等的监测。但高精度的姿态传感器成本较高，且一个断面需连续布设。另一方面，黄河根石变形量巨大，对于高精度变形无过多需求。因此，结合姿态变化思路，以低成本姿态传感器组合形成满足于河道整治工程的根石坡度监测技术。

4.2.3.1 阵列式位移计原理

阵列式位移计是基于 MEMS 加速度传感器开发而来，MEMS 加速度传感器用于测量载体的加速度，并通过算法提供相关的速度和位移信息。阵列式位移计中包含若干可防止变形的刚性标准节，刚性标准节之间通过复合关节中的柔性接头相连接，通过柔性接头表征结构的变化情况。刚性标准节的长度可以进行定制，阵列式位移计结构如图 4.2 - 15 所示。

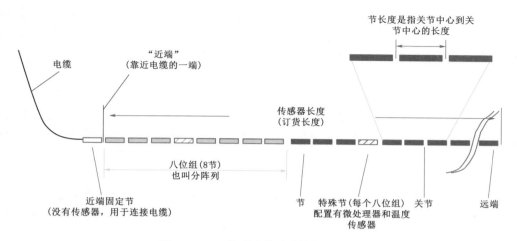

图 4.2 - 15　阵列式位移计结构示意图

阵列式位移计由多节等长的测量单元节点组成，并通过总线式结构内部并行连接，每个单元节点相互独立采集、运算，通过总线将采集数据汇总到首节的控制器单元，控制器单元通过 RS485 接口或 RS232 接口与外部通信。

阵列式位移计由多段连续节串联而成，每段连续节有一个固定已知的长度（一般为 500mm 或 1000mm 等），内部由若干 MEMS 加速度传感器组成。阵列式位移计内置的 MEMS 加速度传感器通过检测各部分的重力场可以计算出各段轴之间的弯曲角度 θ_i，已知各段轴长度 L，便可计算每段连续节的变形量 ΔX_i，即如式（4.2 - 7）所示。

$$\Delta X_i = \theta_i L \qquad (4.2 - 7)$$

对各段的变形进行累加求和，可得到距固定端点任意长度的变形量，进而计算出各个节点相对于参考点（坐标原点）的坐标值（X，Y，Z），即各个节点的位移。

阵列式位移计作为一种特殊的串状仪器，主要由刚性传感阵列组成，被柔性接头分开。每节包含 1 个可测量沿 X 轴、Y 轴和 Z 轴测量倾斜的 MEMS 加速度计。每一节传感器主要包括传感节和非传感节、交联聚乙烯管（PEX 管）、孔眼、X 标记、通信电缆和方位标签等。

1. 传感节

除了阵列式位移计电缆末端的机械节外，其余节都含有加速度传感器，被称为传感节。节的长度是两个关节中心之间的长度。标准阵列式位移计的单节长度为 500mm、1000mm 或其他可定制长度。该长度与整体变形精度相关，在角度精度一定的情况下，唯一精度可表示为

$$d = L \times \sin(\Delta\varphi) \qquad (4.2 - 8)$$

式中：L 为关节长度；$\Delta\varphi$ 为变形角度量。

2. 非传感节

每套阵列式位移计都有一节非传感节，位于整套仪器的电缆末端。用于电缆接入以及保持两节感节进行柔性连接。阵列式位移计非传感节从关节中心到 PEX 管的长度约

为 130mm。

3. PEX 管

PEX 管用于阵列式位移计安装过程中保护通信电缆免受损坏，确保回收安全以及方位角控制。每套阵列式位移计顶部带有 1.5m 长的 PEX 管，如果这个长度不够达到地面或钻孔顶部，可以用额外的 PEX 管和一套 PEX 扩展工具包延长 PEX 管。

4. 方位标志

如图 4.2-16 所示，方位标志在阵列式位移计的顶部和底部，校准传感器 X 轴的软件与 X 标志对齐。安装时在竖直阵列式位移计的顶部对齐 X 标志以便与预期移动方向成一条直线，另外可用顶部和底部的 X 标志检查阵列式位移计是否被不当处理发生扭角变形。

5. 通信

连接阵列式位移计的电缆用于给装置供电和阵列式位移计与记录器或电脑之间通信，由于阵列式位移计采用的是数字通信协议，无论几个测点，一串仪器只用一根电缆即可。

4.2.3.2　测量精度

MEMS 加速度传感器可以在 360°范围内测量倾斜，但不是在所有角度上都具有相同的敏感度。MEMS 加速度计测量精度与安装方法和合理的整编计算方法有关，如竖直安装的阵列式位移计可以测量三维位置和方向。水平或近于水平安装时，阵列式位移计并不能识别水平面内的移动，所以测得的只是二维的数据。

阵列式位移计轴向的变形基本为零，其精度与选取的 MEMS 传感器精度关联性较大。选择 0.005°的 MEMS 传感器时，32m 长的阵列式位移计误差值约为 1.5mm，选择 0.05°的传感器时，32m 长的阵列位移计误差值小于 50mm，可满足根石边坡变形精度要求。虽然随着阵列式位移计长度增加，精度会有所下降，但整体误差与阵列式位移计长度的平方根有关而不是线性增长。

在计算监测成果时，可以通过平均多个样本数据以提高精度，精度的提高与样本数量的平方根有关，用于计算平均值的样本数量为 100～25500。样本数量越大，精度越高，但是计算时间也会增加，对于大多数安装工况，样本数量一般设置为 1000。一般情况下，1000 个数据（标准平均水平）的平均值自动计算时间少于 10s，可极大提高监测传感器精度。

4.2.3.3　系统设计

水下根石坡度变化监测系统包括感知单元（阵列式位移计）、自动采集单元、供电装置、云平台服务器和监控终端等。

感知单元由多组阵列式位移计构成，在险工坝垛水下根石的典型部位贴坡布设，通过电缆连接至坝顶安装的自动采集单元内，用于实时感知每个水下根石断面的形态。

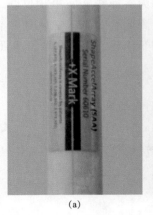

| (a) | (b) |

图 4.2-16　X 标志标签及在阵列式位移计上的标记

自动采集单元是一体化采集设备，包括采集模块、电源模块、通信模块等，通过仪器电缆与感知单元相连，负责给感知单元（阵列式位移计）供电，收集并存储阵列式位移计的测量数据和蓄电池电压等关键状态信息，通过无线终端设备推送数据到云平台服务器，也支持移动终端（手机、笔记本等）通过数据线和蓝牙形式进行本地操作、采集、存储数据等功能，自动采集单元需要外部供电。

自动采集单元通过无线或有线形式与云平台服务器连接，实现每个水下根石断面坡度数据从状态感知单元到云平台服务器的数据通信，监控终端位于监控中心，可实时读取和处理平台服务器的数据。云平台服务器与监控终端共同工作，负责对监测根石断面坡度数据进行实时监测、传输、存储、查看和历史数据展示，实现无人值守、全天候工作、即时报警、准确可靠的对坝垛水下根石状态的监测。

系统供电方式可选用太阳能供电或者市电接入。对于有市电接入条件的优先选择市电接入方式，并配置免维护蓄电池组作为备用电源，停电时为 MCU 和通信设备供电。对于位于没有市电接入条件的测站，可采用太阳能供电。太阳能供电装置包括固定在坝垛上的立杆、固定在立杆上的太阳能电池板、太阳能转换器，以及埋设于地下的蓄电池组。太阳能电池板电源输出端与转换器电源输入端连接，太阳能转换器电源输出端与蓄电池电源输入端连接，蓄电池电源输出端与自动采集单元的电源输入端连接。水下根石坡度变化监测系统结构如图 4.2-17 所示。

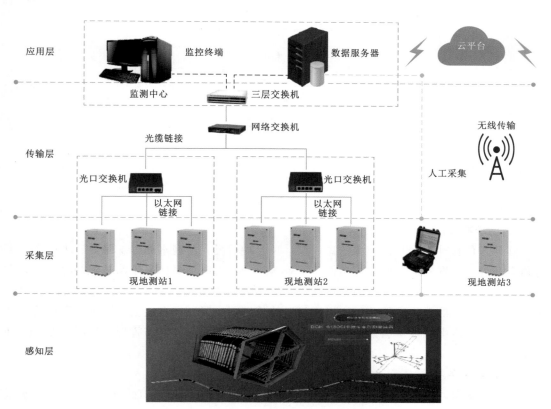

图 4.2-17 水下根石坡度变化监测系统结构

1. 工作流程

水下根石坡度变化监测系统的工作方法如下：首先由自动采集单元中的数据采集模块通过串行接口向状态感知单元发送数据采集命令，状态感知单元中的阵列式位移计传感器在收到采集命令后，向数据采集模块返回当前各节点的坐标数据；数据采集模块在收到返回数据后，及时通过无线终端设备推送数据到云平台服务器；云平台服务器对数据进行分析、计算得出该时刻的水下根石坡度数据，通过内嵌程序与预警阈值进行比较，判断该时刻该水下根石状态是否稳定并进行存储；监控终端读取平台服务器中的数据，并对数据进行可视化展示和指令交互，从而实现坝垛水下根石坡度状态的实时监测，具体监测流程如图 4.2-18 所示。

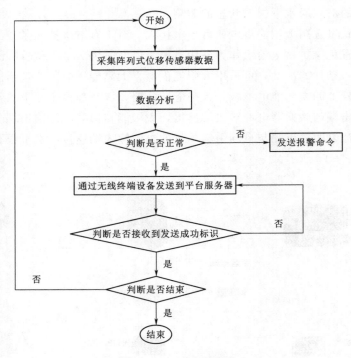

图 4.2-18 监测流程

2. 现场布设

阵列式位移计根据具体坝垛的靠、溜、顶、冲情况，沿迎水面、上跨角、坝前头、下跨角等部位，采取斜向贴坡方式布设若干条测线，斜向贴坡具体采用贴坡沉管法安装，在传感器组外部套一个相同直径的耐压软管，增加其抗剪能力，并沿固定间隔添加配重块，一方面可以增加测值稳定性，另一方面可以使传感器组紧贴根石表面，达到变形精确感知的目的，仪器电缆顺坡牵引敷设至坝顶的自动采集单元内，具体布置形式如图 4.2-19 和图 4.2-20 所示。

3. 自动采集单元

自动采集单元是一套适用于野外恶劣环境条件下使用的实时工程数据采集及控制系统。系统提供各种仪器接口、测量、信号处理、系统控制及通信功能，通过采集软件可实

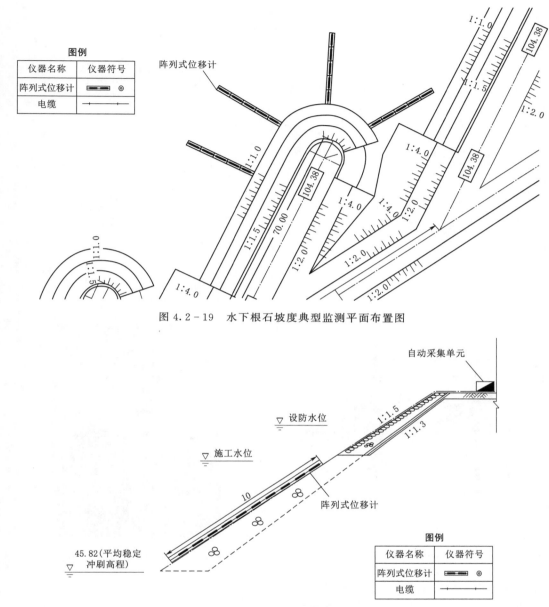

图 4.2-19　水下根石坡度典型监测平面布置图

图 4.2-20　水下根石坡度典型监测剖面布置图

现远程操作和数据管理功能。自动采集单元主要包括采集、通信、供电和防雷接地四部分，其内部结构如图 4.2-21 所示。

4. 现场供电

结合现场条件，自动采集单元的供电方式可选用市电接入或者太阳能供电，通信方式可选用有线方式或者无线方式。由于黄河河防工程多布设于野外，供电和通信条件较差，因此，本书主要采用太阳能供电和 4G 通信方式，现场安装示意图如图 4.2-22 和图 4.2-23 所示。

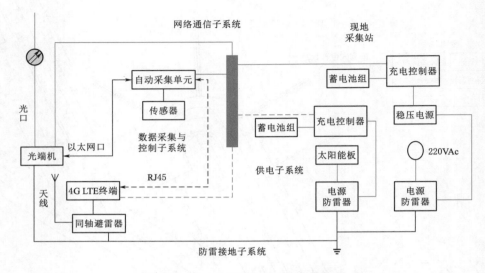

图 4.2 - 21　自动采集单元内部结构图

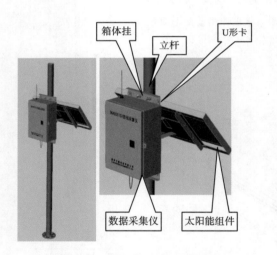

图 4.2 - 22　自动采集单元安装示意图

图 4.2 - 23　自动采集单元现场安装图

4.2.3.4　水下根石坡度变化监测技术的应用

黄河设计院于 2019 年 8 月在马渡下延控导工程 104 号坝的上跨角和迎水面部位分别安装了 1 组阵列式位移计，用于实时监测坝垛水下根石坡度变化情况，单条测线总长 15m，其中水下部位约 10m，基本已达根石底部位置。

现场安装时，为了保证仪器安装到位，借助拉绳和浮筒等装置将阵列式位移计串挪移至目标监测断面的水面位置，然后卸除浮筒，让其沉入水中，安装完成后立即采集数据，通过测值曲线（图 4.2 - 24）可以看出阵列式位移计已成功埋设至目标位置。

阵列式位移计内部已经完成了角度测量到位置测量的转换，所以输出成果的直接是以顶部测点为基准点的相对位置坐标。由于阵列式位移计的原始测量数据是三维坐标，需要

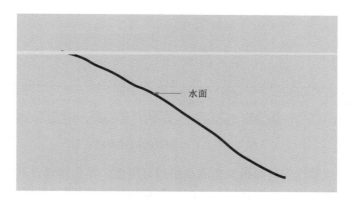

图 4.2 - 24　阵列式位移计安装后测值曲线

以顶部固定的测点作为相对不动点，以计算全部 30 个测点的相对位置，并对位置变化情况进行分析。通过现场 RTK 测量确定顶部测点的绝对三维坐标后，即可获取全部 30 个测点的绝对位置坐标，直接绘制原始数据空间分布曲线，即为水下根石的实时坡度情况。从仪器安装至今的监测数据来看，测值整体连续、光滑，无明显的跳动、零漂等系统误差，说明传感器稳定性良好，监测精度较高。

阵列式位移计利用仪器内部的数据处理器和寄存器，实现传感器各节点的倾角-坐标的换算，仪器线缆出来的数据即为坐标数据，然后利用定制开发的数据计算分析软件，实时计算和显示水下根石的坡度状态（图 4.2 - 25），如点击图中单个测点还可查看该测点的历史测值过程线，进一步分析变形速率等指标。测值过程线具体如图 4.2 - 26 所示。

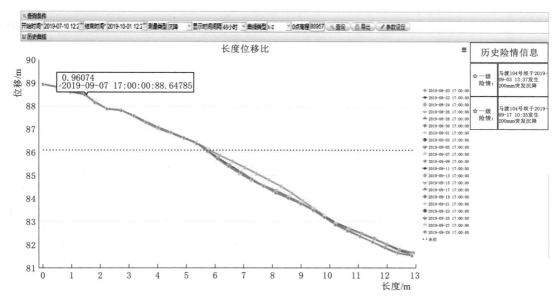

图 4.2 - 25　坡度测值曲线

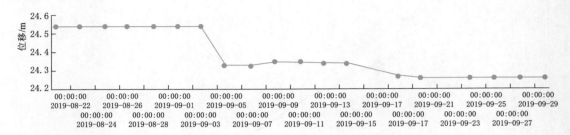

图 4.2-26 单测点时间过程线

为验证阵列式位移计安装效果和监测成果的可靠性，在仪器埋设部位用浅地层剖面仪进行了水下根石探测工作，并将获得的监测数据和探测数据进行对比分析。

通过对比发现，同期的阵列式位移计监测数据和根石探测结果基本一致，说明阵列式位移计的监测成果可靠性较高，测值能反映坝垛的实际变形情况。阵列式位移计和根石探测成果对比如图 4.2-27 所示。

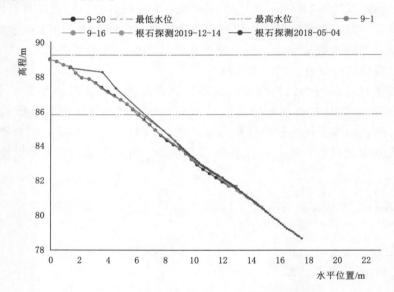

图 4.2-27 阵列式位移计和根石探测成果对比

马渡下延控导工程 104 号坝的 2 套阵列式位移计自安装完毕以来一直正常工作运行，监测期间成功对 2019 年 9 月 3 日和 9 月 17 日发生的水下根石局部垮塌和走失进行准确预警。监测成果显示（图 4.2-28 和图 4.2-29），2019 年 9 月 3 日和 9 月 17 日，分别在 104 号坝水下根石 85m 和 80m 高程发生了局部根石走失、坍塌现象，出险前后，水下散抛根石的局部高程降低最大约 20cm，局部坡比从 1∶1.5 降至 1∶1.2，已经低于河道运行管理单位规定的 1∶1.3 根石坡度标准，需要及时进行抛石加固。

发现险情后，项目组及时与现场河务局工作人员进行了沟通，工作人员反映该时段位于工程上游的马渡险工多处坝垛发生了大规模根石走失、滑塌情况，已经在组织进行了抢险，与 104 号坝阵列式位移计的监测成果相符。该事件成功验证了阵列式位移计的监测效果良好，同时也证明了该套水下根石坡度变化监测系统的有效性。

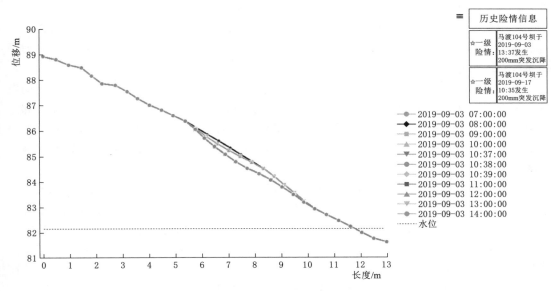

图 4.2-28　2019 年 9 月 3 日险情监测成果

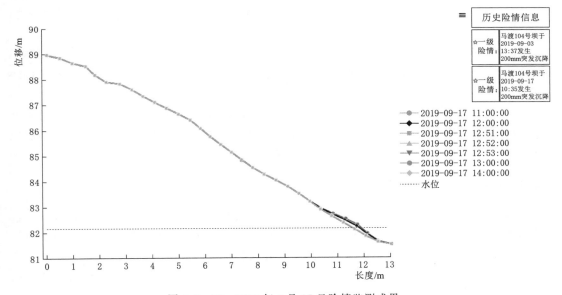

图 4.2-29　2019 年 9 月 17 日险情监测成果

4.3　堤防工程自然电场监测技术

黄河堤防工程修建年代久远，安装监测感知信息设施极少，加之堤防工程阵线长，后期运维过程中虽增加了部分表观监控设备，基本没有安装现代化渗流、变形监测预警设施，工程安全监测主要依靠人工巡查。传统的堤防隐患探测方法虽可极大程度的解决堤防内部的隐患问题，但其在工作效率、探测深度等方面存在一定的矛盾。传统的渗漏监测等技术多是从大坝断面式监测移植过来，也不适应堤防等线性工程大规模监测的需求。

在堤防等线性工程中，可通过 Insar 等方式实现线性工程宏观沉降分析。作为常年运行的土质堤防，宏观形变对工程影响相对较小。堤防工程最为关键的是渗漏问题，考虑堤防等线性工程渗漏监测需求，本章将介绍基于自然电场的新型渗漏监测技术。

地球内部是存在电场的，反映到地面上，就会形成未经人工供电、却可以检测到的电场，即自然电场。常见的自然电场有两类：一类是区域性，大范围分布的大地电流场和大地电磁场，这是一种低频交变电磁场，其分布特征和地层构造以及结晶基底起伏有关；另一类是分布范围限于局部地区的稳定电流场，它的存在往往和某些金属矿床的赋存或地下水的运动有关。

由地下水运动引起的过滤电场也叫渗流电场。当地下水流过多孔的岩土时，在地表上就可以测量到过滤电场。过滤电场的形成机制是离子价键能够吸引溶液里的异性离子，土颗粒的表面存在晶格，晶格的表面存在离子价键，这样，土颗粒就能呈现带电的性质，在土颗粒的表面还会有双电层形成。土颗粒的成分会影响其带电性，带电性的不同决定着土颗粒吸附离子的电性。大多数时候，土颗粒带正电荷，因此能吸附溶液中的负电荷，从而将正电荷留在溶液中。岩土颗粒吸附正离子还是负离子，取决于它的成分。一般情况下，岩土颗粒和溶液间的双电层，靠岩石一侧为负离子，溶液中为正离子。当地下水有流动时，正离子被带走，负离子被留下，随着流动的进行，上游和下游离子浓度差别越来越大，这样就形成了过滤电场。

自然电场法在土石堤坝渗漏探测中应用广泛，渗漏问题往往是影响线性工程（堤防工程）运行安全的重要因素，因此通过监测地球物理场变化来研究渗漏发育工程，对于堤防工程的安全预警工作具有重要意义。

多通道自然电位监测技术是国内外近些年在基坑渗漏、地下水流向、水利工程渗漏方面的研究热点。通过在工程基础及内部埋设电极进行自然电场监测，可以实时了解地层及工程内部自然电位变化的情况，从而实现渗漏通道监测的目的。

4.3.1　自然电场形成机制

土体本身存在电阻率差异，由于流体在土体中进行传递，会引起土体内部形成一个过滤的电场。通过观测这种过滤电场，即可对地下水流情况进行分析。自然电场是地下电性的和非电性的介质流动或力相互作用的结果。在宏观尺度上，耦合的传导现象属于非平衡热动力学，其假定电流和产生机制是线性相关的。其结果就是线性耦合方程组，其中的 L_{ij} 是电流 q_i 和 "力" X_j 之间的耦合系数矩阵。

$$
\begin{bmatrix} q_1 \\ q_2 \\ q_3 \\ q_4 \end{bmatrix} = \begin{bmatrix} L_{11} & L_{12} & L_{13} & L_{14} \\ L_{21} & L_{22} & L_{23} & L_{24} \\ L_{31} & L_{32} & L_{33} & L_{34} \\ L_{41} & L_{42} & L_{43} & L_{44} \end{bmatrix} \begin{bmatrix} X_1 \\ X_2 \\ X_3 \\ X_4 \end{bmatrix}
\tag{4.3-1}
$$

对于小的电流，系数矩阵是对称的，耦合现象方程通常称为昂萨格倒易关系。典型的"力"和其作用下的通量是：电势差和电流密度（欧姆定律），压力梯度和流体流速（达西定律），化学梯度和溶质通量（菲克定律），热梯度和热通量（傅里叶定律）。因为耦合方程（式（4.3-1）），应该也会有其他的非共轭的力产生通量作用到其中，即

$$q_i = \sum_j L_{ij} X_j \tag{4.3-2}$$

所有的四种"力"对地下的总电流密度都有贡献，$j = q_1 \, [A^{m-2}]$，也就是

$$j(x) = j_c(x) + j_k(x) + j_d(x) + j_t(x) \tag{4.3-3}$$

式中：$j_c(x)$、$j_k(x)$、$j_d(x)$、$j_t(x)$ 分别为传导电流、位移电流、化学电流和地热电流。

从概念上来看，自然电场考虑的问题电流随着"力"的机制的变化而改变，在地下，通常变化是很缓慢的。因此可以使用静态的麦克斯韦方程组，不考虑法拉第定律中磁的量：

$$\nabla E = -\frac{\partial B}{\partial t} \approx 0 \tag{4.3-4}$$

电场可以写成电势的负梯度：

$$E(x) = -\nabla \varphi(x) \tag{4.3-5}$$

取安培定律的散度，有

$$\nabla(\nabla H) = \nabla\left(\frac{\partial \varepsilon E}{\partial t} + j\right) = 0 \tag{4.3-6}$$

代入高斯定律，有

$$\nabla(\varepsilon E) = \rho_q \tag{4.3-7}$$

从电荷守恒导出，有

$$\nabla j = -\frac{\partial \rho_q}{\partial t} \tag{4.3-8}$$

在式（4.3-7）和式（4.3-8）中，ε 为介电常数；ρ_q 为电荷密度。对于静稳态情况，电荷密度对时间的导数忽略，得到下面的电流守恒方程：

$$\nabla j = 0 \tag{4.3-9}$$

自然电场测得的是由于一个或多个"力"耦合产生的传导电流产生的电势。就是说，电势是其他的"力"的机制。把式（4.3-3）代入式（4.3-9）中，从电性响应中分离得到

$$-\nabla \sigma(x) \nabla \varphi(x) = \nabla j_s(x) = s(x) \tag{4.3-10}$$

如此，源项 $s(x)$ 等于由"力"机制产生的总电流密度的散度，即

$$j_s = j_k + j_d + j_t = \sum_{j \neq 1} L_{1j} X_j \tag{4.3-11}$$

源项中的耦合系数 L_{ij} 在决定自然电场响应中起重要作用。大量的研究致力于多种机制之间的相互作用耦合系数，表明自然电场的源是多重作用相互耦合的结果。

在堤防发生渗漏过程中，自然电势异常的产生主要有两点：①空隙中的压力梯度产生的孔隙水的流动。水流带走额外的孔隙水电荷，确切地说是矿物表面的扩散层中水，这就是流动电流（电势）；②由内外水温等温度差异产生的离子化学电势梯度产生的热电动势。

其中流动电势引起的电场变化是观测的主要参数，由于水温差异引起的热电动势变化

在渗漏过程中相对较少。

理论上，流动电势的性质是已知的，毛细管的电势为

$$E_s = \frac{\zeta \varepsilon \rho}{4\pi\eta}\Delta P \qquad (4.3-12)$$

式中：ε、ρ 和 η 分别为介电常数、电阻率和电解质的黏度；ΔP 为压降；ζ 为双层或界面电势。

在实际工作中，式（4.3-12）很少应用，因为通常情况，岩土中的界面电势几乎没有定义，水的流动也与简单的毛细管中的不同；此外，次要的影响，如黏土矿物在膜附近的活动同时会加强或减弱流动电势，复杂的解释使得定量分析变得问题重重。

渗漏引起的过滤电场是由于多孔介质中液体的流动和电的传导产生，该现象也叫电动效应。毛细管中的固液相界面产生的极化物理学中称为双电离子层。对于绝大多数岩矿物，固体表面积累负电荷，使得液体中额外带正电荷。在固液相交接的部分，电荷被紧紧地束缚在 helmholtz 层的内外，也叫 stern 层，在水力梯度下是不会移动的。在超过一定范围后，离子云中的净电荷密度减小，称为扩散层，在水压力梯度下净电荷被拖走，在流体内产生过滤电流密度：

$$j_k = \rho_q u \qquad (4.3-13)$$

式中：ρ_q 为净电荷密度；u 为流体流速。

考虑流体在稳定压力梯度下流经圆柱（椭圆柱）状孔隙。流体的流速由式（4.3-14）描述：

$$u(r) = \frac{\Delta P}{4\eta l}(a^2 - r^2) \qquad (4.3-14)$$

式中：ΔP 为孔隙两头的压降；η 为液体的黏度；l 为孔隙的长度；a 为孔隙的半径；r 为孔隙在圆柱坐标系内的坐标。电荷密度也是柱坐标到孔隙壁的距离的函数，由高斯定律约束（柱坐标）：

$$\frac{1}{r}\frac{\mathrm{d}}{\mathrm{d}r}r\frac{\mathrm{d}\Psi(r)}{\mathrm{d}r} = \frac{-\rho q}{\varepsilon} \qquad (4.3-15)$$

式中：$\Psi(r)$ 为净电荷在孔隙管内产生的电势，其定义为柱坐标到电荷能被流体带走处的距离的 $\Psi(r)$ 值（$r = s \approx a$）。

散度定理可以用来把对电流密度在孔隙空间的积分转化为对孔隙面的积分：

$$\int_V \nabla(j_c(x) + j_c(x))\mathrm{d}V = \int_{\partial V} n(j_c(x) + j_c(x))\mathrm{d}S = 0 \qquad (4.3-16)$$

流经面的总电流 I，定义为电流密度在面上的积分：

$$I = \int_S nj(x)\mathrm{d}S \qquad (4.3-17)$$

在平衡情况下，式（4.3-16）表明穿过闭合面的总电流为零，过滤电流与传导电流之和为 0。

$$-\int_S nj(x)\mathrm{d}S = -I_c = I_k = \int_S nj_k(x)\mathrm{d}S \qquad (4.3-18)$$

应该注意到，穿过闭合面的总电流为零，但是在面内的任意点上电流不一定是零。这

将使自然电场解释产生一些疑难。

式 (4.3-13) ～式 (4.3-15) 通过式 (4.3-18) 结合起来，计算 I_k：

$$I_k = \frac{-\varepsilon\pi\Delta P}{2\eta l}\int_0^s \mathrm{d}r\, \frac{\mathrm{d}}{\mathrm{d}r}r\, \frac{\mathrm{d}\Psi(r)}{\mathrm{d}r}(a^2 - r^2) \tag{4.3-19}$$

分步积分得

$$I_k = \frac{-\varepsilon\pi\Delta P}{2\eta l}\left[(a^2 - r^2)r\, \frac{\mathrm{d}\Psi(r)}{\mathrm{d}r}\bigg|_0^s - \int_0^s \mathrm{d}r(-2r)r\, \frac{\mathrm{d}\Psi(r)}{\mathrm{d}r}\right] \tag{4.3-20}$$

当 $a \approx s$ 时，括号内的第一项约等于 0。第二次分步积分得

$$I_k = \frac{-\varepsilon\pi\Delta P}{2\eta l}\left[r^2\Psi(r)\bigg|_0^s - \int_0^s \mathrm{d}r\, 2r\Psi(r)\right] \tag{4.3-21}$$

其中 zeta 电势定义为

$$\psi(s) = \xi \tag{4.3-22}$$

且剩下的积分等于 0。因此，圆柱孔隙内的过滤电场是压力梯度的函数。

$$I_k = \frac{-\varepsilon\xi\pi s^2\Delta P}{\eta l} \tag{4.3-23}$$

传导电流，I_c 流向相反，对式 (4.3-18) 在圆柱体面上进行积分得

$$I_c = \int_0^a \mathrm{d}r(2\pi r)\sigma_f\, \frac{\Delta\varphi}{l} \tag{4.3-24}$$

式中：σ_f 为液体的电导率。

$$I_c = \frac{\pi a^2\sigma_f\Delta\varphi}{l} \tag{4.3-25}$$

最终，用 $-I_c = I_k$ 联立式 (4.3-23) 和式 (4.3-25)，得到常规的 Helmholtz - Smoluchowski 方程，将圆柱毛细管的两端电势差和压力差建立关系：

$$\Delta\varphi = \frac{\varepsilon\xi}{\eta\sigma_f}\Delta P \tag{4.3-26}$$

运用多孔介质中的 Helmholtz - Smoluchowski 方程有几个重要的假设，主要是由于孔隙的几何空间远为复杂，主要影响条件如下：

(1) 孔隙中的水流是片薄层装的。

(2) 孔隙的平均半径要比双离子层厚度大得多。

(3) 孔隙的曲率半径要比双离子层大得多。

(4) 表面导电可以忽略，或对式 (4.3-26) 进行修改联系电压和压力差的系数，称之为电压耦合系数。

$$C = \frac{\varepsilon\xi}{\eta\sigma_f} \tag{4.3-27}$$

电压耦合系数可以在实验室测量，也经常有相关文献记录。使用式 (4.3-10) 模拟自然电场，需要知道电流耦合因子 L，电压耦合因子和电流耦合因子通过样品的体积导电性联系：

$$L = -\sigma_r C \tag{4.3-28}$$

体积导电性和液体的导电性的比通常指的是地层因子，式 (4.3-28) 可以写为

$$L = \frac{-\varepsilon\xi}{\eta F} \qquad (4.3-29)$$

可以发现，到式（4.3-26）的 Helmholtz-Smoluchowski 方程是由式（4.3-10）物理定义的结果，但不能作为普遍适用的公式。这是因为地面的两点之间可以测到自然电场，但不一定表示这两点之间有水头差。

总的来说，过滤电流和传导电流有各自的主导，有不同的边界条件。虽然总的电流是 0，但是不表示任意点处的电流为 0，这两个道理是相同的。此外，当过滤电流和传导电流主导不同的区域时，最大压降会比式（4.3-26）的理论值要低。该现象发生在岩层电导率较高的情况，传导电流在压降较小的情况下就可以平衡过滤电流。

假定过滤电场为唯一的源，把现实中的情况简化为含水饱和的孔隙空间，不均匀但各项同性。当流体流经这样一个介质，电学过程和水力学过程在下述两个微观连续方程的作用下，在多孔介质的单位体积微元中相互作用。

$$j = \sigma E - L(\nabla p - \rho_f g) \qquad (4.3-30)$$

$$u = LE - \frac{k}{\eta_f}(\nabla p - \rho_f g) \qquad (4.3-31)$$

$$C = \left(\frac{\partial \varphi}{\partial p}\right)_{j=0} = -\frac{L}{\sigma} \qquad (4.3-32)$$

式中：j 为（总）电流密度；u 为体积流体通量；E 为静态麦克斯韦方程约束下的电场；p 为孔隙流体压力；g 为重力加速度；σ 和 k 分别为孔隙介质的电导率和渗透率；ρ_f 和 η_f 分别为孔隙流体的密度和动态剪切黏度；L 为达西定律和广义欧姆定律的电动耦合系数；C 为过滤电动势耦合系数。

式（4.3-30）的另一个形式由 Revil 和 Leroy 等于 2004 年提出，为

$$j = \sigma E \overline{Q}_v u \qquad (4.3-33)$$

式中：Q_v 是单位孔隙裂隙体积（离子扩散层）内的净电荷。该净电荷是所有用来平衡矿物表面电荷不足的所有净电荷的一小部分，多数的离子位于固定层。

这种新方法的优点是，单位孔隙体积的净电荷和渗透率的关系适用于很多种类的材料或矿物质，因此，在 pH 值约为 7 时（对孔隙水的化学性质和温度起作用），运用该经验公式，自然电势数据解释不需要其他物性参数，只要渗透率和电导率即可。

通过式（4.3-30）和式（4.3-31）可发现，若电场的来源仅仅是电动效应产生，后一式可以和前一式退耦。这表明对比电动效应产生的幅值（小于数伏）等级，电渗效应对于水流的贡献可以忽略。在该近似条件下，得到经典达西定律：

$$u = -\frac{k}{\eta_f}(\nabla p - \rho_f g) \qquad (4.3-34)$$

静态麦克斯韦方程给出：

$$\nabla E = -\mu \frac{\partial H}{\partial t} \approx 0 \qquad (4.3-35)$$

$$\nabla j = 0 \qquad (4.3-36)$$

式中：ρ_f 为孔隙水的密度。

孔隙流体在可变形多孔介质中的连续方程可以写为体积变形量 ε 和多孔介质中孔隙流

体压力随时间的变化。

$$\nabla(\rho_f u) = -\rho_f \left[\xi \frac{d\varepsilon}{dt} + \left(\frac{1}{R} - \frac{\xi}{H} \right) \frac{dp}{dt} \right] + \rho_f Q \qquad (4.3-37)$$

$$\left(\frac{1}{R} - \frac{\xi}{H} \right) = \frac{1}{\rho_f} \left(\frac{\partial m_f}{\partial p} \right)_\varepsilon \qquad (4.3-38)$$

$$\frac{1}{H} = \frac{1}{\rho_f} \left(\frac{\partial m_f}{\partial \sigma} \right)_p \qquad (4.3-39)$$

$$\frac{1}{R} = \frac{1}{\rho_f} \left(\frac{\partial m_f}{\partial p} \right)_\sigma \qquad (4.3-40)$$

式中：σ 为平均压力，Pa；Q 为水的体积源或汇；R、ξ、H 为线性孔隙弹性 Biot 系数（R 和 H 单位是 Pa，ξ 无量纲）；$1/R$ 为衡量在给定孔隙流体压力变化的情况下，孔隙水能自由移动时含水量的变化；（$1/R - \xi/H$）表示在孔隙空间保持不变的情况下，在压力作用下水能够进入孔隙空间的量；$1/H$ 为衡量当物质能自由流动时，在给定封闭压力下含水量的变化。尽管这些公式最初是模拟可变孔隙模型变形得到，也可以用来描述不可逆形变。

结合式（4.3-33）～式（4.3-36），得到自然电势 φ 的泊松方程

$$\nabla(\sigma \nabla\varphi) = \Im \qquad (4.3-41)$$

式中：$\Im$ 为体积电流密度，A/m³。

对于可微压缩孔隙流体，结合式（4.3-37）给出体积电流密度：

$$\Im = \overline{Q}_v \nabla u + \nabla \overline{Q}_v u \qquad (4.3-42)$$

$$\Im = -\overline{Q}_v \xi \frac{d\varepsilon}{dr} - \overline{Q}_v \left(\frac{1}{R} - \frac{\xi}{H} \right) \frac{dp}{dt} + \nabla \overline{Q}_v u \qquad (4.3-43)$$

在稳定情况下，式（4.3-43）可简化为

$$\Im = \overline{Q}_v Q + \nabla \overline{Q}_v u \qquad (4.3-44)$$

观察式（4.3-44）可以发现，有的地下水流动模式在地表不会产生自然电势。比如，假定地下水在一封闭的无限均匀含水层，过滤电流伴随着地下水的流动，但是如果体积电荷密度在整个含水层是均匀的，那么计算所得的电流密度散度为零。反之，假使在某一子区域 A 的耦合系数和剩余区域 B 不同，在 A 区产生的过滤电流和 B 区产生的过滤电流大小不同，在地表产生自然电势的异常。这表明，使用自然电势决定地下水的流动模式有一定的限制。

地表或井中自然电场数据的反演是尝试得到有关源（位置、方向、大小）的最大信息的问题。总的电流密度可以写为

$$j = \sigma E + j_s \qquad (4.3-45)$$

其中，式（4.3-33）表示过滤电流密度，使用格林公式积分，电势的分布可以写作

$$\varphi(P) = \frac{1}{2\pi} \int_\Omega \rho(M) \frac{\nabla j_s(M)}{MP} dV + \frac{1}{2\pi} \int_\Omega \frac{\nabla\rho(M)}{\rho(M)} \cdot \frac{E(M)}{MP} dV \qquad (4.3-46)$$

MP 为从源点 M 到自然电势测点 P 之间的距离，式（4.3-46）右边的第一项是主要源项，第二项为次要源项，和电阻率的分布多样性有关。只有在电阻率已知的情况下，计

算完第二项之后，才能得到第一项中主要源的分布。可以按照如式（4.3-47）重写式（4.3-46），得到

$$\varphi(P) = \int_{\Omega} K(P, M) j_s(M) \mathrm{d}V \qquad (4.3-47)$$

式中，$K(P，M)$ 为线性映射函数，也叫核函数。核矩阵的元素是连接一系列地表测点位置 P 和一系列源位置 M 的格林函数。核矩阵 K 的大小取决于地表的测点数、电流密度离散化元的数目以及电阻率分布。电阻率的分布可以使用一些地质单元来描述，各单元有一个电阻率值。噪声矢量也可以加入式（4.3-47）的右手边。在自然电势剖面中，若靠近测点位置的电阻率复杂，噪声的影响会变大。在这种情况下，自然电势的测量可以看作是概率分布的一个随机过程，可以通过在同一测点的重复测量来简化问题。在固定电极的自然电势监测应用中，噪声主要来自人文干扰和大地电流。

在一次 N 个自然电势测点中，把 j_s 离散为 M 个元。离散网格化后的元的属性用小的单元来描述。自然电场的场源既可以用体积电流密度来描述，也可以使用电流密度矢量来描述。

4.3.2　自然电场数据特征

自然电场的成分十分复杂，有效分析在自然电场信号中的成分、特征、干扰以及测量过程中自然电场随时间变化产生的影响，对于自电监测十分重要。

系统的研究表明，自然电势随时间明显地变化，为了研究影响参数，需要在一个穿过不同岩性单元的剖面上，做连续的自然电场测量。Kord Ernstson 和 H. Ulrich Scherer 等对数个自然电场剖面做了长达一年半的持续测量。分析记录到的自然电势信号表明，该信号可分解为三个波长不同的成分。波长为 0.1～1m 的，振幅可达 150mV，应该是由植被产生，平均振幅在一年内变化，与土壤温度有一个大概的相关性；较长波长分量（波长，几米至几十米，振幅约为 10mV）与地下岩石岩性变化相关；长波长的自然电势表现出来的随时间的变化大概率是由不同渗透率岩层中水的流动产生。

上述结论表明，近地表自然电势由不同波长信号叠加而成，具有波动幅值大、随时间变化周期较长的特征。在应用到渗漏监测问题上时，随时间的变化不可不考虑。另一方面，自然电势和水文地质参数有紧密联系，自然电势法可能成为水文地质中的实用、常规技术。自然电势曲线是由不同波长的成分组成，有一个大体的线性趋势，在下坡方向自电变正值，称之为"地形效应"。地形效应产生的异常漂移是长波长的，自然电势的地形趋势变化在语言表达上有很大的分歧，在高度上变化梯度大概是 0.5mV/m，可能是由于含水层滞水面的消耗和补充有关，地表和浅部的测量表明垂向上自然电势随时间的变化可达 50mV/m。垂直梯度变化振幅与水的蒸发蒸腾潜力相关性好。

1. 自然电场噪声（SPN）

SPN 的波长范围为 0.1～1m。这极短的波长是在一次极距 0.1m 的特别测量中发现的。最大幅值曾达到 150mV。振幅的平均值在灰岩地区大概是 10mV。分析 SPN 是由植物的根部活动产生，因为幅值明显地和植被相关：在纯阔叶林最高，在混合林里次之，在平地最低。人文干扰（如供电电缆、阴极保护、接地系统）有较大影响，在较发达区域进

行采集时候，应该考虑相应对策。噪声的大小应该相对于测量数据来考虑；大的异常达到上百毫伏，因此可以确定，一般植被造成的自然电场噪声水平（10mV）相较于异常有超过 10 倍的信噪比，通过测量自然电场数据来分析水文地质特征是可行的。

2. 剩余自然电场（SPR）

SPR 波长为几米至十几米，幅值为几毫伏至十几毫伏。有证据表明，该成分主要和电阻率剖面、伽马放射性、土壤温度有关（Scherer，1983）。当在孔中测量 SP 时，砂岩（高阻、低放射性）通常情况是负值，泥岩（低阻、高放射性）为正值。不同于井中数据，测得的电压主要是由于流动电势而不是电化学电势。SPR 和土壤温度的关系（0.3m 深）理论上说是由于砂岩和泥岩之间不同的热扩散和交换作用产生（Scherer，1983）。

3. 地形效应（TE）

近年来，包括在天气因素内的流动电势更易接受，虽然作用过程并没有解释清楚。部分调查也表现出最大达 80mV 每 100m（高程）的幅值影响。和 TE 相反的现象也有，即负值随下坡增长，并且也是常见的现象。

分离各波长分量剖面上的重复测量表明，SP 的三个成分明显随时间变化。为了进一步研究，经过简单的数学计算将它们分开：假设 TE 的自然电场曲线梯度沿测线是常量，做回归计算把 TE 移除，针对地形线性变化的 SP 剖面，TE 的线性近似是最简单的近似。SP 噪声是通过移动加权平均来分离的（Jung，1961），该方法并没有严格的理论。

$$\overline{f}_i = \frac{1}{125}[25f_i + 24(f_{i-1} + f_{i+1}) + 21_2 + 7_3 + 3_4 + 0 - 2_6 - 3_7] \qquad (4.3-48)$$

在有其他地球物理场存在的情况下，要清楚地分离不同源产生的 SP 信号是不可能的。因此，分解成三个成分只是一种粗糙的简化。特别是噪声信号和剩余信号的分离本身甚至是有问题的，因为 SPR 的波长范围太广，这是由岩性和岩层厚度来共同决定的。岩层厚度小于 0.1m，这时，SPR 和 SPN 的波长范围就重叠了，一些 SPR 负的峰值就和 SPN 相关联。

前面提到了地电场在地表和浅地表测得的自然电势随时间有很明显的变化。这种变化不是随机的，与气候和水文地质因素相关，水文地质因素也受气候的影响。在更仔细研究这些影响之前，先考虑一些影响 SP 测量的常规因素。

（1）电极影响因素。当使用的是铜—硫酸铜不极化电极时，电极的离子扩散和土壤中的电解液组成电势链。如果电极周围的 pH 值不同，会产生一个电压，称为极差，无论如何，沿剖面测量的 SP 信号都要伴随着极差。Schuch 在 1963 年用硫化处理过的铜电极和甘汞电极测试表明，即使 pH 值差值在 3 或 4 个单位，自然电位的值差别并不是很大。这样大的 pH 值差异在同种土壤覆盖是很少的。因此，电极效应对测量到的电压影响不大。

真实的 SP 应该是缘于泥土和岩层之间的电解液之间的浓度差产生的离子扩散，随着泥土矿物在膜上的活动增强。油井测井中测得的主要是电化学势，成因是井中的泥浆。理论上，电化学势为 $70\log(C_1/C_2)\text{mV}$。C_1/C_2 是浓度比，因子取 70 是准确的，对于极端的情形，也就是纯砂岩含纯泥岩，10∶1 的浓度比能产生 70mV 的电化学势。如果没有清晰的表达式，因子相应的减少，电化学势也一样。测量是在更简单的模型上，岩石上覆盖着泥土，电解液的成分更均一，所以电化学势可以忽略。

（2）大地电流。大地电流有时会干扰自然电位测量，电场强度的数量级一般是 mV/km。再加上测量频繁且剖面短，有效的噪声可以避免。

（3）土壤电阻率。地面的电阻率在自然电位测量中是一个重要因素。假设有一个电场场源固定在一定的深度，SP 也是由它产生，那么地表的变化会引起电势的变化，研究自然电位和时间的关系，电阻率的改变就必须考虑，自然电位的变化就该是由源和地表电阻率共同作用，相互作用会很复杂。总的来说，结论是自然电位的自身变化和随时间的变化主要是由于流动电势。地表电阻率的改变也必须考虑。流动电势是近地表水流动产生，一方面包括地下水的流动；另一方面，由蒸发和转移产生的向上的运动。总的来说，复杂的水流运动产生复杂的流动电势，自然电场的三个不同波长成分实质上只能看作一种简化。

4.3.3 渗漏的自然电场数值模拟

渗漏往往发生在堤基软弱层等部位，渗漏产生的自然电位变化效应能否被地表布置的传感器有效感知是一个关键问题。

本章重点开展了自然电场的数值模拟。理论上自然电场随着流速的变化而改变，在地下的变化通常是缓慢的。因此可以在不考虑法拉第定律中磁场分量的情况下，使用静态的麦克斯韦方程组对自然电位渗流场进行模拟。

4.3.3.1 不同深度渗漏的数值模拟研究

1. 模型试验一

试验（10m 深度渗漏通道）设计了一个渗漏模型，采用四面体网格，网格平面尺寸为 5m×5m，深度方向数值随着深度增加而增加，分为 10 层：

第一层网格：5m×5m×1.08m（深度方向 0～1.08m）。

第二层网格：5m×5m×1.18m（深度方向 1.08～2.16m）。

第三层网格：5m×5m×1.23m（深度方向 2.16～3.39m）。

第四层网格：5m×5m×1.54m（深度方向 3.39～4.93m）。

第五层网格：5m×5m×2.12m（深度方向 4.93～7.08m）。

第六层网格：5m×5m×2.78m（深度方向 7.08～9.86m）。

第七层网格：5m×5m×3.69m（深度方向 9.86～12.55m）。

第八层网格：5m×5m×4.70m（深度方向 12.55～17.25m）。

第九层网格：5m×5m×5.85m（深度方向 17.25～23.10m）。

第十层网格：5m×5m×7.70m（深度方向 23.10～30.80m）。

模型网格为 32（X 方向）×16（Y 方向）×10（Z 方向），深度方向（Z 方向）延伸为 30.80m，纵向（Y 方向）延伸为 75m，水平方向（X 方向）延伸为 155m，沿 X 方向共设置 63 个电极，电极间距 2m，电极观测系统放在 $Y=45$m、$Z=0$m 的位置进行观测，背景为粉质黏土，电阻率为 50Ω·m；渗漏通道电阻率为 5Ω·m，深度方向（Z 方向范围 7～9.86m）为 2.86m，具体示意图如图 4.3-1 所示，整体模型宏观示意如图 4.3-2 所示。

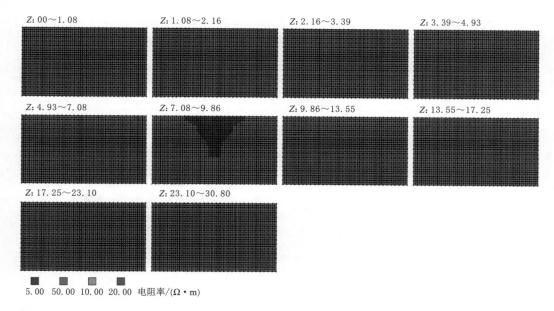

Z: 00~1.08   Z: 1.08~2.16   Z: 2.16~3.39   Z: 3.39~4.93

Z: 4.93~7.08   Z: 7.08~9.86   Z: 9.86~13.55   Z: 13.55~17.25

Z: 17.25~23.10   Z: 23.10~30.80

5.00 50.00 10.00 20.00 电阻率/(Ω·m)

图 4.3-1 渗漏模型切片示意图（渗漏通道深度为 7~9.86m）

采用非结构自适应有限元算法，对三维模型进行网格化，根据设置的观测系统利用 Geotomo Software 公司开发的开源软件 Res3Dmodx64 进行数值模拟，得到电位模拟响应曲线及渗漏通道模拟结果如图 4.3-3~图 4.3-5 所示。

通过数值模拟结果发现，当渗漏通道深度为 10m 左右时，通过自电观测系统可以发现渗漏现象的发生，自

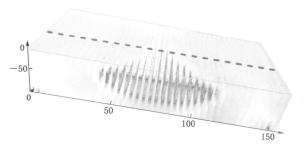

图 4.3-2 渗漏模型三维示意图（渗漏通道深度为 7~9.86m，红色虚线为观测系统布置）

然电位梯度差异在渗漏位置达到了 2mV，根据观测系统测试的电位值，通过反演解释得到了渗漏通道位置图（图 4.3-5），与模型设置情况基本吻合。从该模型数值模拟说明，自电观测系统可以反映 10m 深度的渗漏通道。

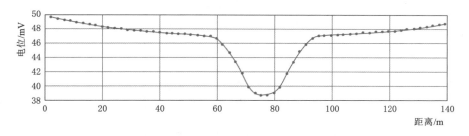

图 4.3-3 自然电位数模模拟响应曲线（10m 渗漏通道模型）

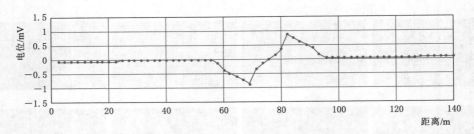

图 4.3-4　自然电位梯度数模模拟响应曲线（10m 渗漏通道模型）

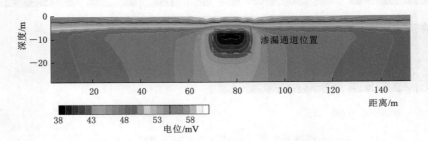

图 4.3-5　渗漏通道反演成果图（10m 渗漏通道模型）

2. 模型试验二

试验二（20m 深度渗漏通道）设计了一个渗漏模型，该模型除渗漏通道外与试验一一致：深度上分为 10 层，共 30.80m，背景为粉质黏土，电阻率为 50Ω·m，渗漏通道电阻率为 5Ω·m，存在于第 9 层，深度为 17.25～23.10m，平面上的延伸如图 4.3-6 所示，模型整体纵向延伸为 75m，横向延伸为 155m，共设置 63 个电极，电极观测系统放在 Y=45m，Z=0m 的位置进行观测，宏观模型示意如图 4.3-7 所示。

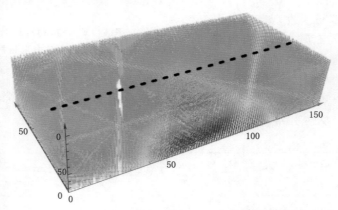

图 4.3-6　渗漏模型三维示意图（渗漏通道深度为
17.25～23.10m，黑色虚线为测线布置）

采用非结构自适应有限元算法，对三维模型进行网格化，根据设置的观测系统进行数值模拟，得到电位模拟响应曲线及渗漏通道模拟结果如图 4.3-8 和图 4.3-9 所示。

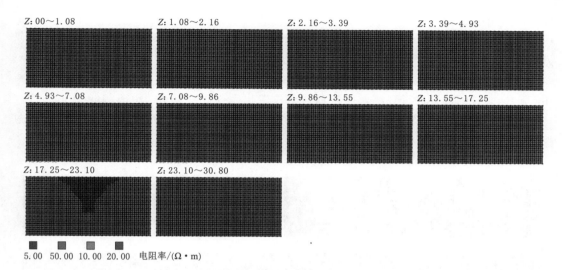

图 4.3-7　渗漏模型切片示意图（渗漏通道深度为 17.25~23.10m）

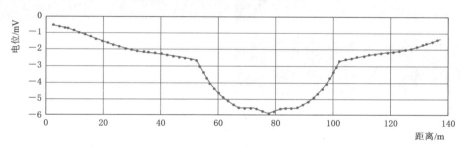

图 4.3-8　自然电位梯度数模模拟响应曲线（20m 渗漏通道模型）

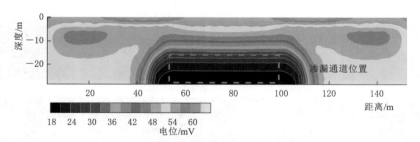

图 4.3-9　渗漏通道反演成果图（20m 渗漏通道）

通过数值模拟结果发现，当渗漏通道深度为 20m 左右时，通过自电观测系统可以很好地发现渗漏现象的发生，但电位梯度变化反映小于 10m 位置的渗漏通道，最大幅值在 6mV 左右，根据观测系统测试的电位值，通过反演解释得到了渗漏通道位置图，与模型设置情况基本吻合。从该模型数值模拟说明，自电观测系统可以反映 20m 深度的渗漏通道。

4.3.3.2　超前感知距离模拟

自电监测系统的一个优势就在于通过布置电位观测剖面，可以在渗漏还未到达测线下方的时候就超前感知渗漏的发生，为堤防隐患处理提供预警。为此，通过数值模拟来研究自电监测超前感知的距离。

在这里依旧使用 10m 渗漏通道模型，该模型在深度上分为 10 层，共 30.80m，背景为粉质黏土，电阻率为 $50\Omega \cdot m$，渗漏通道电阻率为 $5\Omega \cdot m$，存在于第 6 层，深度为 $7\sim$ 9.86m，纵向延伸为 75m，横向延伸为 155m，共设置 63 个电极，电极观测系统放在 $Y=$ 45m，$Z=0m$ 的位置进行观测，而渗漏通道位置出现在 $Y=35m$（距离测线 10m）、$Y=$ 40m（距离测线 5m）及 $Y=45m$（测线正下方）三个位置。相当于一个渗漏通道时移过程的数值模拟。渗漏模型如图 4.3-10～图 4.3-12 所示。

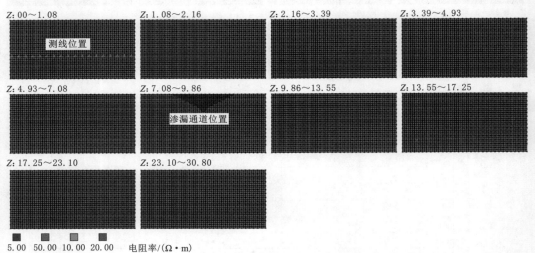

图 4.3-10　渗漏模型切片示意图
（渗漏通道距测线正下方 10m，红色虚线为观测系统，深蓝色为渗漏通道）

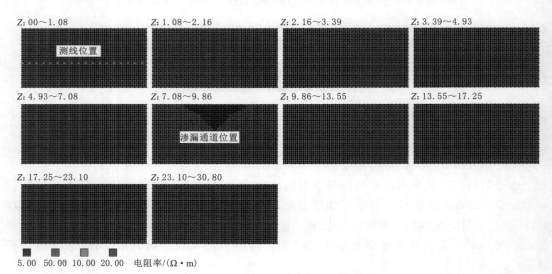

图 4.3-11　渗漏模型切片示意图
（渗漏通道距测线正下方 5m，红色虚线为观测系统，深蓝色为渗漏通道）

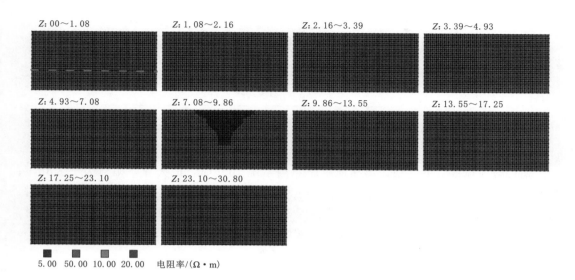

5.00 50.00 10.00 20.00   电阻率/(Ω·m)

图 4.3-12 渗漏模型切片示意图
（渗漏通道在测线正下方，红色虚线为观测系统，深蓝色为渗漏通道）

采用非结构自适应有限元算法对三维模型进行网格化，根据设置的观测系统进行数值模拟，得到电位模拟响应曲线如图 4.3-13～图 4.3-15 所示。

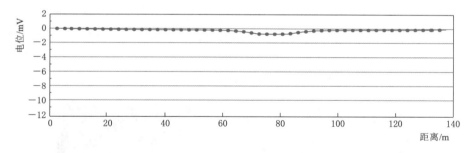

图 4.3-13 自然电位梯度数模模拟响应曲线（10m 渗漏通道模型，距测线正下方 10m）

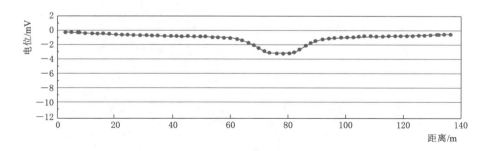

图 4.3-14 自然电位梯度数模模拟响应曲线（10m 渗漏通道模型，距测线正下方 5m）

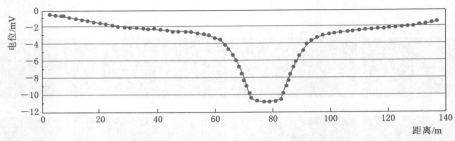

图 4.3-15　自然电位梯度数模模拟响应曲线（10m 渗漏通道模型，在测线正下方）

通过数值模拟结果发现，渗漏通道距观测系统 10m 时，最大异常幅值为－0.8mV；渗漏通道距观测系统 5m 时，最大异常幅值为－3.4mV，渗漏通道在观测系统正下方时，最大异常幅值－10.9mV。但考虑到外界因素对数据的干扰，当异常幅值小于 1mV 时，较难通过数据判断异常情况。通过该数据模拟分析可以得出结论，在渗漏通道深度 10m 的情况下，自电监测系统的超前感知距离可以达到 5m。

4.3.4　渗漏的自然电场物理试验

为验证自然电场法的可行性，利用黄河设计院开发的渗漏自动化监测系统分别进行了电极一致性试验、渗漏通道物理模拟试验、室外浇水模拟试验及黄河大堤实测试验等，各试验取得了良好的效果，充分说明了该方法是可行的。

4.3.4.1　渗漏监测室内一致性试验

渗漏监测室内一致性试验采用了 8 道电极 ［图 4.3-16 （a）］，电极间距为 5cm，埋深 3cm，采样间隔为 2s，采用并行采集的方式，多道电极的自然电位梯度同时测量，试验总时长为 48h，最终通过多测道图（图 4.3-17）分析得到，整套系统的综合误差为 2mV，精度完全可以到达监测要求。

（a）室内试验　　　　　　　　　　（b）室外试验

图 4.3-16　渗漏监测室内试验及室外试验

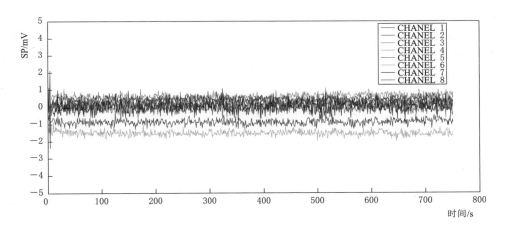

图 4.3-17 渗漏监测室内一致性试验结果

4.3.4.2 渗漏监测室内灌水试验

渗漏监测室内灌水试验采用了 24 道电极，电极间距为 5cm，埋深 3cm，采样间隔为 2s，在 22 号电极附近进行灌水，最终测试效果明显，在 22 号电极处，灌水后数据存在明显的负异常，异常幅值在 1h 后到达顶峰，异常幅值为 -600mV，在 24 号电极处，灌水后存在明显的正异常，异常幅值在 1h 后到达顶峰，异常幅值为 700mV，22～24 号电极间存在明显渗漏通道，水从 22 号电极位置向 24 号电极位置进行了渗流，通过自然电位监测数据准确划分了渗流通道（图 4.3-18）。

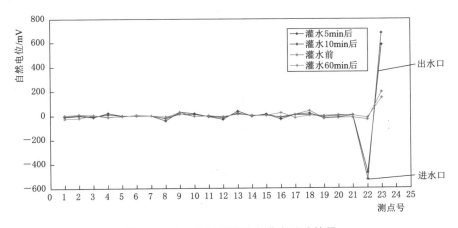

图 4.3-18 渗漏监测室内灌水试验结果

渗漏监测室灌水试验：在室外进行了渗漏观测试验，渗漏监测室外灌水试验采用了 8 道电极，电极间距为 10cm，埋深 3cm，采样间隔为 2s，在时间为 220s 时对 7 号、8 号电极附近进行灌水，灌水后 7 号、8 号电极出现明显的自然电位异常（图 4.3-19），说明在城市室外干扰的情况下，自然电位观测存在可行性。

4.3.4.3 黄河堤防模拟渗漏监测曲线

野外试验工区选择了黄河大堤，在坡脚布设了不极化电极，电极间距为 10cm，埋深

3cm，采样间隔为 2s，在 2 号电极附近进行灌水，从监测曲线（图 4.3－20）可以看出，2
号电极在时间为 800s 左右出现了明显的负异常，幅值为－300mV，1 号电极同时出现了
正异常，幅值在 350mV，说明渗漏是从 2 号电极流向了 1 号电极，由于灌水量有限，在
1200s 左右地下自然电位场重新达到了平衡，形成了一个稳定状态的自然电场。

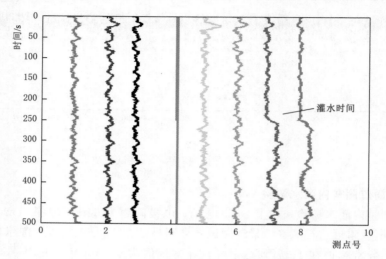

图 4.3－19　渗漏发生状态下的监测数据

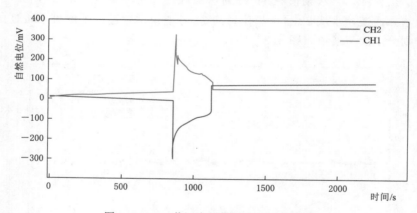

图 4.3－20　黄河大堤模拟渗漏监测曲线

　　通过上述几个试验，说明在保证仪器设备稳定性及精度的情况下，并行化多通道自然
电位场观测存在可行性。

4.3.5　自然电场监测观测系统

　　自然电场监测预警系统是基于堤防渗漏引起的地电场变化，通过在堤防浅部埋设电位传
感器，多通道自然电位信息并行采集，可实现自然电位数据的实时监测，最终数据通过无线
传输到终端，进行渗漏通道的监测判别。采用地球物理场的反演技术，传感器无须接触地下
水即可超前感知渗漏发生的位置与地下分布情况，并可实现实时在线监测与预警。现场数据
采集系统可沿堤防走向布设长断面，不破坏堤防结构，属长距离线性工程无损监测技术。

与传统方法比较，新型监测预警系统优势明显：一是渗漏感知超前。由于采用物理场感知机理，灵敏度高，当渗漏还没有到达测线下方时，旁侧堤身内部含水量变化速率引起的电位变化即可被感知，并监控地下渗漏的变化情况。二是现场工作布置方式灵活。传感器电缆采集系统布置在堤防浅表层，电缆采用分布式设计，可根据工程情况，调整传感器间距及监测断面位置与长度。三是成本低。线性监测方式效率高，安装方便快捷，运行期设备维护成本低，便于设备维护更新等。

4.3.5.1 整体技术方案

自然电场法按数据采集方式分为两种：梯度法和电位法（基点联测）。

（1）梯度法。梯度测量方式使用一固定长度的导线，连接两个电极，分别放置在两个相邻测点之上，测量两点之间的电势差。下一次测量可以采用同步移动或者交叉移动的方式，同步移动会产生电极极差的积累，因此在测量前后一段时间的测量后，要对两个电极的极差进行测量并记录。假定极差随时间线性变化，进行极差改正。交叉移动方法可以将极差的影响消除，采集方式如图4.3-21所示。

梯度法采集较为快速方便，数据误差较大，容易受到环境因素影响。

（2）电位法。在自然电场数据采集中，对于任意的一个基点，为了方便起见，通常给它的电势赋值为 0mV。同时也可直接用长导线连接，测量测点与基点之间的电位差（得到的数

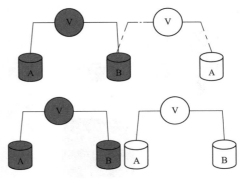

图 4.3-21 梯度法采集方式示意图

即是电势），直接测量可以省去额外的数据处理过程。当调查区域跨越大片复杂地形时，导线展开的长度有限。这种情况下，应将导线展开至最长做测量直到够不到为止。这最后的测点成为新的基点，后面的测量从这点开始。第二个基点的电势从第一个基点处的电势要加到第二个基点的所有数据上。在这种模式下，连续的基点测量下的多条测线可以连接起来用以勘测大的区域。电位法采集方式如图4.3-22所示。

基点联测数据误差较小，长时间观测数据更加稳定，测区较大或地形复杂时，较为不便。电位法基点联测如图4.3-23所示。

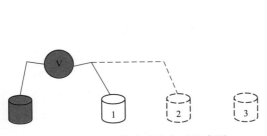

图 4.3-22 电位法采集方式示意图

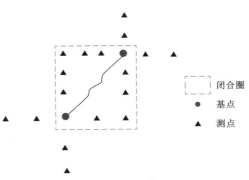

图 4.3-23 电位法基点联测示意图

由于堤防工程相对简单，为长时间观测自电电位的变化，相关设计中采用电位法进行现场观测。

在设计观测系统时，考虑到自然电位监测的分辨率及信号质量，选择 2m 的电极距，电位传感器选用不极化电极，电极埋深 1m，采用分布式布置方式，每个采集盒控制 32 道电极的数据采集工作，多通道数据同时采集，大大提高了工作效率。黄河设计院研制的 YREC－MP10 多通道电位监测仪如图 4.3－24 所示，由数据采集仪、分布式电缆、电位传感器和供电部分组成。通过将电位传感器置入堤防浅表层实施并行同步采集，通过 A/D 转换，采用无线数字通信技术，在室内对数据自动分析判别，从而实现重点堤段渗漏安全监测预警。该系统采用低功耗设计，实现长期现场无人值守与在线实时自动化监测。

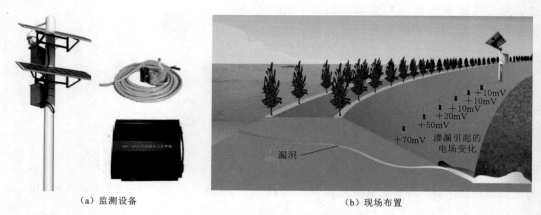

（a）监测设备　　　　　　　　　　　　　　　（b）现场布置

图 4.3－24　堤防工程电场自动化监测设备及现场布置示意图

监测自动化云平台技术流程如图 4.3－25 所示。

4.3.5.2　监测系统研制

由于自然电场幅度弱且受工频干扰影响，为了降低功耗、提高数据精度，采集板卡采用模块化设计。采集仪功能框图如图 4.3－26 所示，一台采集仪包含了 6 块模拟采集板、1 块核心控制板、1 块电源板和 1 块 4G 无线通信模块。模拟采集板和核心板之间采用 RS－485

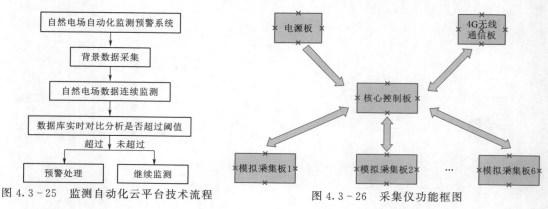

图 4.3－25　监测自动化云平台技术流程　　　　图 4.3－26　采集仪功能框图

通信，RS-485 总线允许连接多达 128 个收发器，可根据需要调整接入模拟采集板数量，即可调整采集仪的采集通道数。空闲时，电源板正常工作，核心控制板进入睡眠模式，关掉其余板供电电源，采集仪进入省电模式，整机功耗低至 0.12W。

1. 模拟采集板设计

模拟采集板分为四个部分：一是中央处理器，负责 A/D 采集驱动以及与核心板之间的通信；二是信号调理电路，负责将输入阻抗转换，把 ±5V 的输入信号转换为 0～5V，以便 A/D 芯片可以直接进行模数转换；三是 A/D 转换电路，负责把模拟信号转换为数字信号；四是 RS-485 通信电路，实现一对多通信。模拟采集板如图 4.3-27 所示，采用 STM32F103 作为中央处理单元，ADS1263 作为模数转换器，加上 5 个 OPA4192 运放，实现单板十通道数据采集。具体选型及设计如下：

（1）中央处理器选型。当前市面的单片机种类繁多，发展也相当迅速。从 20 世纪 80 年代，由当时的 4 位、8 位发展到现在的各种高速单片机。各个厂商们也在速度、内存、功能上此起彼伏，参差不齐，同时涌现出一大批拥有代表性单片机的厂商，如国外的 Atmel、ti、ST、microchip、ARM，以及国内的宏晶 STC 单片机等。

由于模拟采集板只做采集，不做复杂的运算，并且只做本地通讯，不

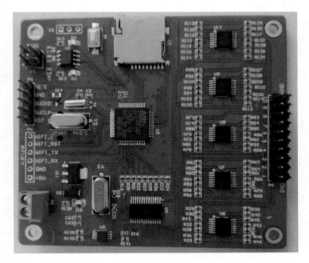

图 4.3-27　模拟采集板

需要网络接口，因此可选用 STM32 系列单片机中性价比较高的 STM32F103 作为中央处理器，其模块框图如图 4.3-28 所示。

由 ST 厂商推出的 STM32 系列单片机，是一款性价比超高的系列单片机，其基于专为高性能、低成本、低功耗的嵌入式应用设计的 ARMCortex-M 内核，具有一流的外设：1μs 的双 12 位 ADC，4 兆位/秒的 UART，18 兆位/秒的 SPI 等，在功耗和集成度方面也有不俗的表现，从表 4.3-1 可以看出 STM32L4 系列在超低功耗性能上已经可以与 MSP430 比肩。其强大的功能主要表现在以下方面。

内核：ARM32 位 Cortex-M3CPU，最高工作频率 72MHz，1.25DMIPS/MHz，单周期乘法和硬件除法。

存储器：片上集成 32～512KB 的 Flash 存储器。6～64KB 的 SRAM 存储器。

时钟、复位和电源管理：2.0～3.6V 的电源供电和 I/O 接口的驱动电压。POR、PDR 和可编程的电压探测器（PVD）。4～16MHz 的晶振。内嵌出厂前调校的 8MHzRC 振荡电路。内部 40kHz 的 RC 振荡电路。用于 CPU 时钟的 PLL，带校准用于 RTC32kHz 的晶振。

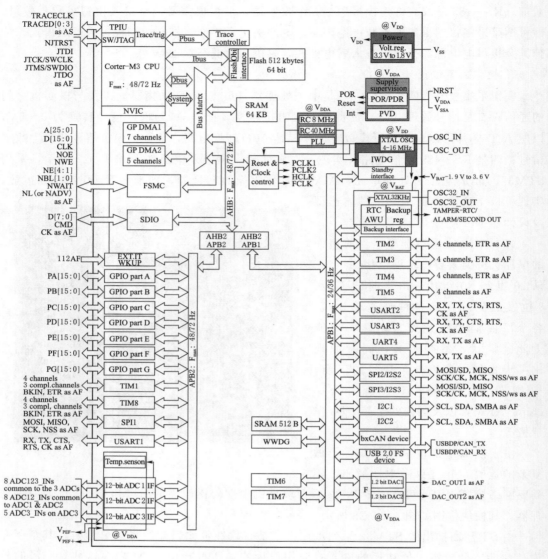

图 4.3-28　STM32F103 模块框图

表 4.3-1　　　　　　　　**STM32L476 与 MSP430FR59 功耗对比**

参　数	STM32L476	MSP430FR59	参　数	STM32L476	MSP430FR59
Run	100uA/Mhz	100uA/Mhz	Standby	130nA	0.25uA
RTC	430nA	0.25uA	Shundown	30nA	0.02uA

调试模式：串行调试（SWD）和 JTAG 接口。最多高达 112 个的快速 I/O 端口、最多 11 个定时器、高达 13 个通信接口。

（2）信号调理电路设计。信号调理电路方面，运算放大器采用 OPA4192，它是新一代 36Ve-trim 运算放大器，具有卓越的直流精度和交流性能，包括轨到轨输入/输出、低偏移（典型值±5μV）、低零漂（典型值±0.2μV/℃）、高达140dB的共模抑制、已过滤电磁干扰（EMI）/射频干扰（RFI）的输入和10MHz带宽，差分输入阻抗为100MΩ，共模阻抗为1013Ω，功耗比较低，每个放大器的静态电流为1.2mA。同时其还拥有诸多独一无二的特性，例如电源轨的差分输入电压范围、高输出电流（±65mA）、高达1nF的高容性负载驱动以及高压摆率（20V/μs），是稳健耐用的高性能运算放大器，可在−40～+125℃的额定温度范围内工作。

信号输入接瞬态二极管保护运放引脚，然后经过RC低通滤波去除高频干扰。再接入电压跟随器，提高输入阻抗，输入阻抗高达1013Ω，能高保真输入信号。再经过加法比例运放，将±5V的输入信号比例缩小为0到5伏的电压信号，以便输出给A/D芯片。

（3）A/D转换电路设计。A/D转换电路方面，选用ADS1263模数转换芯片。ADS1263将高分辨率、低噪声和集成故障检测组合在一起，成功解决了过去所需的性能和特性无法兼得的问题。此外，ADS1263具备高集成度且传感器即时可用，免除了那些会增加系统成本、降低噪声和漂移性能的外部组件。

以前系统设计人员如果需要用到高分辨率ADC，则必须在其他所需的技术规格方面做出让步，诸如低噪声或低漂移，以及其他几个集成特性。ADS1263通过提供32位分辨率，连同集成、故障检测特性，以及快速数据速率和宽温度范围，最终解决了这些问题，从而可以最大限度地提升传感器测量应用的性能。

ADS1263的主要特点和优势如下：

1）准确测量小信号。在32位的高分辨率和2.5SPS数据速率下只有7nV RMS噪声，可测量小信号，这一点对于典型满量程信号为10mV或者更小的电桥应用是必不可少的。偏移误差漂移也比同类解决方案低80%，从而确保了整个温度范围内的测量稳定。

2）降低组件数量来减少系统成本、电路板面积和设计时间。ADS1263集成了一个可编程增益放大器（PGA）、2.5V基准、振荡器、电平移位器、温度传感器、双激励电流源（IDAC）以及8个通用输入/输出（GPIO）引脚。并在需要并行主通道转换、传感器温度补偿或传感器诊断的系统中增加了一个辅助24位增量−累加ADC。

3）集成监视和诊断。所集成的内部信号链监视、数据误差检测、传感器过载检测等特性以及一个测试数模转换器（DAC），可为高可靠性系统提供必需的故障检测和诊断。

4）抗工频干扰。它含有单周期稳定数字滤波器，可最大限度提高多输入转换吞吐量，同时能够为50Hz和60Hz的线路周期干扰提供130dB抑制。

5）可在恶劣工业环境中使用。−40～125℃的工作温度范围，比同类产品的温度范围要高20℃。

（4）RS−485通信电路选型。选择RS−485接口标准是因为其具有如下特点：

RS−485的电气特性：逻辑"1"以两线间的电压差为+（2～6）V表示；逻辑"0"以两线间的电压差为−（2～6）V表示。接口信号电平比RS−232−C降低了，就不易损坏接口电路的芯片，且该电平与TTL电平兼容，可方便与TTL电路连接。

RS−485的数据最高传输速率为10Mb，在该传输速率下，传输距离可达100m。

RS−485接口是采用平衡驱动器和差分接收器的组合，抗共模干能力增强，即抗噪声干扰性好。

RS-485 接口的最大传输距离可达 3000m。另外 RS-232-C 接口在总线上只允许连接 1 个收发器，即单站能力，而 RS-485 接口在总线上是允许连接多达 128 个收发器，即具有多站能力，这样用户可以利用单一的 RS-485 接口方便地建立起设备网络。但 RS-485 总线上任何时候只能有一个发送器发送。

RS-485 接口具有良好的抗噪声干扰性，长的传输距离和多站能力等上述优点就使其成为首选的串行接口。

RS-485 接口组成的半双工网络，一般只需两根连线，所以 RS-485 接口均采用屏蔽双绞线传输。

RS-485 器件价格低，简单易使用，总线上可以挂多个设备，方便根据需要调整模拟采集板数量，进而调整采样通道数。采集仪内部模拟采样板与核心控制板之间的距离近，可以采用 RS-485 高速传输，实现数据实时性。

2. 核心控制板选型

考虑外业布设情况，采集设备采用太阳能电池供电，是可充电的，对耗电电流要求不是非常苛刻，因此选用 STM32F407 单片机，易用性和效率会更高一些。核心控制板如图 4.3-29 所示。该板采用 STM32F407 单片机作为核心件，它包含了一个 SD 卡座、一个 485 接口、一个 CAN 接口，其余引脚引出。可插 CF 卡，存储备份采集数据，以防通信信号不稳数据丢失。通过 RS-485 接口连接模拟采集板，控制模拟采集板进行板间同步采集和读取采集数据。再用引出脚中的串口连接 4G 模块，无线上传采集数据至云端。

图 4.3-29 核心控制板

3. 电源模块选型

电源模块如图 4.3-30 所示，该电源为高精度采集板提供了低噪电源，使数据采集精度有保障；超低静态电流，减少了功耗损失。它的优势如下：

超宽电压输入，多组电压输出。输入范围是 6～15V，有 3.3V/2A、4V/1A 和 5V/2A 输出，满足不同模块的电压需求。

具有输入极性保护。不怕输入电源接反，正负极反接后模块不工作也不会烧后级负载，能有效保护负载安全。

采用同步整流系统，超高转换效率，超低纹波系数。3.3V 输出 2A 时效率达到 94%，空载纹波系数小于 15mV；4V 输出 1A 时效率达到 85%，空载纹波系数小于 9mV；5V 输出 2A 时效率达到 96%，空载纹波系数小于 9mV。

模块超低待机功耗。12V 输入时，模块空载静态消耗电流不到 1mA。

4. 无线模块的选择

无线公网包括 GPRS、NB – IoT、4G 等蜂窝网络等。由于监测仪器在野外工作，站点相对比较分散，无法做到分

图 4.3 – 30　电源模块

时发送。另外所采集的信号是随时间变化的，要是采集时间过长影响数据分析，NB 覆盖率低，GPRS 由于是 2G 信号，发送时间长，对低功耗要求相抵触，因此选用无线 4G 网络。

4G 网络具备四大特点：一是高数据速率，目前 4G 无线传输的速度已经可以达到 20Mb，最高可以实现 100Mb；二是宽带传输；三是无线即时通信；四是兼容性好，4G 几乎可以同任何网络进行互联，大多数种类的终端设备均可接入 4G 通信网络。

4G 模块在物联网中分为五模、七模全网通 4G 模块，由于中国移动关闭了其 3G（TD – SCDMA）网络，所以移动 4G 模块是只支持移动 2G 和 4G 网络。五模 4G 模块是支持 TDLTE/FD-DLTE/GSM/TD – SCDMA/WCDMA，七模 4G 模块则是增加了电信 2G，3G 网络（CDMA/EVDO）。目前电信逐步关闭了 2G、3G 网络。4G 模块目前主流的芯片平台为国产 ASR 和美国高通。目前国产的 ASR，在性能上不输于高通，同时在性价比方面完胜高通。

图 4.3 – 31　WH – LTE – 7S1 模块

在传输模块上，本书无线传输 WH – LTE – 7S1 模块如图 4.3 – 31 所示，该模块是一款体积小巧，功能丰富的 Cat – 1 全网通 4G 产品，支持移动、联通、电信 4G 和移动、联通 2G 网络制式。传输速度 Cat1FDD 下行为 10Mb，上行为 5Mb，TDD 下行为 7.5Mb，上行为 1Mb。它以"透传"作为功能核心，高度易用性。该模块软件功能完善，覆盖绝大多数常规应用场景，用户只需通过简单的设置，即可实现串

口到网络的双向数据透明传输。并且支持自定义注册包，心跳包等功能，支持 4 路 Socket 连接同时在线，可把数据同时发给 4 个云端地址，每路连接支持 1000 字节数据缓存，连接异常时可选择缓存数据不丢失，还支持 HTTPD 模式，FTP 等协议通信。具有高速率，

低延时的特点。该模块还支持套接字分发协议，可对 4 个地址发送不同协议数据。

　　该模块还支持 NTP 获取实时时间，方便设备校准时间，避免长时间运行时钟误差累计过大，造成设备间采集时间不统一。该模块的工作温度为 −35~75℃，扩展工作温度为 −40~80℃。当模块工作在扩展温度范围时，模块仍能保持正常工作状态，具备语音、短信和数据传输等功能；不会出现不可恢复的故障；射频频谱、网络基本不受影响。仅个别指标如输出功率等参数的值可能会超出 3GPP 标准的范围。当温度返回至正常工作温度范围时，模块的各项指标仍符合 3GPP 标准。因此它能在低温环境下正常上传数据，避免低温监控失效。

图 4.3 − 32　多通道电位监测仪

5. 监测仪设备整体情况

　　集成以上 4 项核心模块，加上专用的铝合金箱体封装，研发完成的多通道电位监测仪如图 4.3 − 32 所示。

　　整机最大功耗不到 4W，可以采用 80W 的太阳能供电系统长期在线工作，详细技术指标见表 4.3 − 2。

　　堤防工程电场自动化监测系统组成如图 4.3 − 33 所示，通过将电位传感器置入堤防浅表层实施并行同步采集，采用无线通信技术，在室内对数据自动分析判别，从而实现对重点堤段渗漏进行监测预警。该系统通过低功耗设计，采用太阳能板进行供电，从而实现长期现场无人值守与在线实时自动化监测。

表 4.3 − 2　　　　　　　　　　　YREC − MP10 多通道监测仪技术指标

参　　数	指　　标	参　　数	指　　标
最大功耗/W	3.5	电源电压/V	11~14.5
最小功耗/W	0.05	分辨率/μV	0.002
平均功耗/W	0.8（5min 采集 1 次）	数据传输方式	4G
尺寸/(mm×mm×mm)	234×180×80.6		

4.3.6　不极化电极关键技术

4.3.6.1　不极化电极现状

　　目前的电法勘探采用的电极分为两类，即普通金属电极和不极化电极。普通金属电极多采用惰性较高的杆状铜电极或铁电极，这种电极野外施工方便，效率高，不需要维护，因此使用最为普遍。但由于金属直接与大地接触，受影响因素很多，如酸碱度、温度、湿度等，因此电极间的极差大而且不稳定，不适用采集微弱的自然电场信号。

　　所谓不极化电极，实际上是两个极化程度相同或相近的极化电极。1937 年苏联科学家谢苗诺夫发明的硫酸铜电极是世界上用得最好和最普遍的不极化电极；20 世纪 50 年代，我国从苏联引进硫酸铜电极并一直沿用了相当长的时间，虽然也经过了许多改进，但

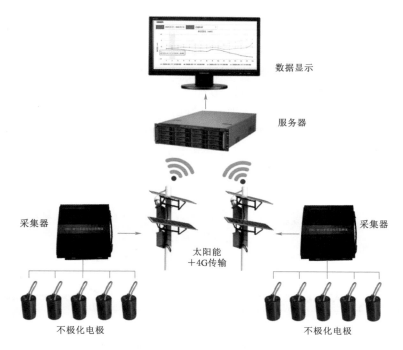

数据显示

服务器

采集器

太阳能
+4G传输

采集器

不极化电极

不极化电极

图 4.3-33　堤防工程电场自动化监测系统

在电极性能方面没有实质性的改善；70 年代以来，法国、美国、德国、加拿大等国家投入大量人力和物力，相继研制出了氯化铅、氯化镉、氯化汞、氯化银等各种电极，这类电极和硫酸铜电极一样，都是用金属棒（丝）和该金属的盐溶液，以及多孔陶瓷罐所构成的"液体"不极化电极，不能长时间使用。1977 年，法国科学家研制出了 Pb-PbCl$_2$ 电极，其极差电位小，稳定性能好，使用时间长等优点都是硫酸铜电极所不能比的。1997 年，中国地震局兰州地震研究所陆阳泉等研制出了固体不极化电极，具有电位差小、稳定性好、轻便耐用、使用和携带方便等优点，国内许多学者也同时开展了相关的研究。但其使用寿命一般仍在一年左右，对于长期监测需求来讲，使用寿命
还存在短板。

4.3.6.2　高稳定性不极化电极

由于渗漏电场的幅值较小，一般在几十毫伏以内，再加上渗漏监测需要较长的监测周期，因此对不极化电极的稳定性及寿命提出了很高要的要求，通常要求 30d 的电位漂移在 1mV 以内，使用寿命达到 3~5 年。

针对传统不极化电极在稳定性等方面无法满足要求的问题，开发了基于复合腔体结构的高稳定性新型专用传感器，大大增加了不极化介质化学性质的长期稳定性，可广泛应用于长期弱电信号的检测及监测等。高稳定性不极化电极如图 4.3-34 所示，使用寿命可达 5 年。

图 4.3-34　高稳定性
不极化电极

4.3.6.3　室内稳定性试验

为了验证高稳定性新型不极化电极的稳定性，在室内开展了稳定性试验。使用不含腐殖质的黄土作为耦合土，除不同浓度的食盐水外未在土壤中添加其他物质，将土装入盆内避免接收到来自大地的电信号，使用保鲜膜密封减少水分蒸发，避免食盐水浓度变化所带来的影响，测量时间间隔较大，大约每 12h 测量一次电极对的极差。

试验曲线如图 4.3 - 35 所示。由图中可以看出，新型不极化电极非常稳定，恒温状态下，其 24h 极差漂移＜0.2mV。温度是影响其稳定性的主要因素，因此，使用时需将不极化电极埋入深度不小于 0.8m，以保证温度基本恒定。

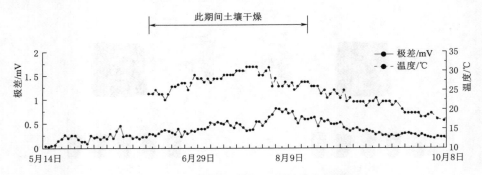

图 4.3 - 35　新型不极化电极室内稳定性试验

新型高稳定性不极化电极技术参数如下：

（1）使用寿命：5 年。

（2）24h 极差小于 ±0.2mV。

（3）长期漂移（180d）优于 1mV。

（4）直径为 12cm，高度为 10cm。

（5）内阻小于 300Ω。

（6）质量约 750g。

4.3.6.4　与惰性金属电极稳定性比较

为了分析用钛、铅等惰性金属电极及石墨等非金属电极替代不极化电极的可行性，本书进行了多组对比试验。试验发现，用钛、铅等惰性金属电极，以及石墨等非金属电极进行自然电位测量时，"漂移"都比较大，不能满足测量要求。下面以钛电极为例进行说明：

本次试验平行布置了 2 列电极，电极间距均为 1m，两列电极间距为 2m，其中第一列电极使用固体不极化电极作为测量电极，电极数为 22；第二列电极使用金属电极中的钛电极作为测量电极，电极数为 21 个，两列电极使用同一电缆线进行连接，编号从固体不极化电极 1 号开始到钛电极 21 号结束，共计 43 个电极，使用新型固体不极化电极作为参考电极，采样间隔为 2min，具体布置情况如图 4.3 - 36 所示。

首先从长时间的自然电位变化情况进行分析，试验成果如图 4.3 - 37 所示，其中曲线图中的横坐标是电极号，纵坐标是自然电位单次变化幅值（mV），不同颜色曲线代表不同时间的测量结果，共选取 7d 内随机时间的数据进行分析，其中 L01～L22 号是不极化电极，L23～L43 是钛电极。从 7d 内不同时间的采样结果来看，不极化电极表现出了良

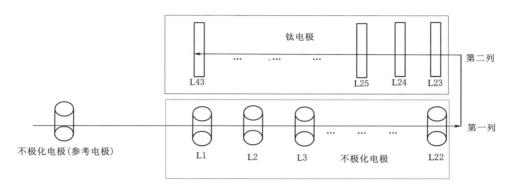

图 4.3-36 不极化电极与钛电极的稳定性比较测线布置示意图

好的一致性，只有 20 号电极存在波动，但波动幅值相较于钛电极而言明显偏小，而钛电极在一些时间内表现出了大幅值的波动，说明钛受到外界的干扰因素较大。

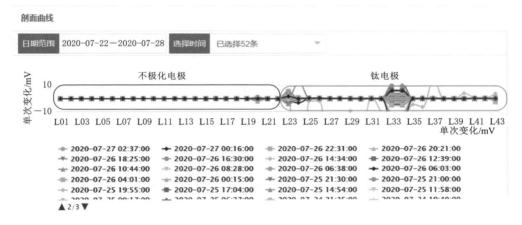

图 4.3-37 不极化电极与钛电极的稳定性比较成果（剖面图）

4.3.7 概率密度成像技术

自然电场观测是渗漏检测的一个重要手段，常规的自电渗漏检测是通过在地面布置一维测线，通过观测电位变化曲线圈定渗漏位置，而渗漏量大小、深度等结果无法推测。多通道自电监测，实际获取的也是一个一维测线，对渗漏量大小和深度等也无法进行准确推测。如何利用一维测线数据对深度方向的渗漏进行定位是一个重要问题。

针对上述问题，分析了渗漏引发电场变化的物理原理和数学原理，利用概率密度层析成像理论对自然电场进行二维反演成像，以有效获取渗漏通道的位置和规模。

4.3.7.1 物理原理

在没有渗漏发生的情况下，地下空间可认为是非均匀各向同性半空间，电荷变化发生在渗漏通道之上，称之为连续界面。该模型假设地下空间有一个点电源存在，则在地表位置 P 处的观测电位为 $U(P)$ 可以表示为

$$U(P) = \frac{1}{2\pi} \left(\int_V \frac{\rho \Delta \cdot \boldsymbol{J}}{r} \mathrm{d}V + \int_V \frac{\boldsymbol{E} \cdot \Delta \rho}{\rho r} \mathrm{d}V \right) \qquad (4.3-49)$$

式中：ρ 为电阻率；$\boldsymbol{J}$ 为电流密度；$\boldsymbol{E}$ 为电场强度；$\mathrm{d}V$ 为微分体积单元；r 为点电源与观测点距离。

在式（4.3-49）中主要包含两项，其中第一项表示观测到的一次场，同时一次场满足：

$$\nabla \cdot \boldsymbol{J} = \sum_{n=1}^{N} I_n \delta \big[(\boldsymbol{r} - \boldsymbol{r}_{sn}) \boldsymbol{k}_x \big] \delta \big[(\boldsymbol{r} - \boldsymbol{r}_{sn}) \boldsymbol{k}_y \big] \delta \big[(\boldsymbol{r} - \boldsymbol{r}_{sn}) \boldsymbol{k}_z \big] \qquad (4.3-50)$$

式中：$\delta[x]$ 为 Dirac delta 函数；I_n 为由第 n 个点电源的电流强度；$r_{sn} = |\boldsymbol{r}_{sn}|$ 为观测点与第 n 点电源的距离。

式（4.3-49）的第二项表示感应电荷形成的二次场，$\nabla \rho \neq 0$，则会产生二次电场。由于假设电阻率在边界是不连续变化的，即

$$\frac{\boldsymbol{E} \cdot \nabla \rho}{\rho} = \frac{1}{\varepsilon_0} \sum_{m=1}^{M} \sigma_m \delta \big[(\boldsymbol{r} - \boldsymbol{r}_{bm}) s_m \big] \qquad (4.3-51)$$

式中：s_m 为非连续界面法向矢量；r_{bm} 为渗漏通道上的点与观测点的距离；σ_m 为第 m 个边界上的电荷面密度分布。

综合上述分析，边界上感应电荷产生的二次电场为

$$U_2(P) = \frac{1}{2\pi} \int_V \frac{\boldsymbol{E} \cdot \Delta \rho}{pr} \mathrm{d}V = \frac{1}{2\pi\varepsilon_0} \sum_{m=1}^{M} \sum_{t=1}^{T_m} \frac{\sigma_{m,t}}{r_{bm,t}} \Delta S_{m,t} \qquad (4.3-52)$$

在实际自然电场观测过程中，地下空间是非均匀各向异性分布的，因此将 $U(P)$ 认为是地下点源所产生一次电场和二次电场的叠加。对电荷离散化，设地下有 Q 个点，则 $U(P)$ 为各个点上电荷产生的电场的和。

$$U(P) = \sum_{n=1}^{N} \frac{\alpha_n}{r_n} + \sum_{m=1}^{M} \sum_{t=1}^{T_m} \frac{\beta_{m,t}}{r_{bm,t}} \qquad (4.3-53)$$

其中

$$\alpha_n = \frac{\rho_n I_n}{2\pi}, n = 1, 2, 3, \cdots, N$$

$$\beta_{m,t} = \frac{\sigma_{m,t} \Delta S_{m,t}}{2\pi\varepsilon_0}, m = 1, 2, 3, \cdots, M$$

式中：N 为点电源；M 为不连续界面；$\sigma_{m,t}$ 为第 m 个界面第 t 块 $\Delta S_{m,t}$ 处的电荷密度分布；T_m 为第 m 界面的单位面积元积分；ε_0 为介电常数。

综上分析，式（4.3-53）的值与距离 r 的一次方成反比，因此 α 与 β 可等效为静电荷量，设 α 与 β 相同，电位 $U(P)$ 表示为

$$U(P) = \sum_{q=1}^{Q} \frac{\Gamma_q}{r_q} \qquad (4.3-54)$$

式中：Γ_q 为有 Q 个方向的静电荷的叠加，在 x 方向上的电场强度则可以表示为

$$E(x) = \sum_{q=1}^{Q} \frac{\Gamma_q(x - x_q)}{((x - x_q)^2 + y_q^2)^{3/2}} \qquad (4.3-55)$$

式中：(x_q, y_q) 为 Q 的空间坐标，当 $(x, y=0)$ 时，则表示观测点。

4.3.7.2　数学原理

式（4.3-55）中，$E_x(x, y)$ 是个时—空域函数分布，其在 x 方向与电量、电荷位置相关：

$$E_x(x - x_q, y - y_q) = \frac{\Gamma_q(x - x_q)}{\left[(x - x_q)^2 + (y - y_q)^2\right]^{3/2}} \qquad (4.3-56)$$

通过 FFT 频率转换，可将时-空域数据分析转换至频率-空间域，以此可获得

$$\Phi_x(p, x_q, y_q) = \int_{-\infty}^{+\infty} E_x(x - x_q, y - y_q) e^{-ipx} \, dx \qquad (4.3-57)$$

$$E_x(x - x_q, y - y_q) = \frac{1}{2\pi} \int_{-\infty}^{+\infty} \Phi_x(p, x_q, y_q) e^{ipx} \, dp \qquad (4.3-58)$$

$$\Phi_x(p) = \int_{-\infty}^{+\infty} E_x(x) e^{-ipx} \, dx \qquad (4.3-59)$$

其中 $\Phi_x(p)$ 为复函数，基于修正的贝塞尔函数和复指数函数，其幅值 $\Psi_x(p)$ 可表示为

$$\Psi_x(p) = \Phi_x(p) \Phi_x^*(p) = |\Phi_x(p)|^2 \qquad (4.3-60)$$

式中：$\Psi_x(p)$ 是单位阻抗电能频谱密度函数 [5]，该函数无法表征地下半空间电荷分布特征，基于 Parseval 理论，推导地下空间电荷分布函为

$$\int_{-\infty}^{+\infty} E_x^2(x) \, dx = \frac{1}{2\pi} \int_{-\infty}^{+\infty} \Psi_x(p) \, dp \qquad (4.3-61)$$

即电荷能量与 x 方向的 $E_x(x, y)$ 有关。

4.3.7.3　空间域分析

已知地表 x 轴方向上的 $E_x(x)$ 可以得到，但地下的电荷实际分布位置，所以需引进一种简单的方法进行计算。设 $E_x(x)$ 与各点的电量及各点的位置有关：

$$\int_{-\infty}^{+\infty} E_x^2(x) \, dx = \sum_{q=1}^{Q} \int_{-\infty}^{+\infty} E_x(x) E_x(x - x_q, y_q) \, dx \qquad (4.3-62)$$

除去电量，把公式剩余的部分设为一个函数：

$$\Im_x(x - x_q, y_q) = \frac{(x - x_q)}{\left[(x - x_q)^2 + y_q^2\right]^{3/2}} \qquad (4.3-63)$$

这个称为 SDS 函数，也叫扫描函数，该函数只与各点的位置相关。所以可以用 SDS 函数来反映地下电荷的几何分布。

根据互相关不等式：

$$\left[\int_{-\infty}^{+\infty} E_x(x) E_x(x - x_q, y_q) \, dx\right]^2 \leqslant \int_{-\infty}^{+\infty} E_x^2(x) \, dx \cdot \int_{-\infty}^{+\infty} E_x^2(x, y_q) \, dx \qquad (4.3-64)$$

$$\left[\int_{-\infty}^{+\infty} E_x(x) \Im_x(x - x_q, y_q) \, dx\right]^2 \leqslant \int_{-\infty}^{+\infty} E_x^2(x) \, dx \cdot \int_{-\infty}^{+\infty} \Im_x^2(x, y_q) \, dx \qquad (4.3-65)$$

$$\int_{-\infty}^{+\infty} \mathfrak{I}_x^2(x, y_q) \mathrm{d}x = \frac{\pi}{8 y_q^3} \tag{4.3-66}$$

$$\int_{-\infty}^{+\infty} E_x^2(x) \mathrm{d}x \cdot \int_{-\infty}^{+\infty} \mathfrak{I}_x^2(x, y_q) \mathrm{d}x = \frac{1}{C^2 y_q^3} \tag{4.3-67}$$

$$C = \frac{2^{3/2}}{\left[\pi \int_{-\infty}^{+\infty} E_x^2(x) \mathrm{d}x\right]^{1/2}} \tag{4.3-68}$$

结合式 (4.3-64) ~ 式 (4.3-68)，经计算，可得到一个范围在 ±1 内的函数 $\eta(x_q, y_q)$：

$$\eta(x_q, y_q) = C y_q^{3/2} \int_{-\infty}^{+\infty} E_x(x) \mathfrak{I}_x(x - x_q, y_q) \mathrm{d}x \tag{4.3-69}$$

$\eta(x_q, y_q)$ 称为 COP 函数，也称为电荷发生概率函数，其绝对值反映的是电荷在地下某点存在的概率，其正值表示正电荷发生概率，负值表示负电荷发生概率。

4.3.7.4 层析成像

将实际观测的地面多通道自然电位数据沿 X 轴做离散化处理，设自电位测量电极距为 d，相邻两电极之间的电位差为 $\Delta V(x)$，可得 $E_x(x)$：

$$E_x(x) = \frac{-\Delta V(x)}{d} \tag{4.3-70}$$

将其代入 $\eta(x_q, y_q)$ 函数，对其进行离散化，即得二维层析成像的计算式：

$$\eta(\xi, \delta) = -D \delta^{3/2} \sum_{\chi=\chi_{\min}}^{\chi_{\max}} \Delta V(\chi) \frac{(\chi - \xi)}{[(\chi - \xi)^2 + \delta^2]^{3/2}} \tag{4.3-71}$$

$$x = \chi d, \quad y = 0$$

$$x_q = \xi d, \quad y_q = \delta d$$

$$D = \frac{2^{3/2}}{\left[\pi \sum_{\chi=\chi_{\min}}^{\chi_{\max}} \Delta V^2(\chi)\right]^{1/2}}$$

4.3.7.5 监测数据处理

在实际埋设不极化电极的过程中，为了减少不极化电极的使用数量，节约成本，通常将电极布设成等间距，这样获得的监测数据就是一条自然电位曲线。为了能够满足概率密度成像的条件，需要对监测数据进行处理以求取相邻两个电极测量点的电位差，电位差公式可以表示如下：

$$\Delta U = U_{n+1} - U_n, n = 1, 2, 3, \cdots, N-1 \tag{4.3-72}$$

式中：N 为埋设电极的总数；U_{n+1} 为第 $n+1$ 个电极测得的电位值；U_n 为第 n 个电极测得的电位值。

为了详细说明监测数据的处理过程，本章设计了一个简单的理论模型进行演示。模型如图 4.3-38 所示，设半无限界面下有一正点电源 s，其坐标为（20，10），自电位测量极距设为 1，共 40 个观测电极。图 4.3-39 是将自然电位差代入式 (4.3-71) 后计算得到的概率密度成像的反演结果。

如图 4.3-39 所示，根据测量电位和电位差变化，结合变化率可有效地反应渗漏在 x 方向的变化，但这种变化无法有效地反应渗漏大小和在深度方向的位置。为有效分析其在深度方向的位置，假设介质均匀存在，通过概率密度成像，则可有效地获取渗漏通道在深度方向的位置。模型数据中的渗漏点位于 10m 位置，通过

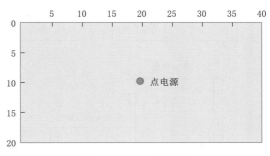

图 4.3-38　理论模型

4.3-39 所示的渗漏通道概率密度分布，其在 10m 左右的位置概率大于 0.8，有效地判断了渗漏点的基本分布位置。

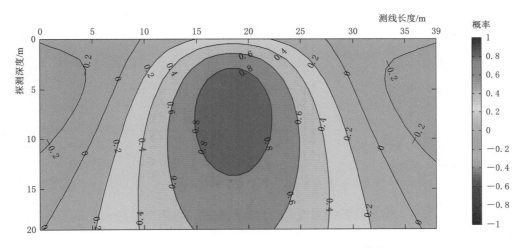

图 4.3-39　模型对应的二维概率密度反演成像结果

4.3.8　监测平台开发

考虑自电数据的在线监测问题，黄河设计院设计开发了小禹监测自动化平台，以实现自电数据的实时上传、分析、处理与报警。

4.3.8.1　基本设计概念和处理流程

用户登录操作是监测管理系统的主要功能模块之一，本模块主要实现的功能有以下几部分：

（1）填写登录信息。登录用户填写登录信息。

（2）验证登录信息。验证用户输入的登录信息，验证登录后分别跳转到相应的用户身份页面进行操作。

用户登录时序图如图 4.3-40 所示。

4.3.8.2　系统架构

整体系统构架如图 4.3-41 所示，整体系统结构由业务层、数据层和基础支撑层组成。

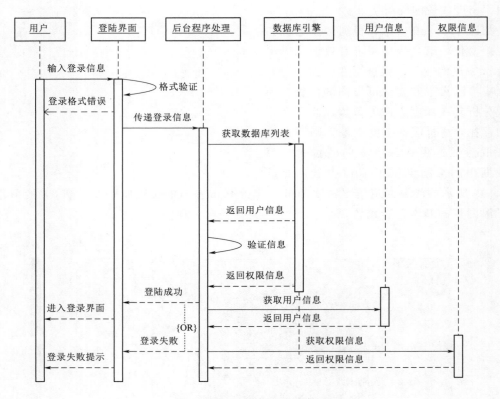

图 4.3-40　用户登录时序图

基础支撑层为现场监测设备的布设，包含自电监测、电阻率监测、水位等其他监测传感器的数据采集与传输。

数据层为后台数据库管理，根据业务属性、业务分布等不同，在后台数据库中进行分类管理。

业务层为数据的查询、展示层，同时可开展监测数据的处理。业务层将对各类监测数据进行在线展示。

4.3.8.3　核心框架开发

1. 数据挖掘与可视化

数据挖掘是指从大量的数据中通过统计方法，专家系统，图谱关系等科学手段，搜索隐藏于其中信息的过程。数据可视化技术将数据或信息编码为包含在图形里的可见对象，如点、线、条等，目的是将信息更加清晰有效地传达给用户，两者都是数据分析工作中的关键技术。本系统使用 Django 后台框架作为数据支座，使用 Numpy 科学计算库与 Pandas 数据分析工具包等专业第三方库对监测数据进行相关统计计算与信息挖掘，通过 Web 前端 VUE 视图框架与 Echarts 开发包，将分析结果通过曲线图，剖面图，或其他形式图表向用户展示，形成前后端一体的数据驱动框架，实现系统各项应用功能。

2. mVC 设计

本系统基于 mVC 模型，即 Model（模型）＋View（视图）＋Controller（控制器）

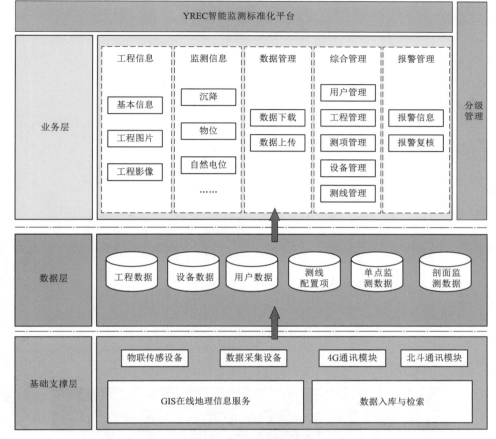

图 4.3-41 系统架构图

设计模式，mVC 模式使后续对程序的修改和扩展简化，使程序某一部分的重复利用成为可能，且 mVC 开发模式开发周期短，部署快，可维护性高，有利于软件系统的工程化管理。

4.3.8.4 功能设计

"小禹"监测自动化系统功能设计上大致分为两类四大板块：业务应用部分的"监测数据"与"监测报警"，系统管理部分的"数据管理"与"综合管理"（图 4.3-42）。"监测数据"与"监测报警"主要实现监测业务中的各类监测数据统计的查询与展示以及报警数据的查询与复核功能。"数据管理"与"综合管理"主要实现一些系统设置与管理功能，如数据的上传与下载、各类工程与人员、监测相关信息的管理功能。

4.3.8.5 主要功能

开发的监测系统提供了统一的登录入口，输入正确的用户名和密码，然后点击"登录"按钮，即可登录本系统，如图 4.3-43 所示。

通过大屏界面可以了解当前用户管理权限内监测设备分布情况，设备状态与报警情况，通过点击地图可以进入监测工程项目中。

在系统登录后，呈现的主页面一共由 5 个一级菜单进行数据管理，分别为：工程信

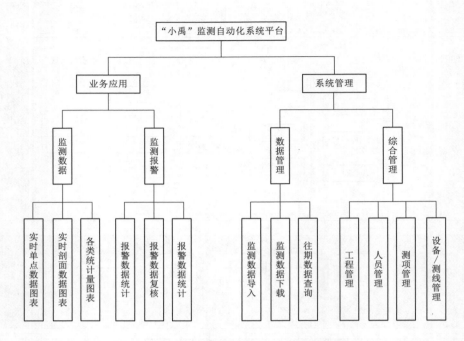

图 4.3-42 "小禹"监测自动化系统功能框图

图 4.3-43 登录主页面

息、监测数据、数据管理、综合管理、监测报警管理主菜单，相关主菜单功能如下。

1. 工程信息

用户可以通过此项功能查看本工程的基本信息，包括工程项目名称、创建时间、位置坐标、工程现场安装、工程照片与布设位置等信息，具体内容可以根据实际需求添加或者删除。

2. 监测数据

水利工程监测中最常见的数据格式有两种：连续时间单点数据和单时刻多点剖面数

据。本系统结合配套硬件采集设备，通信协议与数据库管理服务，可对各类常规监测数据进行采集与数据展示，无须另外单独适配。

连续单点数据类型适用于部署在单点监测单物理量的监测任务，监测时间连续，可以采用固定或者动态采集频率，通过选择测点编号可以查看当前工程当前测项下所有测点，通过时间选择框可以设定时间范围，同时系统提供了曲线图与表格两种展示方式（图 4.3 - 44），用户可以根据实际需求自主选择。

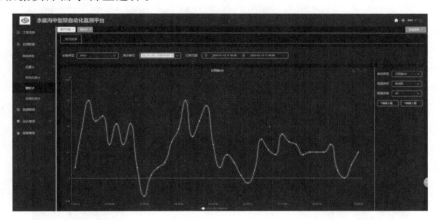

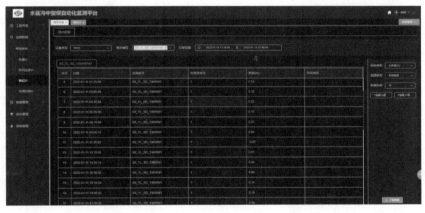

图 4.3 - 44 单点数据展示界面

单时刻多点剖面数据类型适用于部署在监测面（线）上的多设备监测集群的监测任务，多以固定监测频率为主。通过选择测点编号可以查看当前工程当前测项下所有剖面测线数据，通过时间选择框可以设定时间范围，曲线查看方式上提供了两种历史时间与步距两种查看方式以及"单次变化""累计变化""变化速率"等多种统计值，同时系统提供了曲线图与表格两种展示方式（图 4.3 - 45），用户可以根据实际需求自主选择。

3. 数据管理

通过数据管理功能模块可以将设备离线测量的本地数据或者保存在本地的历史数据上传至云端（图 4.3 - 46），规范化后存入云端数据库，方便对离散的监测数据进行存储与管理，同时也可以将选定部分的数据以 Excel 格式保存到本地。用户如果需要回顾已结束

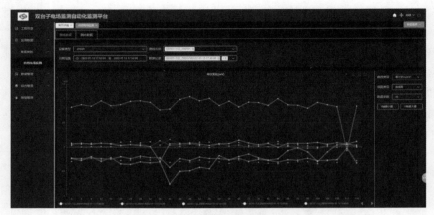

图 4.3 - 45　剖面数据展示界面

图 4.3 - 46　数据上传与下载界面

的监测项目，可以在主页中单击"历史数据"中查询往期已结束项目中的历史监测数据
（图 4.3 - 47）。

4. 综合管理

综合管理功能主要对系统内的用户信息、项目信息、测项信息、设备信息、测线配置
信息等进行管理。

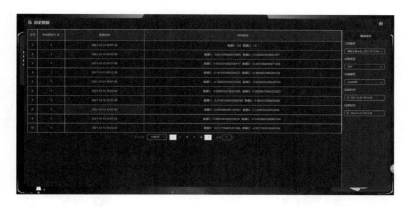

图 4.3-47　历史监测数据查询

通过"人员管理"界面（图 4.3-48）对系统用户进行管理，可以进行添加用户，修改用户信息与用户权限，删除用户等操作。

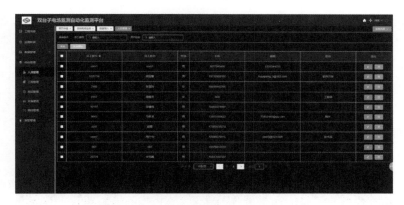

图 4.3-48　人员管理界面

通过"工程管理"界面（图 4.3-49）对当前项目的工程基本信息进行管理，可对具体项目信息进行编辑，上传相关图像与影音文件等。

图 4.3-49　工程管理界面

测项管理界面（图4.3-50）中显示当前工程中所有的监测测项，测项具有唯一编号，从属于唯一的工程，在界面中可以添加、删除测项，编辑测项信息。

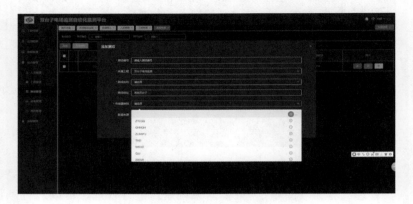

图 4.3-50 测项管理界面

设备管理界面（图4.3-51）内可以将硬件设备在系统中同步关联。点击添加设备，手动填写或上传设备编号与相关传感器参数信息，选择要关联的工程与测项即可将设备绑定到系统中。

图 4.3-51 设备管理界面

测线管理界面（图4.3-52）用于将多个设备组合为监测集群形成单时刻多点剖面数据，点击添加按钮可以添加测线，输入测线编号与测线名称，选择要关联的设备，选择工程与测项即可添加测线。

5. 监测报警

在监测报警界面（图4.3-53）中，报警信息以散点图的形式为用户展示，横轴为报警时间，纵轴为报警值，图中的散点表示报警信息，图中的横线为各个等级的报警阈值，不同等级的报警信息在图中以不同颜色进行区分。通过日期范围划定时间范围，鼠标悬停在报警点上查看具体数值与时间信息。

通过点击"报警复核"按钮可以对选定范围内的报警信息进行人工复核，点击"忽

图 4.3-52 测线管理界面

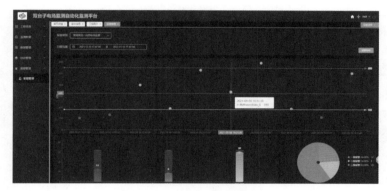

图 4.3-53 监测报警界面

略"按钮可以对当条报警进行销警处理，在报警散点图中销警后的报警点将以灰色显示（图 4.3-54）。

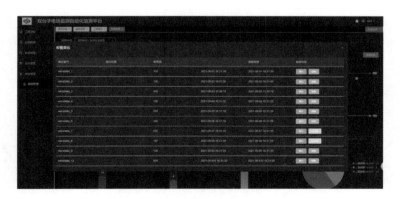

图 4.3-54 报警信息与复核界面

4.3.9 等比例尺堤防模型试验

为进一步分析堤坝典型隐患存在的形式和特点，研究等比例堤防模型情况下典型隐患的地球物理特征，本书提出了大型高填方堤防工程模型，并基于实体模型研究不同隐患与渗漏探测技术手段的特点，为信息解译提供依据。

4.3.9.1　等比例尺堤防模型设计

为模拟堤防特征以及渗漏通道发育特点，黄河设计院设计了大型高填方堤防工程模型。模型高度约 5.5m，长约 22m，宽约 15m，主坝宽约 5m。堤防整体结构采用防渗性好的黏土进行填筑，同时在施工过程中每 0.3m 进行成层碾压。

针对不同的渗漏通道，设计按照固定斜率设计 4 个渗漏通道，渗漏通道采用渗漏率较大的砂土结合料组成。

模型的设计图如图 4.3-55 和图 4.3-56 所示。

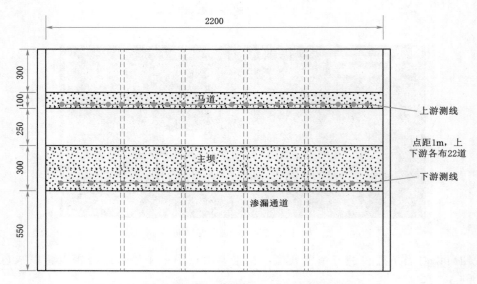

图 4.3-55　大型高填方堤防破坏性试验模型平面设计图

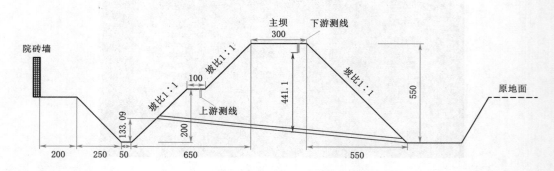

图 4.3-56　大型高填方堤防破坏性试验模型渗漏通道设计图

大型高填方堤防土坝试验模型如图 4.3-57 所示。图中院砖墙侧为临河侧，实际模拟中，将在上游注水，水流通过渗漏通道流至下游。通过控制上游的水流量以模拟不同量级规模的渗漏。

大型高填方堤防渗漏通道施工如图 4.3-58 所示。

4.3.9.2 监测系统安装

模型完成填筑施工后,在上游马道和下游主坝上分别布置两条测线,测线长度均为 22m,点距 1m。施工过程中在现场人工挖出 0.5m 线槽,并将电缆线用水带包裹,电极采用热塑管等进行密封,固体不极化电极埋深 1m,保证接地条件。监测主机及太阳能供电系统安装在东侧围墙外的线杆上(图 4.3-59)。

图 4.3-57 大型高填方堤防土坝试验模型

图 4.3-58 大型高填方堤防渗漏通道施工图

4.3.9.3 模型试验

1. 系统稳定性试验

完成模型渗漏通道及自电监测设备布设后,在小禹自动化监测预警平台中建立工程,并录入各个测点信息(图 4.3-60 和图 4.3-61)。其中测点号 18~39 为上游马道测点编号,43~64 为下游主坝测点编号,采用 2min 的采集间隔进行数据连续采集。自 2020 年 8

月 19 日布置完成至 2020 年 8 月 24 日进行了 6d 不间断的稳定性测试，两条测线记录值及单次变化很小（图 4.3－62 和图 4.3－63），系统稳定表明在高填方模型上安装的小禹监测预警系统可以用于渗漏通道探测试验。

2. 渗漏通道探测试验

完成稳定性测试后，进行了渗漏通道探测试验，试验布置如图 4.3－64 所示：利用 2 号渗漏通道从上游通道入口注水，通过小禹自动化监测预警系统查看上游马道及下游

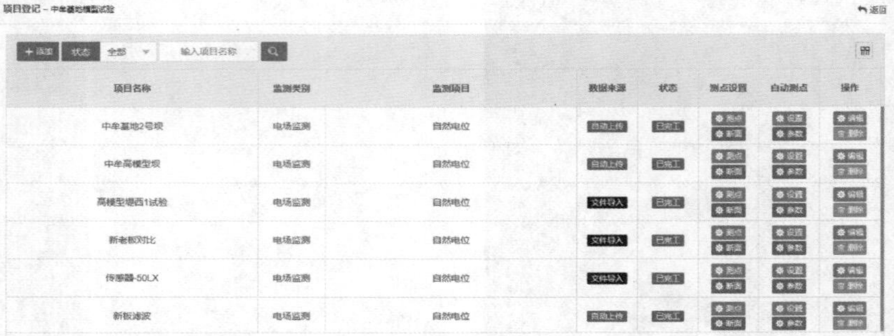

图 4.3－59　大型高填方堤防监测设备布设图

图 4.3－60　高填方模型工程登记

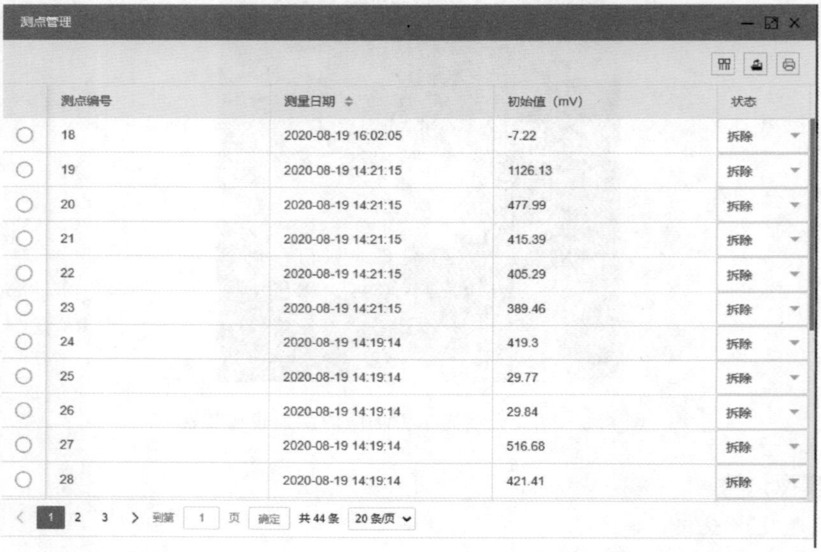

测点编号	测量日期 ⇕	初始值 (mV)	状态
18	2020-08-19 16:02:05	-7.22	拆除
19	2020-08-19 14:21:15	1126.13	拆除
20	2020-08-19 14:21:15	477.99	拆除
21	2020-08-19 14:21:15	415.39	拆除
22	2020-08-19 14:21:15	405.29	拆除
23	2020-08-19 14:21:15	389.46	拆除
24	2020-08-19 14:19:14	419.3	拆除
25	2020-08-19 14:19:14	29.77	拆除
26	2020-08-19 14:19:14	29.84	拆除
27	2020-08-19 14:19:14	516.68	拆除
28	2020-08-19 14:19:14	421.41	拆除

1 2 3 到第 1 页 确定 共44条 20条/页

图 4.3－61　测点录入

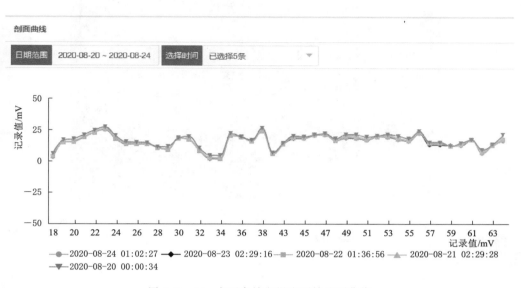

图 4.3-62 大型高填方堤防原始监测曲线

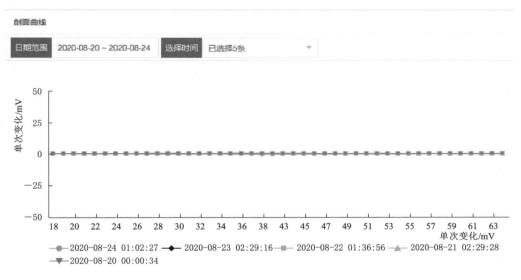

图 4.3-63 大型高填方堤防变化量监测曲线

主坝两条侧线的实时数据，其中位于 2 号渗漏通道上方的测点为 28 号及 49 号，具体测试结果如图 4.3-65 和图 4.3-66。由图 4.3-65 可以看出，在注水过程中，渗漏通道位置 28 号测点出现了 7mV 以上的变化量，由于渗漏的浸润影响，且测线距离渗漏通道深度只有 2.5m，附近 23～32 号测点都受到渗漏的浸润影响，因此异常幅值非常明显；上游主坝测线距离渗漏通道深度超过 5m，从图 4.3-67 可以看出，渗漏通道位置 49 号测点出现了 1.1mV 的变化量，相比于附近测线异常明显。当渗漏发生时测线整体都受到影响，

图 4.3 - 64   渗漏试验布置示意图

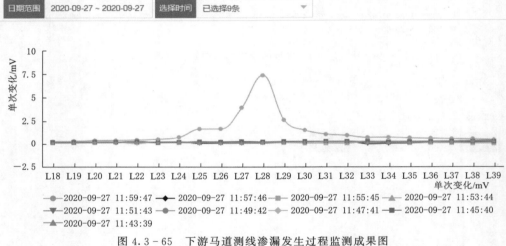

图 4.3 - 65   下游马道测线渗漏发生过程监测成果图

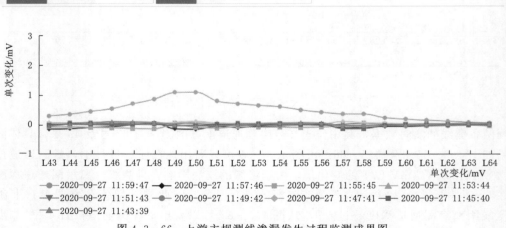

图 4.3 - 66   上游主坝测线渗漏发生过程监测成果图

图 4.3-67　马渡险工自动化监测系统安装

以渗漏通道为中心向两边逐渐递减，说明渗漏发生时不是简单存在一条通道，而是有一定影响范围，并且电场监测技术本身具有一定的体积效应和旁侧效应，渗漏点会对周围的地电场产生影响从而被监测系统感知。

通过上述实验说明，5m 埋深的渗漏通道可以通过浅表埋设地电场监测系统来进行监测感知，渗漏点产生的地电场会具备一定的影响范围，导致附近测点发生变化，因此可以通过分析多个测点出现的"正态分布"式的监测变化量差异对渗漏的发生进行实时预警。

4.3.10　自然电场法监测应用实践

4.3.10.1　马渡下延控导工程监测

为测试自然电位监测系统在堤防工程中的应用效果，在马渡险工 37 号坝段迎水侧布置了一条测线，点距 2m，共 64 道，测线总长度 126m，现场人工挖出 50cm 线槽，将电缆线用水带包装，电极采用热塑管等进行密封，固体不极化电极埋深 1m，保证接地条件。监测设备及太阳能供电系统安装在线杆上，整个监控系统在安装完成后，进行了填平，地表无露头（图 4.3-68）。

该套系统 2020 年 4 月安装以来，已连续监测了近四年，系统运行稳定。根据监测数据所反映的情况（图 4.3-69～图 4.3-71），马渡险工 37 号坝段自电监测系统从 2020 年 4—12 月的记录值、单次变化、变化率均没有超过异常阈值，说明该段堤防从 2020 年汛期到现在运行正常，没有明显渗漏发生。

图 4.3-68　马渡险工自动化监测系统安装

2020 年 6 月底,小浪底水库泄水腾库容最大流量达到 5000m³/s 以上。2021 年黄河秋汛时段,马渡最大流量长时间维持在 4800³/s 左右;马渡险工 37 号坝段均安全平稳,没有发生渗漏现象,与监测系统所反映的情况相符,表明渗漏监测系统在马渡险工中的应用效果良好。

4.3.10.2 某水库渗漏检测

1. 水库渗漏基本情况

2019 年 12 月 13 日,某水库上游侧库水位 133.4m,在右岸土石坝段下游排水沟内出现了深度 0～20cm 不等的积水,此处的积水引起水工室人员的高度警觉。经对排水沟仔细排查,确定积水范围为桩号 D2+354～D2+622,水流从桩号 D2+622 向桩号 D2+345 缓慢流动,水面高程为 123.85～124.04m。

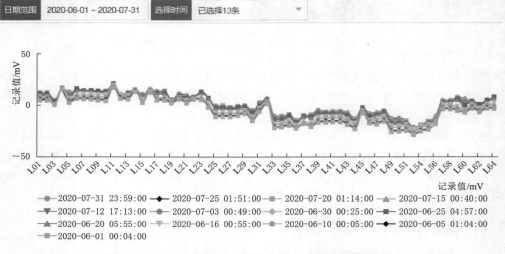

图 4.3-69　马渡险工 37 号坝自然电位监测原始数据

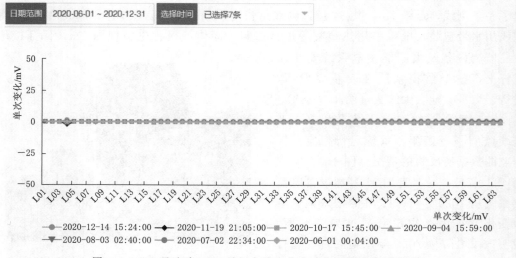

图 4.3-70　马渡险工 37 号坝自然电位自动化监测变化量曲线

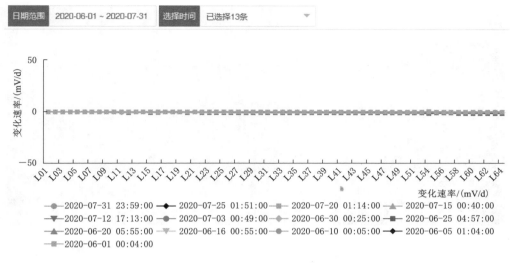

图 4.3-71　马渡险工 37 号坝自然电位自动化监测变化率曲线

管理人员详细查看周围地形，发现排水沟下游侧景区内隔着一条小路有一集水坑，坑内水深 123.8m，低于排水沟内水面最低高程 123.85m。查询了气象资料，发现近几日天气以晴朗为主，未有雨雪天气。排除了下游侧集水坑向排水沟反渗及降雨积水的两种情况。初步分析为土石坝段上游渗水所致。随后管理人员增加排水沟内水位水量观测频次，由每周巡检一次调整为每日观测。观测期间上游侧水位维持在高程 133～134m，排水沟内积水未发现有明显变化。

2020 年 3 月 22 日至 4 月 5 日，该水库上游侧水位在高程 128.5～130.31m 之间运行，观测到下游侧排水沟内水位明显降低。在上游侧水位高程 129m 附近时，排水沟内水位相较以往降低 2.5～3.5cm，大部分地方干涸。

2020 年 4 月 6 日，水库上游侧水位开始回升，4 月 7 日，水位上升至高程 131.44m，当日上午管理人员及时对下游侧排水沟进行了观测，发现排水沟内又出现积水且能观测到水流动，随后上游水位在高程 131m 附近波动，下游侧排水沟内水位水量维持相对稳定（图 4.3-72）。

通过多日的观测，可以确定土石坝段下游侧排水沟内积水为土石坝段上游渗水所致，渗水位置在高程 130m 附近。检查发现的上游侧高程 130m、桩号 D2+614 附近联锁板结合缝隙处为一处渗漏点。

经过开挖处理，更换土工膜，暂时性不漏水，在水位上升到 133m 时，下游侧排水沟内又出现了积水现象，渗漏情况依然存在。

2. 渗漏检测过程

水库渗漏入口检测采用自然电场监测系统，按照矩阵式布置测线，沿平行坝轴线方向布置测线 12 条，测线长度为 5m，整个测线网格间距 1m，采样间隔为 1min，每个测点采样时间为 5min，然后移动整个测线，可实现数据实时上传及在线监测与预警。测线布置如图 4.3-73 所示，起止桩号为右岸土石坝段 D2+660～D2+480。

图 4.3-72　排水沟渗漏积水情况　　　　图 4.3-73　自然电位法测线布置图

依据水中电法成果图分析（图 4.3-74）：分别在迎水坡面板大坝桩号 D2＋583、D2＋558、D2＋511 位置存在电位异常情况，其中 D2＋511 和 D2＋583 相对异常更加明显，从自然电位法的异常位置分析，两个重点异常中心位置距离水边距离为 7.7m，根据坡比 1∶2.75 可计算高度差为＝2.8m，数据采集时水位高程为 133m，可得渗漏异常点高程为 133m－2.8m＝130.2m。

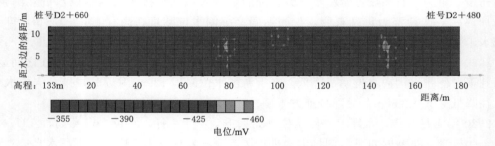

图 4.3-74　自然电位法成果图

综合上述情况分析，推测面板土工膜有 2 个渗漏出水点，位置分别为（D2＋511，130.2）、（D2＋583，130.2m）。

4.4　堤防工程电阻率法监测技术

4.4.1　堤防隐患的电阻率表征

堤防工程隐患的洞、缝、松等，首先在电阻率特征上会与周围介质产生一定的导电性差异。堤防隐患探测正是通过这种变化来研究隐患引起的电阻率畸变规律，结合地质情况和坝体结构特征，推断隐患的性质、位置和埋深等情况。在高水位状态下，逐步分析堤防相关隐患与低水位的物理场表征区别，则可有效实现对异常体的险情演变监测。

影响堤防导电性的因素主要有岩性、含水率和密实度等。堤防土质均匀无隐患时，电阻率一般从堤顶向下呈层状逐渐下降。表 4.4-1 是常见土堤的电阻率参数。

表 4.4-1 常 见 土 体 电 阻 率

类别	名 称	电阻率 $\rho/(\Omega \cdot m)$	类别	名 称	电阻率 $\rho/(\Omega \cdot m)$
松散土	黏土	$1 \sim 2 \times 10^2$	松散土	亚黏土含砾石	$80 \sim 240$
	含水黏土	$0.2 \sim 10$		卵石	$3 \times 10^2 \sim 6 \times 10^3$
	亚黏土	$10 \sim 10^2$		含水卵石	$10^2 \sim 8 \times 10^2$
	砾石加黏土	$2.2 \times 10^2 \sim 7 \times 10^3$			

针对不同隐患的电阻率表征，图 4.4-1 （a）给出密实度为 85% 的条件下，黄河大堤粉质黏土的实测电阻率随含水率的变化曲线。可见在含水率 <25% 的情况下，土体含水率与电阻率呈负相关关系，电阻率随含水率的增加而呈指数递减，含水率的变化对堤防土体的导电性影响很大，但当含水率增加到 30% 以上，电阻率变化缓慢，含水率对土体导电性能的影响不大。

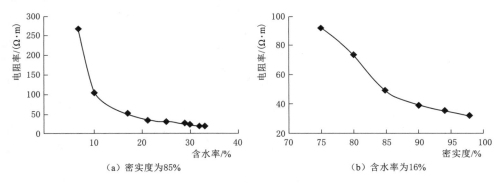

图 4.4-1 粉质黏土电阻率与含水率、密实度的关系

图 4.4-1 （b）给出在含水率为 16% 的条件下，实测粉质黏土的电阻率随密实度的变化曲线。可见在非饱和土层中，电阻率与密实度呈近似线性负相关关系，随着密实度的增加，电阻率逐渐减少，土体导电性逐渐变好。由此可见，电阻率特征在查找堤防含水体、裂缝和空洞等隐患异常效果较好。

4.4.2 电阻率法监测方法原理

电阻率法是以堤防中均匀介质与隐患（洞、缝、松等）的导电性差异为物质基础，通过观察与研究人工建立的地中电流场（稳定场或交变场）的分布规律进行隐患监测的方法。

4.4.2.1 电阻率法监测电场分布

1. 电场分布方程

电阻率法监测需要建立稳定电流场，通常通过电极向地下介质中供入稳定电流，假设在地面 A 点，置入一个电流强度为 I 的点电流源，则根据欧姆定律，有

$$J = \sigma E = \frac{E}{\rho} \tag{4.4-1}$$

式中：E 为电场强度；J 为电流密度；σ 为电导率；ρ 为电阻率。

根据稳定电流场原理，电场强度是电位的负梯度，即电场中任一点的电位 u 与电场强度 E 满足关系：

$$E = -\nabla u = -\text{grad} u \tag{4.4-2}$$

由以上两式可得

$$j = \sigma E = -\sigma \nabla u \tag{4.4-3}$$

对上式两边求散度，得

$$\nabla(\sigma \nabla u) = -\nabla j \tag{4.4-4}$$

式 (4.4-4) 为稳定电流场电位分布满足的基本方程。

对于稳定电流场，根据通量定律，设 S 为空间中任意闭合曲面，其所围成的空间为 Ω，若 Ω 内包含电流源 I，则流过 S 的电流通量为 I，若 Ω 内不包含电流源 I，则流过 S 的电流通量为 0，即

$$\oint_s j \, \mathrm{d}S = \begin{cases} I, A \in \Omega \\ 0, A \notin \Omega \end{cases} \tag{4.4-5}$$

根据高斯公式，将上式左端面积分转换为体积分：

$$\oint_s j \, \mathrm{d}S = \int_\Omega \nabla j \, \mathrm{d}\Omega = \begin{cases} I, A \in \Omega \\ 0, A \notin \Omega \end{cases} \tag{4.4-6}$$

用 $\delta(A)$ 表示以 A 为中心的冲激函数，根据 δ 函数的性质，有

$$\int_\Omega \delta(A) \mathrm{d}\Omega = \begin{cases} \dfrac{1}{2}, A \in \Omega \\ 0, A \notin \Omega \end{cases} \tag{4.4-7}$$

则有

$$\nabla j = 2I\delta(A) \tag{4.4-8}$$

将式 (4.4-8) 代入式 (4.4-4)，得到点电流源 I 的作用下，空间中任一点的电位。满足偏微分方程：

$$\nabla(\sigma \nabla u) = -2I\delta(A) \tag{4.4-9}$$

该方程即为泊松方程。

在进行点电流源的电势分布求解时，需要给定场地的边界条件，边界条件包括以下三类：

（1）第一类边界条件（极限条件）。

当观测点远离点电流源 A 时：

$$u \Big|_{\Gamma_\infty} = 0 \tag{4.4-10}$$

当观测点离点电流源 A 很近时：

$$u = \frac{I\rho}{2\pi R} \tag{4.4-11}$$

（2）第二类边界条件（地面条件）。

因为电流沿地表流动，所以电流密度的法向分量为 0，即 $j_n=0$，电位的法向倒数为零，即

$$\frac{\partial u}{\partial n}=0,\quad u\in\Gamma_s \tag{4.4-12}$$

（3）第三类边界条件：

$$\frac{\partial u}{\partial n}+\frac{\cos(r,n)}{r}u=0,\quad u\in\Gamma_\infty \tag{4.4-13}$$

2. 均匀半空间的电势分布

假设电导率 σ 在三维空间中的分布是均匀且各向同性的，即 $\sigma(X,Y,Z)$ 取值为一常数 σ，则在不含点电流源的区域，式（4.4-9）可简化为

$$\nabla^2 u=0 \tag{4.4-14}$$

在球坐标系 (r,θ,φ) 中，式（4.4-14）可表示为

$$\frac{\partial}{\partial r}\left(r^2\frac{\partial u}{\partial r}\right)+\frac{1}{\sin\theta}\frac{\partial}{\partial\theta}\left(\sin\theta\frac{\partial u}{\partial\theta}\right)+\frac{1}{\sin^2\theta}\frac{\partial^2 u}{\partial\phi^2}=0 \tag{4.4-15}$$

将球坐标原点置于点电流源所在坐标，则空间中任意一点，设其与电流源的距离为 R，由于对称性，则其电位取值仅与距离 R 有关，有

$$\frac{\partial}{\partial R}\left(R^2\frac{\partial u}{\partial R}\right)=0 \tag{4.4-16}$$

对式（4.4-16）两端进行积分，得

$$u=-\frac{C_1}{R}+C_2 \tag{4.4-17}$$

式中：C_1 和 C_2 为积分常数。

结合边界条件式（4.4-10）和式（4.4-12），容易解出 $C_2=0$。

当点电流源位于地表时：

$$j=\frac{I}{2\pi R^2} \tag{4.4-18}$$

$$j=\sigma E=\sigma\left(-\frac{\partial u}{\partial R}\right)=\sigma\left(-\frac{C_1}{R^2}\right) \tag{4.4-19}$$

其中

$$C_1=-\frac{I}{2\pi\sigma}$$

均匀各项同性无限介质中，点电流源电场中，任意一点的电位为

$$u=\frac{I}{2\pi\sigma}\frac{1}{R} \tag{4.4-20}$$

点电流源随距离的电势分布曲线如图 4.4-2 所示。随着与点电流源距离的增大，电势迅速减小。

当电流源采用两个异性点源时，设其电流分别为 $+I$ 和 $-I$，分别位于 A、B 两点，根据电场叠加原理，空间中任两点 M 和 N 电位为

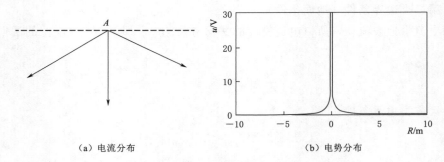

（a）电流分布　　　　　　　　　　　（b）电势分布

图 4.4 - 2　点电流源的电流分布和电势分布曲线

$$u_M = \frac{I}{2\pi\sigma}\left(\frac{1}{AM} - \frac{1}{BM}\right)$$
$$u_N = \frac{I}{2\pi\sigma}\left(\frac{1}{AN} - \frac{1}{BN}\right)$$

(4.4 - 21)

式中：AM、AN 分别为点 M、点 N 与点 A 之间的距离；BM、BN 分别为点 M、点 N 与点 B 之间的距离。

测量电极一般放置在与供电电极在同一直线上的地表上，测量电极 M 和 N 的电位差为

$$\Delta u = u_M - u_N = \frac{I}{2\pi\sigma}\left(\frac{1}{AM} - \frac{1}{BM} - \frac{1}{AN} + \frac{1}{BN}\right)$$

(4.4 - 22)

整理可得

$$\rho = \frac{1}{\sigma} = k\,\frac{\Delta u}{I}$$

(4.4 - 23)

其中

$$k = \frac{2\pi}{\dfrac{1}{AM} - \dfrac{1}{BM} - \dfrac{1}{AN} + \dfrac{1}{BN}}$$

(4.4 - 24)

在空间中的电阻率分布不满足均匀半空间假设时，采用式（4.4 - 24）计算得到的电阻率值与电阻率的真实值是有差异的，因此将其计算结果称之为视电阻率。

4.4.2.2　电阻率法监测基本原理

假设待测区域内，大地电阻率是均匀的。对于测量均匀大地电阻率值，原则上可以采用任意形式的电极排列来进行，即在地表任意两点（A，B）供电，然后在任意两点（M，N）来测量其间的电位差，可求出 M、N 两点的电位：

$$U_M = \frac{I\rho}{2\pi}\left(\frac{1}{AM} - \frac{1}{BM}\right)$$

(4.4 - 25)

$$U_N = \frac{I\rho}{2\pi}\left(\frac{1}{AN} - \frac{1}{BN}\right)$$

(4.4 - 26)

由式（4.4 - 23）可得均匀大地电阻率的计算公式为

$$\rho = k\,\frac{\Delta U_{MN}}{I}$$

(4.4 - 27)

其中

$$k = \frac{2\pi}{\frac{1}{AM} - \frac{1}{AN} - \frac{1}{BM} + \frac{1}{BN}}$$　　　　　　(4.4-28)

式（4.4-27）是在均匀大地的地表采用任意电极装置（或电极排列）测量电阻率的基本公式。其中 k 为电极装置系数（或电极排列系数），是一个只与电极的空间位置有关的物理量。考虑到实际的需要，在电阻率测量中，一般总是把供电电极和测量电极置于一条直线上，图 4.4-3 所示的电极排列形式，称为四极排列。

在野外实际条件下，经常遇到的测量断面在电性上是不均匀且比较复杂的，如仍用上述方法进行视电阻率测定，实际上相当于将本来不均匀的地电断面用某一等效的均匀断面来代替，故由式（4.4-27）计算的电阻率，不是某一岩层的真实电阻率，而是在电场分布范围内、各种岩石电阻率综合影响的结果。称其为视电阻率，并用 ρ_S 来表示：

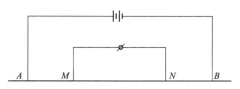

图 4.4-3　利用四极排列测量均匀
大地的电阻率

$$\rho_S = K \frac{\Delta U_{MN}}{I}$$　　　　　　(4.4-29)

这是电阻率法中最基本的计算公式。由此可见，在电阻率法的实际工作中，一般测得的都是视电阻率值，只当电极排列位于某种单一岩性的地层中时，才会测到该地层的真电阻率值。

当 MN 远小于 AB 时，其间的电场可以认为是均匀的，因此：

$$\Delta U_{MN} = E_{MN} \cdot \overline{MN} = j_{MN} \cdot \rho_{MN} \cdot \overline{MN}$$　　　　　　(4.4-30)

式中：$\overline{MN}$ 为测量电极间的距离，j_{MN} 为 MN 处的电流密度；ρ_{MN} 为 MN 所在介质的真电阻率值。将式（4.4-30）代入式（4.4-29），则

$$\rho_S = K \frac{j_{MN} \cdot \rho_{MN} \cdot \overline{MN}}{I}$$　　　　　　(4.4-31)

显然，当地下介质均匀时，可把 j_{MN}、ρ_{MN} 用 j_0、ρ_0 来表示，于是

$$\rho_S = K \frac{j_0 \cdot \rho_0 \cdot \overline{MN}}{I}$$　　　　　　(4.4-32)

经整理有

$$\frac{1}{j_0} = K \frac{\overline{MN}}{I}$$　　　　　　(4.4-33)

将其代回式（4.4-32），便得到：

$$\rho_S = K \frac{\overline{MN}}{I} \cdot j_{MN} \cdot \rho_{MN} = \frac{j_{MN}}{j_0} \rho_{MN}$$　　　　　　(4.4-34)

这是视电阻率和电流密度的关系，也称为视电阻率的微分方程。它表明，在一个点测量电极和介质的真电阻率成正比，比率因子为 j_{MN}/j_0，这是一个衡量实际的电流密度的

电极和假设的均匀介质中的地下正常场的电流密度比。

显然，j_{MN} 包含了在电场分布范围内各种电性地质体的综合影响。当地下半空间有低阻不均匀体存时，由于正常电流线被低阻体所吸引，使地表 MN 处的实际电流密度减少，所以 $j_{MN} < j_0$，故 $\rho_S < \rho_{MN}$；相反，当地下半空间有高阻体存在时，用于正常电流线被高阻体所排斥，使地表 MN 处的实际电流密度增加，所以 $j_{MN} > j_0$，故 $\rho_S > \rho_{MN}$。如图 4.4-4 所示为有高阻体或低阻体存在时的电场（ρ_2 为高阻，ρ_3 为低阻）。这样通过在地表观测视电阻率的变化，便可揭示地下电性不均匀地质体的存在和分布。这就是电阻率法所以能够解决有关地质问题的基本物理依据。显然，视电阻率的异常分布除了和地质对象的电性和产状有关外，还和电极装置有关。

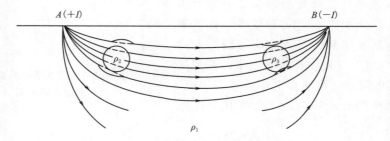

图 4.4-4　有高阻体和低阻体存在时的电场分布

4.4.2.3　数据测量方法与装置形式

为满足实际工程需要，更好地获取野外数据，经常需要对同一条测线使用不同的装置形式进行数据采集。装置形式主要是通过不同的电极排列形式和移动方式进行数据采集，目前电阻率法监测有多种装置形式，无论哪种装置形式，其共同特点是：用供电电极（A，B）向下供电，同时在测量电极（M，N）间观测电位差（ΔU_{MN}），并采用电位和电位差法或者电阻率法进行计算，各电极可沿选定的测线同时（或仅测量电极）逐点向前移动和观测。

目前常用的装置形式如下：

（1）二极装置（AM）（图 4.4-5）。这种装置的特点是：供电电极 B 和测量电极 N 均置于"无穷远"处接地。这里所指的"无穷远"是相对概念，如对 B 而言，相对 A 极在 M 产生的电位小到实际上可以忽略，便可视 B 为无穷远；对 N 极而言，若 A 极在 N 极产生的电位相对于 M 极很小以至于可以忽略时，便认为 N 极位于无穷远，并取那里的

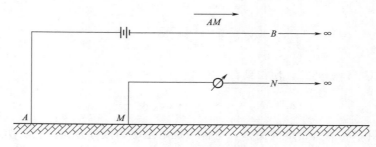

图 4.4-5　二极装置图

电位为零。因此，二极装置实际是一种测量电位的装置，通常取 AM 中点作为观测结果的记录点。

二极装置 ρ_S 的表达式为

$$\rho_S^{AM} = K_{AM} \frac{U_M}{I} \tag{4.4-35}$$

其中

$$K_{AM} = 2\pi AM \tag{4.4-36}$$

（2）三极装置（AMN）（图 4.4-6）。这种装置的特点：只将供电电极 B 置于无穷远，而将 AMN 排列在一条直线上进行观测。

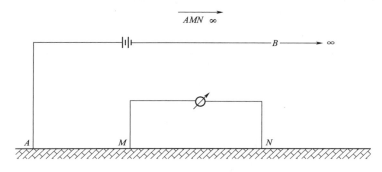

图 4.4-6　三极装置图

三极装置 ρ_S 的表达式为

$$\rho_S^{AMN} = K_{AMN} \frac{\Delta U_{MN}}{I} \tag{4.4-37}$$

其中

$$K_{AMN} = 2\pi \frac{AM \cdot AN}{MN} \tag{4.4-38}$$

（3）联合剖面装置（$AMN\infty MNB$）（图 4.4-7）。这种装置的特点：它由两个三极联合组成，其中电源的负极置于无穷远处，电源的正极可接向 A 极，也可接向 B 极。

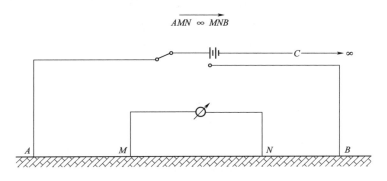

图 4.4-7　联合剖面装置图

联合剖面装置 ρ_S 的表达式为

$$\rho_S^A = K_A \frac{\Delta U_{MN}^A}{I_A} \tag{4.4-39}$$

$$\rho_S^B = K_B \frac{\Delta U_{MN}^B}{I_B} \tag{4.4-40}$$

其中

$$K_A = K_B = 2\pi \frac{AM \cdot AN}{MN} \tag{4.4-41}$$

（4）对称四极装置（$AMNB$）（图 4.4-8）。这种装置的特点是 $AM=NB$，记录点在 MN 的中点。此种装置又称作施伦贝格装置。

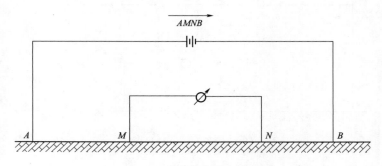

图 4.4-8　对称四极装置图

对称四极装置 ρ_S 的表达式为

$$\rho_S^{AB} = K_{AB} \frac{\Delta U_{MN}}{I} \tag{4.4-42}$$

其中

$$K_{AB} = \pi \frac{AM \cdot AN}{MN} \tag{4.4-43}$$

当取 $AM=MN=NB=a$ 时，称为温纳装置，装置系数为 $K_w = 2\pi a$。

（5）偶极装置（图 4.4-9）。这种装置的特点：供电电极 A、B 和测量电极 M、N 均采用偶极并分开有一定距离，由于 4 个点击都在一条直线上，故又称轴向偶极。其 ρ_S 的表达式为

$$\rho_S^{\infty'} = K_{\infty'} \frac{\Delta U_{MN}}{I} \tag{4.4-44}$$

其中

$$K_{\infty'} = \frac{2\pi \cdot AM \cdot AN \cdot BM \cdot BN}{MN(AM \cdot AN - BM \cdot BN)} \tag{4.4-45}$$

当取 $AB=BM=MN=a$ 时，装置系数为 $K_{\infty'} = 6\pi a$。

（6）中间梯度装置（图 4.4-10）。这种装置的特点是供电电极 AB 的距离取得很大，

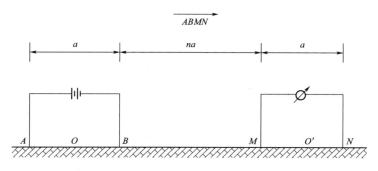

图 4.4 - 9 偶极装置图

且固定不动；测量电极 MN 在其中间 $1/3$ 地段逐点测量，记录点取在 MN 的中点。其 ρ_S
的表达式为

$$\rho_S^{MN} = K_{MN} \frac{\Delta U_{MN}}{I} \qquad (4.4-46)$$

其中

$$K_{MN} = \frac{2\pi \cdot AM \cdot AN \cdot BM \cdot BN}{MN(AM \cdot AN + BM \cdot BN)} \qquad (4.4-47)$$

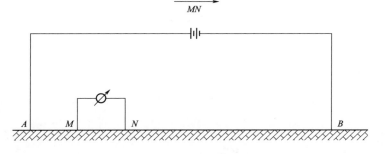

图 4.4 - 10 中间梯度装置图

（7）微分装置（图 4.4 - 11）。在这种装置中，一般采用温纳思想将 $AB = MN$，且 B
位于 MN 的中点电极上，记录点为 MN 的中点，即为 B 电极，其视电阻率的表达式为

$$\rho_s^\gamma = K_\gamma \frac{\Delta U^\gamma}{I} \qquad (4.4-48)$$

当取 $AM = MB = BN = a$ 时，装置系数为 $K_\gamma = 3\pi a$。

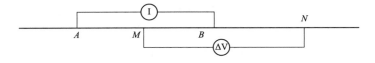

图 4.4 - 11 微分装置图

上述讨论了 7 种常见的装置测量形式，而实际工作中，电极的布置，仍需要根据监测
的目标体类型进行设置。

4.4.3 堤防隐患的电阻率模拟试验

为分析电阻率在堤防隐患检测及险情演变监测的作用，本节设计了一个过堤身的渗漏通道，并利用 RES2DMOD 有限元软件对电阻率法探测浸润线高低变化及渗漏通道规模大小变化两种工况进行数值模拟。将实际工作中遇到的地质情况简化成为简单的地质模型，利用 RES2DMOD 正演建模软件建立一个已知的模型，然后再用反演软件对模型进行反演，通过对反演结果进行对比分析，为电阻率法在堤防渗漏通道探测实际测量结果的异常识别提供理论指导。

4.4.3.1 堤防隐患探测装置形式研究

电阻率法监测可以通过改变观测系统的参数和测量装置而改变测量的结果，本次模拟主要是通过数值模拟，探讨隐患探测中最常用的温纳装置和施伦贝格装置对同一个低阻体的响应特征。模拟模型均假设为理想二维条件下，地表面无高程变化。该模型主要是针对目前堤防运行过程中遇到的渗漏通道而建立的地电模型。

模型的参数如下，模型中共设置三个均匀、水平的地层，电阻率分别为 $10\Omega \cdot m$、$60\Omega \cdot m$ 和 $150\Omega \cdot m$。异常值的电阻率值设置为 $10\Omega \cdot m$。

基本参数：排列的电极极距为 1.0m，电极的个数为 20 根，测线的长度为 19m；垂直方向上共设置 12 个网络模块层，其厚度自上而下逐渐增大。低阻异常体位于测线的正中部，其长度为 1.0m，高为 0.7m，该异常体电阻率值为 $10.0\Omega \cdot m$。低阻体在多层均一地层的模型如图 4.4-12 所示。

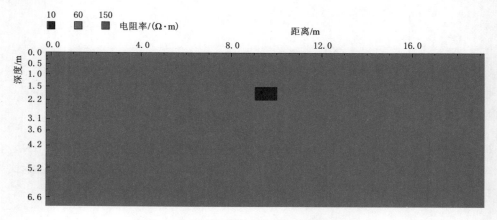

图 4.4-12 低阻体在多层均一地层的模型

低阻体在温纳装置下的反演视电阻率如图 4.4-13 所示。低阻体在施伦贝格装置下的反演视电阻率如图 4.4-14 所示。

对比图 4.4-13 和图 4.4-14 不同装置的反演视电阻率图发现，两种装置对低阻异常体的反应都比较敏感，但在同样的地质条件和同样长的测线条件下，施伦贝格装置对低阻体的分辨能力要优于温纳装置，所以在满足探测深度要求情况下，可优先选择施伦贝格装置。因此本节针对不同地质问题的数值模拟均采用施伦贝格装置。

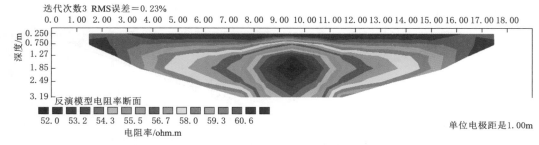

图 4.1－13　低阻体在温纳装置下的反演视电阻率

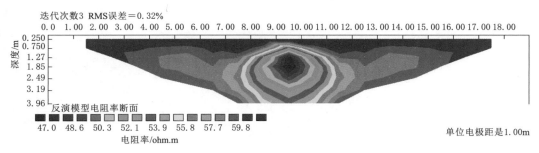

图 4.1－14　低阻体在施伦贝格装置下的反演视电阻率

4.4.3.2　堤防浸润线数值模拟研究

本次模拟主要是想通过数值模拟，探讨最常用且水平和垂直方向分辨能力较高的施伦贝格装置对堤防浸润线高低变化的响应特征。模拟模型均假设为理想二维条件下，地表面无高程变化。

模型基本设置如下：模型中共设置二个均匀水平地层，10Ω·m 电阻率地层代表浸润线下部的饱和水地层，60Ω·m 电阻率地层代表浸润线上部低含水率地层。为观察浸润线在不同深度（1.0m、2.2m、3.1m、4.2m）上的视电阻率反演结果，不断调整饱和水地层的赋存深度。

基本参数：排列的电极极距为 1.0m，电极的个数为 20，测线的长度为 19m；垂直方向上共设置 12 个网络模块层，其厚度自上而下逐渐增大，模型如图 4.4－15 所示。

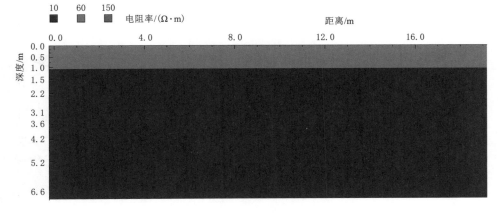

图 4.4－15　浸润线地层模型

施伦贝格装置经反演运算后如图 4.4-16～图 4.4-19 所示。

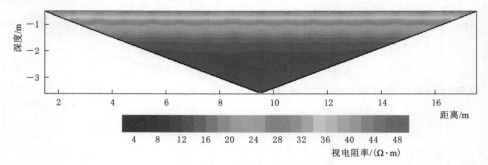

图 4.4-16　浸润线距离地面 1.0m 反演图

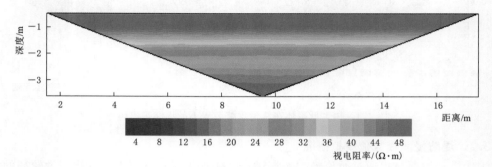

图 4.4-17　浸润线距离地面 2.2m 反演图

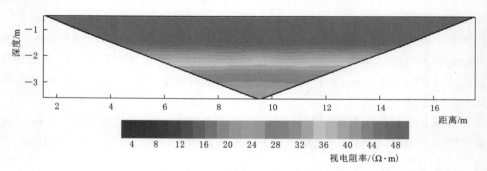

图 4.4-18　浸润线距离地面 3.1m 反演图

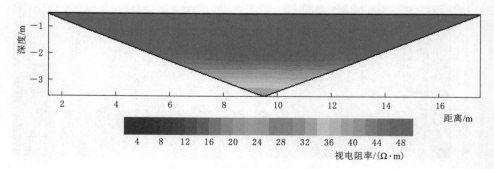

图 4.4-19　浸润线距离地面 4.2m 反演图

通过数值模拟结果发现，当浸润线在深度为 1~3m 范围内时，通过电阻率法可以很好地发现浸润线的深度，且与模型设置情况基本吻合；但当浸润线深度大于 3m 时，受到测线长度的限制，在探测深度范围内对浸润线反应逐步偏弱。从该模型数值模拟说明，电阻率法可以反映探测深度范围内的浸润线深度。

4.4.3.3 堤防渗漏通道数值模拟研究

本次模拟主要是想通过数值模拟，探讨施伦贝格装置对堤防渗漏通道规模大小变化的响应特征。模拟模型均假设为理想二维条件下，地表面无高程变化。

模型基本设置如下：模型中共设置一个均匀水平地层，10Ω·m 电阻率地层代表渗漏通道，60Ω·m 电阻率地层代表堤防均匀土质地层。为观察渗漏通道在规模大小发生变化（0.5m×0.5m、1.0m×1.0m、1.5m×1.5m、2.0m×2.0m）时的视电阻率反演结果，不断调整模拟渗漏通道低阻体的尺寸大小。

基本参数：排列的电极极距为 1.0m，电极的个数为 20 根，测线的长度为 19m；垂直方向上共设置 12 个网络模块层，其厚度自上而下逐渐增大，模型如图 4.4-20 所示。

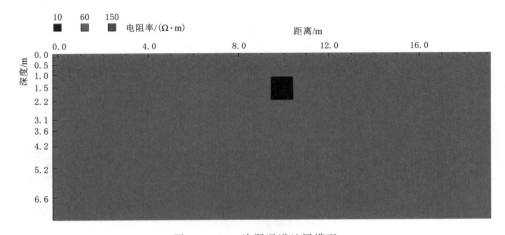

图 4.4-20　渗漏通道地层模型

施伦贝格装置经反演运算后如图 4.4-21~图 4.4-24 所示。

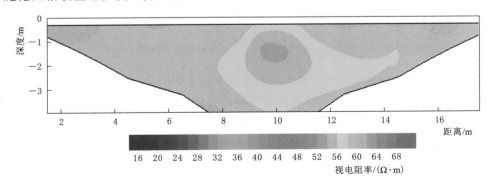

图 4.4-21　0.5m×0.5m 渗漏通道反演图

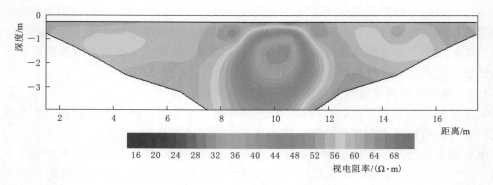

图 4.4 - 22 1.0m×1.0m 渗漏通道反演图

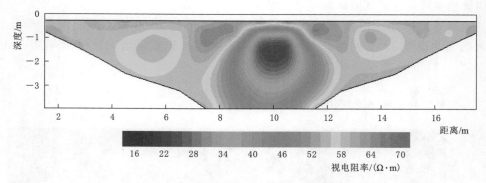

图 4.4 - 23 1.5m×1.5m 渗漏通道反演图

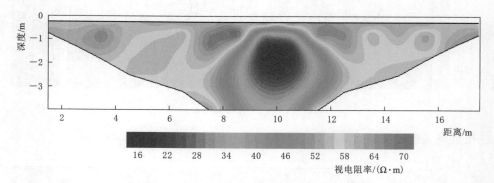

图 4.4 - 24 2.0m×2.0m 渗漏通道反演图

通过数值模拟结果发现，当电阻率法对规模大小不同（0.5m×0.5m、1.0m×1.0m、1.5m×1.5m、2.0m×2.0m）的渗漏通道均有较好的反映，对渗漏通道的反映与设置的低阻模型尺寸比较接近。但随着渗漏通道规模的变大，用电阻率法探测出的通道范围比实际模型偏差也在增加。

4.4.4 电阻率法监测观测系统

通过上述试验模拟，电阻率变化对堤防隐患及其变化表征十分明显，因此在硬件设计中考虑上述观测系统布置方式，以二维测线布置为主，实现堤防工程的线性布设。

目前堤防隐患的电阻率探测设备中，根据现场实际工作方式主要有分布式采集与集中式采集两种形式。

分布式采集方式：利用单通道或几个通道共同组成一个采集单元，每个采集单元均可实现独立工作。在工作过程中由主机对各个采集单元进行控制，通过主机发送命令至各采集单元进行信号采集。该工作模式下，采集单元可进行分布式布置，极大提高了现场工作效率。但由于采集单元分离，如利用此方式进行电阻率监测，相关设备将被埋设于地下，不利于设备的稳定运行。

集中式采集方式：所有采集板卡均布置于一个主机箱之中，利用主机箱的转换开关来控制多个电极进行交互采集。此种方式对电缆线要求相对严格，每个电极要有对应的一路电线。但由于电缆线上无其他采集单元，因此便于现场埋设。

考虑相关设备无人值守且长时间埋设于地下，因此硬件设计中以集中式采集板卡设计为主。同时考虑堤防的实际地形，设计的监测仪由升压控制板、电极转换板和主控板组成，该设备的整体设计方案如图 4.4 - 25 所示。

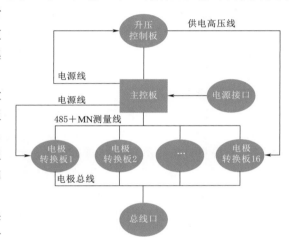

图 4.4 - 25 设备的整体设计方案

设备中的主控板可实现控制电极转换板和升压控制板的电源的控制，同时设计在数据不采集过程中，关闭电极转换板和升压板电源以降低整个系统功耗。主控板可挂载 16 个电极转换板，并通过 485 总线进行数据通信。主控板带数据采集功能，可通过转换电极板引出的 MN 进行电压测量。升压控制板用于进行供电电压幅度调节，同时控制高压信号的输出波形。设计中供电高压线与电极转换板相连，并通过电极转换板将高压信号提供给供电电极 AB。

4.4.4.1 升压控制板设计

升压板的主要目的是将太阳能电池等外接电源从 12V 电压升压至可满足直流电阻率测试的高电压，从而为供电电极提供所需要的高电压。从设备功能上，升压控制板由升压电路、波形控制电路、通信电路和控制芯片电路组成，其结构如图 4.4 - 26 所示。

升压电路负责将 12V 电瓶电压升到电阻率测试所需的供电电压幅度，波形控制电路控制供电输出电压的波形，并决定输出波形是脉冲波还是有负半波的方波。通信电路负责连接主控板，接收主控板命令，由命令决定升压板的动作。通信芯片

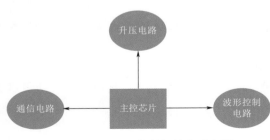

图 4.4 - 26 升压控制板结构示意图

选用 RS485，控制芯片选用 STN32F103。

根据设备工作需要，要求升压电路所输出的电压幅度可调，升压电路比选情况下如下。

方案 1：模拟升压电路

设备用固定输出的隔离电源模块串联，电源模块的 Ctrl 输入引脚可控制电源模块输出，当该引脚悬空或输入高电平时，电源模块输出电压，当该引脚接地时，电源模块无输出电压。该方法升压方式存在电源模块输出启动时间差，在输出端产生不正常的电流路径损坏电源模块及负载电路，同时由于电源模块存在差频，造成输出纹波噪声加大。

方案 2：数控电源升压

考虑设备的应用环境限制，要求电源对各种故障进行精确判定，合理的保护。而全数字控制电源在这方面优势明显，其可以在不改变硬件的基础上对各种特殊应用进行特殊处理。

数控电源特点如下：

（1）控制智能化。它是以数字信号处理器或微控制器为核心，将数字电源驱动器及 PWM 控制器作为控制对象而构成的智能化开关电源系统。而传统的由微控制器控制的开关电源，一般只是控制电源的启动和关断，并非真正意义的数字电源。

（2）数模组件组合优化。采用"整合数字电源"技术，实现了开关电源中模拟组件与数字组件的优化组合。

（3）集成度高。实现了电源系统单片集成化，将大量的分立式元器件整合到 1 个芯片或 1 组芯片中。

（4）控制精度高。能充分发挥了数字信号处理器及微控制器的优势，使所设计的数字电源达到高技术指标。同时数字电源还能实现多相位控制、非线性控制、负载均流及故障预测等功能。

（5）模块化程度高。数字电源模块化程度高，各模块之间可以方便地实现有机融合，便于构成分布式数字电源系统，提高电源系统的可靠性。

综上，选用数控电源作为升压电路，可通过指令调节供电高压输出电压幅度，并可预设输出最大功率，当输出功率高出预设值时关断输出，预防负载短路损坏电源，能在不改变硬件的前提下，满足各种工况，适应意外恶劣的环境条件，使本设计设备更加智能、易用。

在数控电源选型中，选用 DPX800S 数控升压模块，该模块是一款全数字显示的升压模块，具有体积小、功率大、效率高、工作稳定的优点，可以恒压、恒流输出。该模块能满足设计要求，具有以下特点：

（1）采用 LCD1602 显示信息、按键与编码器配合调节参数，人机交互更方便。

（2）采用高品质功率器件，配合外围精密运放构成的 CV 和 CC 环路，极大地提高了模块性能。

（3）自带风扇散热，温升小。

（4）全数字显示，方便易用。

（5）可以恒压、恒流输出。

（6）采用先进的微处理器，按键可以精确调节输出电压（25～120V）、电流（0～12A）。

（7）可设置通电后自动输出。

（8）带有输入欠压保护（LVP）、输出过压保护（OVP）、输出过流保护（OCP）。

（9）带有通信功能，可用指令控制电源参数。

（10）带有升压 MPPT 功能，适用太阳能板升压充电抓取太阳能板最大输出功率。

（11）输出可关断，与传统 Boost 升压器相比更安全、更便捷。

4.4.4.2 波形控制电路设计

升压板的波形控制电路设计采用 H 桥路控制高压输出，其结构如图 4.4 - 27 所示。H 桥电路的功率电子开关（Q1、Q2、Q3、Q4）可使用双极性功率三极管或者场效应（FET）晶体管，特殊高压场合使用绝缘栅双极性晶体管（IGBT）。4 个并联的二极管（D1、D2、D3、D4）被称为钳位二极管（Catch Diode），可使用肖特基二极管。

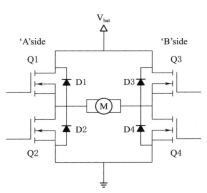

H 桥电路上下分别连接电源正负极，4 个功率开关可以通过驱动电路被控制打开或者闭合。H 桥电路通常情况下会使用脉宽调制（PWM）驱动波形来提供直流波形。

图 4.4 - 28 显示了组成桥电路 4 个功率开关的不同开关状态组合为负载所提供的不同驱动电源方式。图 4.4 - 28（a）中左上、右下（Q1、Q4）晶体管导通，右上、左下（Q3、Q4）晶体管断开，则负载上施加有左正、右负的电源电压。在图 4.4 - 28（b）中右上、左下（Q3、Q2）晶体管导通，左上、右下（Q1、Q4）的断开，则负载上施加了与图 4.4 - 28（a）中相反的电源电压。

图 4.4 - 27　H 桥电路基本结构

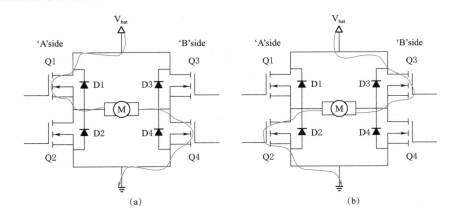

(a)　　　　　　　　　(b)

图 4.4 - 28　H 桥电路工作状态

由于本设备是给大地供电，大地可等效为一个大电容，因此需要使用电压工作模式。H 桥电路在电压工作模式下，供电电源会并联有大容量储能电容以稳定电源电压，如

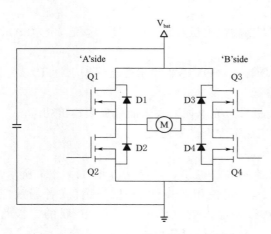

图 4.4-29 H 桥电路的电压工作模式

图 4.4-29 所示。

设备工作时功耗大，且由于向大地供不连续的电压波形，造成瞬时功耗大，极易引起幅度较大的干扰。为避免瞬态升压干扰采集板卡的数据采集和电极开关控制，因此桥路驱动需要采用隔离驱动，设计中采用 TLP250H 光耦驱动 H 桥路。

TLP250H 包含一个光发射二极管和一个集成光探测器，8 脚双列封装结构。适合于 IGBT 或电力 MOSFET 栅极驱动电路，并利用光电耦合器进行隔离，具有体积小、成本低、结构简单、应用方便、输出脉宽不受限制等优点。

TLP250H 的典型特征如下：

(1) 输入阈值电流（IF）：5mA（最大）。

(2) 电源电流（ICC）：3mA（最大）。

(3) 电源电压（VCC）：10~30V。

(4) 输出电流（IO）：±2.5A（最大）。

(5) 开关时间（tPLH/tPHL）：0.5μs（最大）。

(6) 隔离电压：3750Vpms（最小）。

4.4.4.3 控制芯片的选取

升压控制板需利用 4 个 IO 口分别控制 H 电路的 4 个三极管，一路串口与主控板通信，一路串口和升压模块通信，因此选用了通用且成熟度较高的 STM32F103 单片机。

4.4.4.4 电极转换板的设计

电极转换板是整个电阻率监测系统的大脑，其主要目的是通过电极转换来实现对不同电极的交替供电，使电极根据需要接到供电的正极或负极，或者接到测量引线的正极或负极。并通过设计的测量顺序，实现不同装置的电阻率测试，以形成电阻率剖面。

电极转换板的功能是将电极分时切换，由于电极数量大，若选用三极管控制电极切换，累计漏电流大，造成测量不准确，因此采用继电器来切换电极。

电极转换板包括继电器控制电路、通信电路和主控芯片。继电器控制对主控芯片无太多要求，只要该芯片的引脚足够，有通信口就能满足要求，因此选用 STM32 系列内经济型芯片 STM32F103 作为主控芯片。

选择继电器时，应主要考虑电源种类、触点的额定电压和额定电流、线圈的额定电压或额定电流、触点组合方式及数量、吸合时间及释放时间等因素。继电器的选用原则如下：

1. 继电器线圈电源的选择

一般情况下，在电路设计时大都采用直流电的继电器，也可以根据控制电路的特点来考虑继电器使用电源的种类。应考虑继电器所消耗的功耗，如果供给继电器线圈的功率较大，且有足够的地方安装，同时对继电器的重量无特殊要求，则可选用一般小型继电器；

如果设计中供给继电器线圈的功率较小，且所用设备是便携式的，则可选用一般超小型继电器；对于微型电子装置来说，则选用微型继电器。

2. **继电器额定工作电压的选择**

在使用继电器时，需了解继电器所在电路中的工作电源电压，继电器工作电压应等于这一电压，或者电路电源电压为继电器工作电压80%，也可以保证继电器正常工作，但不能使电路中的电源电压大于继电器的额定工作电压，否则容易损坏继电器线圈。

3. **触点容量的选择**

首先应根据继电器所控制的电路特点来确定触点的数量及形式，再以触点控制电路中电流的种类、电压及电流的大小来选择触点容量的大小。触点容量的大小是反映加在触点上的电压和通过触点电流的能力，一般触点的负载不应超过触点的容量。例如一只继电器的容量标称为DC24/10A，那么这只继电器的触点只能工作在直流电压小于等于24V的电路中，通过触点的电流最大可以到10A，若超过这一规定．就有可能烧坏触点。

4. **确定继电器的动作时间及释放时间**

应根据实际电路对被控对象动作的时间要求，选择继电器的动作时间和释放时间。也可以在继电器电路中附加电子元器件来减缓或延缓继电器的动作及释放时间，以满足不同的要求。图4.4－30（a）所示电路是附加RC加快继电器动作时间的电路，当输入电压时，瞬时电流可从电容器C通过，使继电器动作加快。当电流稳定后，电容器C不再起作用，此时流过继电器的电流由电阻器R确定。图4.4－30（b）所示电路是继电器并联二极管电路，当断开电路时，继电器线圈产生的自感电动势的电流可经二极VD环流，延迟继电器的释放时间。图4.4－30（c）所示电路是继电器并联RC电路，当断开电源时，继电器线圈中的电流经RC放电，使电流衰减缓慢，从而可延长衔铁的释放时间。

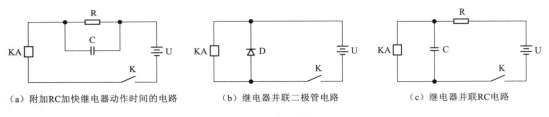

（a）附加RC加快继电器动作时间的电路　　（b）继电器并联二极管电路　　（c）继电器并联RC电路

图4.4－30　继电器附加电路

5. **工作环境条件**

选用继电器时还应考虑以下工作环境条件：①环境的温度与湿度；②继电器需要工作的寿命；③继电器在非固定设备上使用时的加速度大小和运动方向，以及振动时的频率和幅的大小。

6. **常用继电器的选择原则**

（1）电磁式继电器。电磁继电器根据负载所要求的保护作用，电磁继电器分为过电流继电器和欠电流继电器两种类型。

1）过电流继电器选择依据参数是额定电流和动作电流，其额定电流应大于或等于被保护板卡的额定电流，动作电流应根据板卡实际工作情况按其最大电流的1.1～1.3倍整定。

2）欠电流继电器一般用于直流电动机及电磁吸盘的弱磁保护。选择的主要参数是额定电流和释放电流，其额定电流应大于或等于额定励磁电流，释放电流整定值应低于励磁电路正常工作范围内可能出现的最小励磁电流，可取最小励磁电流的 0.85 倍。选择欠电流继电器的释放电流时，应留有一定的调节余地。

电磁继电器根据在控制电路中的作用，电磁继电器分为过电压继电器和欠电压（零电压）继电器两种类型。过电压继电器选择的主要参数是额定电压和动作电压，其动作电压可按系统额定电压的 1.1～1.5 倍整定。欠电压继电器常用一般电磁式继电器或小型接触器，其选用只要满足一般要求即可，对释放电压值无特殊要求。

（2）热继电器。热继电器主要用于电动机的过载保护，通常选用时按电动机的型式、工作环境、起动情况及负载性质等几方面综合考虑，本系统因不涉及电动机，故不选用此继电器。

（3）时间继电器。时间继电器的类型很多，选用时应从以下几方面考虑：

1）电流种类和电压等级电磁阻尼式和空气阻尼式时间继电器，其线圈的电流种类和电压等级应与控制电路的相同；电动机式和晶体管式时间继电器，其电源的电流种类和电压等级应与控制电路的相同。

2）延时方式根据控制电路的要求来选择延时方式，即通电延时型和断电延时型。

3）触点型式和数量根据控制电路的要求来选择触点型式（延时闭合或延时断开）及数量。

4）延时精度电磁阻尼式时间继电器适用于精度要求不高的场合，电动机式或电子式时间继电器适用于延时精度要求高的场合。

5）操作频率不宜过高，否则会影响电寿命，甚至会导致延时动作失调。

因此，结合设计需求，选用 TQ2－5V 电磁式继电器。

7. 继电器的驱动电路

常用继电器的驱动电路有两种，即三极管驱动继电器电路和集成电路驱动继电器电路。

（1）三极管驱动继电器电路。继电器线圈作为集电极负载而接到集电极和正电源之间。当输入为低电平（0V）时，三极管截止，继电器线圈无电流流过，则继电器释放（OFF）；相反，当输入为高电平（V_{cc}）时，三极管饱和，继电器线圈有相当的电流流过，则继电器吸合（ON）。

续流二极管的作用：当输入电压由 ＋V_{cc} 变为 0V 时，三极管由饱和变为截止，这样继电器电感线圈中的电流突然失去了流通通路，若无续流二极管 D 将在线圈两端产生较大的反向电动势，极性为下正上负，电压值可达一百多伏，这个电压加上电源电压作用在三极管的集电极上足以损坏三极管。故续流二极管 D 的作用是将这个反向电动势通过图中箭头所指方向放电，使三极管集电极对地的电压最高不超过 ＋V_{cc}＋0.7V。

（2）集成电路驱动继电器电路。常用 TD62003AP 集成电路来驱动继电器，根据集成电路 2003 的输入输出特性。当 2003 输入端为高电平时，对应的输出口输出低电平，继电器线圈通电，继电器触点吸合；当 2003 输入端为低电平时，继电器线圈断电，继电器触点断开；在 2003 内部已集成起反向续流作用的二极管，因此可直接用它驱动继电器。

用集成电路驱动继电器，继电器离驱动器相对较远，容易引入干扰造成控制不稳，因此本系统采用三极管驱动继电器。

4.4.4.5　主控板设计

主控板按功能分，可分为电源电路、4G 无线通信电路、A/D 采集电路、主控芯片和通信电路。A/D 采集电路使用自然电场监测的采集板，通过调整电阻电容参数，将信号输入范围提高到±5V。

电极转换板的数量多、总功耗大，升压控制板输出功率大，因此采用大电流继电器控制电极转换板电源。

电阻率法监测需要采集高压供电线的电流和电极 MN 的电压，这两种信号不共地，需要将两路数据采集隔离供电。

电源模块 UWF1205S – 3W 具有 4.5～36VDC 超宽输入电压范围，隔离耐压高达 3000VDC，可满足−40～105℃的工作温度范围，空载功耗低至 0.12W，具有输入欠压保护、输出短路、过流保护，是一款高性价比的小功率电源产品。

4.4.4.6　通信电路设计

因采集板需要隔离，故采用了隔离 485 芯片作为通信芯片。设计选用了 TD5（3）21S485H – E 系列的 SMD 单路高速 RS485 隔离收发模块，其主要功能是将逻辑电平转换为 RS485 协议的差分电平，实现信号隔离。该模块＋3.3V 供电，传输波特率可达 500kb/s，满足要求。如图 4.4 – 31 所示，该芯片已内置 120kΩ 的上下拉电阻，一般情况下虚框内的上下拉电阻可以不用，也能正常工作。

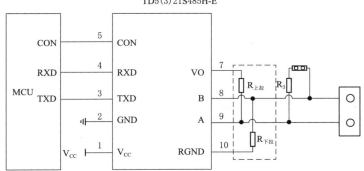

图 4.4 – 31　隔离型 RS485 电路

如果应用在高压电力、雷击等比较恶劣的环境，必须在模块 A/B 线上加 TVS 保护管、共模电感、气体放电管、屏蔽双绞线或同一网络单点接大地等保护元器件及防护措施。

4.4.5　电阻率法监测数据处理关键技术研究

自然电场只是被动源采集，且采集自然电场分布。而电阻率法监测则可以有效地分析监测测线上电阻率断面分布情况，对于有效掌握隐患分布具有重要意义。

电阻率断面图是资料解释的重要分析依据，也是电法探测主要的定性图件之一。根据断面图中显示的电性分布特征，判断出地质体的视电阻率范围，圈定出电性异常点，充分应用已知地形、地质资料以及所采用的电极装置，分析引起电性异常的原因，例如地形引起的假异常、局部不均匀体引起的异常和探测目的地质体引起的真异常等，从而剔除干扰保留真异常，并判断堤防隐患异常体的位置。同时，根据信号的时序变化，可有效分析隐患演变为险情的基本情况，对于掌握险情发展具有重要意义。

在数据处理方面，电阻率法在探测中有相对规范的数据处理流程，但相对于监测来说，数据的轻量化以及多期数据的对比具有重要意义。

4.4.5.1 观测数据预处理

数据预处理主要针对原始采集数据、数据中的异常突变及衰减等特征，在线进行数据的预处理，可提升原始数据质量。数据预处理主要由剔除突变值和数据滑动平均滤波。

1. 剔除突变值

在长期监测后，由于传感器等因素，采集获取的原始数据会有一定数值突变，和相邻电阻率相比有数十倍的差距，存在传感器破坏的可能。在进行原始数据整编时要将这些数据剔除，并根据实际情况进行线性插值。

2. 数据滑动平均

在数据测量过程中，会受到一些随机噪声的影响，造成观测电阻率有一定的起伏变化，为消除这些随机干扰的影响，系统算法将采用滑动平均方法进行数据处理。但需注意，如果光滑处理过度，会降低电阻率的分辨率。

4.4.5.2 观测数据滤波处理

数据滤波处理，主要针对数据中由于传感器因素获取部分非正常数据，进行识别与滤波处理。电阻率法数据观测中，由于电极接触不好或存在其他方面的干扰等原因，会使数据断面出现一些虚假点或突变点，进而造成电阻率拟断面图的虚假异常，难以对其进行准确解释，所以要剔除数据断面中的虚假点。这是由于电极布置好之后，同一根电极可能是供电电极或测量电极，如果在监测中由于各种因素某个电极发生接触不好的情况，对于供电回路，直接影响着供电电流的大小，从而影响着电位差的测量精度；对于测量回路，会产生读数不稳定或出现假异常，最终使整个断面记录出现"八"字形假异常。

图 4.4-32 是两种不同情况的记录：图（a）是接触不好或有问题的电极位于剖面中部，使用温纳装置测量时，影响到 A、B、M、N 使剖面形成两个"八"字形假异常；图（b）是接触不好的电极靠近剖面的左边，使断面记录形成"＼"型假异常。

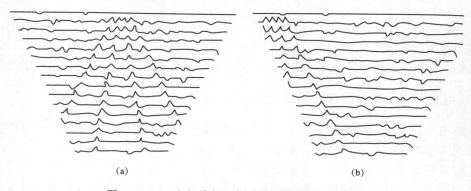

图 4.4-32　电极接触不好时的两种断面记录情况

在现场安装过程中，电极的耦合条件要进行有效检查，当数据出现上述情况时，要及时更换传感器等。在后期监测过程中如出现上述问题，也需对相关传感器进行有效地检查与更换。

如遇到某传感器出现问题时，可在数据处理过程中进行异常剔除。剔除虚假点或突变点需要对实测数据作低通滤波，考虑在自动化检测系统上进行处理，则剔除掉虚假点应考虑三个方面的问题：①易于在计算机上自动识别；②存在有效的滤波公式；③计算速度快。

根据上述三点要解决以下几个关键的技术问题：

1. 判断局部成分（虚假点或突变点）是否存在

对于不同类型的局部成分，选择半二阶差分作为判别标志。半二阶差分 S_i 的计算公式为

$$S_i = y_i - (y_{i+1} + y_{i-1})/2 \qquad (4.4-49)$$

式中：y_i 为 $y(x_i)$ 的缩写；$y(x_i)$ 为 x_i 点上的观测值；h 为采样点距。

S_i 的几何意义是在 x_i 点上 $y(x_i)$ 的二阶差商：

$$\begin{aligned}
\text{二阶差商} &= [(y_{i+1} - y_i)/h - (y_i - y_{i-1})/h]/h \\
&= -[2y_i - (y_{i+1} + y_{i-1})]/h^2 \qquad (4.4-50) \\
&= -2S_i/h^2
\end{aligned}$$

当采样点距 $h \to 0$ 时，y_i 的二阶差商趋近于 y_i 的二阶导数。曲线的曲率公式为

$$K = \frac{|y''|}{(1 + y'^2)^{3/2}} \qquad (4.4-51)$$

可以看出，y_i 二阶导数的绝对值 $|y''|$ 与曲线的曲率 K 成正比。由此表明，在 x_i 点上 $y(x_i)$ 的半二阶差分的绝对值 $|S_i|$ 也与曲线的曲率成正比。

通过大量的试算得出如下结论：在突变点或虚假点 x_i 上的曲率比较大，即半二阶差分 $|S_i|$ 也比较大，设在 m 点的 S_m 的绝对值大于 0，在距其最近的 n 点，S_n 的绝对值也大于 0，即

$$|S_m| > 0, |S_n| > 0 \qquad (4.4-52)$$

且有

$$|S_{m-1}| = 0, |S_{n+}| = 0 \qquad (4.4-53)$$

称在 $m+1$ 到 $n-1$ 点上存在一宽度为 $L = n - m - 1$ 的局部成分。然而只有当区域成分为线性且无随机干扰时，式（4.4-52）才能成立，这当然是一种不多见的情况。因此要事先给定一个闭值 DoorValue，当 $|S_i| <$ DoorValue 时，即令 $S_i = 0$。据此可以识别不同宽度的连续局部成分的存在。

2. 滤波公式的选择

在保证能够满足计算精度和计算速度的基础上，滤波公式采用一元三点插值公式。设在 x_k 和 x_{k+1}，两点间作插值，插值点是 x，计算公式为

$$\overline{y_x} = \sum_{i=m}^{m+1} y_i \prod_{j=m}^{m+2} [(x - x_j)/(x_i - x_j)] \qquad (4.4-54)$$

式中：当 $|x_k - x| > |x - x_{k+1}|$ 时，$m = k$；当 $|x_k - x| \leqslant |x - x_{k+1}|$ 时，$m = k - 1$。

3. 两个特殊问题的处理

用式（4.4-52）和式（4.4-53）作为判定条件，用滤波式（4.4-54）就可以剔除掉剖面中部连续的突变点。但有两种特殊的情况：①当两局部成分之间仅间隔一个正常点时，因两局部成分的存在，该正常点被淹没，用上述判定条件无法识别该点是否正常；②当剖面边缘存在局部成分时，用上述判定条件无法判定局部成分的宽度，那么也就无法用式（4.4-53）来剔除虚假点，故用上述判定条件将不能解决这两个问题。在实测数据断面中，这两种情况也会遇到的，对此，还必须对上述判定条件作以补充，即在上述判定条件的基础上再附加一个条件：

$$|\hat{y} - y_i| > W \tag{4.4-55}$$

式中：$\hat{y}$ 为预测值；y_i 为实测值；W 为事先给定的误差窗口。

当式（4.4-52）、式（4.4-53）和式（4.4-55）均得到满足时，就可以解决两局部成分之间仅间隔一个正常点及剖面边缘存在局部成分的情况。

当剖面边缘存在局部成分时，以 3 个正常点 (x_a, y_a)、(x_b, y_b) 和 (x_c, y_c) 为起始点，利用抛物线插值公式向剖面边缘进行预测 $\hat{y}$：

$$L_2(x) = y_a \frac{(x - x_b)(x - x_c)}{(x_a - x_b)(x_a - x_c)} + y_b \frac{(x - x_a)(x - x_c)}{(x_b - x_a)(x_b - x_c)} + y_c \frac{(x - x_a)(x - x_b)}{(x_c - x_a)(x_c - x_b)} \tag{4.4-56}$$

如果满足条件式（4.4-55）时，认为该点为虚假点，用预测值 $\hat{y}$ 代替实测值 y_i；如果不满足条件式（4.4-55）时，认为该点为正常点。改变窗口大小继续向剖面边缘预测 $\hat{y}_{i-1}$ 或 $\hat{y}_{i+1}$ 是否为正常点，直至 (x_0, y_0) 或 (x_n, y_n)。当剖面中部存在局部成分时，直接用滤波式（4.4-54）预测局部成分之间是否存在被淹没的正常点，如果存在正常点，对正常点不做滤波，否则将其剔除掉，并作抛物线插值。

当利用抛物线插值式（4.4-56）向边缘进行预测时，随着离正常点的距离的增大，会造成预测值慢慢偏离正常值。所以，随着距离的增大误差窗口也要适当放大，以避免造成误判，故将式（4.4-55）改变为

$$|\hat{y} - y_i| > \frac{1+k}{2} W \tag{4.4-57}$$

式中：k 为被预测点距离正常点的间隔点数；其余含义同上。

为了检验该方法有效性，下面给出理论模型的计算实例：

设 $t(x)$ 为叠加场，并且有

$$t(x) = t_0(x) + n(x) \tag{4.4-58}$$

式中：$t_0(x)$ 为区域场；$n(x)$ 为干扰异常。

$t_0(x)$ 的模型公式为

$$t_0(x) = 2000 \arctan[200/(x-100)^2], \quad x = 1, 2, \cdots, 99, 100 \tag{4.4-59}$$

arctan 为反正切函数，当 $x=100$ 时，取值 $\pi/2$；$t_0(x)$ 模型曲线，如图 4.4-33 (a)；$t(x)$ 在模型 $t_0(x)$ 的基础上叠加一些随机干扰 $n(x)$ 形成叠加场曲线，如图 4.4-33 (b)；用上述方法对叠加场处理后的，$t(x)$ 曲线与模型曲线重合得很好，如图 4.4-33 (c)，结果

是比较令人满意的。

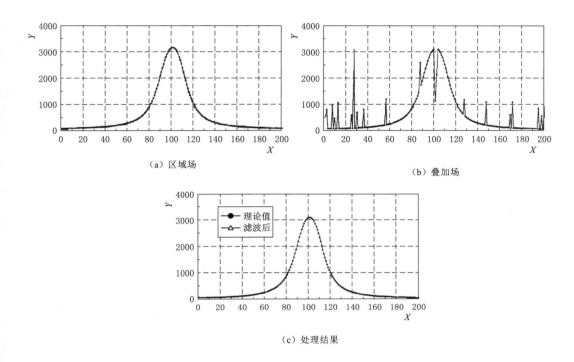

（a）区域场

（b）叠加场

（c）处理结果

图 4.4-33 $t(x)$ 理论模型计算图

4.4.5.3 异常体识别技术

为在观测数据中对异常信息进行突出，有必要在数据处理中进行比值计算，以提高异常体的识别能力。

比值计算能够突出异常信息，提高视电阻率的分辨率和解释准确度，减少因为只用单一的参数出现解释的多解性。而且比值计算在某些程度上还具有压制噪声干扰和分解复合地质异常的能力，从而在很大程度上改善了高密度电法反映地质异常体赋存状态的勘探能力。T 比值计算法是用偶极装置和微分装置的探测结果组合而成的，其计算公式为

$$T_s(i) = \frac{\rho_s^\beta(i)}{\rho_s^\gamma(i)} \tag{4.4-60}$$

由于偶极装置和微分装置对横向和纵向电阻率变化的响应特征不同，所以用 T_s 比值计算绘制的视电阻率拟断面图，不仅保留了异常体的视电阻率特征，而且扩大了地质异常的幅度，在反映地电结构的分布形态方面，远比相对应排列装置的视电阻率数据断面图清晰得多。因此 T_s 比值断面图在反映地电结构的某一些细节方面具有一定程度的优越性。

4.4.5.4 电阻率成像反演处理

监测数据为原始的视电阻率断面数据，虽然可对异常体的初步位置和演变进行一定的

反映，但要准确反映其位置，还需依赖数据反演。

反问题是数据处理中最核心、最普遍的问题。其目的是根据堤防上的观测信息推测堤防内部与信号有关部位（隐患或其他异常体）的物理状态。

电阻率反演主要是根据最小二乘原理，利用正演模型和实测数据构造一目标函数，并使其达到极小值，然后通过反复迭代来修改初始模型，最终得到满足误差条件的解。

1. 反演方法的基本原理

根据正演方法，用三角形网格对视电阻率反演所用的二维地电模型进行剖分，并假设各网格单元上电导率参数线性变化。若网格大小事先设定，则需反演的参数仅为各网格节点上的电阻率。考虑到电阻率值变化范围较大，为了提高反演的稳定性，视电阻率和电阻率参数使用对数值。这样，加入先验信息后的最小二乘法反演问题可以表示为求最佳模型参数改正值矢量，使下面的目标函数 φ 达到极小值。

$$\varphi = \| W_d (\Delta d - J \cdot \Delta m) \|^2 + \| W_m (m - m_b + \Delta m) \|^2 \tag{4.4-61}$$

式 $(4.4-61)$ 右端第一项为通常的最小二乘法，第二项为先验信息项。

式中：Δd 为数据残差矢量，其值等于实测视电阻率的对数值与模拟的视电阻率的对数值之差（$\Delta d_i = \ln\rho_{ai} - \ln\rho_{ci}$，$i=1, 2, \cdots, n$）；$m$ 为预测模型参数矢量（$m_j = \ln\rho_j$，$j=1, 2, \cdots, m$）；m_b 为基本模型参数矢量（$m_{bj} = \ln\rho_{bj}$，$j=1, 2, \cdots, m$）；J 为偏导数矩阵（$J_{ij} = \partial \ln\rho_{ci} / \partial \ln\rho_j$）；$W_d$ 为数据的拟方差矩阵 $W_d = \mathrm{diag}(1/\sigma_1, 1/\sigma_2, \cdots, 1/\sigma_n)$，$\sigma_i$ 为第 i 个数据的均方误差；W_m 为模型加权矩阵，被设计用来使模型具有先验信息。令 $W_m = \sqrt{\lambda} C$，其中 λ 为 Laglang 乘数，C 为光滑度矩阵。

对式 $(4.4-61)$ 中的 Δm 求导并令其等于 0，可得到下面的线性方程组：

$$(J^T W_d^T W_d J + W_m^T W_m)\Delta m = J^T W_d^T W_d \Delta d + W_m^T W_m (m_b - m) \tag{4.4-62}$$

式 $(4.4-62)$ 也等效于求下面线性方程组的最小二乘解：

$$\begin{vmatrix} W_d J \\ W_m \end{vmatrix} \Delta m = \begin{vmatrix} W_d \cdot \Delta d \\ W_m (m_b - m) \end{vmatrix} \tag{4.4-63}$$

将从式 $(4.4-62)$ 中得到的模型修改量加到预测模型参数矢量中，便得到新的预测模型参数矢量。重复这个过程直至实测数据和模拟数据之间的平均均方根误差满足要求。其中，平均均方根误差 rms 定义为

$$rms = \sqrt{\Delta d^T \Delta d / n} \tag{4.4-64}$$

2. 反演实现步骤

在监测中视电阻率二维反演的程序按如下步骤实现：

（1）输入最小、最大隔离系数、电极个数、装置类型、点距和迭代次数等初始参数，以及实测的视电阻率数据。

（2）用最优化方法计算离散波数和反付氏变换系数。

（3）根据网格剖分大小计算光滑度矩阵。

（4）开始迭代反演，首次迭代采用均匀介质模型作为初始模型，该模型的电阻率值 R_0 可由实际测量的视电阻率 R_0s 的平均值获得，即

$$R_0 = \frac{1}{n} \sum_{i=1}^{n} R_0 s_i \quad (n \text{ 为数据点数}) \tag{4.4-65}$$

（5）用模型进行正演，并计算偏导数矩阵，再用 GCG 方法对其进行求解，得到改正量 Δ，利用下式修改上一次的模型参数，即

$$R_i = R_0 + \Delta \tag{4.4-66}$$

（6）重复第（5）步，直到满足平均均方根误差 rms。

视电阻率反演流程如图 4.4-34 所示。

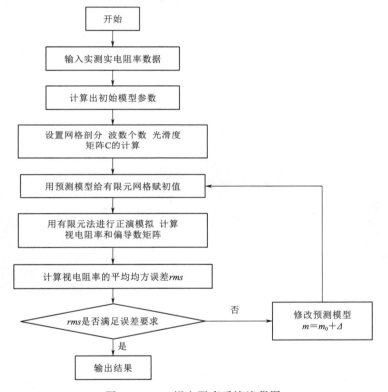

图 4.4-34　视电阻率反演流程图

根据上述方法，可有效地获取电阻率的实际分布情况，即获取监测测线下的电阻率断面图。根据电阻率断面图的演化，可有效分析堤防隐患的演变规律。

4.4.6　电阻率法监测数据的应用

2020 年汛期，在淮河某堤防右岸发现漏洞，大堤道路沿河一侧出现裂缝（图 4.4-35 和图 4.4-36）。同时河水透过大堤，现场初步测量流量达 5～6m³/s。

该段堤防砂质土含量高，遇水流易流失，造成垮塌，故现场抢险过程中采用石子、沙子、铅丝、棉被等各种防汛物料进行封堵（图 4.4-37）。

图 4.4-35 房屋产生裂纹　　　　　　　　图 4.4-36 地面裂纹

　　为了对该区域堤防汛期隐患进行监测，2021 年选取了重点堤防段布置了电阻率监测系统，具体情况如下：

　　在迎水面布置监测测线 1 条，电极间距 5m，60 道，测线总长度 295m，采用挖线槽的方式（深度 1m），埋设传感器和电缆线，引线进行密封防水处理，供电系统固定在路东通信杆上，平面位置如图 4.4-38 所示，布置现场如图 4.4-39 所示。

图 4.4-37 铺设防渗布　　　　　　　　图 4.4-38 电阻率监测系统布置平面图

图 4.4-39 河段渗漏监测系统布置现场图

水位计布置：在渗漏监测起点处布置超声波水位计，监测汛期水位变化，水位计高度在堤顶以下 10m，具体如图 4.4-40 所示。

根据该堤段汛期长时间电阻率变化监测资料（图 4.4-41），2021 年汛期该段堤防整体电阻率未发生明显变化，但部分位置存在高含砂段高电阻率特征，通过与拖曳式快速巡检成果对比发现，结果一致，需加强重点监测关注。

图 4.4-40　河段水位计布置现场

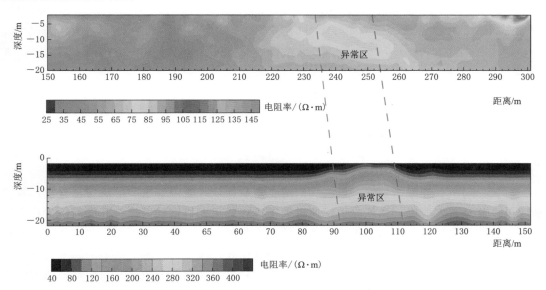

图 4.4-41　固始县史灌河示范段电阻率监测与堤防隐患巡检成果图

第5章

堤防工程快速巡检新技术

5.1 堤防工程巡检技术概述

堤防工程的快速巡检主要可分为外观破损巡检和内部结构隐患巡检，属于堤防工程日常管理工作，堤防巡检工作主要对工作效率有较高的要求。

1. 外观破损巡检方面

滑坡、陷坑、冲塌、裂缝、风浪淘刷和漫溢是堤坝表观汛期主要的病害，严重影响安全度汛，甚至引发溃堤、溃坝险情。通过人工检查或无人机搭载摄像头开展河防工程巡堤查险是汛期主要任务。考虑无人机在巡检效率方面的优势，将无人机作为载体开展了多种空中摄像设备的搭载，如红外热像可利用待测物体表面渗漏与非渗漏区域的温度差异实现渗漏、漫溢的检测，因此，机载红外巡检技术得到了迅速发展。但是，目前红外热像法在堤坝渗漏检测领域的应用较少，且对堤坝红外图像的数据处理方法相对简单。当渗漏区域与完好区域温差相对较小时，算法识别容易出现误检现象，给渗漏区域的准确识别带来了巨大的挑战。亟待研究针对堤坝渗漏快速巡检的红外准确识别新技术。

针对堤防表观病害进行快速巡检并及时修复是保障堤防工程安全迫切需求。目前以可见光和红外光图像为基础的机器视觉识别作为近年来新兴的堤防快速巡检方法，因其快速性、便捷性以及准确性等优势正在逐渐成为堤防表观病害巡检的优选方法。但该技术尚未得到广泛应用，主要原因如下：

（1）基于无人机的表观巡检方法大多采用可见光、红外光等单一数据的采集，不同检测方法采集的图像空间对应性差，无法互相矫正。

（2）大多采用病害特征人工提取的方法，缺乏病害可见光图像与红外图像的自动识别方法，影响了堤坝巡检的准确性和检测效率。

针对上述问题，本章节在表观巡检方面研究了无人机载红外高光谱的温度场快速检测技术和无人机载双目成像的外观尺寸、破损等快速巡检技术。该技术重点突破了无人机搭载设备集成化、轻量化技术难题，提出了基于吊舱自身角度实时测量的自适应姿态调整方法，采用五目集成化设计方案与轻量化设计方法，开发了对堤坝表观破损、渗漏水情况进行实时巡检、探伤并输出视频图像的快速巡检装备。针对可见光图像噪声高、裂缝测量困难的问题，提出了基于富尺度卷积神经网络的裂缝快速识别方法，提高了复杂背景环境下裂缝识别精度。提出了裂缝骨架提取-双目测量-距离修正的双目测量技术，实现了毫米级裂缝的远距离识别与测量。针对红外图像干扰多、多解性强的问题，提出了基于低温特征点引导的红外图像渗漏区域精准识别方法，重点构建了"红外图像特征-低温点显著性特征"的融合机制，解决了遮挡环境下堤防隐蔽渗漏出水点准确捕捉的难题，实现了堤坝渗漏病害的准确识别。同时针对日常河道管理等问题，利用无人机人工智能识别技术，有效地对河道侵占等违法行为进行识别，以提高无人机在河防工程日常管理的应用。

　　2. 内部隐患巡检方面

　　1998 年大洪水后，国家防总组织研究高密度电阻率法、瞬变电磁法、瞬态面波法和探地雷达法作为堤防隐患探测的常规方法。这些传统的检测手段相比于固定断面的安全监测设施在堤防内部隐患排查的精度上是具备优势的，但在汛期巡堤查险的时效性上存在问题。如果想在汛期快速了解河防工程内部隐患的发育过程，传统检测技术从工作效率上是不现实的，目前传统堤防隐患探测方法在 2m 点距采集密度下的最佳效率是 1km/d，如果黄河每个河务局配备 1～2 套隐患探测设备，那么对各自分管的堤段，探测一遍堤防，加上数据处理和资料分析，需要 2～3 个月才能完成一次堤防隐患排查，无法满足汛期巡堤查险的要求，更不能实现监测预警的目的。

　　传统的堤防内部隐患探测方法技术时效性存在问题，需要寻找适用于堤防工程快速巡检的新技术。目前效率最高的检测技术是航空物探技术，包括航空重力勘探、航空磁法勘探，航空电磁法勘探。航空电磁法可以快速对深度 1.5km 以内的地质构造进行划分。已经应用于川藏铁路前期勘察，具体是采用了航空瞬变电磁法结合航空大地电磁法在高海拔艰险山区进行全覆盖测量，两种方法相互补充验证，提高勘察的准确率。但航空电磁法分辨率较低，而且容易受到干扰，即便是采用半航空低空电磁法，其分辨率与工程检测的要求也相差甚远，无法应用于河防工程的安全巡检。车载阵列雷达法是一种既可以满足精度，也可以满足效率的检测方法，检测速度可以达到 20km/h，通过阵列多通道的检测模式，一次性可以同时测量 5～20 条平行测线，横向检测宽度为 2m，但该方法的检测深度很难突破 3m，尤其是对于黄河流域以砂土、粉砂土和黏土为主的堤防工程，河水与地下水含矿物质多，堤身往往呈现低阻特性，堤身高度一般都在 5～10m，探地雷达法在这种地质条件下检测深度更难超过 3m，无法满足黄河大堤日常隐患探测和汛期巡堤查险。

　　针对堤防内部巡检问题，本书提出利用拖曳式电磁感应技术进行堤防内部隐患的快速巡检，在拖曳式电磁感应技术方面，首先是结合传统检测技术的特点，研究地面拖曳式检测新技术，在保证检测精度的条件下大幅提高检测效率；其次是将人工智能技术用于检测数据处理与图像快速判别，来消除人工判读的差异，进一步提高检测效率；最后是将这些检测技术和监测理念相融合，利用快速普查与综合详查相结合，形成地球物理监测预警体系。以此提出一套适合河防工程巡堤查险，而且自动化智能化程度较高的装备与技术。

　　本章将重点节围绕堤防工程内部隐患快速巡检的难题，分析无人机拖曳式瞬变电磁检测技术或类似方法的研究深度和已有工程应用情况；梳理拖曳式瞬变电磁设备开发的技术问题，包括硬件发射电路、弱耦合线圈设计、拖曳工作模式等多个技术难题。为解决拖曳巡检模式产生的海量数据处理问题，提出了基于烟圈反演的快速成像算法及实时成图技术，结合图像智能识别算法，实现了数据处理解释的自动化，形成了堤防工程内部隐患快速巡检技术成套解决方案。

5.2 基于无人机的机器视觉巡检技术

无人机是无人驾驶飞机的简称，通过无线电遥控设备和自备的程序控制装置进行操纵，是一种不载人的飞行器。与载人飞机相比，无人机具有体积小、造价低、使用方便、对作战环境要求低、战场生存能力较强等优点，因此在低空遥感领域的应用越来越广泛。随着多旋翼无人机技术的逐渐成熟，无人机行业得到了快速的发展。近年来，由于无人机平台、传感器小型化、5G 网络、深度学习等技术迅速发展而逐渐成熟，且在实时性、灵活机动、高分辨率减少人员投入、降低安全风险、提升工作效率等方面具有显著优势。因此，无人机在河湖监管、水旱灾害防御、水利工程运行等水利监管工作方面具有良好的应用前景。

传统的河流安全监控巡查方式依赖于布置大量的固定摄像头装置，不仅耗费大量的财力，而且往往只能从单一角度进行观测，难以实现全方位的监测。相比之下，无人机具有易于控制、转弯半径小等优点，可以灵活机动地控制飞行方向和速度。搭载摄像头后，无人机可以锁定跟踪目标，变换角度拍摄高清画面。在 5G 通信技术的支持下，无人机的飞行范围进一步拓宽，飞行半径明显扩大，从而获得更全面的视野。尤其在大面积水网巡逻中，超视距远程控制能力使得无人机能够在单架次飞行中获取更长、更全面的河段监测数据，进一步提升数据采集效率。因此，利用无人机进行河流安全监测巡查具有明显的优势和更高的效率。

目前无人机在水利监测业务中的应用大多停留在拍摄视频和图片的层面，或者虽然有智能分析但缺乏业务整合平台，其应用效果大打折扣。针对这一问题，本书紧跟无人机和人工智能新技术发展前沿，设计智能化的无人机巡检系统。该系统可以实现无人值守、远程操控、自动起飞、自动采集、视频快速识别、影像精准识别、问题识别报警反馈等功能。

5.2.1 堤防工程表观破损巡检研究

裂缝是堤坝表观最主要的病害，严重制约其服役寿命，甚至引发险情。近年来，随着数字图像处理技术的发展，国内外学者提出了多种裂缝检测方法。Salman 等选用 Gabor 滤波器用来增强图像的裂缝区域，但该方法对噪声较为敏感，误检率较高。Mancini 等人采用顶帽运算（top-hat）变换的方法对图像裂缝区域进行增强，然后通过梯度矢量流（gradient vector flow，GVF）下的 snake 模型对图像中裂缝的边界进行追踪，获得裂缝的完整区域，但该方法同样对图像噪声较为敏感。

Cubero-Fernandez 等采用 Bilateral 双边滤波器对图像进行预处理，达到图像裂缝区域保边去噪的效果，然后通过 Canny 算子对裂缝区域进行边缘检测，获得裂缝轮廓图像，但该算法对背景复杂的图像提取效果较差，检测效果不理想。李灏天等采用 Frangi 滤波实现裂缝检测，提出了一种基于 Bilateral-Frangi 滤波的裂缝检测算法，该算法将 Frangi

滤波与 Bilateral 算法相结合，具有良好的噪声抑制能力和裂缝检测能力，大幅降低了裂缝图像检测的误检率与漏检率，但该方法对裂缝细节识别效果不理想，对于细小裂缝识别容易出现漏检现象，检测效果并不理想。

近年来，深度学习、计算机视觉技术在图像分割领域取得了突破性进展，卷积神经网络强大的特征提取能力，极大推动了目标检测技术发展。Hoskere 等人提出了一种利用多尺度像素级深度卷积神经网络进行结构病害自动分割模型，并在真实的病害图像数据上实现了较高的识别精度。Li 等提出了一种基于全卷积神经网络（fully convolutional networks，FCN）的混凝土结构多病害像素级检测模型，实现了像素级裂缝的有效识别。以上研究结果证明了基于深度学习的计算机视觉技术在混凝土结构病害检测中的可行性和优越性，但在实际的堤坝裂缝检测过程中，采集的图像数据噪声大，包含环境信息复杂，同时裂缝占整体图像的比例较低、尺寸大小不一，为多尺度堤坝裂缝识别带来严峻的挑战，亟待研究适用于堤坝裂缝破损快速巡检的新技术。

在堤坝裂缝检测工作中，本书将从无人机巡检装备、裂缝的快速识别与测量等方面进行介绍。

5.2.1.1 无人机巡检装备

本书研究所采用的无人机巡检装备，搭载了多功能光电吊舱，以获取精确的图像资料。利用地面数据观测站，实现高清数据的图传等，为获取高清影像数据提供基础。

5.2.1.1.1 无人机载多功能光电吊舱

这是一个集光、机、电于一体的多功能光电吊舱，搭载连续变倍高清 1080P 可见光摄像机、红外热成像仪、双目相机和激光测距仪，实现五目集成化设计方案，对破损与渗漏情况进行实时精确采集，并将视频图像实时传输给地面工作站。机载光电吊舱具体功能如下：

1. 五目集成化设计方案

多功能光电吊舱搭载连续变倍高清可见光摄像机、红外热成像仪、双目相机和激光测距仪，实现五目集成化设计。实现了基于可见光的破损目标识别、拍摄与图像回传，基于红外热成像仪的渗漏目标识别、拍摄与图像回传，激光测距以及基于双目相机的裂缝尺寸精细化测量。光电吊舱内各相机性能指标如下。

图 5.2-1 多功能光电吊舱

（1）可见光相机采用分辨率为 1920×1080（200 万像素）的连续变倍高清摄像机，可以实现 10 倍光学变焦，工作距离最大 100m，10m 高度可识别裂缝宽度小于等于 20mm。

（2）双目相机的工作距离为 5～10m，可以实现重点区域毫米级裂缝的测量。

（3）红外相机采用工作波段为 8～14μm 的红外热成像仪，镜头焦距 19mm，测温精度为 ±2℃，工作距离最大 10m。

（4）激光测距仪波长为 780nm，测距范围为 0～30m，测距精度为 ±5%。

在应用光电吊舱对堤坝裂缝病害进行识别并测量其尺寸时，首先需调用光电吊舱中的可见光相机对堤坝沿线进行视频采集，并从中逐帧提取裂缝图像；接下来进行图像预处理，将提取到的堤坝裂缝图像处理成便于边缘检测的目标图像，包括图像灰度化与高斯滤波，并采用 canny 算子算法对目标图像进行边缘检测，获取裂缝边缘；然后通过开运算对获取到的裂缝边缘进行优化处理，即先进行腐蚀操作；再进行膨胀操作，开运算能够在不显著改变总面积的前提下实现去毛刺、孤立点和小桥等噪声，比闭运算更加适合本方案；最后，检测连通区域并过滤掉不符合标准的连通区域，并采用 Zhao - Suen 快速细化算法提取裂缝骨架，同时计算裂缝的长度和宽度。应用可见光相机计算裂缝尺寸流程如图 5.2 - 2 所示。

为了修正上述裂缝尺寸计算结果，调用光电吊舱的双目相机获取相机视场角，并从激光测距仪获取相机与堤坝的距离，结合双目视觉算法对上述计算得到的裂缝长度和宽度进行修正，得到裂缝的实际长度和宽度。应用双目视觉算法对裂缝实际长度和宽度的计算流程如图 5.2 - 3 所示。

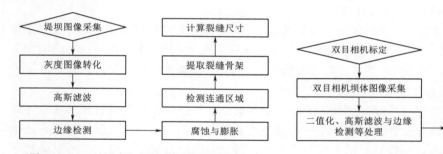

图 5.2 - 2　可见光相机计算裂缝尺寸流程图　　　　图 5.2 - 3　双目相机计算裂缝尺寸流程图

双目相机的标定采用经典的 TASI 标定法，该方法获取左右相机的校正矩阵，包括相机的内参矩阵、旋转矩阵、平移向量等。在使用双目相机对堤坝裂缝图像采集后，对采集到的坝体图像进行二值化、高斯滤波和边缘检测等处理，提取出裂缝的边缘信息并滤除噪声信息。然后，使用校正矩阵对坝体图像进行校正，并采用 SIFT 算法对校正后的图像进行特征匹配，带入双目视觉测量原理的有关计算公式中，即可完成裂缝上目标点的三维坐标计算。并可进行裂缝尺寸的计算。

2. 基于吊舱自身角度实时测量的自适应姿态调整方法

多功能光电吊舱通过搭载于无人机平台来实时堤坝渗漏、裂缝等病害信息采集。但由于无人机自身载重的不平衡性与高空环境中横向风的作用，使得光电吊舱始终处于摆动状态，无法稳定地采集病害信息并进行下一步的处理。为解决上述问题，项目采用了一种基于三轴陀螺仪、加速度计与电子罗盘构成惯性测量单元（图 5.2 - 4）应用于光电吊舱，并采用方位-横滚-俯仰三轴式云台结构设计，为光电吊舱提供稳定的病害信息采集环境。

　　三轴陀螺仪可通过测量三维坐标系内陀螺转子的垂直轴与设备之间的夹角，并计算角速度，通过夹角和角速度来判别设备在三维空间（共 6 个方向）的旋转运动状态。加速度计通过测量组件在某个轴向的受力情况来得到任意轴向的加速度大小和方向，用于判别设备的空间运动状态。电子罗盘用于测试磁场强度和方向，定位设备的方位，其原理跟指南针原理类似，可以测量出当前设备与东南西北四个方向上的夹角。

　　三轴陀螺仪、加速度计与电子罗盘组成的惯性测量单元拥有小体积、低功耗及低成本的特点，利于系统的集成与开发。云台控制系统如图 5.2-5 所示，当光电吊舱的姿态发生改变时，通过嵌入在光电吊舱内部的三轴陀螺仪、加速度计与电子罗盘获取光电吊舱在三维立体坐标上的角加速度分量、线加速度分量与水平方向上的磁场变化信息。处理单元读取惯性测量单元内采集的原始数据，经算法对原始数据进行处理、转化得到光电吊舱实际的航线角、横滚角和俯仰角的数值，并将所有角度数值转化为相对应的云台控制指令并发送到相应的云台，云台采取与控制指令相对应的运动从而使得光电吊舱处于稳定状态。

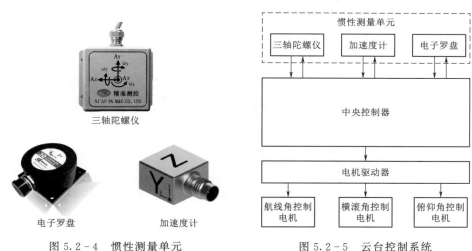

图 5.2-4　惯性测量单元　　　　　　图 5.2-5　云台控制系统

3. 大量数据无失真实时传输技术

　　机载多功能光电吊舱通过无人机数据链实现与地面工作站之间控制信号与视频图像的实时稳定传输，其图像传输质量高，延迟低、还原度高，可以实现大量数据无失真实时传输，其主要特点如下：

　　（1）传输带宽低：设备采用优化的编解码算法，符合 H.264 视频编码标准规范，对图像传输带宽要求不高，可在码率 800kbps 左右进行图像高质量传输，适合高空与地面多传输节点扩展。

　　（2）超低时延：图像传输帧率为 60FPS，端到端的时延控制在 20ms 以内（硬编硬解），硬编软解的时延控制在 70ms 以内，满足本书实时性的要求。

　　（3）独有的图像压缩带宽平滑模式：设备有效适配数据链分时、分包、多通道稳定传输的特点，保证了图像经压缩处理后传输的平滑性，保证了地面工作站图像的稳定接收，保证了地面工作站显示移动目标不卡顿、无马赛克等现象。

　　（4）图像还原度高：图像色彩分辨率支持 YUV4：2：2 和 YUV4：2：0，分辨率最高支持 1080P；图像质量通过了各类标准正斜线、水平线、网格、渐变、饱和度等多项检测，无噪点、无抖动、无色差，适合在高空高速小目标的图像场景，满足堤坝检测的场景需求。

（5）组网方式：设备支持单播和组播等模式，组网方便灵活，适合 1 拖 2 等多种空地组合。

（6）除此之外，设备支持除图像外的上下行遥测遥控信息透传；支持空中图像到地面的传输，地面支持 1 拖 2 的图像通道、存储以及特殊参数行的存储和展示；支持多种操作系统的图像处理 SDK，包括图像存储、实时播放、叠加字符等。

5.2.1.1.2　地面工作站

为将光电吊舱识别的病害数据实时显示，同时反馈给工作人员病害信息，在地面端设置工作站（图 5.2 - 6），用于接收光电吊舱实时传输的视频图像以及控制光电吊舱的姿态，并规划无人机的飞行路线，包括飞行控制端与图像采集端。飞行控制端负责规划飞行路线，调整无人机的飞行高度，控制无人机起降。图像采集端负责与机载光电吊舱进行数据通信，通过发送控制指令控制光电吊舱的工作姿态，同时接收来自光电吊舱的视频图像，并对视频图像中的裂缝与渗漏区域进行智能识别与测量。

（a）图像采集端　　　　　　　　　　（b）飞行控制端

图 5.2 - 6　地面工作站

经过测试，飞行控制端最大通信距离 5km，可持续续航 8h，有较强的抗干扰性能，操作简便，适用于野外长时间作业。图像采集端配有图像和数据传输端口，连接地面接收天线，通过无人机数据链与无人机机载天线通信，覆盖距离为 10～150km，实现光电吊舱视频图像与姿态控制一体化远距离传输。

5.2.1.1.3　多旋翼无人机

堤防工程沿线距离长，环境气候复杂多变，两岸多强风干扰，夏季多降雨。为满足实际工程需求，无人机的最远通信距离不低于 5km，持续续航时间不低于 30min，满足长距离飞行的基本需求；同时应可承受最大风力为 5 级，具备良好的防水性能，工作环境温度超过 40℃，适应工程沿线复杂多变的气候条件。

5.2.1.2 裂缝图像快速识别方法与准确测量方法

由于无人机航拍可见光图像受天气、光照等环境因素的影响导致图像噪声高的问题，需要研究适应相应工况的裂缝快速识别方法。本书在传统的 U-net 模型的基础上融合了残差和特征矫正的思想，将残差模块（ResNet 模块）和 Squeeze-and-Excitation 模块（SE 模块）集成到 U-net 模型上，将破损的低层细节特征和高层语义特征融合起来，提高了小尺寸病害的识别精度。同时通过 SE 模块可以学习全局信息并有选择地强调有用的特征，通过重新校准抑制背景噪声中不太有用的特征，提升了干扰环境下破损的识别精度。

针对堤坝裂缝尺寸小、干扰多、测量困难的问题，本书在堤坝破损病害智能识别的基础上，提出了裂缝骨架提取-双目测量-距离修正的双目测量技术，实现堤坝破损病害的智能识别与测量。

1. 基于富尺度卷积神经网络的裂缝快速识别方法

与其他像素级病害识别模型相比，U-net 模型将不同层次的特征映射连接起来，保留了被检测图像的低级特征映射。ResNet 模块能够在训练过程中拟合扰动，缓解深层神经网络梯度消失问题，通过加深网络深度提高模型的准确率，SE 模块可以学习全局信息有选择地强调有用的特征，并通过重新校准抑制不太有用的特征。因此，在传统的 U-net 模型的基础上，将残差模块（ResNet 模块）和 Squeeze-and-Excitation 模块（SE 模块）集成到 U-net 模型上，以提高模型识别堤坝病害的能力。

（1）U-Net 模型结构。U-Net 模型由一个收缩路径和一个扩展路径组成：每个收缩路径包含两个 3×3 卷积核、一个非线性激活单元（ReLU）和一个步长等于 2 的 2×2 最大池操作，在该收缩路径上进行下采样时将特征映射的数目增加一倍。每个扩展路径由一个 2×2 反卷积、一个跳层连接、两个 3×3 卷积核，以及一个非线性激活单元（Re-LU）。反卷积操作进行上采样时特征映射尺寸加倍，特征映射的数目减半，跳层连接将收缩路径与扩张路径上相同大小的特征映射连接起来。在网络的最后一层，使用一个卷积（1×1）将多通道特征映射到所要求的分割类别。U-Net 模型的优点之一是具有分割细节的能力。跳层连接将低级别特征映射复制到相应的较高级别特征映射。通过这一操作创建了一条便于低层与高层信息传播的路径，因为低层特征包含大量复杂的细节信息，这些信息可以用来补偿较高层次特征映射中缺乏细节信息。

（2）RetNet 模块。在典型的计算机视觉识别任务中，更深层次的网络可以提供更好的性能。然而，研究发现随着网络深度的增加，退化问题会阻碍收敛过程。RetNet 模块为这类退化问题提供了很好的解决方案，实现了更深层次网络高精度地识别病害。

ResNet 模块结构如图 5.2-7 所示，由两个卷积层和一个捷径连接（Shortcut connections）组成。在 ResNet 模块中，残差单元用于拟合残差映射，而不是通过堆叠层直接拟合期望的基础映射。

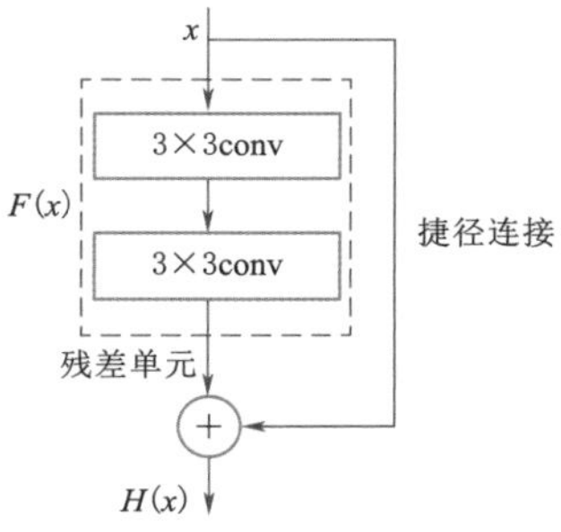

ResNet 模块的一般表达形式公式如下：

$$F(x) = H(x) - x \qquad (5.2-1)$$

图 5.2-7 ResNet 模块结构

式中：x 为恒等映射；$H(x)$ 为期望的基础映射；$F(x)$ 为残差映射。期望的基础映射 $H(x)$ 可以被重写为 $F(x)+x$。拟合残差映射比拟合原始无参考的基础映射更容易，因此在病害识别任务中，深度残差网络通过参考已知映射使用残差映射拟合扰动比直接拟合期望的基础映射容易，从而提升网络模型的准确性。

（3）SE 模块。SE（Squeeze-and-Excitation）模块用于捕获特征信道关系，并通过显式建模特征信道之间的相互依赖性来自适应地重新校准信道的特征响应，这种方式被认为是提高网络性能的有效途径。一个 SE 模块通常由全局池层、全连接层（FC）和激活层（ReLU 和 Sigmoid）组成（图 5.2-8）。这些特征通过一个 Squeeze 操作（全局池化）和一个 Excitation 操作（两个完整的连接层，每个连接层之后是一个激活层），以产生每通道调制权值的集合。Scale 是指调制权值与特征图之间的信道乘法。SE 模块允许网络进行特征重新校准，通过使用全局信息选择性地强调信息丰富有效的特征并抑制不太有用的特征，从而提高特征提取能力。因此，为了准确地识别病害，SE 模块为网络模型提取关键的特征提供一种有利的解决方法。

（4）改进的 U-net 模型结构。改进的 U-net 模型旨在有效地应对堤坝复杂视觉环境挑战，以准确高精度地识别堤坝破损病害。网络模型的准确性及其在特征提取方面的能力对模型总体性能至关重要。因此，将 ResNet 模块和 SE 模块组合成 SE-ResNet 模块，如图 5.2-9 所示。将组合成的 SE-ResNet 模块融合到 U-net 模型中，搭建了一个改进的 U-net 模型，该模型可用于在像素级别高精度识别堤坝破损病害。

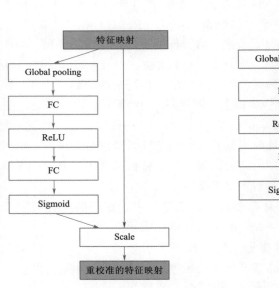

图 5.2-8　SE 模块结构

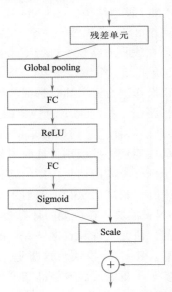

图 5.2-9　SE-ResNet 模块结构

改进的 U-net 网络模型是将 SE-ResNet 模块集成到 U-net 模型中。具体来说，设计的 SE-ResNet 模块取代了传统 U-net 模型中的所用卷积块，改进后的 U-net 模型总共有 23 个卷积层。本书中设计的用于堤防破损病害识别的改进 U-net 模型的详细参数信息见表 5.2-1。

表 5.2－1 　　　　　基于改进的 U－net 的堤坝破损病害识别模型的详细参数

SE－ResNet 模块	类型	滤波器大小	步长	输出尺寸
	Conv	3×3	1	256×256×64
SE－ResNet block1	Conv	3×3	1	256×256×64
	Max pool	2×2	2	128×128×64
	Conv	3×3	1	128×128×128
SE－ResNet block2	Conv	3×3	1	128×128×128
	Max pool	2×2	2	64×64×128
	Conv	3×3	1	64×64×256
SE－ResNet block3	Conv	3×3	1	64×64×256
	Max pool	2×2	2	32×32×256
	Conv	3×3	1	32×32×512
SE－ResNet block4	Conv	3×3	1	32×32×512
	Max pool	2×2	2	16×16×512
	Conv	3×3	1	16×16×1024
SE－ResNet block5	Conv	3×3	1	16×16×1024
	Up－conv	2×2	1	32×32×512
	Conv	3×3	1	32×32×512
SE－ResNet block6	Conv	3×3	1	32×32×512
	Up－conv	2×2	1	64×64×256
	Conv	3×3	1	64×64×256
SE－ResNet block7	Conv	3×3	1	64×64×256
	Up－conv	2×2	1	128×128×128
	Conv	3×3	1	128×128×128
SE－ResNet block8	Conv	3×3	1	128×128×128
	Up－conv	2×2	1	256×256×64
	Conv	3×3	1	256×256×64
SE－ResNet block9	Conv	3×3	1	256×256×64
	Conv	1×1	1	256×256×1

模型的总体结构如图 5.2－10 所示。改进后的 U－net 模型存在两个主要优势：①从低级特征到高级特征的跳层连接将低级的病害细节特征补充到高级语义特征；②SE－ResNet 块克服了深层网络训练过程中可能发生的退化问题，并提取了能够有效表达病害视觉信息的关键特征。

本书选取 346 幅裂缝图像作为数据集，289 幅图像用于训练，57 幅图像用于测试。从这些图像中随机提取图像块作为裂缝模型训练的输入。由于裂缝占整体图像的比例较低，提取的非裂缝图像块远远多于裂缝图像块，从而导致不平衡的样本问题。为了解决数据不平衡的问题，采取了欠采样的策略，即如果提取的图像块包含裂缝像素，则将其设置为正

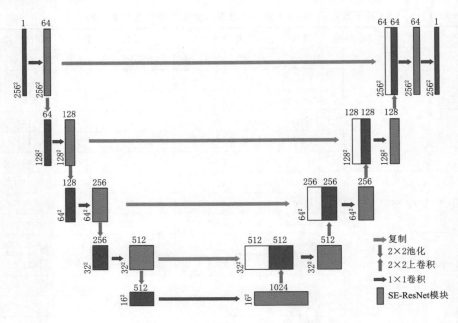

图 5.2-10 改进的 U-net 模型结构

样本，否则将其设置为负样本，正、负样本如图 5.2-11 所示。原始的裂缝训练数据集包含 8266 个正样本和 111734 个负样本。

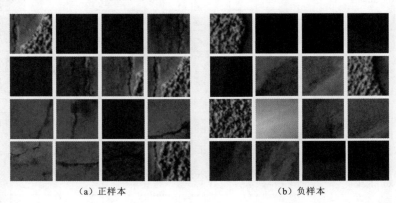

（a）正样本 （b）负样本

图 5.2-11 正、负样本

通过实验可确定适当的负样本与正样本的比例，以获得最佳性能的裂缝分割模型。训练数据集包含 8266 个正样本，从所有负样本中以一定比例 R 随机选择负样本，R 定义如下公式：

$$R = \frac{N_n}{N_P} \tag{5.2-2}$$

式中：N_n、N_P 分别表示负样本数和正样本数；R 分别设置为 0、0.25、0.75、1、1.25 和 1.5。例如，$R=0$ 表示 8266 个正样本和 0 个负样本，而 $R=0.25$ 表示 8266 个正样本和 2067 个负样本。图 5.2-12 详细说明了模型在不同比率下的性能。

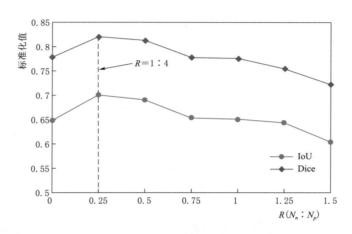

图 5.2-12　不同正负样本比率下模型的性能

对于不同的 R 值，IoU 和 Dice 系数的趋势发生了变化。当 $R=0$ 时，训练数据只包含正样本，因此负样本代表性不足，模型的 Dice 系数和 IoU 值较低。一旦 R 值大于 0.25，IoU 和 Dice 系数就会随着 R 值的增加而呈下降趋势。因此，可以确定裂缝数据集的最佳 R 值为 0.25，并且在研究中应用了这个 R 值。负样本与正样本的比例为 1:4（2067 个负样本和 8266 个正样本），经处理后，总共提取了 10333 个训练图像块。

当只有有限数量的图像数据可用时，数据增强对于防止网络过度拟合至关重要，这可以确保网络具有所需的不变性和鲁棒性。对于目前研究的堤坝裂缝病害识别过程，模型需对图像的旋转、移位、变形和模糊具有鲁棒性和不变性。因此，将随机旋转、位移、变形和高斯噪声应用于 10333 张裂缝图像块。在数据增强完成后，训练集中共有 309990 张裂缝数据。

为了证明改进的 U-net 模型的鲁棒性和优越性，将其结果与 Gabor 滤波器、多尺度 DCNN、FCN 和传统 U-net 模型进行了比较。其中 U-net 模型采用了上文中介绍的结构，用相同的超参数训练改进的 U-net、多尺度 DCNN、FCN 和 U-net 模型。

表 5.2-2 给出了各模型对于裂缝病害的识别实验结果，可以看出与其他模型的结果相比，改进的 U-net 模型在 Dice 和 IoU 指标上总体达到了较好的性能。改进的 U-net 模型的 Dice 系数为 0.82，优于 Gabor 滤波器（0.13）、多尺度 DCNN（0.81）、FCN（1）（0.82）、FCN（2）（0.77）和传统 U-net 模型（0.80）。改进的 U-net 模型的 IoU 值为 0.70，也优于 Gabor 滤波器（0.06）、多尺度 DCNN（0.69）、FCN（1）（0.69）、FCN（2）（0.64）和传统 U-net（0.68）。

表 5.2-2　　　　　　　　　　　　各模型实验结果对比

模型	Gabor 滤波器	多尺度 DCNN	FCN（1）	FCN（2）	传统 U-net	改进的 U-net
Dice	0.13	0.81	0.82	0.77	0.80	0.82
IoU	0.06	0.69	0.69	0.64	0.68	0.70

病害识别过程中通常存在复杂背景纹理干扰、不均匀光照、线性噪声等视觉噪声信息的干扰，通过与当前现有的模型识别效果对比，验证了改进的 U-net 模型在噪声干扰环境下的准确性和鲁棒性。

图 5.2-13 展示了复杂背景纹理干扰下的实验结果。从图 5.2-13 (a) 中可以清楚地看到，在同一图像上同时存在病害和背景干扰。实验结果表明，改进的 U-net 模型的性能优于其他模型。如图 5.2-13 所示，传统的 Gabor 滤波器模型的识别结果受表面纹理的影响很大。常用的 FCN 模型错误地将背景干扰识别为病害。虽然多尺度 DCNN 模型和传统 U-net 模型的性能优于 FCN 模型，但以上两种模型仍然存在误判结果。与现有方法的识别结果相比，改进的 U-net 模型成功地识别了病害，并精细地识别了病害边界，重建了病害的轮廓。通过以上实验结果证实了改进的 U-net 模型为准确区分病害和复杂背景干扰提供了一种很好的解决方案。

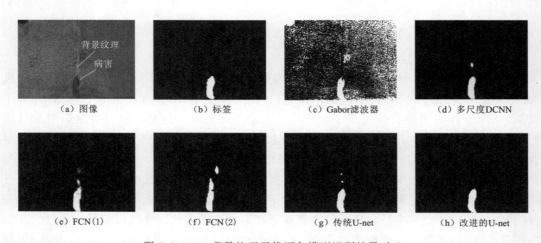

| (a) 图像 | (b) 标签 | (c) Gabor滤波器 | (d) 多尺度DCNN |
| (e) FCN(1) | (f) FCN(2) | (g) 传统U-net | (h) 改进的U-net |

图 5.2-13　背景纹理干扰下各模型识别效果对比

线性噪声在病害识别过程中也是一个相当大的挑战，如图 5.2-14 (a) 所示，裂缝与线性噪声极为相似。图 5.2-14 (c) ～图 5.2-14 (h) 为各个模型的病害分割效果比较，从中可以看出，基于 Gabor 滤波器的模型无法在如此复杂的视觉环境中识别到裂缝病害。对于另外 5 种基于深度学习模型的病害分割方法，可以看出 FCN(2)、传统的 U-net 和多尺度 DCNN 模型不能精确地识别病害，以上 3 种方法将剥落病害的边界和一些背景纹理识别为裂缝。从识别效果可以看出，FCN(1) 和改进的 U-net 模型在线性噪声环境下取得了准确有效的识别结果，能够很好地避免线性噪声的影响。

图 5.2-15 展示了光照不均造成图像上出现光斑干扰下的实验结果。各种模型分割结果的比较如图 5.2-15 (c) ～图 5.2-15 (h) 所示。传统的基于 Gabor 滤波器的模型无法在如此复杂的视觉环境中检测到病害。FCN(2) 和传统的 U-net 模型也容易受到光斑的干扰，以上两种模型错误地将光斑识别为病害。相比之下，多尺度 DCNN、FCN(1) 和改进的 U-net 模型都表现出精确分割病害和抗不均匀光照干扰能力，并取得了满意的识别结果。与 FCN(2) 和传统的 U-net 模型相比，改进的 U-net 模型能够提取有效特征，并提供更精确的像素级病害识别结果。

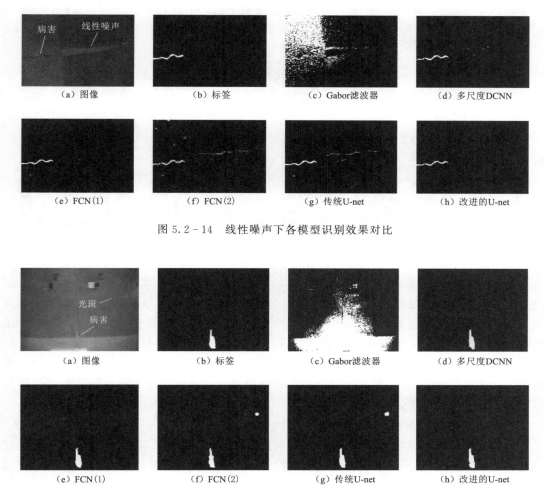

图 5.2-14 线性噪声下各模型识别效果对比

图 5.2-15 不均匀光照下各模型识别效果对比

　　对于在病害图像中存在多个病害区域，图 5.2-16（c）～图 5.2-16（h）是在这种视觉环境下对各个模型的识别效果进行比较，从中可以看出，基于 Gabor 滤波器的模型将部分的背景区域和一些表面纹理模式识别为病害。多尺度 DCNN、FCN、传统的 U-net 和改进的 U-net 模型成功地识别了面积较大的病害，但改进的 U-net 模型在分割面积较小的病害方面优于其他三种模型。两种 FCN 模型显然很难识别出面积较小的病害，而多尺度 DCNN 和传统 U-net 模型错误分割面积较小的病害。以上结果证明了改进的 U-net 模型在识别单个图像中多个病害时的优越性。

　　通过以上不同视觉环境下病害分割结果可以看出，改进的 U-net 模型总体性能优于 Gabor 滤波器、多尺度 DCNN、FCN 和传统 U-net 模型。该模型能够在复杂场景下显著提高病害识别的空间精度，并能在像素级别上识别清晰准确的病害边界。

　　改进的模型性能得以提升的主要原因是：对于病害识别模型在保留高级语义信息的同时，利用低级特征中的细节对病害精细分割。改进的 U-net 模型保留了从低级特征到对

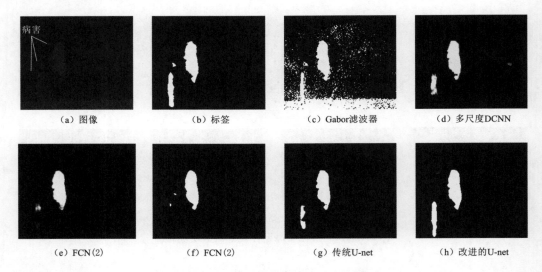

（a）图像　　　　（b）标签　　　　（c）Gabor滤波器　　　　（d）多尺度DCNN

（e）FCN(2)　　　　（f）FCN(2)　　　　（g）传统U-net　　　　（h）改进的U-net

图 5.2-16　多个病害区域各模型识别效果对比

应高级特征的跳层连接创建了一条便于不同层级特征信息传递的通道，该通道补偿了高层语义信息缺失的低层细节信息。此外，模型的 SE-ResNet 模块结合了 ResNet 模块和 SE 模块的优点，形成了一个易于拟合扰动的深层网络，并且允许网络有选择地强调信息特征，并通过重新校准每个特征信道的值来强调有用特征抑制不太有用的特征。与其他模型相比，改进的 U-net 模型实现了对病害的准确识别，在复杂的视觉环境中具有更清晰的病害边界和更高的精度。

2. 基于裂缝骨架提取-双目测量-距离修正的裂缝测量技术

针对裂缝骨架的提取采用 Zhao-Suen 快速细化算法计算，以裂缝骨架长度表示裂缝长度。Zhao-Suen 快速细化算法具有良好的收敛性、连通性，同时还能在保持图形基本形状的基础上，使用较少的迭代次数获取图像的中心线。

Zhao-Suen 快速细化算法迭代过程分为两个步骤，设某个像素点为 Pi_1，其 8 个邻域分别为 $Pi_2 \sim Pi_9$，如图 5.2-17 所示，迭代步骤如下。

Pi_9	Pi_2	Pi_3
Pi_8	Pi_1	Pi_4
Pi_7	Pi_6	Pi_5

0	0	1
1	Pi_1	0
1	0	1

图 5.2-17　像素邻域位置
（0 表示背景，1 表示前景）

（1）循环遍历所有的前景点，删除满足以下条件的像素点：

$$6 \leqslant Pi_1 + Pi_2 + Pi_3 + Pi_4 + Pi_5 + Pi_6 + Pi_7 + Pi_8 + Pi_9 \leqslant 9 \qquad (5.2-3)$$

$$S(Pi_1) = 1 \qquad (5.2-4)$$

$$Pi_2 \times Pi_4 \times Pi_6 = 0 \qquad (5.2-5)$$

$$Pi_4 \times Pi_6 \times Pi_8 = 0 \qquad (5.2-6)$$

式中：$S(Pi_1)$ 为 Pi_1 邻域内 $Pi_2 \sim Pi_9 \sim Pi_2$ 像素中出现 0~1 的累计次数。

（2）删除满足以下条件的像素点：

$$6 \leqslant Pi_1 + Pi_2 + Pi_3 + Pi_4 + Pi_5 + Pi_6 + Pi_7 + Pi_8 + Pi_9 \leqslant 9 \qquad (5.2-7)$$

$$S(Pi_1) = 1 \tag{5.2-8}$$
$$Pi_2 \times Pi_4 \times Pi_8 = 0 \tag{5.2-9}$$
$$Pi_2 \times Pi_6 \times Pi_8 = 0 \tag{5.2-10}$$

循环上述两次迭代，直到图像中没有像素被标记为删除为止，输出的结果即为二值图像细化后的骨架，如图 5.2-18 所示。

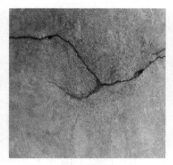
（a）原始图像
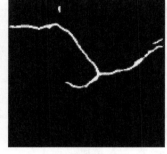
（b）裂缝提取图像
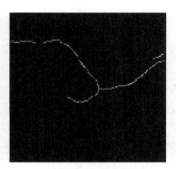
（c）裂缝骨架图像

图 5.2-18　裂缝骨架图像

当采用单个相机采集堤坝裂缝图像并进行处理计算，会将三维空间里采集的信息压缩为二维图片信息，大量的图像信息被丢失。例如图像深度，即图像上的点和摄像机之间的距离。如果拍摄平面与堤坝平行度较好，则裂缝尺寸的计算结果较为可靠，否则误差会显著增大。为了克服这种缺陷，需利用第二个相机，构造一个双目视觉测量系统，通过三角化双目图像实现深度测量，解决图像深度丢失的问题。双目视觉通过模拟人眼立体视觉，两个摄像机平行拍摄同一场景内的同一目标可构成双目成像模型，双目立体视觉的目标是利用三角测量原理从双目成像模型中恢复所拍摄目标的深度信息或者在空间中的三维坐标信息，即从二维成像影像中恢复三维信息。通过可见光相机采集裂缝图像，并调用双目相机测量裂缝，进而通过图像处理之后以双目视觉理论计算裂纹尺寸，可显著提高计算的精度。

在双目视觉理论中，设点 P 为裂缝某一个特征点，它在两相机平面的投影点分别为 P_1 和 P_2，左右两台相机的转换矩阵分别为 M_1 和 M_r，依据空间解析几何理论可得到一个精确的空间三维坐标。裂缝图像边缘上的两个像素点，经过计算可得出三维坐标，并计算两点间的距离。

$$d = \sqrt{(x_p - x_q)^2 + (y_p - y_q)^2 + (z_p - z_q)^2} \tag{5.2-11}$$

双目裂缝测量系统的主要流程如图 5.2-19 所示。

双目相机标定是为了求解相机的转换矩阵 M，M 的某些参数是相机的固有属性，称为内参数（如相机焦距等），而将三维空间点投影到二维空间过程中的平移矩阵和旋转矩阵中的参数是未知的，求解这些参数的过程称为相机的标定过程。本书采用经典的 TASI 标定法对双目相机进行标定。

为了实现准确测量，必须对采集到的图像进行数字化处理。相机采集的裂缝图片不可

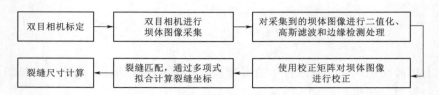

图 5.2 - 19 双目裂缝测量系统流程图

避免存在一些污染的噪点，先使用高斯滤波进行降噪处理以剔除噪点，因初步采集的图像为全信息图像，需再进行二值化处理，以便有效区分轮廓与背景区域。

边缘检测是对目标图像进行边缘检测获取裂缝边缘，本书采用了 canny 算子算法，另外也可以采用 sobel 算子，Prewitt 算子等进行边缘检测。对获取到的裂缝边缘进行优化处理，开运算具有能够在不显著改变总面积的前提下实现去毛刺、孤立点和小桥等噪声的优点，比闭运算更加适合本方案。通过检测连通区域并过滤不符合标准的裂缝，提取裂缝的骨架以方便匹配裂缝的边缘曲线。

空间点的三维坐标通过目标点在左右相机平面上的二维坐标计算得到，因此必须找到该点在两个相机平面中的成像点，这一过程为图片匹配。采用 Sift 算法对处理后的两图像进行匹配，带入双目视觉测量原理的有关计算式中，即可完成目标点的三维坐标计算。最后进行裂缝尺寸的计算。

为验证本书提出的基于双目原理的裂缝尺寸测量方法的测量精度，对多张混凝土裂缝图片中的尺寸进行测量，并与实际尺寸进行比较，结果见表 5.2 - 3。其中裂缝实际长度由卷尺对相机视野范围内的裂缝骨架测量多次求平均值而得，裂缝实际宽度由游标卡尺对相机视野范围内的裂缝不同区域测量多次求平均值而得。

表 5.2 - 3 基于双目视觉裂缝尺寸测量结果

测量图例	实际长度/m	测量长度/m	实际宽度/mm	测量宽度/mm
	3.10	2.95	46.2	50.2
	4.03	3.92	29.9	31.0
	3.18	3.30	45.2	40.6

5.2.1.3　裂缝图像快速识别在工程巡检中的应用

双目视觉技术可以计算出裂缝边缘点的空间三维坐标，有较高的可靠度，比传统的单目视觉更适合堤坝裂缝的检测。

为验证设备在工程中的应用情况，应用无人机对某堤坝工程进行示范巡检工作。工作开始前，确认天气状况符合飞行要求后对无人机机载数据链传输天线进行组装，并在无人机腹下安装机载吊舱（图5.2-20），确定无人机结构强度满足起飞要求，完成无人机的飞控自检，校验机载吊舱与地面站的数据通信与工作状态。

图5.2-20　无人机巡检现场

准备工作就绪后，将无人机安置于巡检段段首，无人机驾驶员操作无人机起飞至10m高度，地面站操作员操作并确认机载吊舱的拍摄视野良好，实验助理记录起飞时间、起飞位置等实验细节。无人机在10m高度保持稳定后，操作无人机以20km/h的飞行速度沿巡检堤段匀速飞行，示范巡检人员乘车跟随无人机前进并实时观测无人机工作状态。

无人机飞行过程中，地面站操作员实时观察病害采集情况，无人机操作员结合实际情况调整无人机飞行状态，如遇低矮桥梁、线缆或者地形崎岖处，迅速就近降落，通过人工搬运离开。在病害频发段，首先通过人工巡检记录病害位置与尺寸，然后操作无人机沿该段飞行采集数据，重点病害位置处控制无人机悬停采集。

应用示范人员在结合示范现场天气与环境状况后制定出详细的巡检计划，采用粗检与详检相结合的方式，利用无人机载智能化快速巡检设备对该堤段进行粗略巡检，之后再针对结构病害严重区域进行重点巡检。

在20km/h的航速与10m的高度下，无人机可清晰采集到路面或混凝土面板的毫米级裂缝，并对裂缝进行实时测量。

在巡检后发现，大堤平均百米发现结构裂缝4～5条，部分区域内马道破损异常严重，横向裂缝、纵向裂缝、鳄鱼皮裂缝较多，病害显著。针对该区域存在的结构病害，应用示范人员操作无人机沿该区域两岸进行重点巡检。该区域共检测出毫米级裂缝160条，经巡检人员现场验证均得到证实。其中较为典型的破损裂缝检测结果见表5.2-4。

将本装备在双目相机辅助病害参数计算下的结果与人工巡检测量的结果进行多次人工抽检对比，以表5.2-5列举的重点病害为例，在双目相机辅助病害参数计算的情况下，机载吊舱测量裂缝宽度为3.26mm，人工实测为3.41mm，测量误差小于10%。

表 5. 2 - 4   裂缝尺寸测量对比结果

路 段	检测结果	尺寸/mm	性 质
599+300～800		MAX： L：968.45 W：12.50	鳄鱼皮裂缝
		MIN： L：40.14 W：2.88	
		MAX： L：723.24 W：8.85	鳄鱼皮裂缝
		MIN： L：38.68 W：3.40	
		L：1876.82 W：15.00	横向裂缝
		L：496.27 W：14.90	
		L：279.52 W：5.40	纵向裂缝
		L：54.74 W：5.42	
		L：67.14 W：5.60	
		L：4051.64 W：35.30	道路破损
		L：204.35 W：5.94	纵向裂缝
		L：417.45 W：5.19	纵向裂缝
		L：257.62 W：10.20	横向裂缝

路　　段	检测结果	尺寸/mm	性　　质
564+400~500		L：57.59 W：2.77	横向裂缝
		L：224.00 W：2.86	横向裂缝
597+400~500		L：441.63 W：4.84	横向裂缝
		L：21.84 W：2.12	
		L：72.28 W：3.56	
601+500~600		L：459.78 W：7.69	横向裂缝
		L：217.73 W：8.15	
		L：63.25 W：4.47	横向裂缝
		L：1671.26 W：29.20	横向修补缝

表 5.2－5　　　　　　　　　裂缝尺寸测量对比结果

人工测量	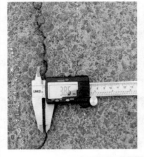 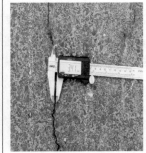 
机载设备测量	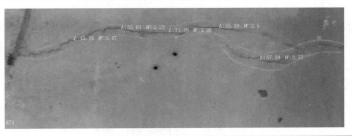

续表

人工测量	
机载设备测量	

5.2.2 堤防表观渗漏区域无人机快速识别方法

堤坝渗漏是导致溃堤溃坝的重要原因之一。目前，堤坝渗漏检测主要使用的检测方法有人工检测、电阻率法、瞬变电磁法、同位素示踪法、红外热成像法等。其中，人工检测法是使用最为广泛的方法，但人工巡检的方式对病害识别难度大、检测效率低、主观性强。电阻率法是利用渗漏区域堤坝的含水率引起的电阻率差异来进行渗漏检测，瞬变电磁法利用电磁感应原理，通过探测堤坝内部电磁场分量变换来判断渗漏情况电阻率法需要接地布设电极，工作效率低。该方法具有设备体积小、探测效率高的特点，上述地球物理探测方法适用于重点区域精细探测。同位素示踪法是通过观测同位素的踪迹来分析地下水的流向，同位素示踪法对于堤坝渗漏检测已经相对成熟，但同位素具有放射性，容易对生态环境造成污染。

红外热成像法是利用待测物体表面渗漏与非渗漏区域的温度差异实现渗漏水检测，具有形象直观、检测效率高、无污染等优点，尤其伴随着计算机技术和无人机技术的快速发展，机载红外巡检技术得到了迅速发展。但目前红外热成像法在堤坝渗漏检测领域的应用较少，且对堤坝红外图像的数据处理方法相对简单，当渗漏区域与完好区域温差相对较小时，算法识别容易出现误检现象，尤其在杂草、树木等严重干扰条件下，给渗漏区域的准确识别带来了巨大的挑战。

考虑红外热成像法在渗水点巡检中的优势，本书利用无人机搭载红外检测设备，同时重点构建了"红外图像特征-低温点显著性特征"的融合机制，提出了适用于堤坝渗漏的快速检测新方法。

在人工智能学习中，考虑堤防工程渗漏区域具有低温特征，采用基于注意力机制对 U-net 的编码器部分进行改进，可以使其具有更好的红外图像分割性能，其核心思想是利用来自温度兴趣区的辅助信息来对红外图像数据进行融合，从而更加精准地提取红外图像中的渗漏区域，实现堤坝渗漏区域精确识别，如图 5.2-21 所示。

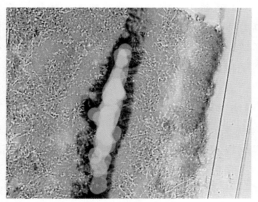
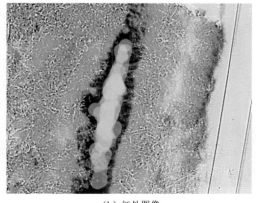

（a）温度兴趣特征图　　　　　　　　　　　　　（b）红外图像

图 5.2-21　温度兴趣特征图与红外图像

在渗漏区识别过程中使用 U-Net 架构，该架构由具有跳跃连接的全卷积编码器和解码器子网组成，编码器中的层采用了卷积层和最大池化层的级联，这种方式会降低输入图像的分辨率并提取越来越多的抽象特征。解码器包括卷积层和上采样层，这些卷积层和上采样层提供用于将提取的特征图的空间分辨率恢复到输入图像的初始水平的扩展路径。U-Net 架构的独特之处在于，存在从编码器收缩路径中的特征图到解码器中相应层的跳跃连接。编码器和解码器各层的功能通过跳跃连接进行级联合并，从而可以恢复图像中对象的空间精度，并改善生成的分割蒙版。尽管网络的中央层提供具有语义丰富的数据表示和较大的接受域等高级功能，但由于沿收缩路径对最大池化层进行了下采样，因此它的空间上下文详细信息级别也较低，影响预测对象边界周围的定位精度。跳跃连接提供了一种手段，可将低级特征信息从编码器中的初始高分辨率层传输到解码器中的重建层，从而以预测分段方式恢复本地空间信息，U-Net 架构在医学图像与工程影像中应用广泛。

图 5.2-22 为所改进的渗漏分割网络，输入图像为红外图像，温度特征图为辅助输

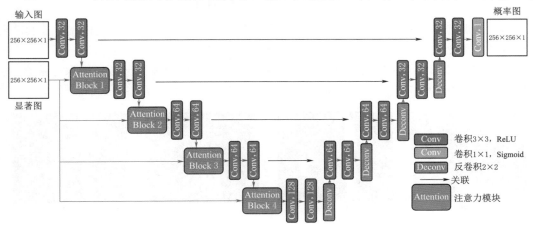

图 5.2-22　渗漏分割网络

入，该辅助输入的图像为无人机地面站按照指定温度生成的温度兴趣特征图。注意力模块以图像金字塔的形式在编码器的收缩路径上引入比例缩小的温度兴趣特征图，使得网络将

图 5.2-23 实验现场环境

注意力集中在温度兴趣特征图中指定温度的标记区域，即引入的注意力模块将更多的权重放在每层提取的特征图中渗漏特征较高的区域。因此，温度兴趣特征图的拓扑结构会影响 U-net 网络学习特征的能力。

为进一步验证算法的有效性，在某水库进行了现场试验，现场环境如图 5.2-23 所示。本次实验的软件平台为 64 位 Windows 10，硬件平台为大疆经纬 M210 V2，搭载禅思 ZE-NMSE XT 2 热成像云台相机，像素为 640×512，视场角度为 25°×19°，测温精度为 0.1℃。

在实验开始前将找到指定的坝体渗漏点在 GNSS 地图上进行标注，并规划飞行路线。渗漏区域如图 5.2-24 所示，试验环境温度为 17.5℃，水温为 14.1℃，空气湿度为 28%。

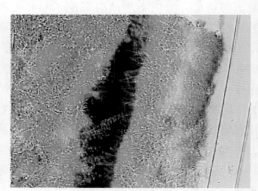

（a）渗漏图像　　　　　　　　　　　　　（b）红外图像

图 5.2-24 实际渗漏图像与红外图像

（1）实验方法。将无人机按照指定高度与速度飞行，航拍的采集频率由飞行控制端自动生成，图像处理端接受可见光图像与红外图像，调整图像到合适大小。

（2）实验结果及方法对比。首先对图像进行裁剪，只保留渗漏区域，图像像素为 640×512，然后按照本书算法对渗水区域进行识别，实验结果如图 5.2-25 所示。

（a）红外图像　　　　　（b）标签　　　　　（c）阈值法　　　　　（d）本书方法

图 5.2-25 实验结果及方法对比

渗水区域提取结果以二值图像的形式表现，因此可以将图像的识别结果与人工标注的真实的渗漏情况进行比较，作为评估算法精度的标准。采用 Intersection over Union（IoU，区域交并比）、错配率 S_{mis}、面积比 ξ 和检测时间 t 作为图像检测中的衡量指标。

$$S_{mis}=\frac{S_{pp}}{n_r} \qquad (5.2-12)$$

$$\xi=\frac{n_p}{n_{total}} \qquad (5.2-13)$$

式中：S_{pp} 为背景被预测为渗漏的区域；n_p 为算法提取的渗漏区域；n_r 为真实的渗漏区域；S_{mis} 为错配率其值越小，表示越接近真实的情况。n_{total} 为检测区域的总面积；ξ 为渗漏区域占整幅图像的面积比，可以为实际工程中的决策提供帮助。

堤坝红外热像渗漏检测结果见表 5.2 - 6。

表 5.2 - 6　　　　　堤坝红外热像渗漏检测结果

项目	人工检测	阈值法	本书算法
IoU/%	100	72.54	91.33
S_{mis}/%	0	4.42	0.48
ξ/%	10.49	14.43	10.40
t/s		0.009	0.069

由上表可知，渗漏区域提取的 IoU 为 91.33%，S_{mis} 为 0.48%，均优于同类检测算法。渗漏区域提取检测时间为 0.069s，虽然不如阈值法运行时间快，但已经能够基本满足实际工程的快速检测需要。模拟实验中 ξ 已经到达了 10.40%，说明该区域存在大面积渗漏现象，需要及时进行维修。

5.2.3　无人机河道巡检管理

"河道违章建筑"是指在河道、溪流、湖泊或其他水体的保护区域内，未经许可擅自建造的建筑物或者设施。这些违章建筑可能会对河道的正常运行和生态环境造成严重影响，例如可能会阻碍水流，导致水位上升，增加洪水的风险；同时，这些建筑可能会破坏河岸的稳定性，加速侵蚀过程，改变河流的走向；此外，这些建筑还可能对水质造成污染，影响水生生物的生存。传统的巡检方式往往需要大量的人力、物力，而且容易受到天气、地形等因素的影响。而智能巡检系统可以通过无人机搭载高分辨率相机进行自动巡检，能够快速覆盖大片区域，及时发现违建问题，大大提高巡检效率。为此，本书利用无人机设备采集河道两岸的违章建筑视频数据，以此制作相关违章建筑检测数据集，并利用数据集对 YOLO - v5 目标检测网络进行训练以及测试，测试结果如图 5.2 - 26 所示（蓝顶简易房是常见的违章建筑，以下均以蓝顶简易房为例）。

河道监管过程中，在目标识别之后需要进一步计算目标数量，目标计数一般在目标追踪的基础上实现的。为此，本书进一步研发了基于机载的目标追踪以及计数技术，该技术核心模型为 DeepSORT。

图 5.2 - 26　河道违章建筑检测示意图

　　DeepSORT（deep learning based sorting）是一种基于深度学习的多目标跟踪算法，旨在解决复杂场景下目标跟踪的问题。它通过对传统的 SORT（simple online and realtime tracking）算法进行改进，引入了深度学习技术，提高了目标跟踪的准确性和稳定性。

　　DeepSORT 算法的核心思想是利用深度学习模型对目标进行特征提取和分类，并结合 SORT 算法进行多目标跟踪。在实现过程中，DeepSORT 算法包括以下步骤：

　　（1）目标检测：使用深度学习模型（如 YOLO、Faster R - CNN 等）对视频序列中的目标进行检测，并生成候选框。

　　（2）特征提取：对每个候选框进行特征提取，使用深度学习模型（如 VGG、ResNet 等）对候选框进行特征编码，得到目标的特征表示。

　　（3）目标跟踪：使用 SORT 算法对目标进行跟踪。根据前一帧的目标位置和运动信息，预测当前帧的目标位置，并生成预测框。然后，通过计算预测框和实际框之间的相似度，确定是否匹配成功。

　　（4）数据关联：在多目标跟踪过程中，需要对不同帧之间的目标进行关联，以形成完整的轨迹。DeepSORT 算法使用匈牙利算法进行数据关联，同时考虑了目标的运动信息和外观特征，提高了数据关联的准确性。

　　（5）轨迹更新：根据匹配结果和运动模型，对目标的轨迹进行更新。如果匹配成功，则更新目标的运动状态和外观特征；如果匹配失败，则将该目标重新标为 "tentative"，等待下一帧的检测结果。

　　在对目标识别后，利用 DeepSORT 算法中的卡尔曼滤波器模块来追踪每一帧中的目标，并使用匈牙利算法根据预测结果和检测结果的匹配程度来更新追踪目标的状态。在追踪过程中，可以通过统计每一帧中的追踪目标数量来实现目标的计数。在实现过程中，对每一个新出现的目标分配一个唯一的 ID，并在整个视频序列中跟踪这些 ID，当一个目标离开画面或者被遮挡一段时间后，再将其从追踪列表中移除，最后通过统计追踪列表中的目标数量得到最终的目标计数结果。利用上述步骤对无人机采集的图像进行目标计数，结果如图 5.2 - 27 所示，从中可以看出，该算法可以很好地统计出画面中目标的数量。

图 5.2 - 27　无人机目标识别计数

5.3　拖曳式电磁感应巡检技术

传统的堤防内部隐患探测方法技术时效性存在问题，需要寻找适用于堤防工程快速巡检的新技术。结合堤防内部快速巡检需求，本书将重点介绍利用拖曳式电磁感应技术进行堤防内部隐患的快速巡检，以实现堤防隐患的快速普查，利用快速普查与综合详查相结合的方式，形成一套适合河防工程巡堤查险，且自动化智能化程度较高的装备与技术。

5.3.1　电磁感应基本原理

电磁感应法是以介质的电磁性差异为物质基础，通过观测和研究人工或天然的交变电磁场随空间分布规律或随时间的变化规律，达到某些勘查目的的一类电法勘探方法。按其电磁场随频率和时间的变化规律可分为频率域和时间域电磁法。

时间域电磁法也被称为瞬变电磁法（transient electromagnetic methods，TEM）是一种建立在电磁感应原理基础上的时间域人工源探测方法，其数理基础为导电介质在磁场或电场激励下而产生的涡流问题。瞬变电磁探测中，在接地电极与导线中通过脉冲电流作为激励场源的方法称为电性源瞬变电磁法，在不接地回线中通过脉冲电流作为激励场源的方法则称为磁性源瞬变电磁法。瞬变电磁法以人工源激励目标体产生感应涡流，涡流因本身衰减而产生新的变化的磁场，在脉冲间歇期间测量感应磁场或感应磁场随时间的变化率，即测量接收线圈两端的感应电动势，以此对地下目标实现探测（图 5.3 - 1）由于二次场从产生到结束的过程是极为短暂的，故称为瞬变电磁法。

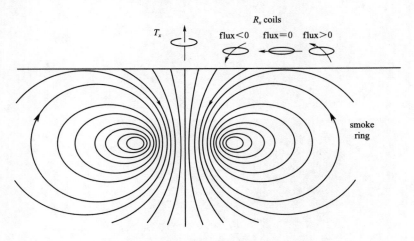

图 5.3 - 1　瞬变电磁法原理图

　　瞬变电磁的电性源装置以有限长接地导线作为场源，通过布置在距场源一定距离的接收线圈观测地下涡流激发的二次场响应，适用于探测埋深 1km 以上的地质异常体，故多用于油气勘查等领域。磁性源装置以不接地发射线圈为场源，通过接收线圈观测地下涡流激发的二次场响应。通过控制发送线圈的参数可适应不同深度地质异常体的勘探任务，因此工程与环境地球物理探测领域多采用磁性源装置。常用的磁性源测量装置主要包括偶极装置、大定源回线装置和同点装置 3 种，如图 5.3 - 2 所示。

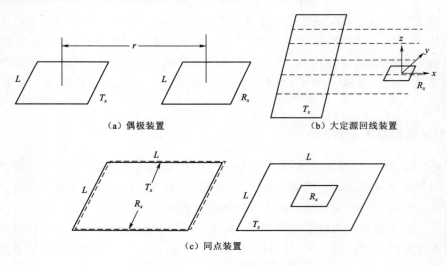

（a）偶极装置　　　　　　　　　　（b）大定源回线装置

（c）同点装置

图 5.3 - 2　瞬变电磁线圈装置图

偶极装置如图 5.3-2 (a) 所示，其特征为发射线圈（T_x）与接收线圈（R_x）分开布置，两回线中心点间隔固定收发距 r，且同时沿测线逐点移动测量。偶极装置的接收圈使用具有 3 个分量的多匝小线圈观测不同方向的磁场信息，为获取探测目标体的倾角和深度信息提供了可能。

图 5.3-2 (b) 展示的大定源回线装置通常使用边长数百米的矩形线框作为发射线圈，作为接收线圈的多匝小线圈垂直于发射线圈移动。为了提高工作效率，发射线框的内部和外部均可布置观测点。大定源回线装置获取的探测剖面对异常体定位明显，有利于深部探测，但是边长数百米的发射线框在地形起伏的山地或城市环境下铺设麻烦，体积效应强，而且框外测量易受集流效应影响。

同点装置的发射线圈与接收线圈中心点重合，如图 5.3-2 (c) 所示。其中，发射线圈和接收线圈尺寸完全相同的同点装置称为重叠回线，在实施剖面测量时两线框同时移动，如图 5.3-2 (c-1) 所示。将同点装置的接收回线缩小至可视为偶极状态便获得中心回线装置，发射线圈多采用大回线源，如图 5.3-2 (c-2) 所示。同点装置与探测对象耦合程度好，由探测目标体引发的信号异常幅度大且横向分辨率高，但应避免早期信号缺失对浅层探测效果的影响。

瞬变电磁法从应用领域划分可以分为地面装置、井中装置和航空装置，其中最常用的是地面装置，由于其对低阻导体反应的灵敏性，在地下水资源、金属矿探测及工程渗漏检测等方面应用广泛。而在瞬变电磁法发展的过程中，较为先进的瞬变电磁仪器基本都是由国外进行研发。

5.3.2　研究现状

国外有许多专门针对浅层工程勘察的地面瞬变电磁仪，最具代表性的仪器包括加拿大 Geonics 公司 PROTEM 瞬变电磁仪系列下的 TEM47、美国 Zonge 公司 GDP32 系统下的 NanoTEM 以及澳大利亚 MonexGeosope 公司研发的 terraTEM 24（图 5.3-3），这些仪器的技术指标在国际上均属于领先位置，尤其是前两者都将信号关断时间控制在了 5μs。从装置类型上其都可以被归纳为大回线小电流装置类型，为了达到较短关断时间的同时保证较大勘测深度，其发射线圈面积都超过 25m²，线圈直径或边长需要十几米甚至几十米，发射电流基本不超过 10A，具体技术参数见表 5.3-1。为了保证数据质量，单个测点需要通过上百次重复采集消除干扰，测量时间超过 10s，如果这类设备为了测量便捷性其降低了线圈边长，那么其数据质量及勘测深度都无法得到保证，在这种情况下，虽然该类型

|　　　（a）PROTEM-TEM47　　　|　　（b）GDP32-NanoTEM　　|　　（c）terraTEM 24|

图 5.3-3　国外浅层瞬变电磁仪

的瞬变电磁仪检测盲区很小，但由于测量布设要求较大的线圈面积及较长的测量时间，难以用于堤坝工程的隐患巡检。

表 5.3-1 国外主流浅层瞬变电磁仪工作技术参数表

参数	PROTEM-TEM47	GDP32-NanoTEM	terraTEM24
发射电流/A	3.5	3.5	50
发射线圈面积/m²	25～2500	25～2500	25～2500
发射脉冲频率/Hz	25～237.5	0.25～64	0.25～25
占空比/%	50	50	50
关断延时/μs	2.5（10×10m 回线）	4.0（10m×10m 回线）	22（50×50m 回线）
采样频率/MHz	0.26	0.83	0.625
探测深度/m	50	50	200

丹麦奥胡斯大学水文地球物理课题组在进行拖曳式瞬变电磁法的研究中，基于原有瞬变电磁仪的技术特点，他们采用了分离式回线，在发射线圈部分采用了高频和低频两个部分，保证深部多次叠加，而浅部数据质量较高。其实现拖曳式测量的核心是超高的发射频率及快速液冷系统，采用相比原有瞬变电磁仪数十倍到数百倍的发射频率，极大程度缩短了单个测点数据叠加时间，同时采用相对较高的发射电流和单匝小回线，实现了快速拖曳式测量，其目标探测深度为 50～70m。具体系统工作示意如图 5.3-4 所示，工作技术参数见表 5.3-2。

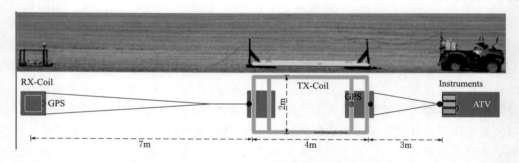

图 5.3-4 Aarhus 拖曳式瞬变电磁系统工作示意图

表 5.3-2 Aarhus 拖曳式瞬变电磁系统部分技术参数

参　数	低频部分（LM）	高频部分（HM）	参　数	低频部分（LM）	高频部分（HM）
发射电流/A	2.8	30	占空比/%	42	30
发射线圈面积/m²	8	8	发射脉冲时长/μs	200	450
最大磁矩/Am²	22.4	240	关断延时/μs	2.5	4.0
发射脉冲频率/Hz	2110	660	采样频率/MHz	0.25	0.1

该套拖曳式瞬变电磁系统在研发的同时也存在一些问题：

（1）回线由于采用单匝或较少匝数，线圈边长也不大，本身信号抗干扰能力较弱，尽管采用了多次叠加从一定程度上压制了干扰，但一方面原始数据晚期信号质量依旧无法得到保障，由图 5.3-5 可以看出，其原始数据多测道图晚期信号整体比较杂乱，拿出单点衰减曲线来看，$100\mu s$ 之后的数据非常乱，如果不叠加处理几乎没有任何规律，这种设计思路为了尽可能减少盲区牺牲了数据质量，解决数据质量问题的途径只有在不改变其他技术参数的情况下增加线圈匝数从而增大磁矩，但这样又会增加关断时间，与减少盲区初衰相矛盾；另一方面，由于发射频率很高，发射脉冲时间很短，本身可以采集到的信号时长不足，图中显示的采样时间是 $1ms$，而红线显示用到的时长只有 $200\sim300\mu s$，这么短的信号长度到底能探测多深实际上是有疑问的。

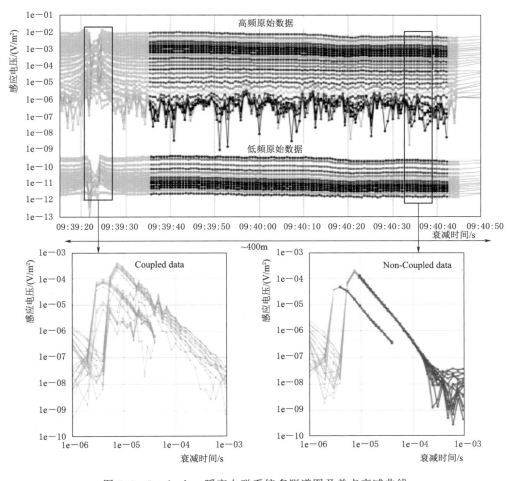

图 5.3-5　Aarhus 瞬变电磁系统多测道图及单点衰减曲线

（2）采用两种发射线圈，需要将两类数据进行融合，在数据融合过程中存在差异和误差性，并且这种误差无法避免。

（3）实际上在 15km/h 的探测速度下，其测点横向间隔是 $3\sim5m$，纵向上只有 $19\sim$

33 个测点，意味着用 5m 范围内的数据进行叠加平均作为该范围内的测点数据，纵向上几乎 3m 范围才有一个深度数据，横纵向分辨率均不足，只能用于较大范围的环境地质调查，不适合用于堤坝隐患检测。

国内拖曳式瞬变电磁法研究主要集中在水域拖曳式应用，中南大学、北京先驱高技术开发公司和长沙五维地科勘察技术有限公司针对海洋特殊勘查环境、海底热液硫化物矿"富而浅"的特征以及"发现异常"的首要地质任务要求，研制的 MTEM－08 拖曳式海洋瞬变电磁探测系统，可以有效、快速发现海底热液硫化物矿异常。从重要工作参数分析，MTEM－8 主要的目的是穿透 6000m 深海，获取海底矿物异常，因此需要很强的发射信号能量，并且受制于船舶大小、释放方式以及连续拖曳工作模式，其收发线圈不可能做的较大，根据该思路，设计了重叠回线装置线圈，具体技术参数见表 5.3－3。

表 5.3－3 　　　　　　　　MTEM－08 深海拖曳式瞬变电磁系统工作技术参数表

参　　数	指　　标	参　　数	指　　标
发射电流/A	100	采样频率/MHz	0.625
发射线圈尺寸	1.96m×0.75m×40 匝	拖曳速度/(km/h)	3～8
发射脉冲频率/kHz	0.1～10	最大探测地层深度/m	150
关断延时/μs	350		

整套拖曳系统由甲板控制系统、万米光电复合缆、仪器舱拖体和天线拖体组成。其中，水上甲板控制系统包括控制中心、光纤通信机、船载 GNSS、多功能辅助显示、导航信息、TEM 快速成像、TEM 数据采集；水下仪器舱拖体内放置了光纤通信模块连接有 TEM 发射机、TEM 接收机、超短基线应答器、姿态传感器、CTD、蔽障声呐、离地高度计；水下天线拖体内放置了发射天线、接收天线、姿态传感器以及前置放大器，详见图 5.3－6。

图 5.3－6 　深海 6000m 拖曳式瞬变电磁系统现场施放图

该套系统的工作时间窗口为 3.5～396ms，关断延迟时间较长，工作盲区比较大，不适用于浅层勘测，但是其整体工作技术思路与堤防工程巡检类似，需要快速、有效、可拖曳，因此在数据处理阶段使用了快速成像技术代替了传统的反演方法，将感应电压响应转换得到视电阻率，将时间窗口通过烟圈效应换算得到等效深度，从而得到视电阻率断面图。在进行地面拖曳式瞬变电磁研究的过程中，可以借鉴这种数据处理方法。

5.3.3 堤防工程电阻率特性研究

5.3.3.1 堤防电阻率与土力学参数关系研究

堤防填筑本身有一定的设计要求，而堤防内部缺陷的发生往往与施工质量问题不达标相关，例如某堤防工程某堤防段设计要求为：粉质黏土、黏粒含量 $10\%\sim30\%$，塑性指数 $7\sim20$，渗透系数不大于 1×10^{-4} cm/s，土层碾压填筑压实度不小于 0.98。在施工填筑完成后，对堤防土的主要物理力学指标进行土工试验统计分析结果：左堤压实度为 $0.90\sim1.00$，平均值为 0.95；含水率为 $17.8\%\sim25.2\%$，平均值为 22.0%；黏粒含量为 $33.7\%\sim49.6\%$，平均值为 39.5%；塑性指数为 $12.2\sim24.0$，平均值为 15.4；渗透系数为 $1.16\times10^{-6}\sim4.65\times10^{-6}$ cm/s，平均值为 1.70×10^{-6} cm/s。右堤压实度为 $0.92\sim1.04$，平均值为 0.97；含水率为 $17.4\%\sim23.3\%$，平均值为 20.2%；黏粒含量为 $29.8\%\sim51.3\%$，平均值为 40.4%；塑性指数为 $12.2\sim17.2$，平均值为 14.7；渗透系数为 $1.16\times10^{-6}\sim5.74\times10^{-6}$ cm/s，平均值为 2.01×10^{-6} cm/s。勘探表明，堤身填土质量满足设计指标，局部压实度略偏低。黄河下游堤防工程是在历代民埝的基础上修筑而成的，土体质量更差。

而堤防缺陷会导致土体的密实度、含水率、黏粒含量等参数发生变化，例如渗漏的发生会显著增加土体含水率，而裂缝、空洞、软弱层等缺陷隐患会使土体的密实度明显降低，为了说明堤防缺陷电阻率参数变化的规律，对上述土力学参数条件下的粉质黏土进行了取样分析，研究粉质黏土电阻率与含水率、密实度的变化规律，具体变化规律如图 5.3-7 所示。

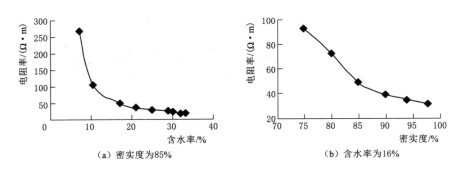

（a）密实度为85%　　　　　　　（b）含水率为16%

图 5.3-7　粉质黏土电阻率和含水率、密实度的关系

由图 5.3-7 可知，在密实度同样的前提下，含水率增加会导致电阻率下降；在含水率同样的前提下，密实度下降会导致电阻率升高，某堤防土体含水率在 $15\%\sim30\%$，在该区间下电阻率随含水率增大会呈现下降趋势，而本身堤防填筑土体在横向上应该是均一分布的，当检测发现电阻率在横向上不连续或者明显畸变，则说明有缺陷发生，进而可以根据电阻率变化的规律进一步分析缺陷的性质。

5.3.3.2 电阻率现场检测试验研究

瞬变电磁法获取的原始信号为二次场感应电压，通过处理计算最终得到视电阻率，而土工试验获取的是真电阻率。视电阻率虽然不是真电阻率，存在一定的差异，但与地层真电阻率的变化趋势是一致的。为了进一步研究堤防电阻率变化规律，使用美国 Zonge 公司生产的 GDP32 - NanoTEM 浅层瞬变电磁仪对某堤防工程进行了检测试验，获取正常堤段背景电阻率和可能存在隐患堤段的电阻率，通过分析两者的差异，研究堤防工程检测电阻率的变化规律。

试验完成瞬变电磁测线 8 条，测线长度为 150m/条，数据采集使用重叠回线装置，线框长度为 2m×2m，点距 5m，发射电流 3.5A，发射频率 16Hz，采样频率 256Hz，共 32 个时间窗口，采样长度 2ms。典型检测成果如下。

1. 正常堤防电阻率规律

由图 5.3 - 8 分析可得，正常堤防视电阻率范围在 40～180Ω·m，与取样试验结果基本一致（图 5.3 - 7），其中 L1 测线为左岸检测成果，L2 为右岸检测成果，横向上看电阻率均一连续，纵向上电阻率从浅到深呈现升高趋势，上部电阻率相对较低，下部为自然地层，土质中砂性含量增多，空隙率高，致使电阻率变大。从图像特征上看，上部为低阻色下部为高阻色，颜色横向整体均匀，电阻率曲线平稳，纵向颜色渐变，电阻率曲线间隔均匀。

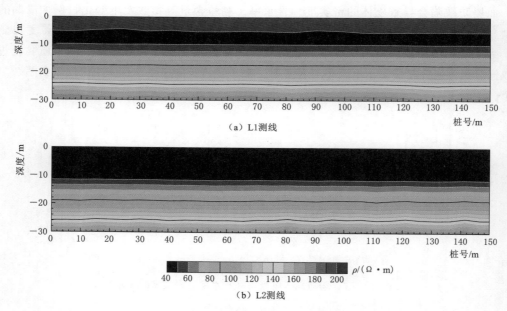

（a）L1测线

（b）L2测线

图 5.3 - 8 正常堤防瞬变电磁成果图

2. 异常堤防电阻率规律

在检测过程中，在某堤防发现一处异常，虽然测线整体电阻率仍然符合从浅到深电阻率逐渐升高的规律，但在局部出现不均匀色块，在桩号 38～44m、85～93m 处电阻率曲线发生畸变，电阻率低于正常背景电阻率 30％，并且在桩号 75～80m 处浅部存在一处明显低阻异常，电阻率低于背景电阻率 50%，这与正常堤段背景电阻率存在差异，是典型异常堤段。异常堤段的电阻率特征就是均匀性变差，电阻率等值线不再平稳而发生剧烈的转折，色谱图中出现不均匀色块（图 5.3-9）。

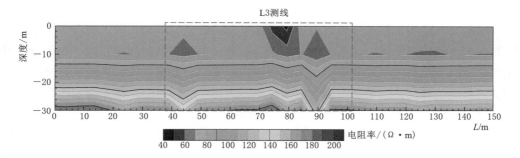

图 5.3-9 异常堤防瞬变电磁成果图

由试验成果分析可知，瞬变电磁法采集到的正常堤防电阻率背景基本在 40～200Ω·m 范围内，当某堤防内部存在缺陷或填筑不均匀时，电阻率曲线在横向与纵向都会发生变化，电阻率均匀性遭到破坏，不仅数值发生变化，而且等值线和色谱都有畸变。因此，从电阻率变化规律，以及瞬变电磁实测结果，可以看出在堤防工程缺陷检测中开展拖曳式瞬变电磁法研究是有物性基础的，而且电性差异明显。

5.3.4 拖曳式电磁感应设备

由于目前国内外的瞬变电磁仪器工作参数不适合于堤防工程拖曳式巡检需要，因此须采用大电流、多匝一体化小回线结构线圈的方式，从根本上提升原始数据质量。在回线尺寸较小的情况下，需要通过增加发射电流及线圈匝数来增强信噪比，这两者与浅部探测的需求是矛盾的。从瞬变电磁的原始信号出发，决定二次场信号强度的关键因素是发射磁矩及有效接收面积，磁矩与发射电流及发射线圈面积呈正相关。另一方面，发射电流越大，关断时间越长，导致早期信号缺失部分越多，在线圈尺寸固定的情况下，增加线圈面积需要通过增加匝数的方式实现，这种方法又会增加线圈的互感，因此需要找到方法来解决信号质量与探测盲区之间的矛盾。

5.3.4.1 总体设计任务

从堤防工程应用出发，拖曳式电磁感应系统的核心需求是连续稳定测量，因此需要在快速采样的基础上保证数据质量，从功能指标来看，为实现拖曳速度大于 10km/h，最小探测深度 2m，最大探测深度不小于 30m，需要解决浅部盲区、测量效率、纵向分辨率、拖曳式测量及智能化显示等多个关键问题。

1. 浅部盲区问题

传统的瞬变电磁系统普遍存在浅部盲区问题，造成浅部盲区问题的根本原因主要有以下两点：一是发射电流关断延时导致早期信号与一次场混叠无法使用；二是发射与接收线圈存在互感导致早期感应电压信号高达数百伏进而造成信号削波失真。

针对上述两个问题，本书提出"恒压钳位"高速线性关断电路以解决发射电流关断延时问题和"跨环消耦"一体化线圈结构以解决发射线圈和接收线圈的互感问题，最大程度提取净二次场。

2. 测量效率问题

传统瞬变电磁法采样模式普遍为定点式测量且发射电流较小，为了提高信号信噪比往往需要多次叠加以抑制噪声，但多次叠加就会造成采集效率低的问题。为了在保证信号高信噪比的同时实现高效率的测量，提出两种解决方案：一是增大发射磁矩以提高原始信号质量进而提高信噪比；二是提高发射电流频率，进而在相同时间内提高叠加次数，实现提高信噪比的目的。

此外，增大发射磁矩一般有增大单匝线圈面积、增大发射电流和增加发射线圈匝数等三种方式。增大单匝线圈面积将增加线圈几何尺寸不利于施工且横向分辨率将降低，故本方案不采用。拖曳式瞬变电磁设计中将采用增大发射电流和增加发射线圈匝数两种方式以增大发射磁矩，但这两种方式都将会进一步加重发射电流关断延时的问题，因此就更需要采用"恒压钳位"高速线性关断电路以减小关断延时。

3. 纵向分辨率问题

瞬变电磁系统的纵向分辨率与设备的采样率、数据处理时的加窗数和数据处理软件算法等都有关系。而从硬件系统设计的角度出发要提高纵向分辨率首先需要提高采集系统的采样率。但在提高采样率及发射电流频率的同时也提高了单位时间内所产生的数据量，因此对数据传输数据也有了更高的要求。

4. 拖曳式测量及智能化显示问题

瞬变电磁系统实现拖曳式测量及智能化显示主要存在以下两个问题：一是要实现高精度的实时定位；二是需要将定位数据以及采集的信号的数据实时传输到电脑上进行处理并显示。为实现高精度快速定位，需要将集成 RTK 高精度差分定位集成到采集系统中，同时满足大量数据的实时传输，设备采用 USB3.0 的数据传输方式。

根据上述研究重难点，采用如图 5.3 - 10 所示的技术路线完成整套仪器的系统设计。

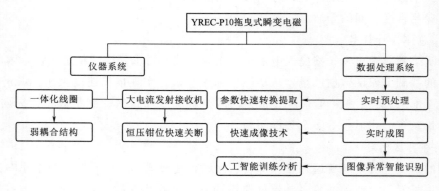

图 5.3 - 10　总体功能设计图

在仪器系统方面，考虑到堤防宽度和工作便捷性，必须采用一体化线圈减少工作布置时间，同时需要采用小线圈形式，线圈直径达到 1m 级。在拖曳形式上，可以考虑轮式和托条式。轮式利于减小摩擦，相对灵活，但轮式会使线圈整体高于地面，拖曳高度会影响到数据质量。托条式本身摩擦力较大，容易损耗。由于堤防路面本身存在不平整情况，托条接地面积比较大，反而更加稳定，同时不会增加拖曳高度从而影响数据质量，因此设计使用托条式接地。为了保证数据质量，需要增加线圈匝数和发射电流，考虑到拖曳测量过程中数据叠加次数较少，整体磁矩不能小于 1500Am^2，在线圈直径基本确定的情况下，需要平衡发射电流和匝数的关系，以期尽量减小盲区，获取最佳信号。在这个思路下，设计发射电流 30～80A，线圈匝数 50～500 匝，并采用恒压钳位关断及跨环削耦技术，最终将关断时间控制在 70μs。

在数据处理方面，拖曳式测量速度快、采集数据量较大，如果采用传统的数据处理流程无法满足要求。按照硬件设计，单点数据大约在 20Mb，1h 测量的数据量超过 200Gb，如果直接传输原始数据会很困难。在工作中，首先通过预处理模块将单个测点 30000 行数据按照指数形成叠加计算形成 100～200 个窗口，并将感应电压转换为磁感应强度垂直分量，在此基础上，利用快速成像算法计算测点的视电阻率及深度，同时自动赋予不同电阻率不同颜色，通过差值实时呈现电阻率-深度剖面图；为减少人工分析的工作量，设计了图像异常智能识别模块，通过分析不同堤防的瞬变电磁响应特征，建立训练样本库，从而自动发现成果图中可能存在的异常。

根据以上对拖曳式瞬变电磁系统的重难点的分析及所提出的解决思路，系统设计的主要技术指标应满足表 5.3-4 中的要求。

表 5.3-4　　　　　　　　　　　YREC-P10 拖曳式瞬变电磁

参　　数	指　　标	参　　数	指　　标
发射电流/A	30～80	线框尺寸/cm	直径 100（一体化）
发射线圈匝数	50～500	最大拖曳速度/(km/h)	10
磁矩/Am^2	1500	连续工作时间/h	8
发射频率/Hz	16～64	探测深度/m	2～70
关断延时/μs	70	最小横向分辨率/m	0.5
采样频率/MHz	1.25～2.5		

5.3.4.2　硬件开发

拖曳式高分辨率瞬变电磁系统主要由发射电路、数据采集电路、弱耦合结构线圈、GNSS 定位系统等四部分组成。硬件系统框图如图 5.3-11 所示。

1. 大电流发射电路

（1）"恒压钳位"高速线性关断电路。对于大电感负载，如果忽略负载电阻 R_L，由 $uo(t)=Ldio(t)/dt$ 可知[L、$uo(t)$、$io(t)$ 分别为负载电感、电压和电流]，要想保持电流线性下降，就需 $uo(t)$ 在下降沿期间恒定。根据思想设计电路框图如图 5.3.12 所示，电路设计图如图 5.3-13 所示。

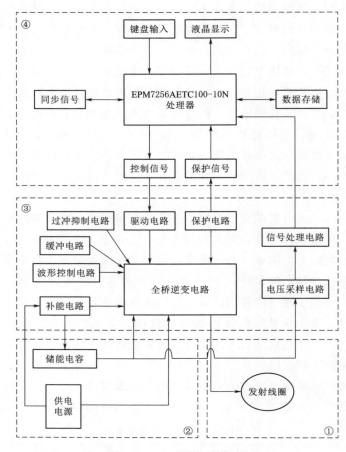

图 5.3-11 硬件系统框图

主电路原理图如图 5.3-14 所示，二极管 D_6、D_7 构成钳位电路；电容 C_1 为可调钳位电压源；开关 T_5、电阻 R_1 和电源 U_1 构成恒压电路。D_1 切断了负载与电源的续流通路，如果没有 D_1，在发射电流下降期间负载电压只能钳位到电源电压。R_L、L_1 是线圈负载的等效电路。U_1 为外接锂电池。

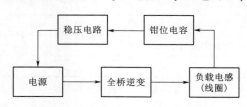

图 5.3-12 恒压钳位电路框图

当主桥臂开关 T_1、T_4 导通，负载通过由 A 至 B 的正向电流。T_1、T_4 截止时，负载、D_7、C_1 和开关 T_2 的寄生二极管 D_2 形成续流通路。负载能量转移到 C_1 中，负载电压被钳位到电容电压 UC_1，如果保持 UC_1 恒定，就使得负载电压在电流下降期间为定值，也就使得负载电流线性下降。当反向供电截止时（T_2、T_3 截止），负载、D_6、C_1、D_4 形成续流通路，负载电压同样被钳位到电容 C_1 的电压。

在开关关断时，负载电压始终被钳位到电源电压，低母线电压造成长关断延时，由此得到启示，如果能够给定另一电压源，将开关关断期间的负载电压钳位到新的电压源电压

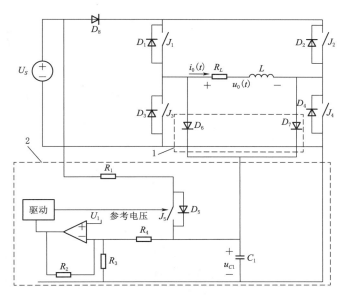

图 5.3 - 13　恒压钳位电路设计图

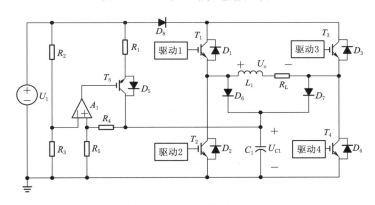

图 5.3 - 14　主发射电路

上，那么，电流下降沿的陡度就由新的电压源电压决定，通过设定钳位电压源电压，可达到调整电流下降沿的目的。

图 5.3 - 15 为电路期望实现的负载电流、电压波形。t_0 时刻，全桥电路正向供电，钳位电路停止工作，负载电压等于供电电源电压，负载电流呈指数上升。t_1 时刻，全桥电路停止工作，钳位电路发挥作用，负载电压等于钳位电压源电压，负载电流线性下降。在 t_2 时刻，负载电流下降到零，钳位电路停止工作。在反向供电的负载电流下降沿，施加到负载的钳位电压也应反向。

（2）驱动电路设计。采用 C8051 单片机作为控制的核心，搭接外围的电源电路，由显示电路、存储器电路、通信电路、DDS 电路和时钟电路等一起构成了控制系统，如图 5.3 - 16 所示。

电源电路为全机提供电源；单片机及外围电路主要用来对信号的一些处理；而 CPLD 来处理逻辑电路以及产生驱动电路所需的信号，驱动电路用于对 IGBT 功率放大器的驱动。

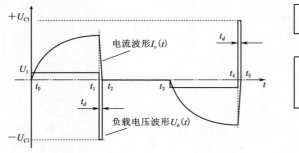

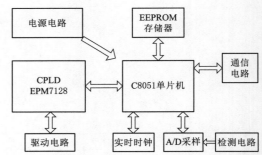

图 5.3-15 负载电流、电压波形 　　　　图 5.3-16 驱动电路总体框图

2. 数据采集电路

数据采集电路主要包含信号调理电路、采集电路、FPGA 控制模块、ARM 主控模块、USB3.0 模块等。根据仪器的使用方式及使用环境的要求，数据采集方案设计的原则为稳定性高、低功耗、数据传输可靠、数据传输速度快、良好的硬件扩展性、模块化等。根据上述要求设计总体框图如图 5.3-17 所示。

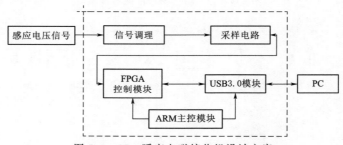

图 5.3-17 瞬变电磁接收机设计方案

（1）信号调理电路设计。信号调理电路主要功能（图 5.3-18）为在信号进入 A/D 之前，对信号进行滤波、放大或缩小、单端差分转换等处理以便信号在输入 A/D 时幅值合适、噪声小、阻抗匹配。

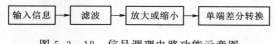

图 5.3-18 信号调理电路功能示意图

调理电路主要包括滤波电路及放大电路。电路设计如图 5.3-19 所示。前端主要通过电容 C_5 和 C_6、电阻 R_5 和 R_4 组成低通滤波电路，削弱高频信号的干扰。然后信号经过两级放大器，每一级的放大倍数可通过 A_0、A_1 进行选择分别对应为（00：1 倍、01：2 倍、10：4 倍、11：8 倍）则经过两级放大配合放大倍数可为 1 倍、2 倍、4 倍、8 倍、16 倍、32 倍和 64 倍。且在第一级放大器输出端采用了 C_1 和 R_1 进行低通滤波，用以削弱经过第一级放大后的干扰信号。在经过放大电路处理后，信号通过两个运放将单端信号转换为差分信号，供 A/D 模块进行采样。

（2）采集电路设计。数据采集电路主要功能是将瞬变电磁信号转变为数字信号，其中 A/D 转换器是决定瞬变电磁接收机的各项性能指标最重要的环节之一。其精度直接决定了整个系统精度，所以 A/D 转换器的选择显得尤其重要。

综合考虑瞬变电磁信号的频带分布、动态变化范围等参数指标，以及本书实际要求的

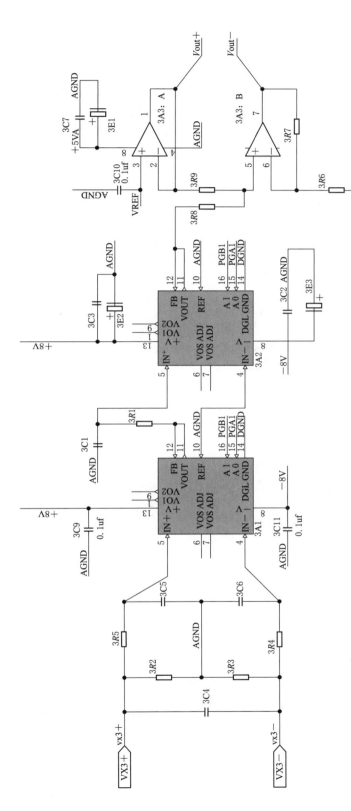

图 5.3 - 19　信号调理电路设计

性能指标。A/D 转换器采用了亚德诺（Analog）半导体技术有限公司生产的 AD7760 模数转换器。AD7760 是一款高性能、24 位 $\Sigma-\Delta$ 型模数转换器（ADC），2.5MSPS 时信噪比可达 100dB，因此非常适合高速数据采集应用。

AD7760 内置用来驱动基准电压的缓冲、用于信号缓冲和电平转换的差分放大器、超量程标志、内部增益与失调寄存器以及低通数字 FIR 滤波器，是一款高度集成的紧凑型数据采集器件，只需选择极少的外围元件。此外，该器件提供可编程抽取率，如果数字 FIR 滤波器的默认特征不适合应用要求，还可对其进行调整。AD7760 主要特性如下：

1）78kHz 输出数据速率时，动态范围为 120dB。

2）2.5MHz 输出数据速率时，动态范围为 100dB。

3）78kHz 输出数据速率时，信噪比（SNR）为 112dB。

4）2.5MHz 输出数据速率时，信噪比（SNR）为 100dB。

5）完全滤波的最大输出速率：2.5MHz。

6）可编程过采样率（8X～256X）。

7）全差分调制器输入。

8）片内差分放大器，用于信号缓冲。

9）低通有限脉冲响应（FIR）滤波器，具有默认的或用户可编程系数。

10）调制器输出式，不使用内部滤波器。

AD7760 采用 $\Sigma-\Delta$ 转换技术将模拟输入转换为等效数字。调制器对输入波形进行采样，并以与 ICLK（输入时钟）相等的速率向数字滤波器输出等效数字。过采样技术可以使量化噪声扩散在从 0 到 f_{ICLK}（输入时钟频率）的宽带宽范围内。这样，目标信号频带中所含的噪声能量就会减小［如图 5.3 - 20（a）所示］。为进一步降低目标信号频带中的量化噪声，可采用一个高阶调制器对噪声频谱进行整形，将大部分噪声能量移出信号频带之外［如图 5.3 - 20（b）所示］。调制器之后的数字滤波器消除较大的带外量化噪声［如图 5.3 - 20（c）所示］，同时将数据速率从滤波器输入端的 f_{ICLK} 降至滤波器输出端的 $f_{\text{ICLK}}/8$ 或更低，具体取决于 3 个滤波器所用的抽取率。与模拟滤波相比，数字滤波有一定的优势：它不会引入明显的噪声或失真，而且它可以与相位呈精确线性关系。

AD7760 电路设计主要包含电源部分电路设计和数据通信部分电路设计。电路设计原理图如图 5.3 - 21 所示。其中电源部分主要采用了两个亚德诺半导体技术有限公司生产的 ADP3334 稳压器模块。用于提供 AD 转换器的 2.5V 及 3.3V 电压。该模块是一种精密的低压差

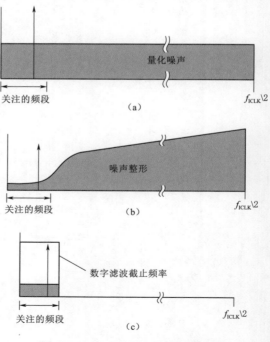

图 5.3 - 20 AD7760 噪声抑制原理

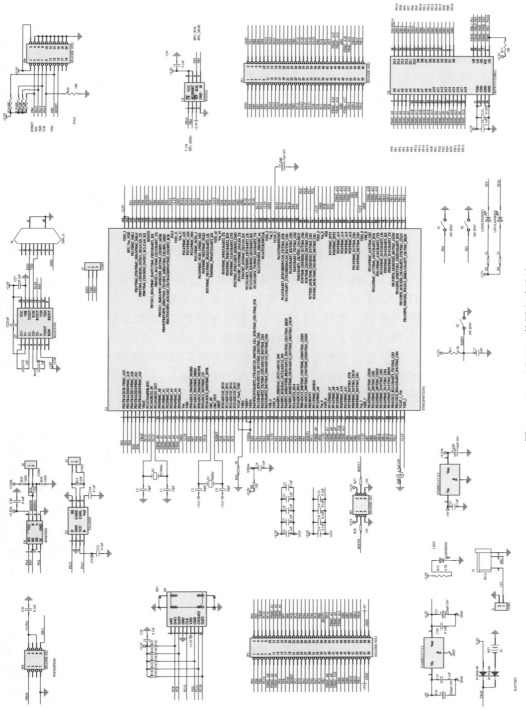

图 5.3-21 AD7760 外围电路设计

稳压器，具有高线路和负载精度：25℃时误差±0.9％，全温度下±1.8％，电流容量 500mA，低关断电流小于 1.0μA。在 AD 转换器各个电源输入引脚均设计了 1μF 和 0.1μF 的电容进行滤波，以降低噪声信号。数据通信部分主要采用了德州仪器公司的 SN74AVC16T245 16 位双向传输电平转换器，用于进行数据信号线的隔离保护，避免其余部分电路的噪声信号影响 AD 转换器的采集精度。

（3）控制电路及数据传输电路设计。控制电路及数据传输电路主要功能为接收并解析主控电脑的控制命令、控制发射电路发射电流、控制采集电路进行采样、接收采集电路数据并传输到主控电脑（图 5.3-22）。

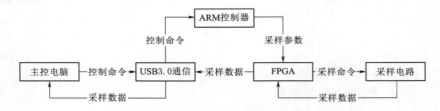

图 5.3-22　控制电路及数据传输电路框图

控制电路主要由 ARM STM32F407 微控制器组成，该控制器采用意法半导体 90nm 工艺和 ART 加速器 ART 技术使得程序零等待执行，提升了程序执行的效率，并将 Cortext-M4 的性能发挥到了极致，使得 STM32 F4 系列可达到 210DMIPS@168MHz。自适应实时加速器能够完全释放 Cortex-M4 内核的性能；当 CPU 工作于所有允许的频率（≤168MHz）时，在闪存中运行的程序可以达到相当于零等待周期的性能。STM32F4 系列微控制器集成了单周期 DSP 指令和浮点单元（floating point unit，FPU），提升了计算能力，可以进行复杂的计算和控制。

数据传输电路主要由 CYPRESS 公司的 USB3.0 控制器 CYUSB3014 和 FPGA 组成，它的主要功能是在 USB 主机与外设之间传输高宽带数据。该芯片提供一个第二代通用可编程接口（GPIF II），可通过对 GPIF II 和 FPGA 编程，来实现从 FPGA 到 USB 控制器，再到上位机的数据传输通道。而 FPGA 主要用于控制 CYUSB3014 进行工作以及控制 AD7760 进行采样。控制电路及数据传输电路如图 5.3-23 所示。

3. 弱耦合线圈结构

强烈的一次场响应常通过发送线圈与接收线圈的互感混入探测信号，在接收线圈的过渡过程作用下，信号的一次场响应将持续到关断时间早期（图 5.3-24）。为保护接收机和保障运算放大器，接收机对幅值过高的信号实施削波处理，导致有效采样时刻后延，损失了早期信号，由一次场导致的信号畸变是 TEM 浅层探测盲区的主要原因。对于小回线系统而言，发送接收线圈互感问题更为严重。因此，对于目前常规的时间域瞬变电磁仪器，从地表到地下 20m 左右是一个半盲区。

从接收信号中剔除一次场是困难的，设计弱耦合的一体化线圈是拖曳式瞬变电磁的关键。在航空瞬变电磁探测、矿井瞬变电磁探测、小回线瞬变电磁系统等探测领域，多使用发送-接收一体化线圈，由于线圈的相对位置是固定的，可以通过特殊的布置方式降低线圈的互感，称为弱耦合结构。

为解决发射线圈和接收线圈的互感问题，各种仪器设备设计了不同的弱耦合线圈结构，

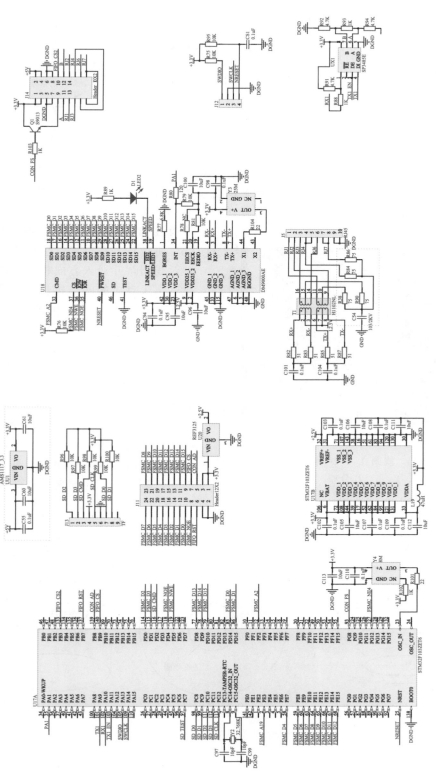

图 5.3 - 23 控制电路及数据传输电路

包括差分结构（劳雷 GEM - 5B）、共面补偿环结构（加拿大 VTEM）、反磁通结构（中南大学 HPTEM）及跨环削耦结构（YREC - P10），其核心目的都是将接收线圈的轴向一次场磁通量降为 0，从而消除发送、接收线圈的互感。由图 5.3 - 25 可知，Bz 关于 $X = 0$ 平面对称分布，且幅值与线圈的距离成反比。对应于点 2 和点 3 的 Bz 幅值相等、方向相同，若分别在这两点布置两个参数相同但绕制方向相反的接收线圈，则通过它们的一次场总磁通等于零，基于这一特性的弱磁耦合结构被称为差分结构，如图 5.3 - 26（a）所示；补偿环结构将这 3 个线圈同轴布置在同一平面，半径从大到小依次为发射线圈、

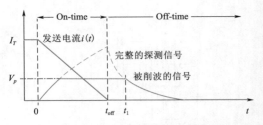

图 5.3 - 24　一次场对信号动态范围的影响

补偿线圈和接收线圈，如图 5.3 - 26（b）所示；若在点 2、点 3 处布置两个发射线圈，并通入方向相反的电流，则通过位于点 1 的同轴接收线圈的一次场总磁通也为 0，该结构即为反磁通结构，如图 5.3 - 26（c）所示。

如图 5.3 - 27 所示，在发射线圈（TX）平面上布置两个同轴的接收线圈，其中半径小于发射线圈的子线圈称为内接收线圈（RX_1），而另一个呈 C 型外包于发送线圈子线圈称为外接收线圈（RX_2）。两接收线圈的绕制方向一致，内接收线圈的输出端与外接收线圈的输入端串联。由于两接收线圈跨接在

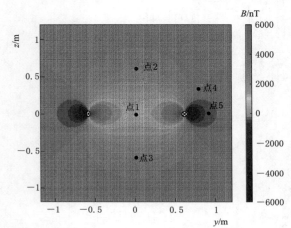

图 5.3 - 25　线圈在 $X = 0$ 平面的磁感应强度 B 分布

发射环上，称为跨环消耦法。

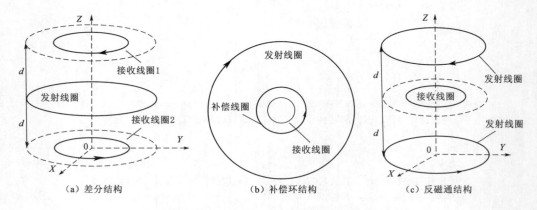

（a）差分结构　　　　　（b）补偿环结构　　　　　（c）反磁通结构

图 5.3 - 26　三种弱磁耦合设计示意图

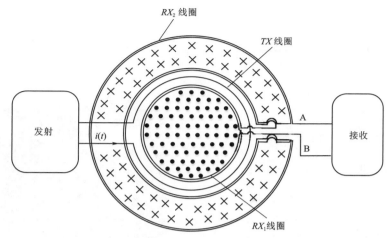

图 5.3 - 27 YREC - P10 跨环消耦结构示意图

$i(t)$ —发射线圈的电流方向；•—该点的一次场方向垂直纸面向外；
×—该点的一次场方向垂直纸面向里

跨环消耦结构的参数包括：发射线圈的半径 r_T 和匝数 N_T，内接收线圈半径 r_1 和匝数 N_1，外接收线圈的内径 r_2 和外径 r_3 以及匝数 N_2。设外接收线圈的单匝面积和单匝一次场磁通分别为 S_2 和 Φ_2，将内接收线圈的单匝一次场磁通和单匝面积分别设为关于半径 r_1 的函数 $\Phi_1(r_1)$ 和 $S_1(r_1)$，显然，Φ_1 与 r_1 成正比，当外接收线圈的参数固定后，可通过两种方式获得纯二次场响应：调节内接收线圈的半径 r_1，或调节内接收线圈匝数 N_1。由于定型后线圈的半径不可调节，因此前者适于设计阶段的粗调，后者适于装配阶段的微调。

跨环消耦结构的参数设计如下：

（1）根据使用环境确定外接收线圈的外径 r_3，以确保在运输和使用过程中设备的安全。

（2）r_1 与 r_T 以及 r_2 与 r_T 的间隔不应小于 50mm，以降低发送线圈与接收线圈的分布电容。

（3）根据所需的发送磁矩 m 设置 N_T，其中 $m = \pi r_1^2 N_T I_T$，I_T 是发送电流的稳态值。

（4）对于确定的 r_T 和 r_1 和 r_2 和 r_3，为每一匝外接收线圈匹配 n 匝内接收线圈，使一次场总磁通为 0：

$$n\Phi_1(r_1) + \Phi_2 = 0 \tag{5.3-1}$$

（5）将这种组合称为一个单元，将 m 个单元叠加以获得所需的等效接收面积：

$$S = m(nS_1(r_1) + S_2) \tag{5.3-2}$$

（6）由 5 获得内接收线圈的匝数 $N_1 = mn$，外接收线圈的匝数 $N_2 = m$，此时接收线圈相对发送线圈的位置称为零耦合位置。

根据设计方案制作的跨环消耦结构原型机的参数为：发送线圈的半径 $r_T = 0.45\text{m}$，匝数 $N_T = 28$，发送电流约 60A，发送磁矩 $m = 1650\text{A} \cdot \text{m}^2$。内接收线圈半径 $r_1 = 0.3\text{m}$，匝数 $N_1 = 400$，外接收线圈的内径 $r_2 = 0.65\text{m}$，外径 $r_3 = 0.7\text{m}$，匝数 $N_2 = 33$，接收线圈有效面积为 19.62m^2。

YREC-P10 跨环消耦线圈设计图如图 5.3-28 所示。

4. 拖曳式电磁感应仪

根据硬件设计方案,设计制作的 YREC-P10 拖曳式电磁感应样机如图 5.3-29～图 5.3-31 所示。

图 5.3-28 YREC-P10 跨环消耦线圈设计图　　　图 5.3-29 YREC-P10 主机 (第一代)

图 5.3-30 YREC-P10 主机 (第二代)　　　图 5.3-31 YREC-P10 线圈

5. 配套 RTK 设置及拖曳连测工作模式研究

(1) RTK 设置。GNSS 定位系统主要由主机、控制软件、电台和配件四大部分组成,详见图 5.3-32。

该系统工作状态可以分为静态作业、电台 RTK 作业和网络 RTK 作业 3 种。在该拖曳式瞬变电磁系统中,只采用电台 RTK 作业模式。实时动态测量 (real time kinematic, RTK)。RTK 技术是全球卫星导航定位技术与数据通信技术相结合的载波相位实时动态差分定位技术,包括基准站和移动站,基准站将其数据通过电台或网络传给移动站后,移动站进行差分解算,便能够实时地提供测站点在指定坐标系中的坐标。

系统可通过蓝牙接口传输数据,故可使用采集电脑的蓝牙功能与其连接并接收实时定位数据,具体实现将在数据采集软件中作进一步介绍。

(2) 拖曳连测工作模式实现。连测模式的实现步骤如下:①瞬变电磁仪主机及锂电池放置在工程采集车中或其他搭载工具中,通过工控机连接仪器进行控制及数据接收,利用发射接收一体化连接线连接一体化线圈,线圈通过线轮或者托条实现拖曳,通过非铁磁性

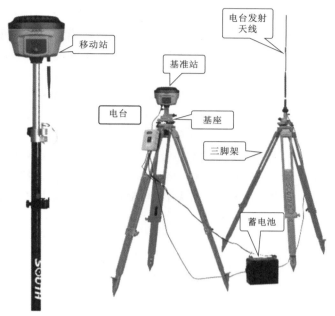

图 5.3-32　GNSS 定位系统示意图

塑胶连接杆将 RTK 固定在线圈正中心（图 5.3-33）；②通过工控机发送指令给采集仪，采集仪向线圈发射一次电流；③在②中电流关断后，一体化线圈中的接收线圈接收地下介质感应的二次场数据，并通过一体化连接线传输到瞬变电磁仪主机；④拖曳瞬变电磁系统载体进行移动，计数器记录移动距离或 GNSS 记录接收线圈正中心坐标信息，并通过蓝牙或有线模式传输到工控机；⑤步骤②～④在数据开始采集后按照采样率连续进行，但不进行数据记录存储，同时设置数据记录触发距离 S，S 一般取值为 $0.25\sim2m$，数据开始采集后首先记录原始位置数据，作

图 5.3-33　YREC-P10 拖曳式瞬变电磁仪
现场工作图

为原始测点，当原始测点坐标与当前位置坐标解算距离为 S 时，记录该时段内所有采样数据点，进行叠加平均，记录存储为第二个测点数据。随着连测模式载体的移动，将第二个测点位置作为初始判定坐标，继续进行采集触发，往复循环得到各个测点的数据。

决定连测模式探测效果的因素包括测点位置记录精度、探测速度及干扰情况，三者之间有一定的制约关系。连测模式的数据记录有两种距离触发方式，一种是计数器，另一种是高精度 GNSS。计数器触发的优势在于触发距离可以很短，但缺失了测点的真实位置信息，只有相对独立坐标；而 GNSS 触发的优势在于同时保存了测点的经纬度信息及测线独立坐标，但 GNSS 采样率制约了探测速度，目前使用的 GNSS 采样频率最高为 10Hz，并且在一些信号较弱的地方容易造成误差，最好的解决办法是采用高精度的计数器进行距离触发，同时采用 GNSS 记录测点的经纬度信息；在保证横向分布率的情况下，干扰情况越弱，发射频率越高，单点需要叠加的次数越少，则探测速度越快。根据实测资料显示，发射频率在 16Hz 的情况下，单点需要的叠加次数为 4～5 次，可以计算单点叠加时间最短为 0.25s，大于 GNSS 采样频率，因此满足 GNSS 记录精度要求，如果设置触发距离为 2m，则可计算得到目前连测模式理论最快探测速度为 8m/s，即 28.8km/h。

5.3.4.3 控制系统开发

根据上节拖曳连测工作模式实现的设计思路，拖曳式瞬变电磁系统工作流程如图 5.3 - 34 所示，主控电脑通过 USB3.0 传输控制命令到仪器的主控电路，主控电路解析控制命令并将参数传递到 FPGA，FPGA 按照相应参数控制 AD7760 进行采样并将数据传输至主控电脑进行处理和显示。

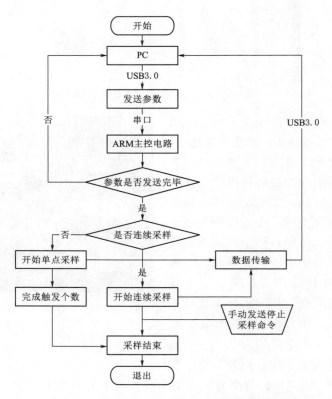

图 5.3 - 34　YREC - P10 拖曳式瞬变电磁控制程序流程图

1. 主控电路工作流程

主控电路主要功能为接收控制电脑发送的参数，通过参数设置系统的采样率、采样深度、采样类型、增益、叠加次数及同步方式等功能（图 5.3 - 35）。解析参数后，再将采样相关参数传输给 FPGA 进一步进行控制。

2. 接收控制电路工作流程

FPGA 控制部分主要功能为接收主控电路的参数，按照参数配置 AD7760 进行数据采

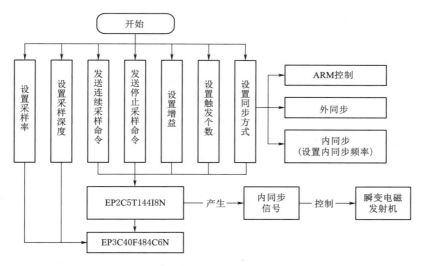

图 5.3 - 35　YREC - P10 主控电路流程图

集，接收 AD7760 所采集的数据、控制 CYUSB3014 并将数据传输至电脑（图 5.3 - 36）。

3. 数据传输电路工作流程

数据传输电路主要功能为接收 A/D 采样数据，将采样数据放入 DDR2 进行缓存，与此同时将缓存中的数据取出并发送到 CYUSB3014，CYUSB3014 通过 USB3.0 接口将数据发送至主控电脑（图 5.3 - 37）。

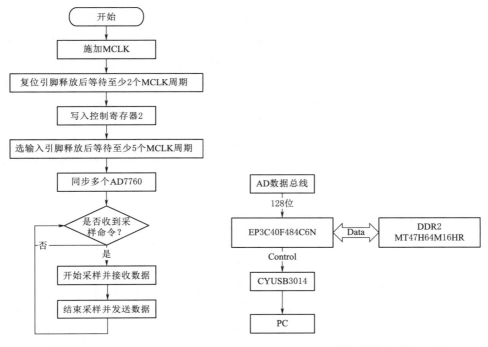

图 5.3 - 36　FPGA 工作流程图　　　图 5.3 - 37　数据传输电路流程图

5.3.4.4 采集软件编制

1. 功能需求

一体化数据采集软件是基于 YREC-P10 拖曳式瞬变电磁仪器（以下简称"瞬变仪"）而编写的 Windows 平台软件。该软件采集部分的目的有两个，其一是控制 GNSS 的工作频率和控制瞬变仪的工作状态，如发射频率、发射电流、采样频率、采样时长、发射线框面积等；其二是保存瞬变仪采集的数据、RTK 数据等。软件处理部分的目的是进行数据叠加、磁感应强度计算和数据加窗。

瞬变仪通过 USB3.0 连接到采集电脑端，采集软件通过 USB3.0 控制瞬变仪工作状态和瞬变数据传输。其中，发射频率可选择的范围为 1～32Hz，采样频率可选择 2.5MHz、1.25MHz 等。在瞬变仪工作时仪器需要对发射采样参数进行设置，瞬变仪按预设的参数进行工作。

RTK 系统通过蓝牙连接到电脑端，采集软件实时保存 RTK 数据，并计算出相邻两个坐标点之间的距离（单位：m）。瞬变仪发射采集过程中将采集到的瞬变数据通过 USB3.0 传输到电脑端，采集软件对数据进行叠加、磁场计算、加窗处理。其中，瞬变数据的叠加需要考虑 GNSS 数据，如瞬变数据按直线距离 2m 叠加；磁场计算是将上一步得到的叠加数据进行磁场计算，得到磁场数据并进行加窗处理。

2. 方案设计

软件的工作流程分为 5 步。第 1 步需要对瞬变仪器和 RTK 设备进行参数设置；第 2 步根据 RTK 信息对瞬变数据进行叠加处理；第 3 步将叠加的电动势数据计算得到磁场数据并进行加窗处理；第 4 步将加窗得到的磁场数据进行计算，得到视电阻率和对应的 RTK 坐标数据；第 5 步将第 4 步中计算数据进行保存和滚动显示。

上述流程中涉及的算法主要有 RTK 坐标位置格式转换、电动势转换为磁场和视电阻率计算等。其中 RTK 坐标位置格式转换需要得到的经纬度格式数据根据当地的七参数信息计算得到对应的平面坐标。一般工程上可以得到 3 组或 3 组以上的当地工区的经纬度坐标和对应的平面坐标标准值，瞬变采集软件需要计算这些标准值，得到 7 参数（3 个平移参数、3 个旋转参数、1 个尺度参数）。根据以上标准值计算得到 7 参数便可以将瞬变仪工作过程中采集到的 RTK 经纬度（空间大地坐标系）转换为二维平面坐标（投影平面直角坐标系）。根据采集得到的电动势数据进行计算，得到对应的磁场数据。

为完成软件界面设计和快速计算，这里采用 Visual Studio 2010 软件编写。其中软件界面是基于对话框设计的，为了完成方案中所设计的功能，界面部分设计包括参数设置、曲线显示、多测道图 3 个部分。参数设置部分包括发射采样参数设置、线圈参数设置、测点名设置等；曲线显示包括发射电流曲线显示、二次曲线显示，多测道图显示。软件工作流程如图 5.3-38 所示。

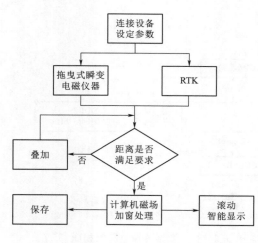

图 5.3-38 软件工作流程图

3. 功能实现

采集软件主界面如图 5.3 - 39 所示，包括 3 个显示界面。曲线显示部分包括发射电流动态显示模块，单点二次场曲线动态显示模块以及多测道剖面曲线显示模块。其中，发射电流显示部分为瞬变仪工作过程中的实际数据进行显示，单点二次场曲线和多测道剖面曲线为显示叠加后的衰减场数据。

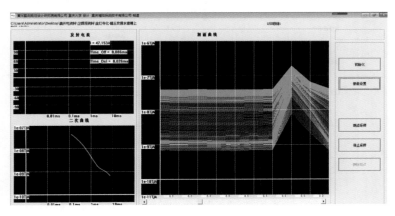

图 5.3 - 39　采集软件主界面

参数设置界面如图 5.3 - 40 所示，参数设置前需要选择数据保存路径，参数选择完毕后点击"保存"。发射参数设置包括采样频率、采样方式、串口模式、采样长度（采样时长）、发射频率、叠加次数（针对点测模式）；发射线圈参数设置包括线圈类型选择和电池大小选择。

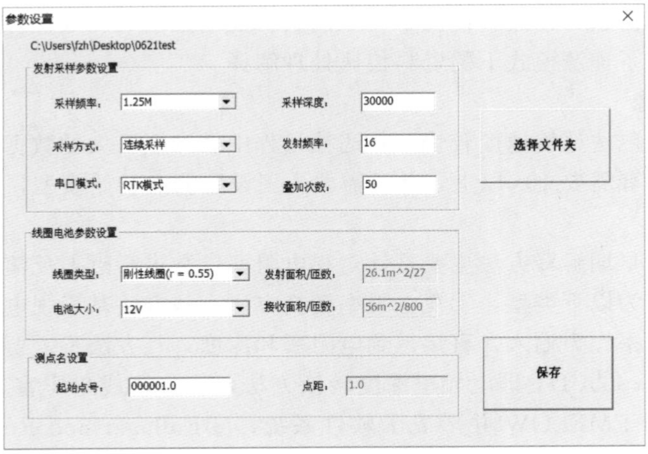

图 5.3 - 40　参数设置主界面

如果需要采用 RTK 串口模式进行拖曳连续采样，需要对 RTK 连接进行设置，具体设置窗口如图 5.3 - 41 所示，首先在间隔模式中选择距离模式，然后根据巡检精度需要选择合适的间隔距离，一般设置为 0.5～2m，然后需要通过搜索蓝牙设置及正确匹配确认线圈上方安装的 RTK 可以正常通信坐标数据。

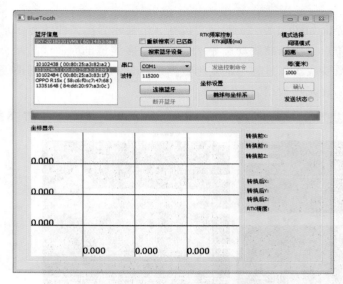

图 5.3 - 41　RTK 连接设置界面

5.3.5　电磁感应成像技术研究

　　YREC - P10 拖曳式瞬变电磁系统是基于小回线瞬变电磁的技术方法，而目前小回线瞬变电磁法在正演理论方面并不成熟，正演计算误差制约了反演算法的精度；另外，在采用连测模式进行探测时，资料的快速解译非常关键，在大数据量的情况下，采用反演方法单点解译时间需要 10～30s，因此从精度和效率来讲目前的反演算法不适用于拖曳式瞬变电磁法的工程应用需求，在这种情况下对小回线瞬变电磁法烟圈成像算法及快速成图进行了相关研究，实现了连测模式下的资料快速处理解译。

5.3.5.1　快速成像

　　拖曳式瞬变电磁法巡检速度较快，在巡检过程中会产生巨大的数据量，采用常规反演方法单点的计算解释需要 10s 以上，并且需要人工设置测点初始模型，可参考航空瞬变电磁的数据处理流程。

　　航空瞬变电磁早期解释方法主要是针对视电阻率参数进行近似反演，根据具体的实现过程的不同可以分为以下类型：①视电阻率转换方法，该方法基于视电阻率计算和趋肤深度公式，以视电阻率作为输入，直接得到电阻率和深度，且方法不需要初始模型，查表以及迭代等辅助过程；②CDT 即电导率深度转换方法，该方法成果丰富，主要有：Macnae 等（1998）提出的 EMFLOW 并形成了软件系统；③Fullagar and Reid（2001）提出的 Emax CDT 法；④ZHadnov 等（2002）提出的 S - inversion 方法。⑤ Wolfgram 等（2003）对拟二维航空瞬变电磁法反演做了研究，采用了波恩近似的方法，实现了快速反演；⑥Sattel（2005）用 Zohdy 方法模拟航空瞬变电磁法资料。虽然近似反演方法计算速度快，但是该类方法抗干扰能力差，而航空瞬变电磁信噪比较地面瞬变电磁法小，容易受噪声影响，因此当噪声相对较大时，利用近似算法对受噪声影响的航空瞬变电磁数据进行解释得到的结果往往失实，但 YREC - P10 瞬变电磁法本身属于地面类瞬变电磁，抗干扰能力很强，原始数据质量好，非常适合采用近似反演类算法进行资料处理。

由于 YREC-P10 采用的跨环削耦结构线圈不同于普通线圈装置类型，本书参考白登海提出的对全区视电阻率的定义方法，并结合实际情况进行了一些系数调整。将跨环削耦线圈等效于均匀半空间条件下位于地表的中心回线装置，其垂直磁感应强度分量可表示为

$$Hz(\rho_a, t) = \frac{I_0}{2a}\left[\left(1 - \frac{3}{u^2}\right)\varphi(u) + 3\sqrt{\frac{2}{\pi}}e^{-u^2/2}/u\right] \tag{5.3-3}$$

它的归一化核函数为

$$z(u) = \left(1 - \frac{3}{u^2}\right)\varphi(u) + 3\sqrt{\frac{2}{\pi}}e^{-u^2/2}/u \tag{5.3-4}$$

式中：t 为关断时间，s；I_0 为发射电流，A；a 为圆形发射回线半径，m；定义 $\mu = \frac{a}{2}\sqrt{\frac{\mu_0}{\rho_a t}}$，$\varphi_\mu = \frac{2}{\sqrt{\pi}}\int_0^\mu e^{-x^2}dx$ 为误差函数，可以采用数值求积法获取；μ_0 为均匀半空间磁导率（近似取 $4\pi \times 10^{-7} H/m$）；对于 $Z(\mu)$ 与 μ 的取值，需要通过二分法计算得到所要的 μ 值，进而计算核函数。由此可以求得相应的视电阻率：

$$\rho_a = \frac{\mu_0 a^2}{2\mu^2 t} \tag{5.3-5}$$

Nabighian 提出，由地质体涡流在近地表产生的二次场可以视为多个环状涡流层的总效应，这种效应可以等效于向远处扩散的电流环。蒋邦远根据该理论提出了一种简单快速近似反演方法。

烟圈的垂向深度：

$$d_r = 4\sqrt{\frac{t\rho_a}{\pi\mu_0}} \tag{5.3-6}$$

反演出的视电阻率为

$$\rho = 4\left[\frac{\sqrt{t_j\rho_{aj}} - \sqrt{t_i\rho_{ai}}}{t_j - t_i}\right]^2 \frac{t_j + t_i}{2} \tag{5.3-7}$$

式中：t_i、t_j 为衰减曲线相邻两时间道时间，s；$t_j > t_i$；ρ_{aj} 与 ρ_{ai} 为两相邻时间道计算的电阻率，$\Omega \cdot m$。

与视电阻率对应的视深度可以表示为

$$H_r = 0.441\frac{d_{rj} + d_{ri}}{2} \tag{5.3-8}$$

式中：d_i、d_j 表示衰减曲线相邻两时间道计算的探测深度，m；0.441 为经验系数。

5.3.5.2 实时成图

拖曳式瞬变电磁在工程应用中采用车载方式以 10km/h 的行进速度进行连续数据采集，即便考虑到需要穿越多个穿堤或跨堤建筑物，单日工作量超过 40km。如果按照 1m 间隔进行数据记录，每天有超过 4 万个数据测点，相比于普通点测模式单日 500 个测点的数据，可以理解为 1d 完成了点测模式 2 个月的工作。

为了在连测模式采集过程中快速获取探测成果，对视电阻率-深度断面图实时显示进行了研究。传统的成图采用 surfer 等软件对测线数据进行网格剖分，从而得到二维断面

图，实时成图的难点是在大数据量的情况下差值方式难以快速显示，因此在数据采集的过程中首先通过加窗的方式将 40000 个测点深度方向时间窗口转换为 110～200 个测道，从而大幅降低需要计算的数据量，同时将感应电压转换为磁感应强度垂直分量，并通过烟圈成像的方式快速计算测点的视电阻率及各个测道的深度，通过每个测点记录的 GNSS 信息解算空间直角坐标系下的坐标，计算测点之间的距离，最后通过赋予每个测道灰度值的方式完成实时成图的过程（图 5.3－42）。

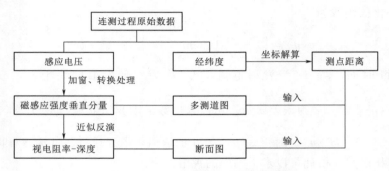

图 5.3－42　实时成图实现流程图

如图 5.3－43 所示，该图由视电阻率-深度断面图及原始多测道图上、下两部分组成，在测量过程中，可以实时计算得到视电阻率及深度，通过自动实时成图及图像异常智能识别，可以在现场快速判断异常信息，图像异常智能判别在下一节具体进行说明。

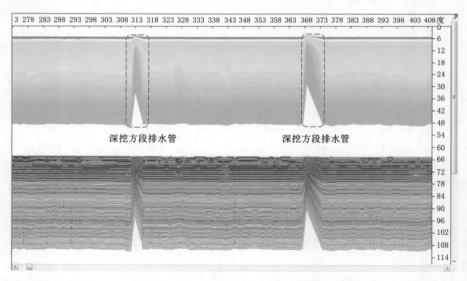

图 5.3－43　自动实时成图成果图

5.3.6　异常图像识别算法研究

拖曳式瞬变电磁在工程应用中采用车载方式以 10km/h 的行进速度实时进行数据采集，单日工作量超过 40km，如果按照 1m 间隔记录数据，每 200m 作为一个检测单元，即便采用了快速成像及实时成图算法自动输出成果图，那么每天有 200 幅成果图需要人工进行解译分析，判断每幅成果图中存在的异常问题，相比于点测模式单日 400 个测点，2 幅成果图的体量，拖曳式瞬变电磁法的检测成果从原始测点到成果图数量都是以指数方式在增加。

为提高本方法在工程推广应用方面的适用性，降低专业技术门槛，提高工作效率，本节分析了图像异常智能识别算法自动化识别成果图中可能存在异常的可行性，并通过大量实践形成了实用化的方法技术，最终形成了智能识别模块。

本节将计算机图像技术与物探检测技术相融合，使用计算机视觉领域的图像预处理技术、特征提取技术与机器学习技术对物探检测成果图像进行自动分析，对图像中的异常区域段进行自动标记，替代人工处理，实现物探检测成果的自动化、智能化判别。

5.3.6.1 图像异常识别流程

为了让计算机能够读懂拖曳式瞬变电磁成果图代表的含义，需要对图像进行预处理，实现图像的灰度化和均衡化，然后通过灰度图像特征提取，获取图像的特征向量，最终通过构建特征向量模型进行图像异常判读，具体识别流程图如图 5.3-44 所示。

5.3.6.2 图像预处理

1. 图像灰度化

目前拖曳式瞬变电磁成图采用 RGB 颜色模式，处理图像的时候，要分别对 RGB 三种分量进行处理，实际上 RGB 并不能反映图像的形态特征，只是从光学的原理上进行颜色的调配。

灰度图像上每个像素的颜色值又称为灰度，指黑白图像中点的颜色深度，范围一般为 0～255，黑色为 0，白色为 255。所谓灰度值是指色彩的浓淡程度，灰度直方图是指一幅数字图像中，对应每一个灰度值统计出具有该灰度值的像素数。

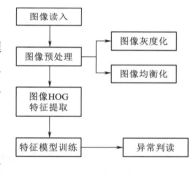

图 5.3-44　图像异常识别算法流程图

2. 灰度直方图均衡化

对于灰度级（intensity levels）范围为 $[0, L-1]$ 的数字图像，其直方图可以表示为一个离散函数 $h(r_k) = n_k$，其中 n_k 是第 k 级灰度值（intensity value），$h(r_k)$ 是图像中灰度值为 r_k 的像素个数，也就是说，图像的灰度直方图表征的是该图像的灰度分布。在实际应用中，通常对直方图进行归一化再进行后续处理，假设灰度图像的维数是 $M \times N$，MN 表示图像的像素总数，则归一化直方图可以表示为

$$p(r_k) = n_k / MN, k = 0, 1, \cdots, L-1 \qquad (5.3-9)$$

一幅灰度图像的灰度级可以看作区间 $[0, L-1]$ 内的随机变量，因此可用其概率密度函数描述。假设 $p_r(r)$ 和 $p_s(s)$ 分别表示随机变量 r 和 s 的概率密度，$p_r(r)$ 和变换 T 已知，且 $T(r)$ 在定义域内连续可微，则变换后 s 的概率密度可由式（5.3-10）得

$$p_s(s) = p_r(r) \left| \frac{dr}{ds} \right| \qquad (5.3-10)$$

由此看到，输出图像灰度 s 的概率密度就由输入图像灰度 r 的概率密度和变换 T 得到。

为寻找变换后随机变量 s 的概率密度函数 $p_s(s)$，由式（5.3-10）得

$$\frac{\mathrm{d}s}{\mathrm{d}r} = \frac{\mathrm{d}T(r)}{\mathrm{d}r} = (L-1)\frac{\mathrm{d}}{\mathrm{d}r}\int_0^r p_r(w)\mathrm{d}w = (L-1)p_r(r) \tag{5.3-11}$$

将式（5.3-10）代入式（5.3-11）得

$$p_s(s) = p_r(r)\left|\frac{\mathrm{d}r}{\mathrm{d}s}\right| = p_r(r)\frac{1}{(L-1)p_r(r)} \tag{5.3-12}$$

由式（5.3-12）可知，$p_s(s)$ 为均匀分布。也就是说，输入图像的概率密度经过式（5.3-11）中的变换 T 后得到的随机变量 s 服从均匀分布。

$$s = T(r) = (L-1)\int_0^r p_r(w)\mathrm{d}x \tag{5.3-13}$$

结论：图像均衡化变换 $T(r)$ 取决于 $p_r(r)$，但得到的 $p_s(s)$ 始终是均匀的，与 $p_r(r)$ 的形式无关。

对于离散形式，其推导过程与连续形式相似，用概率直方图和求和运算分别代替概率密度函数和积分运算，可得式（5.3-13）的离散形式：

$$s_k = T(r_k) = (L-1)\sum_{i=0}^k p_r(r_j) = \frac{L-1}{MN}\sum_{i=0}^k n_j, k=0,1,2,\cdots,L-1 \tag{5.3-14}$$

式中：MN 为图像像素总数；n_k 为灰度为 r_k 的像素个数；L 是图像可能的灰度级数量（例如对于 8 比特图像 $L=256$）。

通过式（5.3-14），输出图像中像素的灰度值可由输入图像中像素灰度 r_k 映射为 s_k 后得到根据上述图像均衡理论，可将传统的拖曳式瞬变电磁成果灰度图（图5.3-45）提取特征变换为图5.3-46。

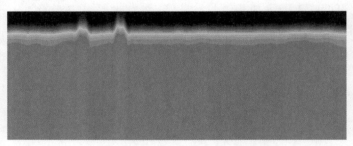

图 5.3-45　原始图像的灰度图

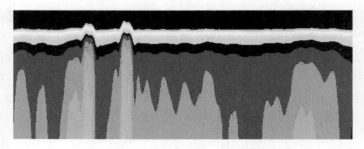

图 5.3-46　灰度均衡变换后的成果图

5.3.6.3 图像 HOG 特征提取

方向梯度直方图（histogram of oriented gradient，HOG）是一种在计算机视觉和图像处理中用来进行物体检测的特征描述。它通过计算和统计图像局部区域的梯度方向直方图来构成特征。HOG 特征结合 SVM 分类器已经被广泛应用于图像识别中，与其他的特征描述方法相比，HOG 有很多优点。首先，由于 HOG 在图像的局部方格单元上操作，所以它对图像几何的和光学的形变都能保持很好的不变性，这两种形变只会出现在更大的空间领域，因此 HOG 特征特别适合边缘突变与梯度突变的识别。

HOG 特征计算过程：

（1）灰度化（将图像看作一个 x、y、z 的三维图像）。

（2）采用 Gamma 校正法对输入图像进行颜色空间的标准化（归一化）；目的是调节图像的对比度，降低图像局部的阴影和光照变化所造成的影响，同时可以抑制噪声的干扰。

（3）计算图像每个像素的梯度（包括大小和方向）。主要是为了捕获轮廓信息，同时进一步弱化光照的干扰。

（4）将图像划分成小单元（例如 6×6 像素/单元）。

（5）统计每个单元的梯度直方图（不同梯度的个数）。

（6）将每几个单元组成一个数组（例如 3×3 个单元/数组），一个数组内所有单元的特征串联起来便得到该数组的 HOG 特征。

（7）将图像内的所有数组的 HOG 特征串联起来就可以得到该图像的 HOG 特征，即最终的可供分类使用的特征向量。

在本次研究中，设置图像归一化尺寸大小为 64×128，特征参数设置为：blockSize＝（16，16），blockStride＝（8，8），cellSize＝（8，8），nBins＝9。特征向量维度为 3780。

5.3.6.4 图像异常判断

根据瞬变电磁采集得到的堤防视电阻率变化规律可知，判别异常情况不能单纯从电阻率数值进行判断，从图像特征体现为单纯背景颜色差异不能作为异常判别的标准，因此在建立模型时，同深度测点颜色差异性及图像形态特征作为训练重点，利用应用测试阶段在某堤防工程采集的 10486 条数据形成的剖面图作为训练集，最终通过有监督学习训练形成了图像识别模型（图 5.3-47）。

图像异常识别实现步骤总结如下：

（1）读入瞬变电磁剖面图。

（2）图像灰度化，直方图均衡化预处理。

（3）图片按一定宽度分段处理，提取每个片段的 HOG 特征。

（4）训练 logisticsRegression 模型，对每个片段特征样本进行初步判断。

（5）通过图像上异常位置与实际桩号位置关系计算堤防异常桩号。

（6）根据初步判断异常位置堤防所需检测深度，设置检测深度阈值，对电阻率剖面图进行二次判断。

（7）输出异常堤防位置。

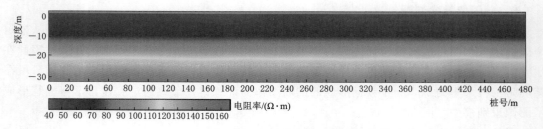

图 5.3-47 图像识别算法训练集

为了验证图像识别算法的有效性，选取了某堤防工程巡检典型剖面图进行图像异常判别，具体图像识别结果如下。

(1) 正常堤防段识别结果。正常堤防段通过瞬变电磁巡检得到的成果图 5.3-48 从横向上均一性很好，从纵向上看具有良好的成层性，从浅部到深度电阻率是逐渐增大的，正常堤防段图像背景干净，图像识别算法在该成果图中判断不存在异常，因此整个成果图上部为连续的绿色实线。

图 5.3-48 正常堤防段识别成果图

(2) 异常堤防段识别结果。异常堤防段通过瞬变电磁巡检得到的成果图从横向上均一性存在明显畸变，从图像颜色上看异常位置与同深度其他测点存在差异性，由图 5.3-49 分析可知，在桩号 75~80m、115~160m 存在异常堤防段，图像识别算法将识别重点异常位置用红色实线进行了标识。

根据图像异常识别测试可知，经过 10486 条测试数据训练形成的训练集对某堤防工程瞬变电磁巡检剖面图中的异常堤防段具备良好的识别能力，可以初步满足代替人工判别的需要。

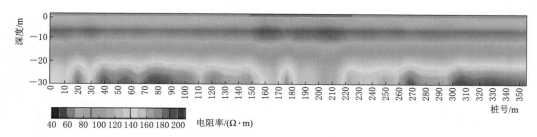

图 5.3-49 异常堤防段初次识别成果图

5.3.7 一体化智能处理系统

结合上述章节研究完成的快速成像、实时成图，结合智能识别算法，最终形成了 YREC-P10 智能化数据处理系统，可以在巡检过程中实时对原始数据进行处理，同时显示多测道图、电阻率深度图及轨迹图，并通过智能识别模块对异常图像异常进行实时判别，最终巡检过程中采集的数据处理结果，可通过 4G/5G 通信方式利用接口上传任意云平台。

YREC-P10 智能化数据处理系统在主机采集保存数据后，对保存的数据迅速读取并与先前数据综合进行处理，具有自动快速成图与智能识别异常功能，并且自动统计异常可将异常参数上传到指定的服务器，智能化数据处理系统主要的功能模块如图 5.3-50 所示。

图 5.3-50 智能化数据处理系统主要的功能模块

5.3.7.1 多测道图模块

按照 10ms 长度采集数据，那么原始测点数据由 19000 个深度测点组成，需要通过加窗进行转换，数据加窗中，使用到的参数包括：采样频率 f（单位 Hz），加窗步进宽度 w，加窗总数 n，测点延迟时长 Delay_Time。加窗后的时间点，可以利用下述算法进行计算：

```
Time1=Delay_Time;                        %延迟时间,单位毫秒
Windows_width=1;                         %固定值
Windows(1)=1;                           %固定值
for m=2:n                              %计算加窗中心点
Windows(m)=Windows(m-1)+Windows_width;
if rem(m,w)==0                         %每w次为一个循环
    Windows_width=Windows_width*2;
end
end
for m=1:n                              %计算加窗中心点时间,单位 ms
Windows(m)=Windows(m)/f*1000+Time1;
End
```

这里算出来的 Windows 表示为关断后的加窗时间点，单位为 ms。

将每一层的磁场值可以转换为视电阻率（Ω·m）和深度（m），将多个采集文件中每一层的数据作为一个测道，一个测道中转换的深度跟视电阻率有很大的关联。当地层为低阻体时，低阻体对磁场有很强的屏蔽作用，导致检测深度变浅，直接反映到转换的深度数据上；当地层为高阻体时，磁场就会在地层中传播远一些，导致检测一个测道变深，直接反映到转换的深度数据上。这样如果一个地层比较均匀时一个测道转换的深度将变化不大，如果一个地层不均匀时一个测道转换的深度将变化较大，所以测道转换的深度会间接地反映地层的异常。将同一测道深度数据作图就可以形成多测道图形，并可参考国际通用瞬变电磁处理软件 MAXWEL 对多测道图的显示赋色，最终实现实时显示结果如图 5.3 - 51 所示。

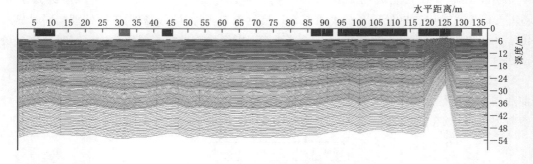

图 5.3 - 51　多测道图形

5.3.7.2　视电阻率-深度模块

视电阻率深度模块首先按照 5.3.5 中快速成像计算方式将磁感应强度-时间转换为视电阻率-深度，一个数据文件可以计算出一个位置对应着的一系列的不同深度的视电阻率，多个数据文件就可以形成一个剖面数据，程序能通过统计视电阻率数据的特征，得出视电阻率的平均值、中值、最大值和最小值等，根据这些特征以高阻对应红色，低阻对应蓝色进行成图，中间没有数据的位置进行线性插值，就可以得出视电阻率-深度成果图（图 5.3 - 52）。

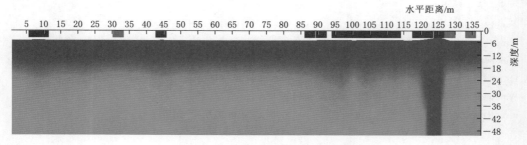

图 5.3 - 52　视电阻率-深度成果图

5.3.7.3　智能识别模块

智能识别包括数据异常识别和图像智能识别，该模块同时对数据中异常测点及图像中异常测点的情况分析，并在视电阻率-深度图中实时显示。

1. 数据异常识别

由于堤防中正常的堤防占大多数，所以测量的数据会有一个标准样本，以标准样本为中心，一个数据文件计算的视电阻率如果小于背景值的视电阻率，当超过设定的阈值时就认为是低阻异常，以蓝色在相应位置进行标记，一个数据文件计算的视电阻率如果大于背景值的视电阻率，当超过设定的阈值时就认为是高阻异常，以红色在相应位置进行标记。针对一些固定的人为建筑物干扰，利用统计样本对其衰减曲线特征进行分析，通过智能化判别初步筛选，进而在最终隐患识别成果中剔除。典型样本衰减曲线特征如图 5.3-53 所示。

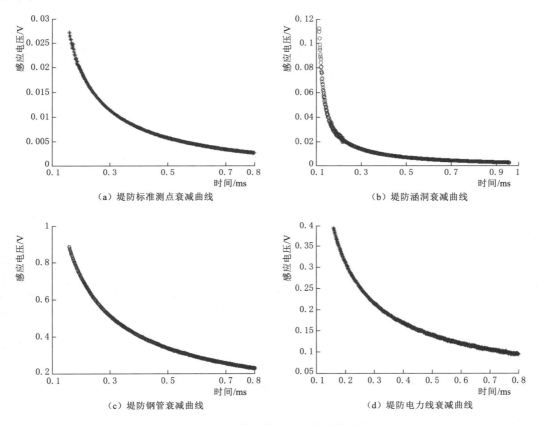

（a）堤防标准测点衰减曲线　　　　　　（b）堤防涵洞衰减曲线

（c）堤防钢管衰减曲线　　　　　　（d）堤防电力线衰减曲线

图 5.3-53　典型样本衰减曲线特征图

2. 图像异常识别

图像异常识别部分利用 5.3.6 节中研究的有监督逻辑回归异常识别算法，将视电阻率-深度成果图与训练样本库中样本进行比对，通过样本分析找到异常图像特征，并将不同的异常特征用不同颜色进行表征，形成图像识别结果（图 5.3-54）。

5.3.7.4　异常统计及上传模块

在服务器端提供人上传数据的 Http 协议的接口，通过 VC++的 HttpConnection 类对异常统计的数据上传。在服务器端的"一体化拖曳式智能高分电磁感应设备"页面，对检测结果进行实时更新，数据格式见表 5.3-5。

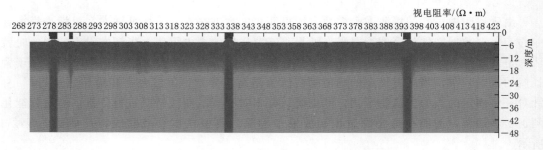

图 5.3 - 54 异常智能识别标记图

表 5.3 - 5   一体化拖曳式智能高分电磁感应设备检测结果数据格式

字 段 名 称	类型	长度/大小	小数点	举　　例
检测时间	date	0	0	2020 - 11 - 01
测点经度	double	9	6	114.02357
测点纬度	double	9	6	35.241863
拖曳检测速度/(km/h)	double	4	2	9.5
最大检测深度/m	double	6	2	55.3
最小检测盲区/m	double	6	2	0.8
测点性质（自动判断）	double	1	0	正常为 0，低阻异常为 1，高阻异常为 2
附件	jpg/png	20M	—	—

注： 数据格式解释：假如在检测过程中测点间距平均是 1m，在 10min 内检测了 1km 堤防，那么有 1000 个测点数据，每个测点数据都会有检测时间、检测经度、检测纬度、检测速度、检测深度、盲区、测点性质这些参数；其中测点性质会通过数据和图像识别算法判断，用 0 表示正常，1 表示低阻异常，2 表示高阻异常；建议阈值设置采用绿色表示正常测点，蓝色表示低阻异常测点，红色表示高阻异常测点，其中蓝色和红色测点需要进一步检测。

5.3.8　拖曳式巡检技术可行性与适用性研究

5.3.8.1　仪器稳定性试验

1. 仪器自身稳定性试验

为测试仪器在工程应用中的稳定性，在某堤段进行了抗干扰及不同叠加次数影响试验。

如图 5.3 - 55 所示，该堤段存在 30kV 高压线。为评估拖曳式瞬变电磁仪在强干扰情况下的适用性，采用点测模式进行了不同时间的信号采集（图 5.3 - 56）。采样参数为发射频率 32Hz、电流 60A、叠加次数 200 次，单个测点衰减曲线如图 5.3 - 57 所示，通过实测资料分析发现，30kV 高压线对瞬变电磁测点衰减曲线干扰不明显，从早期到晚期二次场由 19000 个时间点组成，但整体曲线没有出现跳跃或者明显的畸变点，并且从开始采集一直到 2h 内，数据保持了良好的稳定性，说明 YREC - P10 拖曳式瞬变电磁仪可以在强干扰条件下采集高质量数据。

图 5.3-55　某堤段 30kV 高压线　　　　　　　图 5.3-56　某堤段稳定性测试现场

　　为了测试在减少数据叠加次数情况下 YREC-P10 采集单个测点的数据质量，进行了不同叠加次数影响实验。考虑到横向分辨率，需要对拖曳过程中 2m 间隔距离的数据进行叠加，根据最大拖曳速度 10km/h，在最低 16Hz 的发射频率下每个测点共有 5 个采样点数据，因此设计了 5～200 次不同的叠加次数，测试点测模式下不同叠加次数情况下数据的变化，测试结果如图 5.3-58 所示，根据测试结果，早期二次场在不同叠加次数的情况下呈现良好的一致性，晚期由于本身数据的信噪比造成了一定的误差，但整体差异性很小，原始数据从早期到晚期不存在畸变，与叠加次数关联度不高。

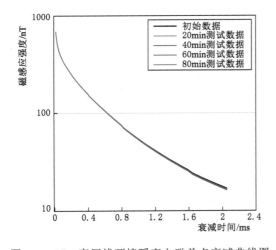

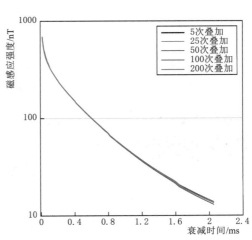

图 5.3-57　高压线环境瞬变电磁单点衰减曲线图　　图 5.3-58　瞬变电磁数据叠加稳定性测试

　　为更加明确地分析不同叠加次数数据的差异性，将 5 次叠加数据与 200 次叠加数据平均后计算差异，统计了从早期到晚期场的误差分布趋势，具体误差情况如图 5.3-59 所示。图 5.3-59 中黑色实线代表两种叠加方式在不同衰减时间下的误差情况，红色虚线代表拟合趋势，分析可知：5 次叠加数据与 200 次叠加数据从早期到晚期信号平均误差呈线性上升趋势，这与本身信号传播的规律基本吻合，但整体误差控制在 1% 以内，符合一般数据检查 5% 误差的要求，说明 YREC-P10 拖曳式瞬变电磁仪可以采用 5 次数据叠加获取与 200 次数据叠加相同质量数据。

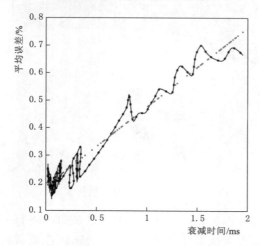

图 5.3-59　5 次叠加数据与 200 次叠加数据误差趋势图

2. 仪器拖曳工作稳定性试验

为了测试在 YREC-P10 拖曳式瞬变电磁仪在拖曳过程中的稳定性，考虑从拖曳过程中单个测点原始数据质量、拖曳过程原始多测道连续性及重复测试一致性三方面验证拖曳稳定性。在某堤段进行了相关试验，试验参数为：发射频率 16Hz，采样频率 1.25MHz，采样深度 19000，时长 2ms，测点间距 1m，拖曳速度 5km/h，测试长度 100m，现场工作情况如图 5.3-60 所示。

（1）拖曳过程单个测点数据质量情况。YREC-P10 拖曳式瞬变电磁仪在连续采样过程中，会按照设计的发射及采样频率不间断采集数据，当 GNSS 参数判定移动距离达到设计参数时，将该时间段全部数据进行叠加处理，根据设计的拖曳速度、采集参数，本次测试的数据叠加次数为 5~6 次，与仪器稳定性检验中测试的 5 次叠加基本一致，满足叠加次数要求，具体衰减曲线如图 5.3-61 所示。

图 5.3-60　拖曳稳定性试验现场工作图

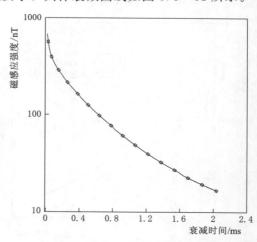

图 5.3-61　拖曳瞬变电磁拖曳测试单点衰减曲线

通过图 5.3-61 衰减曲线可以看出，从关断时间开始到晚期 2ms，整体数据曲线非常圆滑，与二次电磁场衰减规律一致，没有畸变和跳点，与仪器稳定性测试中地面点测数据曲线规律相同，证明在拖曳过程中数据本身质量不存在问题。

（2）拖曳过程多测道图连续性。在拖曳式测量中，瞬变电磁的多测道图最能体现原始测量剖面情况，在本身不存在隐患的情况下，多测道图应该表现较好的一致性，通过本次重复性观测，两次拖曳测试的多测道图如图 5.3-62、图 5.3-63 所示。

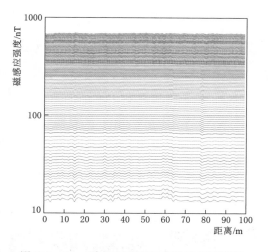

图 5.3-62 瞬变电磁拖曳式测量多测道图
（第一次）

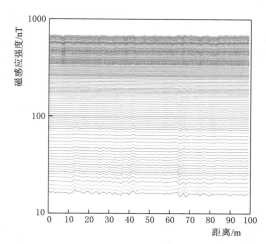

图 5.3-63 瞬变电磁拖曳式测量多测道图
（第二次）

从两次拖曳测试的多测道图分析可知，本次测试的 100m 堤段整体上没有出现异常，数据稳定性较好，基本都是连续剖面，从测量的连续性上说明 YREC-P10 拖曳式瞬变电磁仪在测试过程中数据稳定性是没有问题的。

（3）重复性测试误差分析。为了进一步分析连续测量的稳定性和可靠性，将两次拖曳式测量的数据进行了差异分析，具体是将两次测量在同一位置的数据进行差异比较，同一位置数据在深度方向（不同衰减时间）存在多个测道，将多个测道在两次测试中的误差进行平均，作为该位置下的误差，最终形成了一致性分析误差曲线，如图 5.3-64 所示。分析图 5.3-64 可知，两次拖曳式测试在不同测点的误差均小于 1%，误差中位数在 0.4% 左右，满足重复测量 5% 误差的要求，证明 YREC-P10 拖曳式瞬变电磁仪在拖曳测试过程采集的数据是稳定可靠的。

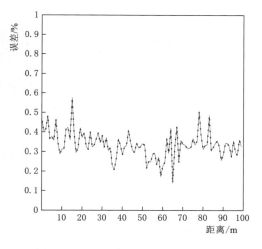

图 5.3-64 重复性测试误差曲线图

5.3.8.2 应用可行性物理模拟试验

为了测试 YREC-P10 拖曳式瞬变电磁仪探测渗漏通道的能力，在郑州市中牟县黄河滩附近设计了大型堤坝模型（与第 4 章物理模型一致），高度 5.5m，长约 22m，宽约 15m，坡比为 1:1，坝顶宽约 2m，采用黏土每 30cm 进行成层碾压，按照一定斜率共设计 4 个渗漏通道，渗漏通道宽度 40cm，采用砂土进行模拟。具体设计及堤防实物如图 5.3-65、图 5.3-66 所示。

试验开始后，首先在没有通水的情况下采用 YREC-P10 拖曳式瞬变电磁仪进行点测模式的测量，共布设 1 条测线，测线沿堤防走向布置，点距 0.5m，发射频率 32Hz，采样频率

1.25MHz，测点叠加次数 10 次，现场测试如图 5.3-67 所示。探测数据通过加窗、磁场转换、烟圈成像等处理过程，最终通过 surfer 进行了成图，成果图如图 5.3-68 所示。

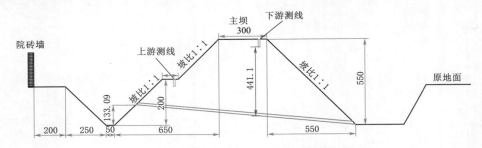

图 5.3-65　堤防模型渗漏通道设计图

图 5.3-66　堤防模型实物图

图 5.3-67　堤防模型现场测试图

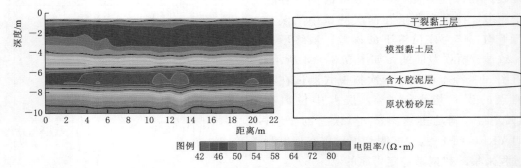

图 5.3-68　堤防模型瞬变电磁检测成果图（未通水）

由图 5.3-68 分析可知，由于进行检测试验时正值高温酷暑，白天气温达到 40℃，模型表层土经过了长时间暴晒，部分已经出现了裂纹（图 5.3-69），含水量较低，孔隙度较大，因此 1m 以浅表层电阻率较高，而表层以下由于是成层碾压的黏土层，因此在深度 1～5.5m 电阻率从 45Ω·m 到 55Ω·m 逐渐升高，整体电阻率横向上非常均一；在 5.5m 以下为黄河滩地含水胶泥层，然后下覆原状粉砂层。通过检测成果可以看出，YREC-P10 拖曳式瞬变电磁仪可以较为准确获取该堤防模型的电性层位特征。

在未通水试验结束后，从堤防顶部向其中一个渗漏通道通水，通水 1h 后，采用与未通水情况同样的采集方式，在同一条测线进行检测，检测数据通过加窗、磁场转换、烟圈成像等处理过程，最终通过 surfer 进行了成图，成果如图 5.3-70 所示。

图 5.3-69 堤防模型表层裂缝

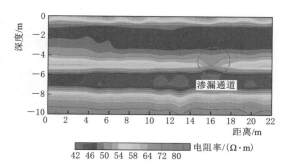

图 5.3-70 堤防模型瞬变电磁检测成果图（通水）

由图 5.3-70 分析可知，在桩号 15~17m、深度 4.5m 左右出现了电阻率低值异常点，导致横向上电阻率下凹，该位置和通水位置吻合，与实际情况相符，说明 YREC-P10 拖曳式瞬变电磁仪在堤防检测渗漏通道是可行的。

5.3.8.3 仪器性能试验

1. 最小探测深度试验

（1）郑州市主城区排污管片探测试验。郑州市某排水管贯穿主城区，已运营较长周期，在部分井口发现压力值长时间超限，水流量降低，推测为管线内存在堵塞情况或因城市工程施工开挖造成管线被挖断，回填后破裂口已经被杂物充填。为摸清该区域管线位置及分布，拟采用地球物理手段进行探测。管线直径 1.5m，顶部埋深 1.5m，为混凝土结构排水管。

由于路面以下为回填土，采用探地雷达进行探测时穿透能力有限，信号很弱，而混凝土排水管片内带有钢筋，其地球物理结构呈现低电阻率特性，同时考虑到时效性和工况需求，采用小回线瞬变电磁法进行探测。测线布置垂直于推测管线位置，测线长度 15m，采用点测模式，点距 0.5m，测点叠加次数 200 次，发射频率 16Hz，采样频率 1.25MHz，采样时长 12ms，加窗步长 19，窗口数 171 个，完成测线数据采集时间为 10min，探测工作现场如图 5.3-71 所示。

探测数据通过烟圈成像处理，得到视电阻率-深度断面如图 5.3-72 所示。由图 5.3-72

图 5.3-71 排水管探测工作现场

分析可知，地表为杂填土，密实度较低，因此呈现出高电阻率特征，在测线 7.5~9m 位置，存在明显低阻异常体，深度在 1.5~3m，与混凝土排水管位置及大小符合程度很高，推测该部分管线存在且完整。最终在推测管线位置延伸区域进行了开挖验证（见图 5.3-73），实际管线位置及走向与探测结果吻合，说明小回线瞬变电磁法对于部分城市地下管线具备良好的探测能力。

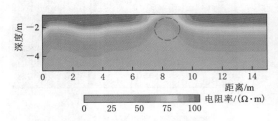

图 5.3 - 72　城市排水管片视电阻率断面图　　　　图 5.3 - 73　排水管片开挖验证

（2）某区域金属管线探测试验。某区域存在已知管线，管线埋深 1m。垂直于管线布置了 1 条测线，利用 YREC - P10 拖曳式瞬变电磁仪进行拖曳探测。测试参数为发射频率 32Hz、电流 60A、拖曳速度 10km/h，采用 2m 间隔进行数据叠加，最后用烟圈成像完成数据的快速解译，探测成果如图 5.3 - 74 所示，由于埋深较浅，因此其异常响应明显，用拖曳连续采样模式很快确定了该管线的位置在测线 15m 处，说明 YREC - P10 可以满足最小 2m 探测深度的要求。

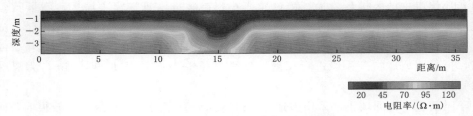

图 5.3 - 74　某区域管线探测成果图

2. 最大探测深度试验

（1）某水库前期勘察对比试验。南水北调工程某调蓄水库地下岩溶发育。为探明调蓄水库设计坝轴线附近岩溶发育情况，进行了钻探勘察，同时采用 YREC - P10 拖曳式瞬变电磁仪以及 CUGTEM - 19Rad 瞬变电磁仪进行了对比验证试验，测线长度 30m，在测线 4m 桩号位置有一个钻孔，钻孔情况见表 5.3 - 6。根据钻孔资料，该位置存在一个较大溶洞，溶洞深度范围为 108.2～112.2m。两台仪器均采用点测模式进行探测，点距 2m，YREC - P10 检测成果如图 5.3 - 75 所示，从成果图可以看出，YREC - P10 瞬变电磁仪对 130m 以内的层位划分与钻孔资料基本相符，并且在溶洞位置反映出低阻异常特征，深度误差在 3m 左右。

表 5.3 - 6　　　　　　　　　　钻孔揭露地层情况表

层底深度/m	时　代	地质描述	层底深度/m	时　代	地质描述
8.2	Q3	卵石	108.2	Pt1w2	石英片岩，溶蚀发育
31	Q2	卵石	112.2	Pt1w2	溶洞
79.5	Pt1w3	绢云片岩	145	Pt1w2	石英片岩

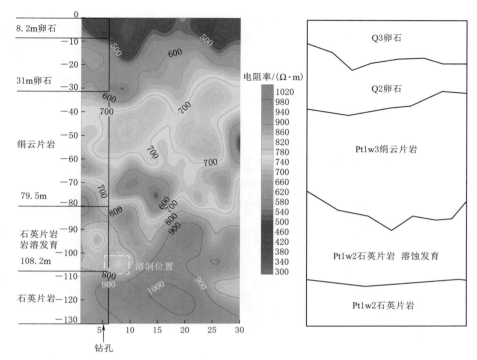

图 5.3-75　YREC-P10 溶洞检测成果图

CUGTEM-19Rad 溶洞检测成果如图 5.3-76 所示，由成果图可以看出，该成果图与实际地质层位有一定的对应关系，但整体计算的电阻率为 18～40Ω·m，电阻率极低，与实际情况差距较大，地质层位与溶洞位置容易出现偏差，因此检测结果需要进一步论证分析。

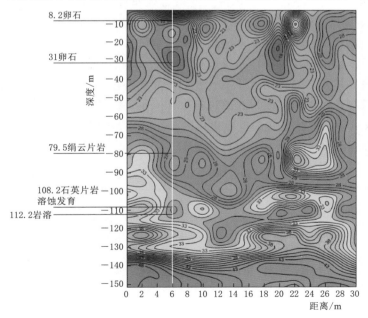

图 5.3-76　CUGTEM-19Rad 溶洞检测成果图

（2）某水库运营期渗漏检测试验。某水库在运行过程中存在渗漏问题。为验证 YREC-P10 拖曳式瞬变电磁探测深度，在水库坝顶布置了一条瞬变电磁测线，测点间距 1m，长度 118m，发射频率 32Hz，发射电流 60A，探测成果如图 5.3-77 所示，根据探测结果，在深度 25～35m 低阻体，推测为渗漏发育区域，深度 45～70m 电阻率较高，为坝基以下原状地层，与实际情况吻合，说明 YREC-P10 拖曳式瞬变电磁仪可以满足最大探测深度 70m 的要求。

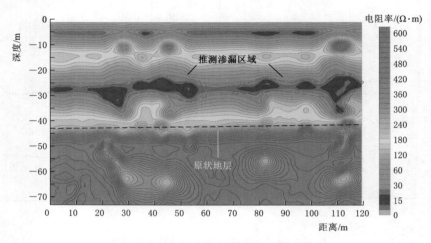

图 5.3-77　某水库渗漏探测成果图

5.3.8.4　对比性试验

目前拖曳式瞬变电磁法在国外只有丹麦奥胡斯大学进行研究，在 2019 年完成系统研究，2020 年完成了 3 个应用案例；国内目前只有该项目首次进行研究应用，2018 年提出该方法技术，2019 年完成设备样机研发，2020 年开始大规模试验研究，研究时间进度与国外基本同步，已经完成了南水北调中线工程新乡段典型堤防内部隐患的快速巡检，其他单位及研究项目未见可以实现连续拖曳式探测方法，但奥胡斯大学研究的 Aarhus 拖曳式瞬变电磁与本书在技术研究方向上是不一致的，其核心在于超高发射频率及快速关断液冷系统，并采用低频及高频两套发射线圈进行数据采集，保证深部多次叠加，而浅部数据质量较高。而 YREC-P10 拖曳式瞬变电磁仪的核心保证是大电流、大磁矩和低关断时间情况下较高数据质量，两者技术参数对比见表 5.3-7。

表 5.3-7　　YREC-P10 拖曳式瞬变电磁对比 Aarhus 拖曳瞬变电磁技术参数

参　数	YREC-P10 指标	Aarhus 拖曳式瞬变电磁指标（低频～高频）
发射电流	60A	2.8～30A
磁矩	1650Am^2	22.4～240Am^2
发射频率	16～32Hz	660～2110Hz
关断延时	70μs	2～10μs
采样频率	1.25MHz	0.1～0.25MHz

参　　数	YREC-P10 指标	Aarhus 拖曳式瞬变电磁指标（低频～高频）
线框尺寸	直径 90cm（一体化）	200cm×400cm（分离式）
最大拖曳速度	10m/h	20km/h
连续工作时间	8h	—
探测深度	70m	70m
最小横向分辨率	0.5m	3m

为进一步比较设备的性能指标，与国内瞬变电磁仪进行应用对比试验，比对仪器为中国煤科西安研究院生产的 YCS-2000 瞬变电磁仪（图 5.3-78）。

YCS-2000 瞬变电磁仪采用小电流多匝小回线进行发射，采用磁探头进行接收，其优势是关断时间较短，但其数据质量一般，同国外瞬变电磁仪同样需要通过多次叠加消除干扰，现场应用工作技术参数比对见表 5.3-8。

为测试 YREC-P10 拖曳式瞬变仪以及 YCS-2000 瞬变电磁仪的应用效果，在某堤防穿堤倒虹吸位置进行对比探测，该处地下水位较低，地层主要

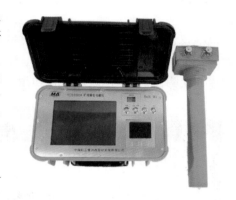

图 5.3-78　YCS-2000 瞬变电磁仪

为填土、粉土和黏土。表层一般为杂填土和素填土，下部为黏质粉土和粉质黏土，穿堤倒虹吸深度约为 15m，孔数 3 孔，均为满水情况，孔口尺寸为 3.5m×3.5m（宽×高），与周围介质存在明显电阻率差异。渠道纵向剖面如图 5.3-79 所示。

表 5.3-8　　　　YREC-P10 对比 YCS-2000 及 CUGTEM-19Rad 技术参数

参　　数	YREC-P10 指标	YCS-2000 指标
发射电流/A	60	4.5
磁矩/Am^2	1650	1800（等效磁矩）
发射频率/Hz	16～64	2.5～25
关断延时/μs	70	50
采样频率/MHz	1.25	2
线框尺寸/cm	直径 90（一体化）	200×200（分离式）
最大拖曳速度/(km/h)	10	不可拖曳
连续工作时间/h	8	8
探测深度/m	70	150
最小横向分辨率/m	0.5	根据点距确定

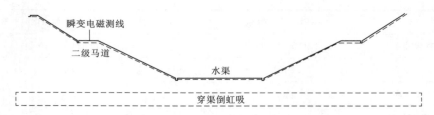

图 5.3 - 79　渠道纵向剖面图

在以往工作中,采用了高密度电法、面波法、探地雷达法进行了探测,但由于倒虹吸深度及方法适用性问题,未能成功找到倒虹吸穿渠位置,本次使用 YREC - P10 拖曳式瞬变电磁仪及 YCS - 2000 瞬变电磁仪进行对比试验,其中 YREC - P10 瞬变电磁仪拖曳速度为 2m/s,采用 1m 间距进行数据叠加,YCS - 2000 瞬变电磁仪采用点测模式进行测量,测点间距为 1m。探测现场工作如图 5.3 - 80、图 5.3 - 81 所示。

图 5.3 - 80　YREC - P10 拖曳式瞬变电磁仪
探测现场工作图

图 5.3 - 81　YCS - 2000 瞬变电磁仪探测
现场工作图

YREC - P10 拖曳式瞬变电磁仪探测结果如图 5.3 - 82 所示,根据视电阻率断面图反映,该段存在两处异常,28～31m 处存在一个低阻异常,深度 8m。现场确认发现,造成该异常的原因是横穿马道的排水管,深度较浅,由于烟圈成像算法在纵向分辨率存在不足,因此造成了深度误差;58～74m 处存在较大规模低阻异常,异常顶界面深度 15m,宽度 15m 左右,通过查勘验证发现,该位置与 3 孔穿渠倒虹吸位置相符,反映了倒虹吸的规模和深度,在该测线其他位置未发现明显的低阻情况,电阻率比较均一,没有表现出集中渗漏问题。

YCS - 2000 瞬变电磁仪探测结果如图 5.3 - 83 所示。探测数据使用仪器配套商业软件进行了处理解释,根据视电阻率断面图反映,探测深度为 8m 左右,探测测线在 24～30m 处存在一个低阻异常,深度 5m,该异常是横穿马道排水管的反映,除该异常外,在测线其他位置未发现明显的低阻情况,电阻率比较均一,没有反映出倒虹吸的存在,说明在小电流多种回线的这类瞬变电磁仪由于本身发射信号较弱,在土体中吸收衰减较快,导致信号穿透深度较浅,不能满足探测深度需要。

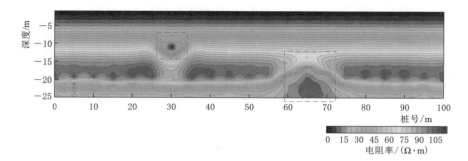

图 5.3-82　YREC-P10 拖曳式瞬变电磁仪探测成果图

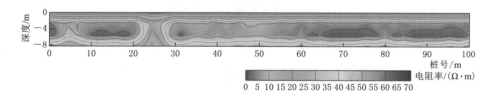

图 5.3-83　YCS-2000 瞬变电磁仪探测成果图

5.3.9　拖曳式巡检技术应用实践

5.3.9.1　2021 年黄河秋汛堤防巡检

2021 年秋天，受黄河中游持续强降雨影响，黄河支流渭河、伊河、洛河和沁河相继涨水，黄河干流先后形成三次编号洪水，黄河下游发生新中国成立以来最严重的秋汛。多座水库突破建库以来最高蓄水位，黄河花园口站流量为 4000m³/s 以上的洪水历时 27 天，其中流量为 4800m³/s 左右的洪水历时近 20 天。

为做好黄河堤防防汛工作，要求查明某些堤防的坝间垮塌位置是否存在堤防隐患发育情况，采用拖曳式电磁感应方法对洛阳市孟津区花园镇和铁谢段两处堤防进行了内部隐患检测。由于堤防道路是层状均匀介质，其电阻率特征平稳，横向上连续、纵向上从浅到深呈层状特性整体背景电阻率较为均一；当汛期某堤段出现渗漏隐患时，该处电阻率相较于周围背景电阻率会呈现低阻特征，横向上电阻率会出现突变，利用该异常特征可较好地识别是否存在渗漏隐患。

本次巡检采用的技术参数为：巡检点距 1m，发射频率 32Hz，采样频率 1.25MHz，巡检速度 5km/h，具体工作场景如图 5.3-84 所示。

1. 孟津区花园镇堤防巡检

花园镇巡检共计 225m，沿道路走向布

图 5.3-84　黄河秋汛堤防隐患巡检

置测线 3 条，对应坝号为 23～25 号，坝具体测线布置如图 5.3－85 所示，探测成果如图 5.3－86 所示。

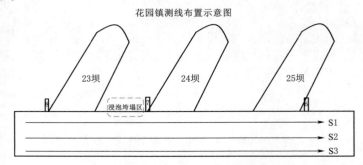

图 5.3－85　孟津区花园镇堤防测线布置图

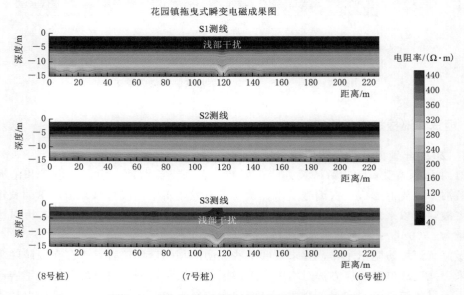

图 5.3－86　孟津区花园镇堤防瞬变电磁成果图

成果分析：3 条测线在深度 5m 以浅电阻率横向分布均匀，说明整体地层较为均一，未发现渗漏隐患。坝间垮塌属于土质岸坡长期浸泡及回水旋涡作用所致。

2. 孟津区铁谢段堤防探测

铁谢段堤防巡检桩号为 K2＋000～K2＋500，沿道路走向布置测线 3 条，具体测线布置如图 5.3－87 所示。由于测线较长，每条测线均分成 0～200m、200～400m、400～500m 三部分成图，探测成果如图 5.3－88～图 5.3－90 所示。

成果说明：①从横向上看，3 条测线在浅部存在一些低阻体干扰，通过图像识别算法对这些影响物进行了标记，包括汽车干扰、防汛检查站干扰、河长公示牌干扰等；②除干扰外，整体测线电阻率均一，未发现渗漏隐患；③在 2 号测线桩号 K2＋230～K2＋235、3 号测线（靠背水坡）桩号 K2＋040～K2＋050 位置，深部的电阻率均一性较差，反映了堤防下部原状砂卵石层电性差异，不影响堤防安全。

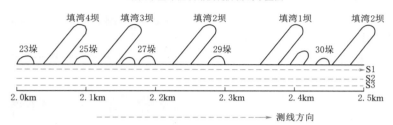

图 5.3 - 87　孟津区铁谢段堤防测线布置图

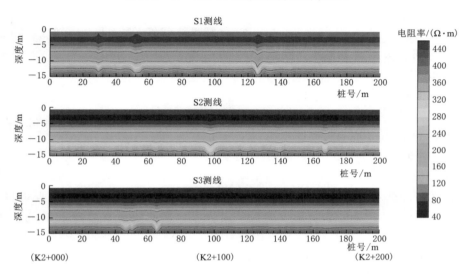

图 5.3 - 88　孟津区铁谢段堤防瞬变电磁成果图（K2＋000～K2＋200）

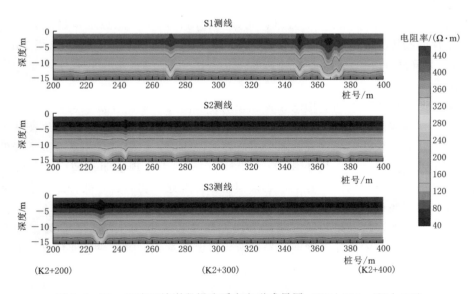

图 5.3 - 89　孟津区铁谢段堤防瞬变电磁成果图（K2＋200～K2＋400）

5.3.9.2　南水北调工程内部隐患巡检

1. 工程概况

南水北调中线干线工程渠道以开挖明渠为主，明渠长度 1103km，占全线长度的 77%。其中高填方渠段长度约 100km，高地下水位渠段约 470km，超过 1/3 渠道穿过膨胀土地区。根据风险隐患排序及调研结果，暗渠及内部渗漏问题是风险等级最高的隐患，其次是沉降变形及裂缝问题。

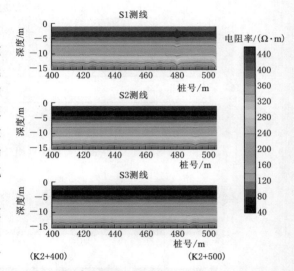

图 5.3-90　孟津区铁谢段堤防瞬变电磁成果图
（K2+400～K2+500）

其中渠道部分采用明渠过水，渠道纵坡 1/30000～1/16000。对一般渠道，坡比采用的是 2.00～2.75，上口宽 50～120m，渠道底宽 13.0～23.5m；土质渠坡的衬砌厚度为 10cm，底板衬砌厚度为 8cm，衬砌下为土工膜及 12cm 厚砂砾石垫层；总干渠横缝间距采用 4m，纵缝间距按 4m 控制，缝宽一般为 1～2cm。渠道结构形式自下而上为：开挖基面、5～20cm 粗砂（或砂砾石）垫层、2.0～2.5cm 厚的保温板、防渗复合土工膜、8～10cm 厚混凝土面板，面板纵、横向皆设有半缝和通缝，并交叉布置。

渠堤填筑材料主要为粉质黏土，黏粒含量 10%～30%，塑性指数 7～20，渗透系数不大于 $1×10^{-4}$cm/s，土层碾压填筑压实度不小于 0.98。

2. 应用示范情况

2021 年 4 月，选择辉县段、卫辉段、鹤壁段和禹州段作为隐患巡检场地，其中包括了具有代表性的高填方、深挖方及膨胀土渠段，采用的技术参数为：巡检点距 1m，发射频率 32Hz，采样频率 1.25MHz，巡检速度 10km/h，累计完成拖曳式瞬变电磁巡检工作量 109km。

所有渠堤巡检成果剖面图利用图像智能识别算法进行了初次异常识别，对表观建筑物干扰（井盖、排水沟等）进行了剔除。正确渠堤通过拖曳式瞬变电磁巡检成果图在横、纵向上会呈现较好的连续性，当出现软弱层、渗漏等隐患时，电阻率会相对升高或降低，如果某处电阻率差异超过背景电阻率 30%，成果图在横向上出现了明显畸变不连续，则可以根据该标准进行隐患判别。所有渠段成果根据该标准通过实时成果软件划分了可能存在隐患的渠段和渠堤底板以下原状地层电阻率均一性较差渠段。

（1）填方段典型巡检成果。梁家园填方段左岸巡检长度为 1.5km，具体工作布置如图 5.3-91 所示。通过图像异常判别结果显示：该渠段整体电阻率成层性良好，沿渠堤方向呈现较好的连续性，典型正常检测成果如图 5.3-92 所示。

如图 5.4-93 所示，在桩号 K616+320～K616+380 处深度 10m 以浅范围内存在异常体，尤其 K572+970～K572+980 附近，异常幅度超过背景电阻率 30% 以上，横向上电阻率不均一，存在一定的程度的变化，标识为巡检疑似隐患渠段，初步分析可能是暗渠渗水问题。

图 5.3-91　梁家园填方渠段测线布置图

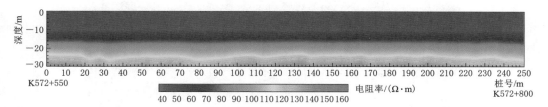

图 5.3-92　梁家园填方段典型正常渠段检测成果图

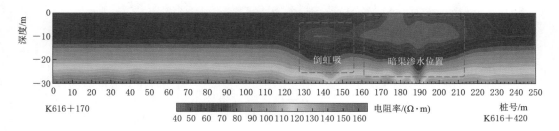

图 5.3-93　梁家园填方段疑似隐患渠段检测成果图

（2）挖方段典型成果。峪河上游段重点渠段长 0.4km，该段渠堤一级马道距离渠堤底板高程差为 10m 左右，考虑到渠堤底板以下有 2m 填筑卵石等填料，并且瞬变电磁解释视深度与真深度有一定误差，在判别异常时以 20m 以上位置为准。该渠段为挖方段，包括了多个排水管沟，由于排水管沟内部是混凝土结构，在浅部对信号形成了金属屏蔽，因此拖曳式瞬变电磁测线在排水沟位置深度上会统一呈现低阻现象（图 5.3-94），由于横向穿堤排水沟在挖方段始终存在，相当于固定建筑物干扰，因此在智能识别程序中将该建筑物瞬变电磁响应特征进行了标识，去除了该特征的异常判别，该渠段整体未发现明显隐患。

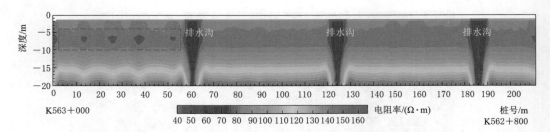

图 5.3-94　辉县峪河上游 K563+000～K563+800 左岸检测成果图

（3）深挖方膨胀土段典型成果。辉县深挖方膨胀土段左岸巡检长度为 4.5km，具体工作布置如图 5.3-95 所示。

图 5.3-95　辉县百泉深挖方膨胀土段测线布置图

辉县百泉深挖方膨胀土段左岸巡检结果：该渠段整体电阻率成层性良好，沿渠堤方向呈现较好的连续性，但经过图像异常识别及人工判断复核，存在 3 处疑似异常渠段，桩号为：K598+220～K598+500、K597+870～K597+900 及 K597+640～K597+750。经过现场确认。桩号 K598+220～K598+525 段为韭山膨胀土段，曾经发生过暴雨导致一级马道及渠板大面积破坏，虽然经过了除险加固，但该段在出险阶段入渗大量外水，因此该渠段与附近渠堤存在差异，排除隐患可能，检测成果如图 5.3-96 所示；桩号 K597+870～K577+900 经过确认为排水渡槽，检测成果如图 5.3-97 所示，所以在电阻率成果图上显示出差异性，排除隐患可能；桩号 K597+640～K597+750 在深度 4m 以上位置与周围渠堤存在电阻率差异，在桩号 K597+650 浅部与上游渠堤存在一个分界面，该渠段经过巡检被标识为疑似异常渠段（图 5.1-98）。

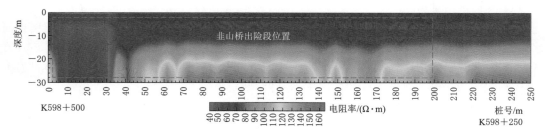

图 5.3 - 96　辉县百泉深挖方膨胀土段出险段左岸检测成果图

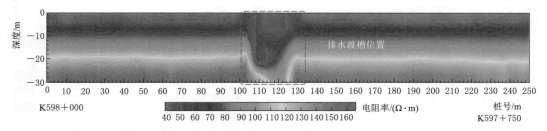

图 5.3 - 97　辉县百泉深挖方膨胀土段排水渡槽检测成果图

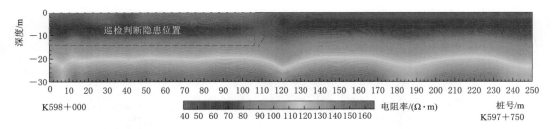

图 5.3 - 98　辉县百泉深挖方膨胀土段左岸疑似异常渠段检测成果图

3. 应用情况小结

采用拖曳式瞬变电磁法对南水北调中线干线工程进行了巡检，巡检完成工作量109km，实际拖曳检测速度为10.6km/h，由于跨渠建筑物等因素影响，平均单日检测工作量为30km；在检测过程中对渠堤内部从浅到深存在的井盖、排水管沟、倒虹吸和排水渡槽等均有反应，充分证明了拖曳式巡检技术从巡检速度、检测深度和检测盲区等指标均满足工程应用要求，并且从稳定性、适用性和先进性方面相比于同类型仪器具备优势，该设备结合智能化的处理解释系统，将内外业工作效率提高了数倍，实现了快速圈定示范渠段异常区域的目的。

5.3.9.3　郑州"7·20"暴雨灾后小型水库检测

1. 工程概况

郑州"7·20"暴雨后，为开展郑州周边小型水库灾后除险加固工程评定，对130余座水库进行了隐患检测，检测内容包括：①采用无人机成像技术，对水库大坝全貌进行拍摄，形成清晰的大坝平面图；②采用瞬变电磁法和高密度电法，综合检测坝体填土是否存在空洞、裂缝、松散体或渗水区等安全隐患，为除险加固缺陷处理提供依据。

2．典型检测案例

郑州市小魏庄水库位于郑州市南曹街道办事处小魏庄村北潮河上，属淮河流域贾鲁河水系。于 1958 年修建，该水库流域面积 77.4 km²，总库容 240 万 m³，兴利库容 100 万 m³，水库下游紧邻京广铁路和绕城高速，地理位置十分重要。小魏庄水库按 20 年一遇洪水标准设计，50 年一遇洪水校核，属于小（1）型水库。

小魏庄水库主要建筑物有：主坝、副坝、溢洪道及放水闸等设施，具体如图 5.3-99～图 5.3-101 所示。

图 5.3-99　小魏庄水库全貌　　　　　　图 5.3-100　大坝上游坝体

图 5.3-101　大坝下游坝体

隐患性质的确定：坝体均匀无隐患时，图像呈层状分布，视电阻率等级强度变化一般从堤顶向下随着含水量的增加呈降低趋势，但对于某些经过处理如坝体加固、新筑截渗墙等段，也会有不同表现，但图像形态是均匀变化的。当坝体存在裂缝、松散体时，图像层状特征被破坏，出现条带状或椭圆形高阻色块，使得某些层位发生畸变。当坝体存在渗水区时，图像层状特征被破坏，出现条带状或椭圆形低阻色块，使得某些层位发生畸变。

沿坝顶中部布置瞬变电磁测线 2 条，测线 S1 由坝左侧开始，到坝上交通桥截止，测线 S2 由坝上交通桥开始，至坝右侧截止。测线 S1 长度 123m，测线 S2 长度 108m，检测成果图如图 5.3-102 和图 5.3-103 所示。

S1 测线：坝体电阻率成层性良好，沿坝轴线方向呈现较好的连续性，未见明显电阻率异常区域。

S2 测线：坝体电阻率成层性良好，沿坝轴线方向呈现较好的连续性，在桩号 76～

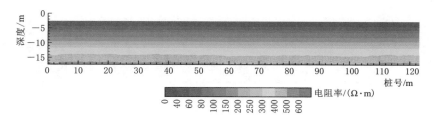

图 5.3 - 102　小魏庄水库 S1 测线剖面

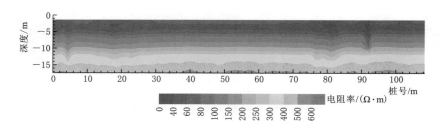

图 5.3 - 103　小魏庄水库 S2 测线剖面

83m 处、深度 7m 以下存在一处相对低阻区域，推断坝体局部不密实、或局部土体含水量较大。在桩号 4.1m 处和桩号 91.9m 处的异常为检测现场时外界因素导致的强干扰信号，排除工程隐患影响。

5.3.9.4　2024 年辽河防汛抢险应用

1. 工程概况

2024 年 7 月下旬开始，受强降雨天气影响，辽河干流及支流东辽河等 7 条河流发生超警以上洪水，其中东辽河王奔站最大超保 0.65m，东辽河上游发生有实测资料以来最大洪水，部分堤防高水位临水，发生险情可能性较大，防汛形势紧迫，为及时有效排查险情，采用拖曳式瞬变电磁巡检技术，对辽河干堤、东辽河、王河、招苏台河等堤防重点险情段进行探测，累计巡查堤防 100 余千米。

2. 典型检测案例

2024 年 8 月 6 日 4 点 40 分左右，铁岭县域辽河支流王河右岸范家窝棚村段堤防出现散渗险情，在现场应急处置过程中出现溃口，溃口长度 18.6m，最大水深 5.2m，溃口面积水面高程低于距离最近的范家窝棚村 6.4m。

为及时有效排查王河范家窝段是否存在其他渗漏隐患，于 8 月 8 日 9 点在该段重点异常区左岸桩号 L6+561～L7+686 进行了隐患巡检，共布置 2 条测线，采用拖曳连续工作模式，测量点距 1m，发射频率 16Hz，发射电流 60A，选取电磁感应线圈直径 1.1m，现场作业时间共计 20min，资料实时处理后形成的成果如图 5.3 - 104 所示。

经巡检成果分析，王河堤防左岸（L6+561～L7+686）共发现隐患区 10 处，主要电阻率特征为横向不连续，呈低阻特性。8 月 9 日 8 点，由铁岭县水利局安排相关同志排查复核，由于现场没有公里桩或百米桩等距离标志物，抢险工作时以现场已有穿堤建筑物桩号为基准，按照卫星地图计算距离作为隐患段桩号，在复核时会出现一定的距离误差，因此要求复核人员以隐患段中心坐标向两侧延伸 20m 范围进行检查。通过复核发现，桩号

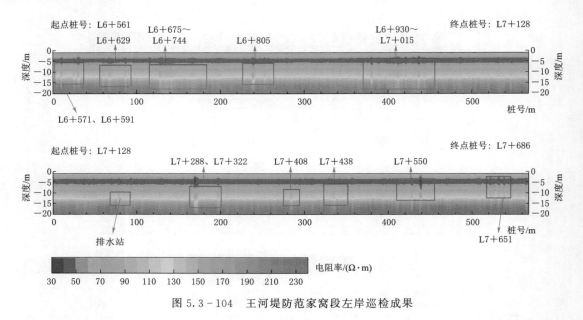

图 5.3 - 104　王河堤防范家窝段左岸巡检成果

L6＋808、L7＋289 以及 L7＋438 桩号下游坡脚均已发现明流渗水情况，与巡检结果完全一致，其他检测隐患区也有一定渗水迹象（图 5.3 - 105）。

图 5.3 - 105　王河堤防范家窝段左岸巡检隐患现场复核结果图

3. 防汛抢险总结

拖曳式瞬变电磁巡检技术可以在汛期快速发现堤防薄弱区域，尤其是可以高效率确定巡堤查险的重点风险段和隐患区，节约大量人力、物力成本，对渗漏隐患的初步筛选和排查是十分必要的。

汛期堤防隐患排查工作量较大，需建立非汛期巡检数据库，在汛期排查时利用汛期与非汛期巡检成果的差异性，提前准确判断隐患的发育状态，为除险加固提供技术支撑。

第6章

总结与展望

6.1 总结

　　河防工程是流域防洪工程体系的重要组成部分，是确保汛期行洪的基础性工程。黄河下游河防工程包括堤防、险工、控导和护岸等。汛期黄河堤防在高水位作用下容易出现的险情有渗水、管涌、漏洞、滑坡、陷坑、冲塌、裂缝、风浪淘刷和漫溢等；河道整治工程常见的险情有坍塌、墩蛰、滑动、坝裆坍塌、溃膛以及漫溢。以往的堤防隐患探测与河道整治工程根石探测都是针对非汛期工程养护开展的技术研究，其技术成果主要服务于工程管理与维护，但在汛期工程抢险方面缺乏针对性与时效性。2018年黄河设计院成立了"河防工程信息采集创新团队"，不断开展立项研究，针对河防工程安全信息感知技术深入探索，经过几年的研制试验形成了一套较为有效的河防工程监测与巡检新技术。

　　根据出险情况大致可以分为变形和渗漏两类问题，变形主要表现为堤防的滑坡、陷坑、冲塌、裂缝和风浪淘刷，河道整治工程的坍塌、墩蛰、滑动、坝裆坍塌和溃膛；渗漏主要表现为渗水、管涌、漏洞和漫溢等。根据工程形变特征，研究了位移、加速度、角速度、图像、坡度、三维表观图像和三维地形扫描等直接参数技术。针对渗漏，研制了电场、电阻率等间接监测参数。根据汛期致险因素引起的时序变化，设计了从河床水下地形、水下根石、近岸边坡变形垮塌到堤防渗漏的监测技术。

　　经过几年的攻关研究，针对河势变化，开发了水尺图像智能识别，以及流速流向识别，可尽早发现河水顶冲大堤与坝裆间的漩涡，为防汛查险找出重点关注的堤段，开展水下根石坡度探测与根石走失丁坝垮塌监测监控。针对水下根石走失，基于MEMS智能芯片技术，研究了高精度姿态传感器，开发了适用于根石走失及边坡变形的阵列位移传感装置，实现了根石水下走失变形监测；针对水上根石坍塌等问题，结合大量视频监控图像，研发了根石边坡图像识别技术，采用智能图像AI识别算法，运用计算机视觉、图像分析、深度学习、边缘计算等技术，实现河湖水情、工程边坡变形、山洪及滑坡易发区域等全天候自动监测，10s内智能判断、识别、分析和预警，滑坡监测精度小于0.2m³。由于汛期防汛规定不能下水作业,研制了一套基于岸上作业的机械臂搭载声呐技术探测根石的装备,可以对近岸河床地形与根石坡度进行探测,为应急抢险提供技术支撑。这是主要的变形监测技术。

　　针对传统堤防隐患探测效率低、不适应汛期堤防隐患探测,鉴于探地地质雷达探测速度快但探测深度浅的技术问题,提出了采用瞬变电磁拖曳式高速作业,根据电磁感应基本原理,突破了大电流关断技术,同时创新提出了弱耦合线框技术与人工智能成像技术,开发了新型拖曳式瞬变电磁仪,可实现10km/h巡检速度对堤防内部渗漏、空洞、软弱夹层等风险隐患进行快速判别,可用于堤防应急抢险勘察和堤防日常巡检巡测。针对传统渗漏监测存在的点状监测、渗漏有出水点才能监测的问题,利用堤防渗漏引起的地电场变化,采用地球物理场反演技术,在传感器不接触地下水的情况下,超前感知渗漏引起的电位变化。以此为基础,深入研究了新型高稳定不极化电极、低功耗高精度采集板等技术,研发了小禹堤坝渗漏监测设备,实现了传统堤防隐患探测到险情监测的技术转变,实现大堤渗漏破坏全天候实时在线监测与预警。这是主要的渗漏探测与监测技术。

　　这套全新的河防工程安全信息感知技术,不仅在变形破坏和渗漏破坏两大影响工程安全隐患方面研制了针对性的监测技术,而且从致灾时空出发,从河内、水下到近岸、堤防都有监测监控,汛期可以部分代替人工巡堤查险,提高了防汛作业的安全度和工作效率,节约了大量的人工,为安全度汛提供了坚实的技术保障。

6.2　展望

　　经过几年来的方法技术研究、仪器设备的研制以及信息系统平台开发,形成了一套技术相对全面的河防工程安全监测感知体系(图6.2-1),但对未来仍有进一步拓展、完善和工程化的必要。

图6.2-1　河防工程安全监测预警智慧管控系统

（1）整合汛情、雨情、工情以及防汛调度和应急抢险的信息系统平台，综合展示多源多参数的信息系统。根据出险概率以及险情变化速率设置预警机制，研究多源数据综合决策评判机制，开展早期预警复核，中期预报抢护，险情探测与应急抢险，汛后修复与质量检测。把河防工程安全监测信息感知技术落实到防御体系中，进行示范和推广。

（2）依托无人机、无人船和机器人等为主要载体，搭载各类传感和感知设备，开展快速高效的移动巡检。无人机大范围进行基于机器视觉和远红外等感知的河势、河道以及近岸边坡和堤坝背河渗水等变化；无人船搭载各种声学感知技术快速巡检河床下切冲刷变化情况；堤防智能巡检机器人快速普查堤防内部是否存在渗漏隐患。以此来代替汛期的人工巡堤查险。

（3）完善固定式监测信息感知系统。要在现有的基础上不断丰富现有的监测参数，在堤防内部或浅表增加振动、水位、压力、温度和光纤等传感器，这是因为根石的垮塌会产生振动，也会引起水压的变化，汛期堤防发生渗漏说明是由于河水的上涨，那么堤防内部的水位、水压会有变化，同时河水与地下水也会有温度的差异，在长距离的监测方面光纤传感器又有着单位长度的绝对成本优势。

（4）加强数据信息传输建设。随着 5G 基站的建设，将来也可以建设一套覆盖整个河防工程基于物联网的信息"高速公路"系统，使得各种智能感知监测设备和智能巡检系统快速接入物联网，把各种信息在边、云、端之间实时传递。随着黄河流域数字孪生工程建设，从安全角度考虑，将来一定会有一套信息专网，避免现在公网交叉使用造成的信息传输不稳。

（5）完善数据模型建设。将监测信息与理论计算结合起来，研究监测对象的变化趋势与出险致灾的风险等级关联度，由此设立预警值。比如根据河床动力学建立的河道冲刷模型，结合实测的河道及河床三维地形、监测的水位、流速、流量以及河道沉积物性质，不断将测试数据代入模型分析变化趋势，监测数据每时每刻反馈到模型不断迭代计算，就可以分析预警是否会发生顶冲、淘刷、漫溢等。同理，根据结构力学建立的丁坝根石模型，也是将监测的水力、坝体应力以及坡度、厚度等几何、变形参数代入模型，迭代反演计算坝体的稳定性，预测坝体垮塌的风险等级；堤防渗漏是要将监测的地球物理电性场以及孔隙度等的变化与渗流场相结合，分析计算渗漏、溃坝的风险。

（6）建立健全黄河流域河防工程数字孪生智慧工程，将各种与安全相关的数字信息统一在一个时空模型上，便于综合分析、判断、决策。在未来更多地使用机器学习人工智能技术，将历史数据信息与险情模型建立大数据知识库，不断训练，形成黄河河防工程特定的安全大模型，在强大算力的支撑下，完善预测预警预报机制，确保黄河岁岁安澜。

参 考 文 献

[1] AN X D, WU D, XIE X W, et al. Slope Collapse Detection Method Based on Deep Learning Technology [J]. CMES-Computer Modeling in Engineering & Sciences. 2023, 134 (2): 13.

[2] AN X D, XIE X W, WU D, et al. Slope Collapse Detection Based on Inage Processing [J]. Scientific Programming, 2021, 1 - 9.

[3] KUKITA S, MIZUNAGA H. UXO Detection Using Small - loop TEM Method [C]. Proceedings of the 11th SEGJ Int'l Symposium, 2013, 94 - 97.

[4] AUKEN E, FOGED N, LARSEN J J, et al. tTEM—A towed transient electromagnetic system for detailed 3D imaging of the top 70m of the subsurface [J]. Geophysics; 2019, 84 (1): 13 - 22.

[5] MAURYA P K, CHRISTIANSEN A V, PEDERSEN J, et al. High resolution 3D subsurface mapping using a towed transient electromagnetic system-tTEM: case studies [J]. Near Surface Geophysics, 2020.

[6] LECUN Y, BOTTOU L, BENGIO Y, et al. Gradient-Based Learning Applied to Document Recognition [J]. Proceedings of the IEEE, vol. 86, pp. 2278 - 2324, 1998.

[7] HE K, ZHANG X, REN S, et al. Deep Residual Learning for Image Recognition [J]. Computer Vision and Pattern Recognition, 2016: 770 - 778.

[8] HUANG G, LIU Z, MAATEN L V D, et al. Densely Connected Convolutional Networks [J]. IEEE Conference on Computer Vision and Pattern Recognition, 2017: 2261 - 2269.

[9] HOCHREITER S, SCHMIDHUBER J. Long Short-Term Memory [J]. Neural computation, 1997 (9): 1735 - 1780.

[10] CHO K, MERRIËNBOER B V, GULCEHRE C, et al. Learning Phrase Representations Using Rnn Encoder - Decoder for Statistical Machine Translation [J]. Computer Science, 2014.

[11] STAUFFER, CHRIS, GRIMSON L. Adaptive background mixture models for real - time tracking [J]. Proceedings. 1999 IEEE computer society conference on computer vision and pattern recognition (Cat. No PR00149). Vol. 2. IEEE, 1999.

[12] GOODFELLOW I, POUGET-ABADIE J, MIRZA M, et al. Generative Adversarial Nets [J]. Advances in neural information processing systems, 2014: 2672 - 2680.

[13] BOUGUET J Y. Pyramidal implementation of the lucas kanade feature tracker description of the algorithm. 2000.

[14] REDMON, JOSEPH, et al. You only look once: Unified, real-time object detectio [C]. Proceedings of the IEEE conference on computer vision and pattern recognition, 2016.

[15] LIU, WEI, et al. Ssd: Single shot multibox detector [C]. Computer Vision-ECCV 2016: 14th European Conference, Amsterdam, The Netherlands, October 11 - 14, 2016, Proceedings, Part I 14. Springer International Publishing, 2016.

[16] GIRSHICK R. Fast r-cnn [J]. Proceedings of the IEEE international conference on computer vision. 2015.

[17] STEVEN G S. A Method for Estimating the Physical and Acoustic Properties of the Sea Bed Using Chirp Sonar Data [J]. ieee journal of oceanic engineering, 2004, 29 (4).

[18] FONTES, LCDS, et al. Application of shallow seismics in the characterization of the continental shelf Sergipe - Alagoas [C]. Acoustics in Underwater Geosciences Symposium IEEE, 2013.

［19］　安新代，吴迪，宋克峰，等. 基于水尺字符检测识别的水位识别方法［P］. 中国：CN202111428932.2，2022.

［20］　安新代，李毅男，宋克峰，等. 用于水利工程变形的远程图像智能识别方法［P］. 中国：CN111416964A，2020.

［21］　方文藻，李予国，李貅. 瞬变电磁测深法原理［M］. 西安：西北工业大学出版社，1993.

［22］　牛之琏. 时间域电磁法原理［M］. 长沙：中南工业大学出版社，1993.

［23］　张保祥，刘春华，汪家权. 瞬变电磁法在地下水勘查中的应用［J］. 水利水电科技进展，2002（4）：23 － 255.

［24］　欧阳涛，底青云，薛国强，等. 利用多通道瞬变电磁法识别深部矿体：以内蒙兴安盟铅锌银矿为例［J］. 地球物理学报，2019，62（5）：1981 － 1990.

［25］　孙忠，冀振亚，王德荣，等. 瞬变电磁法在堤坝渗漏隐患探测中的应用［J］. 地质装备，2018，9（3）：13 － 15，23.

［26］　姜名勇. 37米混凝土泵车下车系统有限元分析及支腿结构优化［D］. 长春：吉林大学，2020.

［27］　曹先昭. 47m混凝土泵车下车结构分析及优化［D］. 长春：吉林大学，2022.

［28］　王帅. 37米混凝土泵车臂架结构强度与振动特性研究［D］. 长沙：中南大学，2011.

［29］　陈晶晶，邹彬彬，王润田. 宽带参量阵声呐在海底探测中的应用研究［J］. 华中科技大学学报（自然科学版），2014（10）：15 － 18.

［30］　郭玉松，胡一三，马爱玉. 黄河水下根石探测的浅地层剖面技术［J］. 水利水电技术，2009，40（12）：118 － 120.

［31］　姜文龙，周锡芳，杨旭辉，等. 基于水声信号的水下衬砌基础结构破坏检测技术研究［J］. 人民黄河，2022，44（6），134 － 138.

［32］　姜文龙，张晓予，张宪君，等. 基于水上地震和浅剖仪的水库淤积调查研究［J］. 中国水运（下半月），2014，14（1）：219 － 211.

［33］　来记桃，聂强，李乾德，等. 水下检测技术在雅砻江流域电站运维中的应用［J］. 水电能源科学，2021，39（11）：207 － 210.

［34］　普中勇，赵培双，石彪，等. 水工建筑物水下检测技术探索与实践［C］//国际碾压混凝土坝技术新进展与水库大坝高质量建设管理——中国大坝工程学会2019学术年会.

［35］　王震宇，黄淑阁. "X—STAR剖面仪"在黄河下游河道整治工程根石探测中的初步应用［J］. 人民黄河，1998，20（2）：12 － 13.

［36］　谢向文，姜文龙. 基于声学的水下淤积探测与结构检测技术与应用［C］//中国大坝工程学会2018学术年会. 2018.10.

［37］　么彬. 多子阵波束域高分辨水声成像技术研究［D］. 哈尔滨：哈尔滨工程大学. 2009.

［38］　张金城，蔡爱智，郭一飞. 浅地层剖面仪在海岸工程上的应用［J］. 海洋工程，1995（2）：4.

［39］　周天，欧阳永忠，李海森. 浅水多波束测深声呐关键技术剖析［J］. 海洋测绘，2016，36（3）：1 － 6.

［40］　卢苇，蓝宇，王智元. 新型低频换能器的有限元分析［C］//中国声学学会全国声学学术会议. 2006.